MATHEMATIK
NEUE WEGE

ARBEITSBUCH FÜR GYMNASIEN

Analysis II

LÖSUNGEN

Herausgegeben von
Günter Schmidt
Henning Körner
Arno Lergenmüller

Schroedel

MATHEMATIK NEUE WEGE

Arbeitsbuch für Gymnasien

Analysis II

Lösungen

Herausgegeben und bearbeitet von

Dieter Eichhorn, Florian Engelberger, Andreas Jacob, Henning Körner,
Arno Lergenmüller, Michael Rüsing, Olga Scheid, Prof. Günter Schmidt, Thomas Vogt

Druck A[1] / Jahr 2011
Alle Drucke der Serie A sind im Unterricht parallel verwendbar.

Redaktion: Sven Hofmann
Herstellung: Reinhard Hörner
Grafiken: M. Wojczak, Berlin
Umschlaggestaltung: KLAXGESTALTUNG, Braunschweig
Satz: Satzteam Bleifrei, Hildesheim
Druck und Bindung: westermann druck GmbH, Braunschweig

ISBN 978-3-507-**85810**-7

Inhalt

Vorbemerkungen

Dieses Lösungsheft richtet sich in erster Linie an die Lehrenden.

Die Lösungsskizzen gestatten einmal einen schnellen Überblick über Anspruch und Intention der vielfältigen Aufgaben, zum anderen weisen sie vor allem bei den komplexeren und offenen Aufgaben auf verschiedene Lösungswege hin, wie sie von den Lernenden individuell beschritten werden können. Zusätzlich erläutern die kurzen didaktischen Hinweise vor den Lösungen zu jedem Kapitel noch einmal die konzeptionellen Anliegen der einzelnen Kapitel.

Die Lösungen und Lösungshinweise sind andererseits aber von der Sprache und dem Umfang her so gehalten, dass sie je nach der gewählten Unterrichtsform und Entscheidung der Unterrichtenden auch den Lernenden zur Verfügung gestellt werden können. Dies entspricht unserer Auffassung von eigentätigem und selbstständigem Lernen und dem Erwerb von Lernstrategien, die dieser Werkreihe zugrunde liegt.

Viele Aufgaben in diesem Buch sind auf selbsttätige Aktivitäten ausgerichtet und recht offen angelegt, häufig werden verschiedene Lösungswege explizit herausgefordert. Insofern stellen viele Lösungen nur eine von vielen Möglichkeiten dar. Bei Aktivitäten, die auf Erfahrungsgewinn durch Handeln zielen, haben wir folgerichtig auf die Darstellung von Lösungen verzichtet.

Zu diesem Buch

Dieses Buch stellt in Konzeption und Gestaltung einen neuen Ansatz eines Schulbuches für den Mathematikunterricht am Gymnasium dar. Es greift in mehrfacher Hinsicht die konstruktiven Ansätze auf, die im Zusammenhang mit der Diskussion um die Allgemeinbildung im Mathematikunterricht und über die Ergebnisse der TIMS-Studie und PISA in den letzten Jahren entwickelt wurden und auch in den Bildungsstandards ihren Niederschlag gefunden haben.

1. Das Buch unterstützt eine Unterrichtskultur der Methodenvielfalt mit offenen und schüleraktiven Lernformen. Dadurch wird die absolute Dominanz des Grundschemas *kurze Einführung → algorithmischer Kern → Üben* überwunden.

Dies zeigt sich zunächst in der Gliederung jedes Lernabschnitts in drei Ebenen grün – weiß – grün.

In der **1. grünen Ebene** werden **verschiedene treffende Zugänge zum Thema** des Lernabschnitts angeboten. Dies geschieht in Form von interessanten, aktivitäts- und denkanregenden Aufgaben, welche die unterschiedlichen Interessen und Lerntypen ansprechen. Die alternativ angebotenen Aufgaben zielen auf die aktive Auseinandersetzung mit den Kerninhalten des Lernabschnitts. Sie sind schülerbezogen, situationsgebunden und handlungsauffordernd gestaltet und knüpfen an die Vorerfahrungen der Lernenden an. Sie sind weitgehend offen formuliert und regen zu unterschiedlichen Lösungsansätzen an.

Die **weiße Ebene** beginnt mit einer kurzen Hinleitung zum zentralen Basiswissen, das im hervorgehobenen **Kasten** festgehalten wird. Anschließend wird dieser Inhalt auf vielfältige Weise auf- und durchgearbeitet und gefestigt (→ „intelligentes Üben"). Die **Aufgaben** hierzu sind kurz, anregend und abwechslungsreich, sie beinhalten neben dem operatorischen Durcharbeiten auch Anwendungen und Vernetzungen, selbstverständlich auch Übungen zum Ausformen von Routinen. In eigens gekennzeichneten Icons werden Möglichkeiten zur Selbstkontrolle und Tipps zum eigenständigen Lösen angeboten.

Die **2. grüne Ebene** ist der **Erweiterung** und **Vertiefung** gewidmet. Ein wesentlicher Gesichtspunkt ist dabei die Einbindung der Aufgaben in Kontexte und Anwendungen. Ein zweiter Aspekt zielt auf offenere Unterrichtsformen (Experimente, Gruppenarbeit, kleine Projekte), ein dritter auf passende Anregungen zum Problemlösen (Knobeleien). Die Aufgaben sind auch äußerlich unter solchen Aspekten zusammengefasst. Zusätzlich finden sich hier lebendig und anschaulich gestaltete Lesetexte/Informationen.

2. Den Aufgaben liegt in allen Ebenen eine Auffassung des „intelligenten Übens" zugrunde.

Dies richtet sich in erster Linie gegen eine einseitige Ausrichtung an schematischem, schablonenhaftem Einüben von Kalkülen und nacktem Begriffswissen zugunsten eines vielfältigen Übens des Verstehens, des Könnens und des Anwendens. Intelligentes Üben bedeutet nicht, dass die Aufgaben überwiegend auf anspruchsvollere Fähigkeiten und komplexere Zusammenhänge zielen. Es sind auch hinreichend viele Aufgaben vorhanden, die einfaches Können stützen und dies auch für den Lernenden erfahrbar machen. Weitere Konstruktionsaspekte beim Aufbau der Aufgaben zum intelligenten Üben:

- Die Übungen sind nicht als vom Lernvorgang isolierte „Drillphasen" abgesetzt, vielmehr sind sie Bestandteil des Lernprozesses.
- Die Übungen sind im Umkreis von einfachen Problemen angesiedelt und durch übergeordnete Aspekte zusammengehalten. Die Probleme erwachsen aus der Interessen- und Erfahrungswelt der Schüler.
- Die Übungen ermöglichen auch häufig kleine Entdeckungen oder vergrößern das über die Mathematik hinausweisende Sachwissen. Auf diese Weise kann Üben dann mit Spaß/Freude bei der Anstrengung verbunden sein.
- Die Übungen sind häufig produktorientiert. In der Analysis geschieht dies durch das Herstellen von aussagekräftigen Grafiken, Berichten zu Lösungsprozessen und Ergebnissen oder Auswertungen von selbst durchgeführten Experimenten und Modellierungen.

3. Stärkere Berücksichtigung von Aufgaben
   - für offene und kooperative Unterrichtsformen
   - mit fächerverbindenden und fächerübergreifenden Aspekten
   - zur gleichmäßigen Förderung von Jungen und Mädchen
   - für die Möglichkeit und den Vergleich unterschiedlicher Lösungswege
   - für den konstruktiven Umgang mit Fehlern
   - für das Bewusstmachen und den Erwerb von Strategien für das eigene Lernen
   - für den sinnvollen und lernfördernden Einsatz neuer Technologien (Tabellenkalkulation, GTR, DGS)

4. Die Fähigkeiten zum Problemlösen werden kontinuierlich herausgefordert und trainiert.

Dies geschieht unter zwei Leitaspekten: Einmal wird in vielfältigen Anwendungssituationen der Prozess des Modellierens verdeutlicht und immer wieder mit allen Stufen eingeübt. Zum anderen werden die Strategien des Begründens und Beweisens und des kreativen Konstruierens behutsam an innermathematischen Problemstellungen entwickelt und bewusst gemacht. Für beide Aspekte werden hilfreiche Methodenkenntnisse und Strategien im übersichtlich gestalteten „Basiswissen" festgehalten.

5. Die Sprache des Buches ist einfach, griffig, alters- und schülerangemessen.

Das Buch unterstützt vom Kontext der Aufgaben und von der Sprache her die Entwicklung und den Ausbau von Begriffen als Prozess. Dazu dient auch die konsequente Visualisierung mit Fotos, Skizzen und Diagrammen, sowohl zur Motivation, zum Strukturieren, zum Darstellen eines Sachverhaltes als auch zum leichteren Merken von Zusammenhängen.

6. Das Buch stützt kumulatives Lernen, d.h. die Lernenden erfahren deutlichen Zuwachs an Kompetenz.

Dies wird durch verschiedene Gestaltungselemente erreicht:

- Zunächst werden Wiederholungsaufgaben in Neuerwerbsaufgaben eingebettet.
- Zusätzlich erscheinen Wiederholungen im sogenannten **„check up".** Hier gibt es übersichtliche Zusammenfassungen und zusätzliche Trainingsaufgaben, zu denen die Lösungen am Ende des Buches zu finden sind.
- Am Ende jeden Kapitels finden sich komplexere und lernabschnittsübergreifende Aufgaben unter der Überschrift **„Sichern und Vernetzen – Vermischte Aufgaben"**. Diese sind an den prozessorientierten Kompetenzen orientiert und auf jeweils eigenen Seiten unter den Aspekten *„Training", „Verstehen von Begriffen und Verfahren", „Anwenden und Modellieren"* und *„Kommunizieren und Präsentieren"* eingeordnet. Die Lösungen zu diesen Aufgaben finden sich im Internet unter *www.schroedel.de/neuewege-s2.**
- Dem Aufgreifen und Sichern von früheren Fähigkeiten und Wissen dienen zwei weitere Elemente, die in allen Lernabschnitten auftauchen. Unter **„Kurzer Rückblick"** finden sich kleine Aufgaben, die an Wissen und Fertigkeiten aus der SI erinnern. Das **„Grundwissen"** greift Basiswissen und Basisfertigkeiten aus vorher behandelten Lernabschnitten auf und hält diese somit verfügbar.
- Am Ende des Buches finden sich **„Aufgaben zur Vorbereitung auf das Abitur"**. Diese sind auf typische Kenntnisse und Kompetenzen ausgerichtet, wie sie in allen Bundesländern gefordert werden. Auch hierzu findet man die Lösungen im Internet unter *www.schroedel.de/neuewege-s2.**

7. Das Buch wird eingebettet in eine integrierte Lernumgebung.

- In vielen Aufgaben und Projekten des Buches finden sich Aufforderungen und Anregungen zur **Nutzung der „elektronischen Werkzeuge"** Graphischer Taschenrechner (GTR), Tabellenkalkulation (TK) und Dynamischer Geometriesoftware (DGS) und des Internets.

*) Bitte beachten Sie, dass sich die Einsprungadresse aufgrund der aktuellen Überarbeitung des Internetauftritts ändern kann.

- Dem Buch liegt eine **interaktive CD** bei, die sehr nutzerfreundliche Werkzeuge bereitstellt, die auf die Konzeption der Analysis ausgerichtet sind. Die CD kann generell zur Unterstützung des Lernens herangezogen werden, bei manchen Aufgaben wird durch das CD-Symbol auf die Nutzung eines speziellen Werkzeugs hingewiesen (→ siehe 8).
- Bei vielen Aufgaben und Projekten werden **spezielle Dateien** zur Unterstützung der Anschauung und zur Lösungsstrategie angeboten. Diese sind mit dem Maus-Symbol und dem Dateinamen gekennzeichnet. Auf sie kann über das Internet unter *www.schroedel.de/neuewege-s2** zugegriffen werden.
- Sehr hilfreich für die Nutzung des Buches ist der ausführliche Lösungsband, in dem neben den Lösungen auch ausführliche Kommentare und Anregungen zur Vermittlung wesentlicher Kompetenzen und Basisfähigkeiten in **didaktischen Kommentaren** zu den einzelnen Kapiteln des Buches gegeben werden. Bei Modellierungsaufgaben werden meist mehrere mögliche sinnvolle Lösungen und zugehörige Überlegungen, Interpretationen und Bewertungen mit angegeben, so dass alle Phasen des Modellierens dokumentiert sind.
- Wie bereits bei den Bänden in der Sekundarstufe I werden zusätzliche **Übungsmaterialien** in Kopiervorlagen bereitgestellt. Diese unterstützen und erweitern insbesondere die in dem Lehrwerk bereits konsequent berücksichtigten Anliegen des Aufbaus mathematischer Basisfähigkeiten und des kontinuierlichen Sicherns des dazugehörigen Basiswissens. Sie bieten damit eine weitere effiziente Hilfe für die Realisierung des kumulativen Lernens. Darüber hinaus findet das im Lehrwerk bereits gegebene ausführliche Angebot an kompetenzorientierten Aufgaben eine nützliche Ergänzung. Zusätzlich finden sich hier weitere Aufgabenvorlagen zur Zusammenstellung von Kursarbeiten und Übungen zum Abitur.

8. Didaktische Anmerkungen zum Einsatz der CD.

Die CD beinhaltet 18 Applikationen, die als Werkzeuge die Konzeption der Analysis unterstützen. Es werden also die Begriffsbildungsprozesse visualisiert und interaktiv gefördert, so dass tiefere Einsicht und breiteres Verständnis möglich werden. Damit grenzen sich die Applikationen von erweiterten Formelsammlungen oder Trainingsprogrammen für Algorithmen ab, sie regen durchgängig zur eigentätigen Auseinandersetzung und Interaktion an.
In mehreren Applikationen zur Sekantensteigungsfunktion wird der Weg von mittleren Änderungen (Steigungen) zur momentanen Änderung (Tangentensteigung) unter verschiedenen Blickwinkeln gegangen, sodass der grundlegende infinitesimale Prozess einsichtig wird. Ähnliches gilt für die Integralfunktionen. Hier wird sowohl die Rekonstruktion von Beständen aus der Änderung dynamisch dargestellt, als auch der Integralbegriff durch unterschiedliche Diskretisierungen beim Weg über Unter- und Obersummen erfahrbar.
In der Applikation zu den Tangentenscharen wird deren Hülleigenschaft erlebbar, in „Funktionenscharen" die Entstehung von Ortskurven. Parameterdarstellungen können in der zugehörigen Applikation in vielfältiger Weise exploriert werden, indem ihre Genesis aus bewegten Punkten unmittelbar erfassbar wird.
Die Möglichkeiten und Bedienungen der einzelnen Werkzeuge werden in der jeweils zugehörigen Detailhilfe näher erläutert.

*) Bitte beachten Sie, dass sich die Einsprungadresse aufgrund der aktuellen Überarbeitung des Internetauftritts ändern kann.

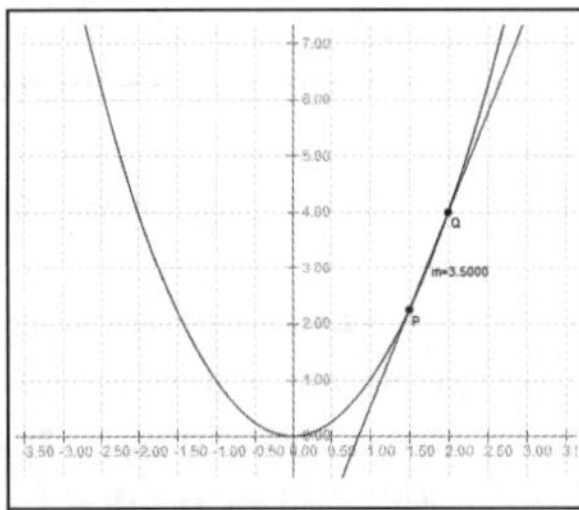

Sekantensteigungsfunktion

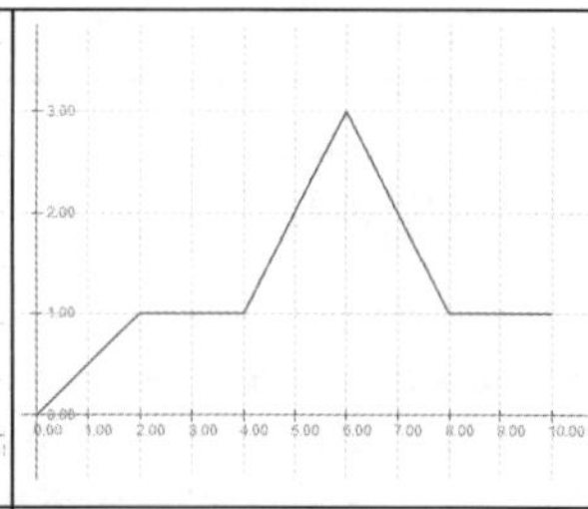

Integralfunktion

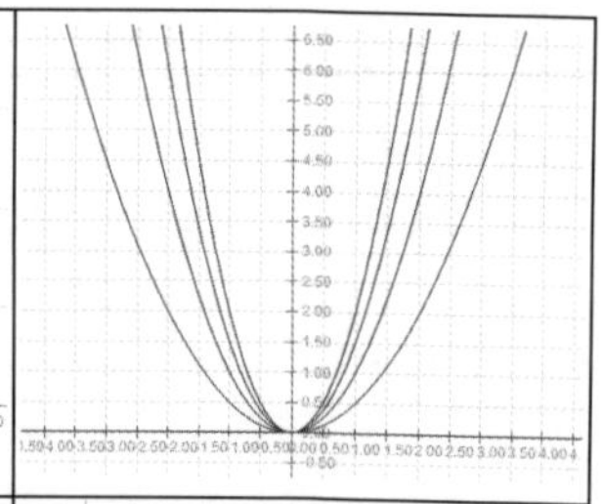

Funktionenschar

9. Zur Leistungsdifferenzierung

Das Buch ist so konzipiert, dass es in Kursen mit unterschiedlichem Leistungsniveau (z. B. Grund- oder Leistungskurs) eingesetzt werden kann.
Zur inhaltlichen Abstimmung auf die entsprechenden Curricula bietet das ausführliche Inhaltsverzeichnis eine erste Orientierung, eine weitere Hilfe ist durch die Zusammenfassungen in den „check ups" gegeben. Zusätzlich werden für die einzelnen Bundesländer im Internet unter *www.schroedel.de/neuewege-s2** sogenannte „Stoffverteilungspläne" angeboten, in denen detaillierte Vorschläge zur Zuordnung der Lernabschnitte des Buches zu den in den Landescurricula geforderten Kompetenzen und Inhalten gemacht werden.
Eine Differenzierung nach Anspruchsniveau erschließt sich aus dem Aufbau der einzelnen Lernabschnitte: Die Entdeckungs- und Hinführungsaufgaben in der ersten grünen Ebene sind in der offenen Anlage für jedes Leistungsniveau geeignet, differenzierende Hilfen sind im Rahmen der meist angestrebten Partner- oder Gruppenarbeit selbstverständlich. Die Übungen in der weißen Ebene sind vom Elementaren zum Komplexen geordnet, z. T. finden sich auch in den einzelnen Aufgaben in den letzten Teilaufgaben deutlich erhöhte Ansprüche. Ansonsten gibt es zu vielen mathematischen Zusammenhängen sehr anschauliche objektorientierte Zugänge, Überprüfungen und Bestätigungen an Beispielen und allgemeine Begründungen und Beweise, sodass auch hier eine Differenzierung nach Anspruch und Abstraktion leicht realisiert werden kann. Auf den letzten Seiten der weißen Ebene und im Schwerpunkt auch in der zweiten grünen Ebene werden häufig komplexere Aufgaben mit höherem Anspruch aufgeführt. Die Vermischten Aufgaben bieten insbesondere zu den Kompetenzen „Anwenden und Modellieren" und „Kommunizieren und Präsentieren" viele Gelegenheiten zur selbständigen Darstellung von Zusammenhängen auf unterschiedlichem Niveau.

10. Einige Bemerkungen zu den Inhalten des Buches

Kapitel 1 – Einführung in die Analysis (Wiederholung)
Hier werden die Inhalte der Analysis aus der Einführungsphase (Klasse 10) in komprimierter Form wiederholt. Der Aufbau und die Darstellung folgen den üblichen Prinzipien von NEUE WEGE.

Kapitel 2 – Modellieren mit Funktionen – Kurvenanpassung
Im Mittelpunkt stehen ganzrationale Funktionen, die als Werkzeug zum Modellieren benutzt werden. Der Weg führt dabei von mehr qualitativen Beschreibungen auch mit Regressionsfunktionen, über klassische ‚Steckbriefaufgaben' und einfache und über-

*) Bitte beachten Sie, dass sich die Einsprungadresse aufgrund der aktuellen Überarbeitung des Internetauftritts ändern kann.

schaubare Sachsituationen (Biegelinien und Trassierungen) bis zur Modellierung mithilfe von Splines. Gesondert wird das wichtigste Werkzeug, die linearen Gleichungssysteme und ihre Lösung mithilfe des GTR thematisiert.

Kapitel 3 – Folgen – Reihen – Grenzwerte

Die hier behandelten Themen finden in den meisten Curricula zwar keine Berücksichtigung, sind aber natürlich immer noch wichtige Themen der Analysis. Die einzelnen Lernabschnitte sind so aufgebaut, dass sie gut in der hier dargestellten Form auch Grundlage für Ausarbeitungen, Referate oder Facharbeiten sein können. Die ersten beiden Lernabschnitte dienen dem Vertrautwerden mit iterativen Prozessen und der Präzisierung des Grenzwertbegriffs, im dritten werden unter anderem die Begriffe „Stetigkeit" und „Differenzierbarkeit" erfasst und im vierten Lernabschnitt können numerische Verfahren zum Lösen von Gleichungen systematisiert werden.

Kapitel 4 – Integralrechnung

Die Integralrechnung nimmt ihren Ausgang aus dem Problem der Rekonstruktion von Beständen aus bekannter Änderung. Parallel dazu wird die Grundvorstellung „Integral als Fläche" erzeugt. In intellektuell redlicher Weise kann damit der Hauptsatz schnell erschlossen werden, um gehaltvolle Anwendungen durchzuführen. Präzisierungen des Integralbegriffs werden als Erweiterungen angeboten, ebenso wie die dritte Grundvorstellung „Integral als Mittelwert".

Kapitel 5 – Erweiterung der Differenzialrechnung

Die ersten beiden Lernabschnitte führen die Differenzialrechnung fort, es werden die noch übrig gebliebenen Ableitungsregeln behandelt und Funktionenscharen systematisch, auch bezüglich Ortskurven charakteristischer Punkte, untersucht. In den beiden letzten Lernabschnitten werden zwei weitere Funktionsklassen (rationale und trigonometrische Funktionen) mit nun vollständig zur Verfügung stehenden Werkzeugen untersucht, in Teilen klassifiziert und in vielfältigen Sachsituationen angewendet.

Kapitel 6 – Exponentialfunktionen und ihre Anwendungen

Im ersten Lernabschnitt werden die notwendigen Werkzeuge und Begriffe eingeführt, die dann zur e-Funktion und ln-Funktion führen und die Differenzialrechnung zum Abschluss führen. In 6.2 stehen dann inner- und außermathematische Zusammenhänge, die sich mit e-Funktionen beschreiben und untersuchen lassen, im Mittelpunkt. Es gibt einerseits intensive, innermathematisch orientierte Trainingsphasen, aber auch vielfältige Sachsituationen, in denen alle bis hierher behandelten Inhalte auftauchen und so nachhaltiges Üben und unmittelbare Abiturvorbereitung ermöglichen. Wenn Kapitel 7 nicht behandelt wird, können die drei grundlegenden Wachstumsmodelle (exponentiell, begrenzt, logistisch) hier in verkürzter Form behandelt werden.

Kapitel 7 – Wachstum

In diesem Kapitel wird konsequent in neuartiger Weise modelliert. Ausgangspunkt sind postulierte Gesetzmäßigkeiten zwischen Änderungen und Beständen, also Differenzialgleichungen, deren Lösungen dann die Funktionen liefern. Im Großen können alle drei Lernabschnitte als ein wiederholtes Durchlaufen des Modellierungszyklus aufgefasst werden. Dieses Kapitel kann sinnvoll direkt im Anschluss an 6.1 behandelt werden.

Kapitel 1
Einführung in die Analysis (Wiederholung)

Didaktische Hinweise

In vielen Situationen, auch im täglichen Leben, ist die Frage danach, wie sich etwas verändert, häufig von entscheidender Bedeutung. Hat der Lernfortschritt zugenommen? Nimmt der Anstieg des Hochwassers noch weiter zu? Nimmt die Arbeitslosenzahl stärker ab? Konnte der Umsatz ständig gesteigert werden? Entsprechend dieser Bedeutsamkeit wird in dem einleitenden Kapitel zur Analysis die Ableitung unter der Leitidee „Änderungsrate" entwickelt. Um vielfältige Verständnisebenen zu schaffen, wird gleichzeitig auch die klassische geometrische Interpretation als Steigung behandelt. Für eine verständnisorientierte Begriffsbildung ist dabei eine intensive qualitative Auseinandersetzung mit Änderungen und deren grafischer Darstellung notwendig (1.1). Ein solcher Zugang schafft damit sowohl Anknüpfungspunkte an alltägliche Sprech- und Handlungsweisen, als auch einen Ausgangspunkt für die folgende quantifizierende Erfassung von Änderungen über Differenzenquotienten und Sekantensteigungen. Für die Ausbildung einer adäquaten Grundvorstellung ist ein breiter, vielfältiger Umgang mit mittleren Änderungsraten notwendig, ehe behutsam das kognitiv schwierige Konzept der Momentanänderung am Beispiel der Momentangeschwindigkeit erarbeitet wird (1.2). Dies wird dann auf vielfältige Kontexte übertragen. Mithilfe von grafikfähigen Taschenrechnern oder der beigefügten Software können mit der Sekantensteigungsfunktion momentane Änderungen sehr effektiv näherungsweise bestimmt, veranschaulicht und untersucht werden, sodass ein mächtiges Werkzeug für schülernahes Explorieren und Experimentieren zur Verfügung steht (1.3). Das Problem des Unendlichen wird deutlich als grundlegendes erfasst, aber schülergerecht auf eine phänomenologisch-anschauliche Propädeutik beschränkt. Viele aus dem vorherigen Unterricht bekannte Funktionen werden wieder aufgenommen und mit den neu erarbeiteten Konzepten untersucht (1.4). Im Mittelpunkt stehen dabei die Zusammenhänge zwischen der Funktion und ihren Ableitungen wie sie in den charakteristischen Punkten des Graphen anschaulich werden. Im abschließenden Lernabschnitt steht das Optimieren in breit angelegten Sachzusammenhängen im Mittelpunkt und rundet damit die Einführung der Analysis ab (1.5).

Zu **1.1**

Der Einstieg erfolgt über die vielleicht schon aus vorherigen Jahrgängen bekannten Füllvorgänge, die ein schülernahes Erfahren und Darstellen von Änderungen ermöglichen. Im Basiswissen wird dann der unmittelbare Zusammenhang zwischen Änderung und Steigung sprachlich fixiert und visualisiert. In den Übungen werden die wichtigen Grundvorstellungen dann in verschiedenen Sachzusammenhängen erzeugt und gefestigt, indem die Schülerinnen und Schüler aus Texten Graphen und aus Graphen Texte zu Änderungen herstellen und interpretieren.

Zu **1.2**
In diesem Lernabschnitt wird über die quantifizierte Erfassung von Änderungen in Form von mittleren Änderungsraten die momentane Änderung an einer Stelle erarbeitet. Nachdem zunächst mit kleinen Werten von h Näherungswerte für momentane Änderungen bestimmt werden, wird anschließend die momentane Änderung auch mit der h-Methode ermittelt. Mit der Sekantensteigungsfunktion erhält der Schüler anschließend ein mächtiges Werkzeug zur näherungsweisen Ermittlung von „Steigungsgraphen" (Ableitungen), ehe abschließend die Ableitungsfunktion als bestmögliche Näherung eingeführt wird. Schülerinnen und Schülern stehen damit für alle weiteren Untersuchungen zwei leistungsstarke Werkzeuge zur Verfügung:
(1) Die Sekantensteigungsfunktion, die in der universellen Einsetzbarkeit ihren Vorteil hat, aber immer Näherungslösung bleibt und
(2) Die h-Methode, die zwar exakte Ergebnisse liefert, aber dafür nicht immer möglich ist. Neben dem Änderungsaspekt wird immer auch der geometrische Aspekt der Steigung thematisiert.

Zu **1.3**
In diesem Lernabschnitt werden zunächst die Ableitungen der Grundfunktionen tabellarisch zusammengestellt und die grundlegenden Ableitungsregeln erarbeitet, sodass Ableitungen mit wesentlich weniger Aufwand algebraisch bestimmt werden können. Bei den Herleitungen haben Strategien wie systematisches Probieren, Experimentieren mit Graphen und induktives Erschließen von Mustern zum Finden von Regeln Vorrang vor algebraisch-formalen Beweisen. Anschließend werden Tangentengleichungen und ganzrationale Funktionen eingeführt. Mit Letzteren wird den Schülerinnen und Schülern der Funktionstyp systematisch vorgestellt, der im Kapitel 2 wesentlich ist.

Zu **1.4**
Im Mittelpunkt dieses Lernabschnitts stehen besondere Eigenschaften von Funktionen und die Charakterisierungen spezieller Punkte eines Graphen mithilfe der Ableitungen (A1, A3). Dazu wird auch die zweite Ableitung als qualitatives Krümmungsmaß (Linkskurve – Rechtskurve) eingeführt (A2). Das Basiswissen fasst überblicksartig und mit grafischem Schwerpunkt die Ergebnisse zusammen. Insgesamt können damit alle Kriterien im Zusammenhang formuliert und kompakt und übersichtlich in schülernaher Sprache dargestellt werden. Eine lange Erarbeitungsphase mit jeweiligen Exaktifizierungen hin zu den Kriterien mit entsprechenden Sicherungen über viele Buchseiten hinweg entfällt. Eine Präzisierung auf dem Hintergrund „notwendig" und „hinreichend" bleibt später erfolgender Reflexion vorbehalten. Dort werden auch die aussagenlogischen Hintergründe beleuchtet und dokumentiert. In den Übungen wird der Umgang mit den Kriterien in variablen Einbettungen trainiert, inhaltliches Verständnis hat Vorrang vor reinem Ausführen von Algorithmen der „Kurvendiskussion". Verständnisfördernd sind auch Aufgaben, in denen in Umkehrung der Standardfragen, die Ableitungen der Ausgangspunkt für Fragen zu den Funktionen sind (A14–A16).
Die in den Klassen 7–10 geschaffene Tradition der Klassifikation von Funktionstypen, wird mit der Klassifikation granzrationaler Funktionen vom Grad 3 fortgesetzt, dabei werden auch grundlegende Symmetrien ebenso angesprochen wie Linearfaktorzerlegungen. Die Untersuchung von Funktionenscharen wird exemplarisch eingeführt. Im

Sinne einer abschließenden Zusammenfassung werden die immer wieder verwendeten verschiedenen Möglichkeiten, Nullstellen zu bestimmen, also Gleichungen zu lösen, tabellarisch als Werkzeugkasten zusammengestellt. Infolge der Verfügbarkeit eines GTR oder entsprechender Software haben Schülerinnen und Schüler sehr unterschiedliche Methoden mit je spezifischen Vor- und Nachteilen kennengelernt. So wie hier das produktive Potenzial des GTR deutlich wird, so soll auf der anderen Seite auch das heuristische Potenzial einer Erschließung des Funktionsgraphen durch eine Bestimmung der charakteristischen Punkte „per Hand" im Sinne einer klassischen Funktionsuntersuchung aufgezeigt werden (Werkzeugkasten und A31, A32).

Zu **1.5**

Mit Problemen der Optimierung rücken wieder außermathematische Sachsituationen in den Mittelpunkt. Als Ausgangsproblem dient das klassische Problem der optimalen Schachtel. Grundsätzlich, und so auch im Basiswissen, werden konkrete Probleme in der Tradition von NEUE WEGE bei Aufgaben zur Modellierung und Anwendung grafisch-numerisch gelöst. Erst die Verallgemeinerung mit Benutzung von Parametern macht eine algebraische Bearbeitung notwendig und sinnvoll. Weil Optimieren recht komplex ist, wird im Basiswissen parallel zu den allgemeinen Formulierungen des Lösungsweges ein ausführliches Beispiel dargestellt. In den Übungen werden die klassischen Probleme behandelt und variiert (Isoperimetrisches Problem, Gewinnmaximierung). So wie es wichtig ist, dass Schülerinnen und Schüler am Beispiel des Optimierens die Kraft der Analysis erleben, also das Lösen von Problemen durch Extremwertbildung von Funktionen, so wichtig ist es auch, dass sie zumindest exemplarisch, oder in binnendifferenzierendem Zugriff, auch erfahren, dass man mit ganz anderen, oft viel älteren, Methoden manchmal eleganter und elementarer zum Ziel kommen kann (A21).

Lösungen

1.1 Änderungsraten grafisch erfasst

8 **1.** a) Diagramm links: Die Konzentration ist am Anfang sehr gering. Sie wächst zunächst schnell, dann immer langsamer und nähert sich dabei einem Grenzwert. Diagramm rechts: Die Änderungsrate der Konzentration ist am Anfang am größten. Danach nimmt die Änderungsrate erst schnell, dann immer langsamer ab und nähert sich dem Wert Null.

b) Fortsetzung der Graphen nach Beendigung der Infusion (ab dem Zeitpunkt t_E):

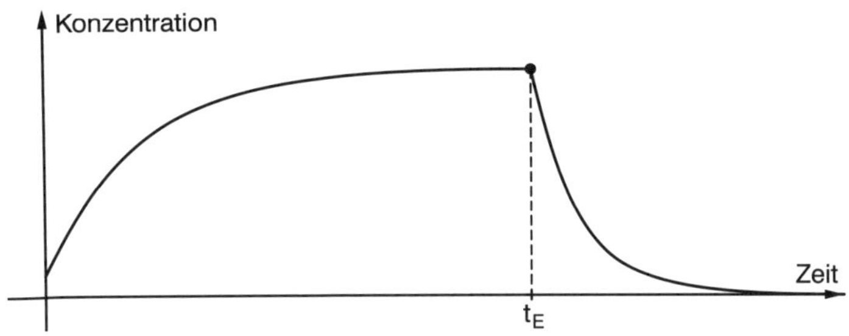

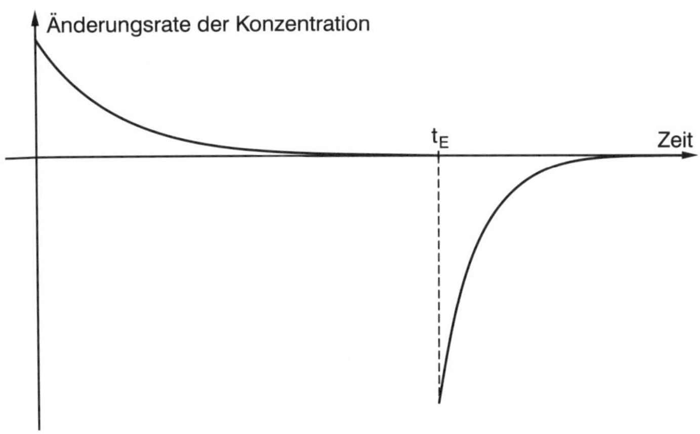

9 **2.** a) Hohe Strichdichte bei den stroboskopischen Bildern bedeutet langsamer Anstieg des Flüssigkeitspegels, entsprechend entsteht ein größerer Abstand zwischen den Strichen, wenn der Flüssigkeitspegel relativ rasch steigt.

Gefäß	Strob. Bild
I	E
II	C
III	F
IV	A
V	B
VI	D

9

2. b) Ein steiler Anstieg des Füllgraphen ist die Folge einer kleinen Querschnittsfläche des Gefäßes, entsprechend bewirkt eine Vergrößerung der Querschnittsfläche einen flacheren Anstieg des Füllgraphen.

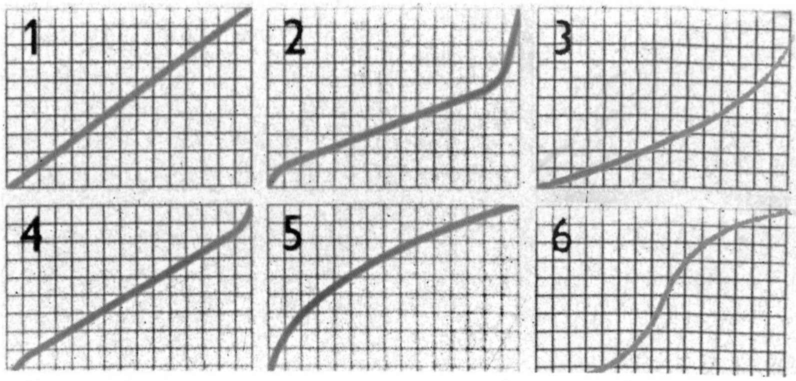

3. a) Zu Beginn (0 s – 10 s) ist der Läufer sehr schnell, dann (10 s – 70 s) reduziert er seine Geschwindigkeit. Zwischen 70 s und 150 s läuft er noch etwas langsamer. In den letzten 10 Sekunden läuft er wieder sehr schnell.

b) Es gilt: Durchschnittsgeschwindigkeit $= \frac{\text{Gesamtstrecke}}{\text{Gesamtzeit}} = \frac{800\text{ m}}{160\text{ s}} = 5\,\frac{\text{m}}{\text{s}}$

Wenn der Läufer konstant mit einer Geschwindigkeit von $5\,\frac{\text{m}}{\text{s}}$ laufen würde, würde das Weg-Zeit-Diagramm wie eine Strecke mit Endpunkten A und E aussehen.

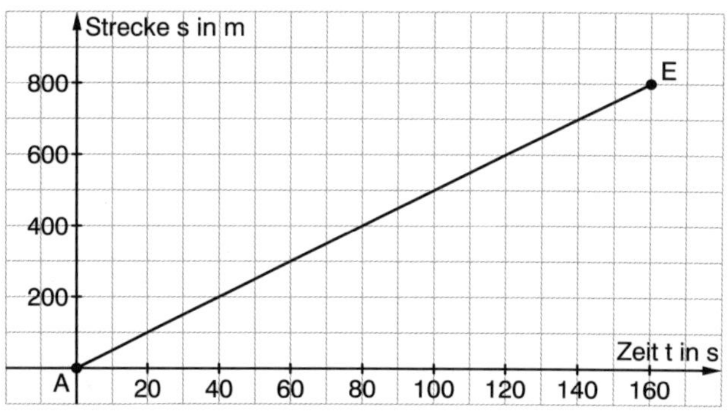

c) Die größte Geschwindigkeit v hatte der Sportler in den Zeitabschnitten [0 s; 10 s] und [150 s; 160 s]:

$$v_{[0;10]} = v_{[150;160]} = \frac{\text{zurückgelegte Strecke}}{\text{benötigte Zeit}} = \frac{\frac{1}{3}\cdot 200\text{ m}}{10\text{ s}} = 6{,}\overline{6}\,\frac{\text{m}}{\text{s}}$$

d) Der dargestellte Graph entspricht einem Modell, das gegenüber der Realität folgende Vereinfachungen enthält:

i) konstante Geschwindigkeit auf einzelnen Zeitintervallen sowie

ii) plötzliche Geschwindigkeitsänderungen (s. Punkte A, B, C, D im Diagramm).

9 **4.** a) Die momentane Änderungsrate zu einem Zeitpunkt ist gleich der Steigung der Tangente an den Graphen an der Stelle t = 4 s. Die Steigung der Tangente (einer Geraden) lässt sich mithilfe eines Steigungsdreiecks ermitteln.

b) Bei der Höhenänderungsrate zum Zeitpunkt t = 4 s handelt es sich um die Steiggeschwindigkeit zu diesem Zeitpunkt. Sie beträgt $\frac{\Delta h}{\Delta t} = \frac{-4\text{ m}}{2\text{ s}} = -2\,\frac{\text{m}}{\text{s}}$.
Der Ball fällt, die Steiggeschwindigkeit ist negativ.

c) Die Änderungsrate zum Zeitpunkt t = 2 s beträgt ca. $6\,\frac{\text{m}}{\text{s}}$; die Änderungsrate zum Zeitpunkt t = 5 s beträgt ca. $-6\,\frac{\text{m}}{\text{s}}$.

11 **5.**

	Füllgraph	Höhenänderungsgraph
a)	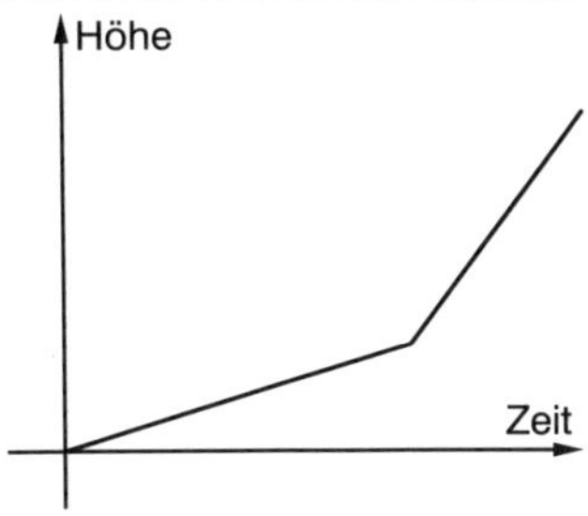	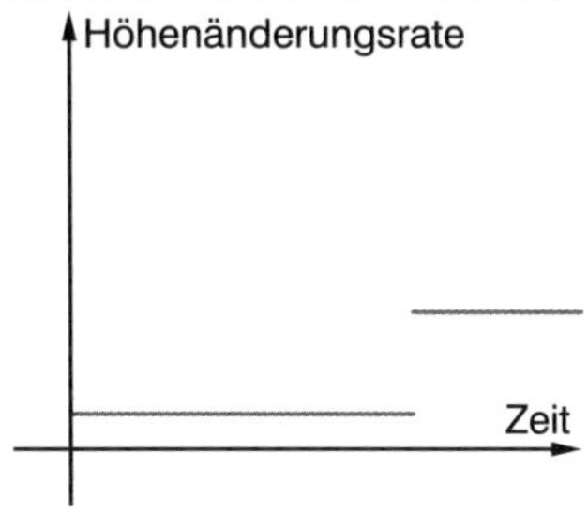
b)	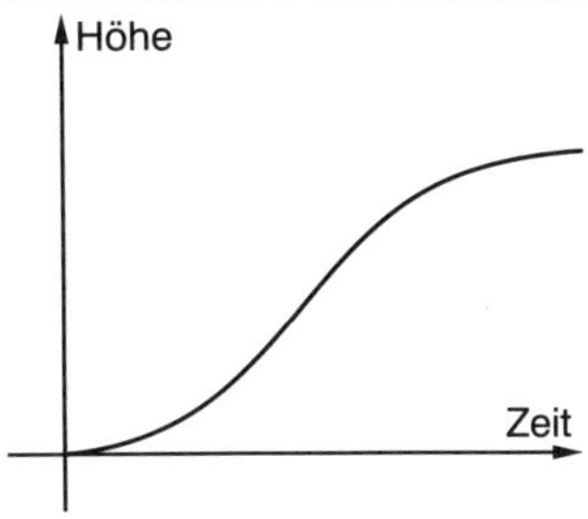	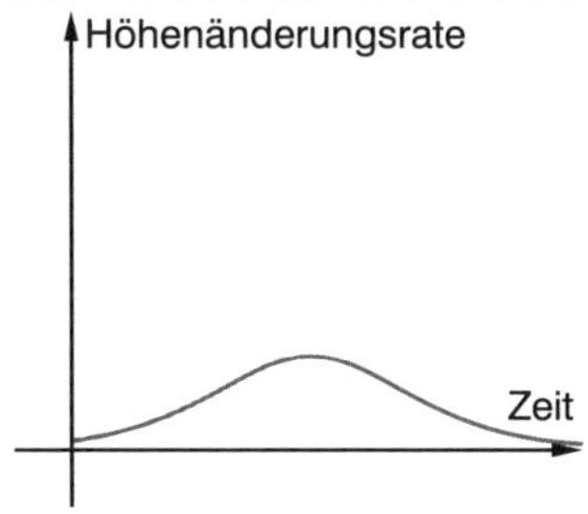
c)	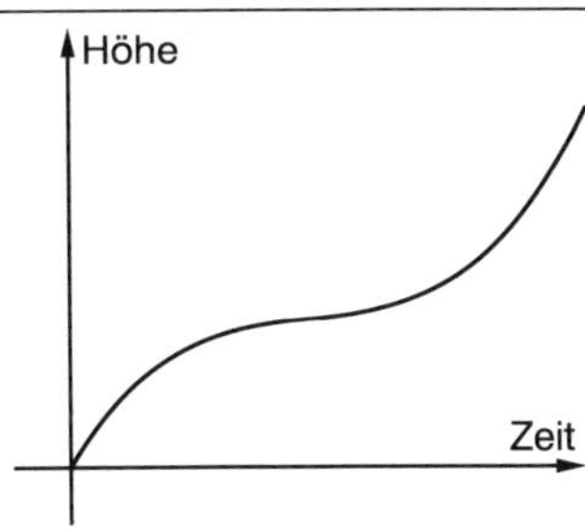	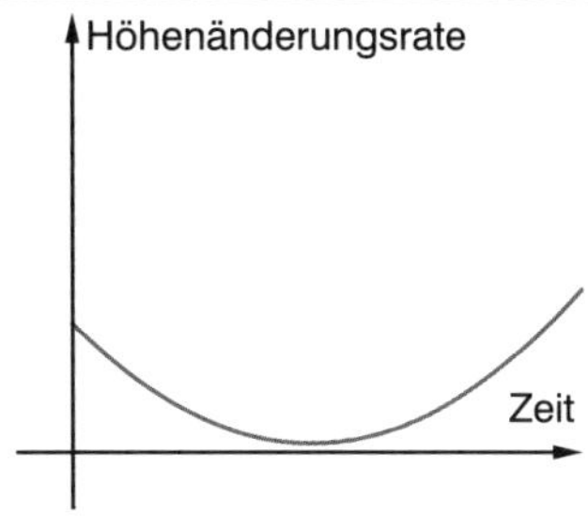
d)	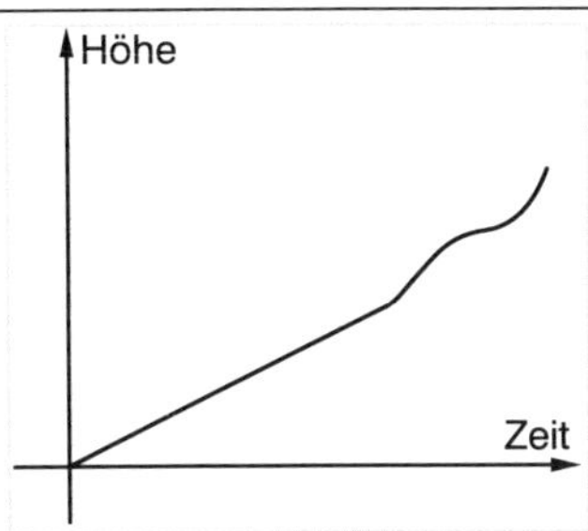	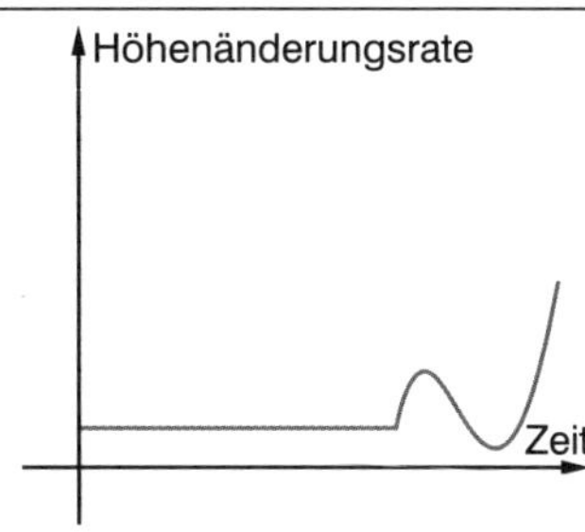

11

5.

	Füllgraph	Höhenänderungsgraph
e)	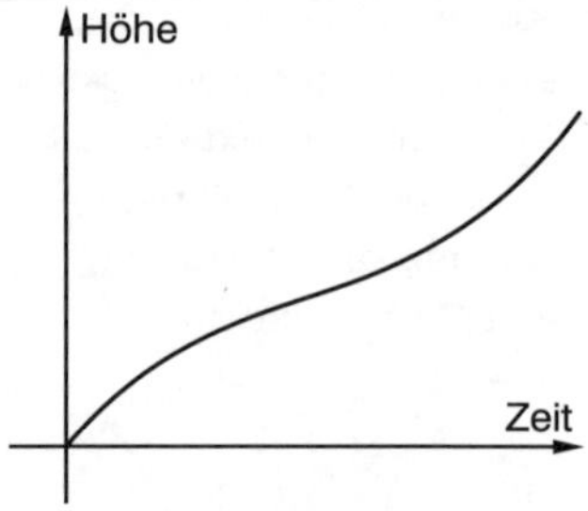	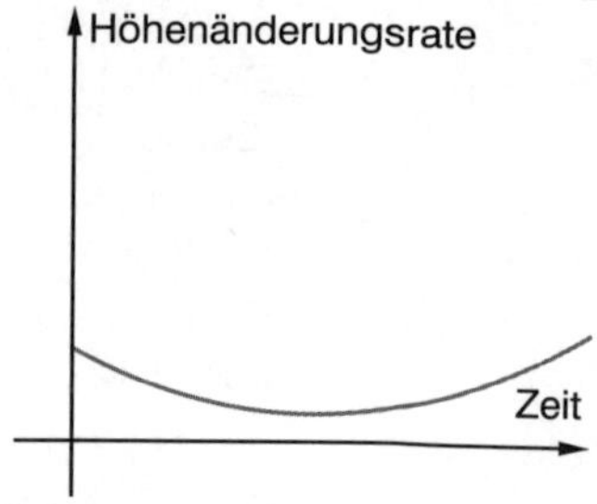

6. Die Aussagen über schnelle bzw. langsame Änderungen beziehen sich auf den Vergleich der Steigungen an den Stellen a, b, c.

	Stelle a	Stelle b	ggf. Stelle c
(1)	Der Graph steigt langsam.	Der Graph steigt schnell.	
(2)	Der Graph steigt schnell.	Der Graph fällt langsam.	
(3)	Der Graph fällt langsam.	Der Graph steigt langsam.	
(4)	Der Graph fällt gleich schnell.		

7. a) und d)

Zeit t in min	Temperaturverlauf	Kochvorgang
[0 min; 8 min]	Die Temperatur steigt von 10 °C auf 100 °C, wobei die Temperaturerhöhung sich nach und nach verlangsamt.	Die Herdplatte unter dem Kessel ist eingeschaltet, ein Teil der Energie des Wassers wird immer mehr an die Umgebung abgegeben.
[8 min; 12 min]	In diesem Zeitintervall erfolgt keine Temperaturerhöhung.	Die Herdplatte unter dem Kessel ist eingeschaltet, das Wasser siedet (Phasenübergang flüssig → gasförmig, keine Temperaturerhöhung trotz Energiezufuhr).
[12 min; ca. 22 min]	Die Temperatur sinkt erst schnell, dann immer langsamer und nähert sich vermutlich der Umgebungstemperatur.	Die Herdplatte ist abgeschaltet, die Abkühlung beginnt.

b)

Zeitpunkt t in min	Änderungsrate der Temperatur in °C/min
4	ca. 11
10	0
14	ca. –9

11 **7.** c)

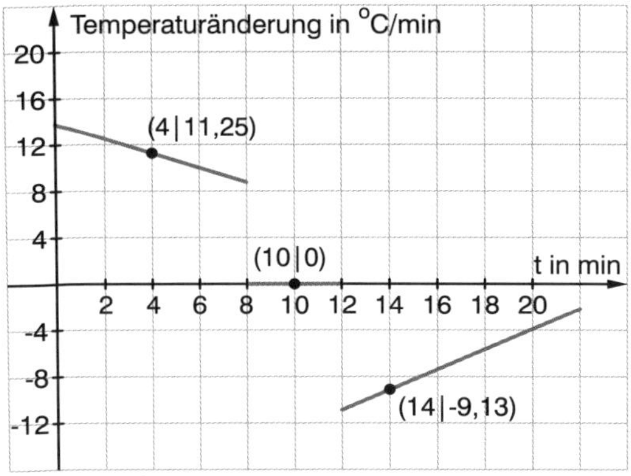

8. a) Im ersten Augenblick setzt sich der Wagen in Bewegung. Seine Geschwindigkeit steigt in den ersten 5,5 s auf ca. 15 $\frac{m}{s}$. Am schnellsten steigt sie zum Zeitpunkt t = 3 s. Nach 5,5 s sinkt die Geschwindigkeit, und zwar immer schneller. Zum Zeitpunkt t = 8 s beträgt sie nur noch 5 $\frac{m}{s}$.

b)

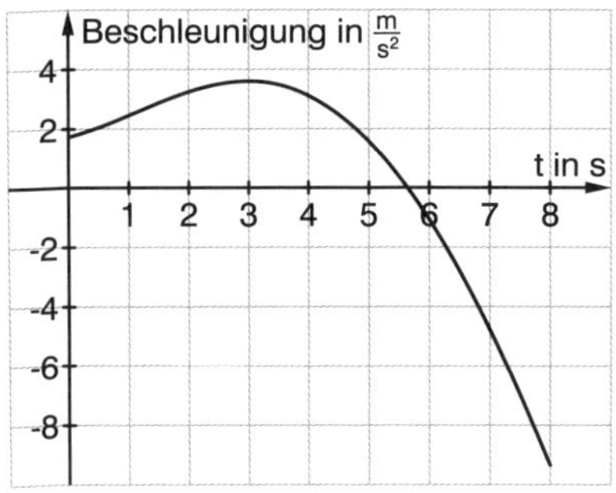

1.2 Durchschnittliche und momentane Änderungsrate

12 **1.** a) $v = -20\,\frac{m}{s}$

b) Wenn ein Fahrzeug mit konstanter Geschwindigkeit fährt, so nimmt man einfach an, dass es zu jedem Zeitpunkt mit dieser Geschwindigkeit fährt. In diesem Spezialfall wäre eine Übertragung des Wertes der durchschnittlichen Geschwindigkeit – z. B. nach der Formel $v = \frac{s}{t}$ berechnet – auf die momentane Geschwindigkeit plausibel. Beim freien Fall handelt es sich um eine beschleunigte Bewegung. Der Begriff der momentanen Geschwindigkeit muss hier neu definiert werden. Insbesondere liefert die Formel $v = \frac{s}{t}$ auf den Zeitpunkt t = 0 angewandt keinen bestimmten Wert.

12

1. Fortsetzung

b) Schätzung der momentanen Geschwindigkeit:

Zeitintervall	Durchschnittsgeschwindigkeit
[3,99; 4]	$-39{,}95\ \frac{m}{s}$
[3,999; 4]	$-39{,}995\ \frac{m}{s}$
[3,9999;4]	$-39{,}9995\ \frac{m}{s}$

Die Werte der Geschwindigkeit nähern sich dem Wert $-40\ \frac{m}{s}$. Das ist ein Schätzwert für die momentane Geschwindigkeit zum Zeitpunkt t = 4 s.

14

2. a) In [–3; 0]: $\frac{\Delta y}{\Delta x} = \frac{f(0) - f(-3)}{0 - (-3)} > 0$, in [0; 3]: $\frac{\Delta y}{\Delta x} = \frac{f(3) - f(0)}{3 - 0} < 0$
und in [3; 6]: $\frac{\Delta y}{\Delta x} = \frac{f(6) - f(3)}{6 - 3} > 0$

b) Wird das Intervall zur Berechnung der durchschnittlichen Änderungsraten zu groß gewählt, so entstehen ungenaue oder gar falsche Aussagen. Als Beispiel ermittelt man die Steigung für f(x) zwischen den Punkten $P(-3 \mid f(-3))$ und $Q(4 \mid f(4))$ mit 0, doch bleiben dabei die dazwischen vorhandenen negativen und positiven Steigungen verborgen.

c) Aussagekräftige Daten erhält man mit Teilintervallen, die kleiner als $\Delta x = 0{,}5$ sind.

3. Näherungswerte der Änderungsrate an der Stelle a:
a) $-\frac{4}{9} = -0{,}\overline{4}$ b) 39 c) 2

4. Die Methoden nach a) und b) liefern ungefähr den gleichen Wert: Die Änderungsrate an der Stelle t = 1 s beträgt ca. $10\ \frac{m}{s}$.

5.

Funktion	Typ	Wachsend / fallend an der Stelle x = a	Näherungswert für die Steigung an der Stelle x = a
f	quadratische Funktion	fallend	–3
k	trigonometrische Funktion	steigend	ca. 0,54
h	Exponentialfunktion	fallend	ca. –0,0691
i	Wurzelfunktion (Potenzfunktion mit gebrochenem Exponenten)	steigend	0,25
j	lineare Funktion	fallend	–3
g	quadratische Funktion	steigend	8

6. a) Mittlere Wachstumsgeschwindigkeit: $\frac{a(t_2) - a(t_1)}{t_2 - t_1} = 48$ (in $\frac{cm^2}{h}$)

b) Erläuterung:
Bei dem Intervall [2; t] ist die untere Grenze fest und die obere Grenze variabel. Die Funktion der durchschnittlichen Änderungsrate ordnet der oberen Intervallgrenze den Wert der Steigung von a(t) auf dem Intervall [2; t] zu. Dabei wird die entsprechende Änderung der Fläche durch die Länge des Zeitintervalls dividiert.

14

6. Fortsetzung

b) Beobachtung:

Bei der Annäherung an t = 2 (in h) nähert sich r(t) dem Wert der Steigung der Tangente an den Graphen von a an der Stelle t = 2, dieser Wert beträgt ca. 52,5 $\left(\text{in } \frac{\text{cm}^2}{\text{h}}\right)$. An der Stelle t = 2 ist der Wert von r(t) nicht definiert.

t	2	2,0001	2,001	2,01
r(t)	nicht def.	52,50909	52,5134	52,5565

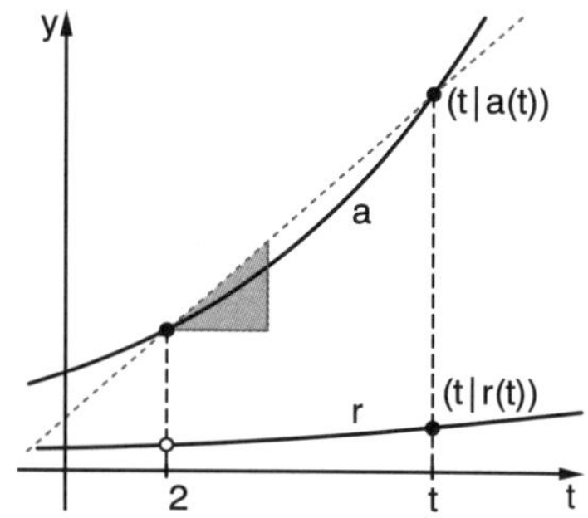

c) Änderungsrate der Funktion a(t) zum Zeitpunkt t = 2 für z. B. h = 0,0001:

$\frac{a(2 + 0{,}0001) - a(2)}{0{,}0001} \approx 52{,}5091$

Vergleich: Die Werte der Änderungsrate zum Zeitpunkt 2 h, die auf grafische bzw. auf rechnerische Weise ermittelt wurden, stimmen näherungsweise überein. Das entspricht der Erwartung, denn in beiden Fällen wurde die gleiche Methode verwendet: Gesucht wurde der Grenzwert der durchschnittlichen Änderungsrate (der Sekantensteigung) bei der Annäherung der oberen (freien) Intervallgrenze an die untere Intervallgrenze t = 2.

16

7. Tabelle: Bestimmung der Näherungswerte der Steigung an der Stelle a

Teilaufgabe	Skizze	$h = 10^{-4}$	$h = 10^{-5}$	$h = 10^{-6}$	$h = 10^{-7}$	Näherungswert der Steigung an der Stelle a
a)	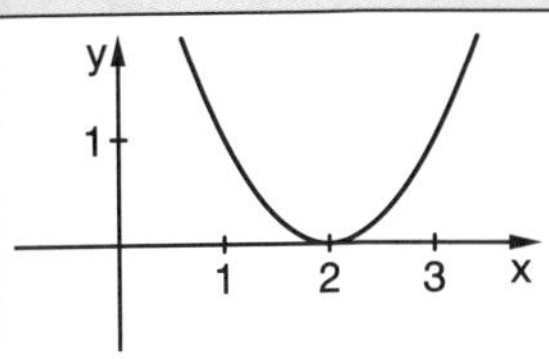	10^{-4}	10^{-5}	10^{-6}	10^{-7}	0,00000
b)	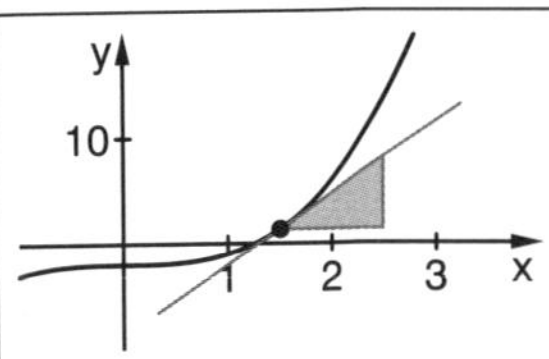	6,75045	6,750045	6,7500045	6,75000045	6,75000
c)	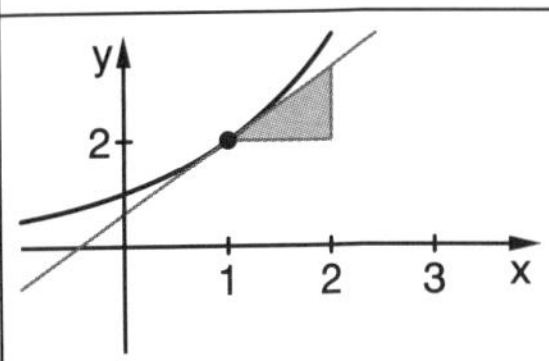	1,386342	1,386299	1,386295	1,386294	1,38629

16

7. Fortsetzung

Teilaufgabe	Skizze	$h = 10^{-4}$	$h = 10^{-5}$	$h = 10^{-6}$	$h = 10^{-7}$	Näherungswert der Steigung an der Stelle a
d)	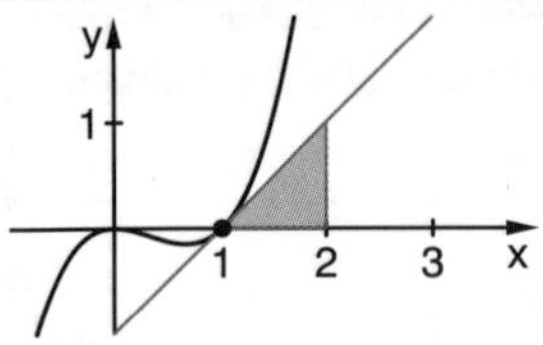	1,000200	1,000020	1,000002	1,0000002	1,00000
e)	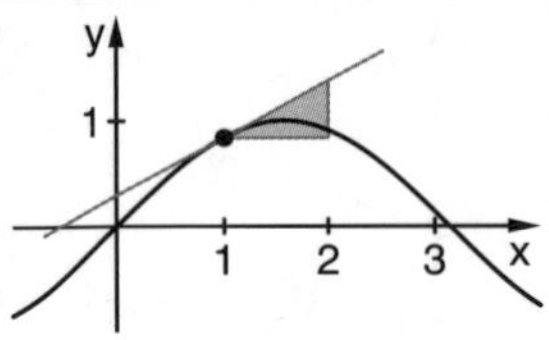	0,8775586	0,8775802	0,8775823	0,8775826	0,87758

Bei a) ist der Grenzwert Null, weil sich die Sekanten einer Horizontalen nähern.
Bei d) ist der Grenzwert exakt Eins, weil sich der Term der Änderungsrate $r(x) = \frac{f(x) - f(1)}{x - 1} = \frac{x^3 - x^2}{x - 1}$ vereinfachen lässt zu $r(x) = x^2$. Somit ist $r(1) = 1^2 = 1$.

8. a) und b)

(A) $\frac{\Delta y}{\Delta x} = -2$

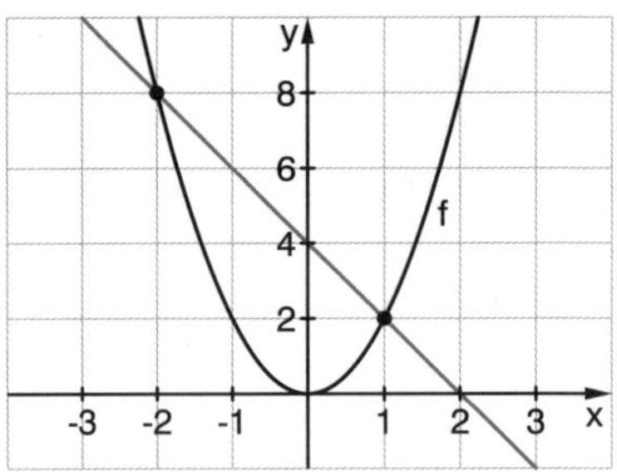

$f'(x) = 4x \Rightarrow f'(-2) = -8;\ f'(1) = 4$

(B) $\frac{\Delta y}{\Delta x} = 1$

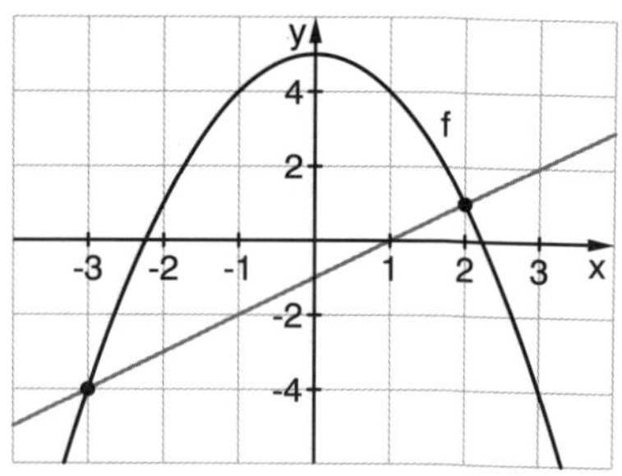

$f'(x) = -2x \Rightarrow f'(-3) = -6;\ f'(2) = -4$

(C) $\frac{\Delta y}{\Delta x} = 7$

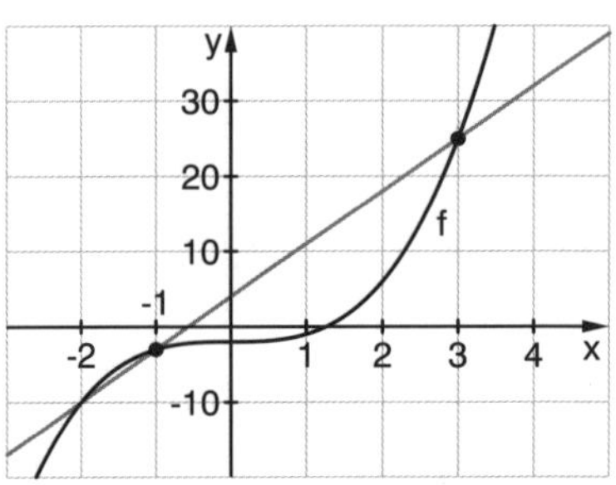

$f'(x) = 3x^2 \Rightarrow f'(-1) = -3;\ f'(3) = 27$

(D) $\frac{\Delta y}{\Delta x} = 0$

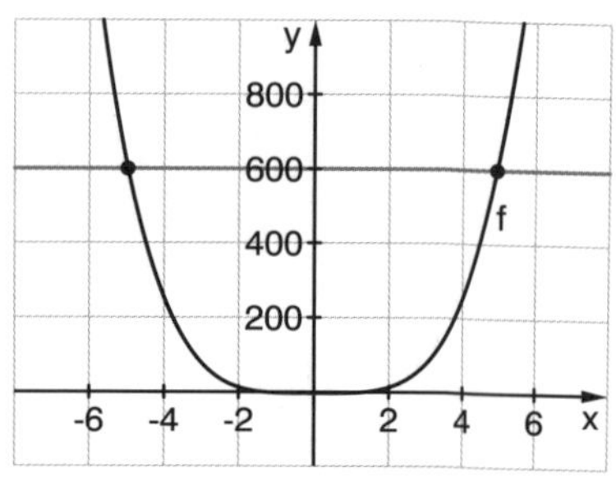

$f'(x) = 4x^3 \Rightarrow f'(-5) = -500;\ f'(5) = 500$

16

9. a) $f(x) = x^2;\ a = 3$

$\frac{\Delta y}{\Delta x} = \frac{f(3+h) - f(3)}{3+h-3} = \frac{9 + 6h + h^2 - 9}{h = 6 + h} \Rightarrow \lim\limits_{h \to 0} \frac{\Delta y}{\Delta x} = 6$

Wert des Differenzenquotienten für h = 0,000001: $\frac{\Delta y}{\Delta x} = 6{,}000001$

b) $f(x) = x^2 + 4x;\ a = 2$

$\frac{\Delta y}{\Delta x} = \frac{f(2+h) - f(2)}{2+h-2} = \frac{(2+h)^2 + 4(2+h) - (2^2 + 4 \cdot 2)}{h} = \frac{8h + h^2}{h} = 8 + h \Rightarrow \lim\limits_{h \to 0} \frac{\Delta y}{\Delta x} = 8$

Wert des Differenzenquotienten für h = 0,000001: $\frac{\Delta y}{\Delta x} = 8{,}000001$

c) $f(x) = x^2;\ a = \sqrt{3}$

$\frac{\Delta y}{\Delta x} = \frac{f(\sqrt{3}+h) - f(\sqrt{3})}{\sqrt{3}+h-\sqrt{3}} = \frac{(\sqrt{3}+h)^2 - (\sqrt{3})^2}{h} = \frac{h \cdot (2\sqrt{3} + h)}{h} = 2\sqrt{3} + h$

$\Rightarrow \lim\limits_{h \to 0} \frac{\Delta y}{\Delta x} = 2\sqrt{3} \approx 3{,}464102$

Wert des Differenzenquotienten für h = 0,000001: $\frac{\Delta y}{\Delta x} = 3{,}464103$

d) $f(x) = 3x^2;\ a = 1$

$\frac{\Delta y}{\Delta x} = \frac{f(1+h) - f(1)}{1+h-1} = \frac{3(1+h)^2 - 3 \cdot 1^2}{h} = \frac{3 \cdot h \cdot (2 \cdot 1 + h)}{h} = 3(2+h) \Rightarrow \lim\limits_{h \to 0} \frac{\Delta y}{\Delta x} = 6$

Wert des Differenzenquotienten für h = 0,000001: $\frac{\Delta y}{\Delta x} = 6{,}000003$

e) $f(x) = x^2 - 2x + 1;\ a = 1$

$\frac{\Delta y}{\Delta x} = \frac{f(1+h) - f(1)}{1+h-1} = \frac{((1+h)^2 - 2(1+h) + 1) - (1^2 - 2 \cdot 1 + 1)}{h} = \frac{0 \cdot h + h^2}{h} = h$

$\Rightarrow \lim\limits_{h \to 0} \frac{\Delta y}{\Delta x} = \lim\limits_{h \to 0} h = 0$

Wert des Differenzenquotienten für h = 0,000001: $\frac{\Delta y}{\Delta x} = 0{,}000001$

f) $f(x) = x^3;\ a = 1$

$\frac{\Delta y}{\Delta x} = \frac{f(1+h) - f(1)}{1+h-1} = \frac{(1^3 + 3 \cdot 1^2 \cdot h + 3 \cdot 1 \cdot h^2 + h^3) - 1^3}{h} = \frac{h(3 + 3 \cdot h + h^2)}{h} = 3 + 3 \cdot h + h^2$

$\Rightarrow \lim\limits_{h \to 0} \frac{\Delta y}{\Delta x} = 3$

Wert des Differenzenquotienten für h = 0,000001: $\frac{\Delta y}{\Delta x} = 3{,}000003$

10. a) $f(x) = 3^x;\ a = 1$

Differenzenquotient für h = 0,000001: $\frac{\Delta y}{h} = \frac{3^{1+0{,}000001} - 3}{0{,}000001} = 3{,}29583$

Für die Limesbildung des Differenzenquotienten müsste man eine Möglichkeit finden, h im Nenner zu eliminieren.

$\frac{\Delta y}{\Delta x} = \frac{f(1+h) - f(1)}{1+h-1} = \frac{3^{1+h} - 3^1}{h} = \frac{3(3^h - 1)}{h} = 3 \cdot \frac{3^h - 1}{h}$

Es bleibt hier nur noch, den Wert des Differentialquotienten über die Limesbildung mit sukzessiv kleiner werdendem h zu finden.

b) $f(x) = \sin(x);\ a = \frac{\pi}{4}$

Differenzenquotient für h = 0,000001:

$\frac{\Delta y}{h} = \frac{\sin(1 + 0{,}000001) - \sin(1)}{0{,}000001} = 0{,}54030$

Sinngemäß gilt hier das gleiche wie bei Teilaufgabe a). Für die Limesbildung des Differenzenquotienten müsste man eine Möglichkeit finden, h im Nenner zu eliminieren.

16

11. a)

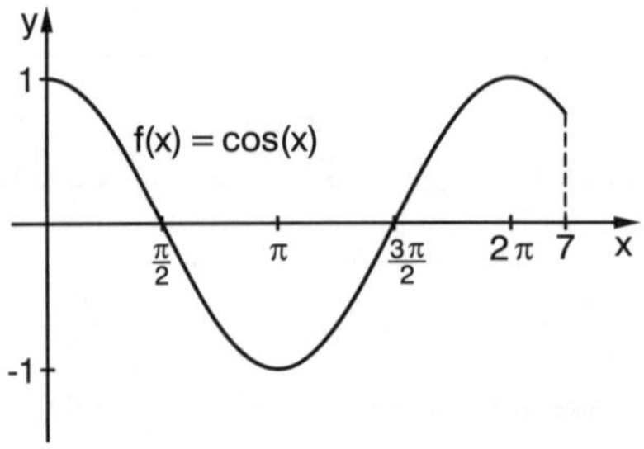

b) Wertetabelle der Steigungen z. B.:

Stelle	0	$\frac{\pi}{4}$	$\frac{\pi}{2}$	$\frac{3\pi}{4}$	π	$\frac{5\pi}{4}$	$\frac{3\pi}{2}$	$\frac{7\pi}{4}$	2π
Steigung von f	0	≈ –0,7	–1	≈ –0,7	0	≈ 0,7	1	≈ 0,7	0

oder

Stelle	0	$\frac{\pi}{6}$	$\frac{\pi}{2}$	$\frac{5\pi}{6}$	π	$\frac{7\pi}{6}$	$\frac{3\pi}{2}$	$\frac{11\pi}{6}$	2π
Steigung von f	0	–0,5	–1	–0,5	0	0,5	1	0,5	0

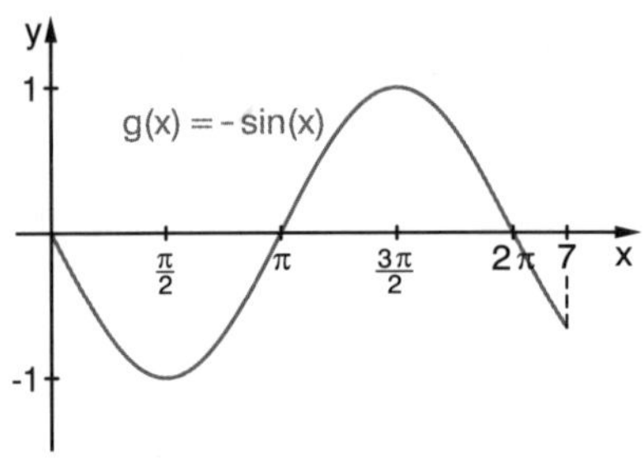

Vermutung: Der Steigungsgraph von f (x) = cos (x) wird durch die Funktion g (x) = –sin (x) beschrieben.

18

12. a) $f'(x) = 3x$ b) $f'(x) = 3x$ c) $f'(x) = 2x + 6$
d) $f'(x) = x^2$ e) $f'(x) = x^2 - 2$ f) $f'(x) = 2$

13. a) –

b)

	$msek(x, h) = \frac{f(x+h) - f(x)}{h}$ $(h \neq 0)$	$f'(x) = \lim\limits_{h \to 0} msek(x, h)$
f_1	$msek_1(x, h) = 4x + 2h$	$f_1'(x) = 4x$
f_2	$msek_2(x, h) = \frac{2^x \cdot (2^h - 1)}{h}$	Limes noch unbekannt
f_3	$msek_3(x, h) = 2x + h - 4$	$f_3'(x) = 2x - 4$
f_4	$msek_4(x, h) = 4x + 2h + 3$	$f_4'(x) = 4x + 3$
f_5	$msek_5(x, h) = 2x + h$	$f_5'(x) = 2x$
f_6	$msek_6(x, h) = 3x^2 + 3xh + h^2 + 4x + 2h$	$f_6'(x) = 3x^2 + 4x$

18

14. a) Mit der Sekantensteigungsfunktion msek(a) und einem möglichst kleinen h findet man einen guten Näherungswert für die Steigung eines Funktionsgraphen an der Stelle a.

b) Der Differenzenquotient ist die Steigung dieser Sekante.

c) Differenzenquotient – Sekantensteigung; Grenzwert des Differenzenquotienten – Tangentensteigung

d) Die Ableitungsfunktion gibt die Tangentensteigung an und ist somit der Grenzwert des Differenzenquotienten; der Differenzenquotient selbst gibt die Sekantensteigung an.

e) Weil die Steigung konstant ist und somit sowohl der durchschnittlichen, als auch der momentanen Steigung entspricht.

f) An den Stellen 1 und –1.

15. a) Falsch; Nachweis über Graphen msek(x) mit $h = 1$

b) Korrekt; Mit $h = 2$ ist $\text{msek}(0) = \frac{h^2}{h} = h = 2$ und $f'(x) = 2x \quad \Rightarrow \quad f'(1) = 2$

c) Korrekt; Nachweis über Symmetrie oder msek(x) mit $x = -2$ und $h = 4$

d) Falsch; Diese Formulierung ist nicht korrekt, weil sie auf ein Dividieren durch null führt.

16. a) Sekante: Gerade, die den Graphen in den beiden interessierenden Punkten schneidet.
Sekantensteigung: Steigung der Sekante; kann durch msek(x) ermittelt werden.
Differenzenquotient: gibt die Sekantensteigung an.
Tangente: Gerade, die den Graphen im interessierenden Punkt berührt.
Grenzwert des Differenzenquotienten: gibt die Tangentensteigung an.

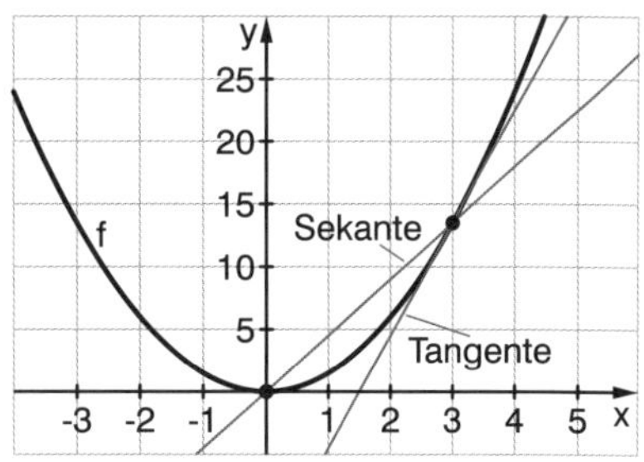

b) $\text{msek}(3) = \frac{1{,}5 \cdot 3{,}1^2 - 1{,}5 \cdot 9}{0{,}1} = 9 \quad (h = 0{,}1)$

$f'(3) = 9$

1.3 Ableitungsregeln

19

1. a) –

b)

$f_1'(x) = 2x$	$f_2'(x) = 3x^2$	$f_3'(x) = -\frac{1}{x^2}$	$f_4'(x) = \frac{1}{2\sqrt{x}}$	$f_5'(x) = \cos(x)$

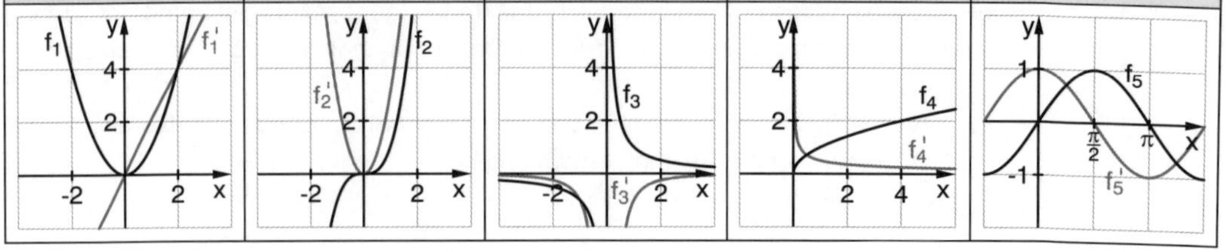

$f_6'(x) = 1{,}5^x \cdot \lim\limits_{h \to 0} \frac{1{,}5^h - 1}{h}$

Der hier auftretende Grenzwert ist noch unbekannt. Eine ungefähre Vorstellung über die Ableitung von f_6 gewinnt man mithilfe der Sekantensteigungsfunktion. Ein Beispiel mit h = 0,001:

$msek_6(x; 0{,}001) = \frac{f_6(x + 0{,}001) - f_6(x)}{0{,}001}$

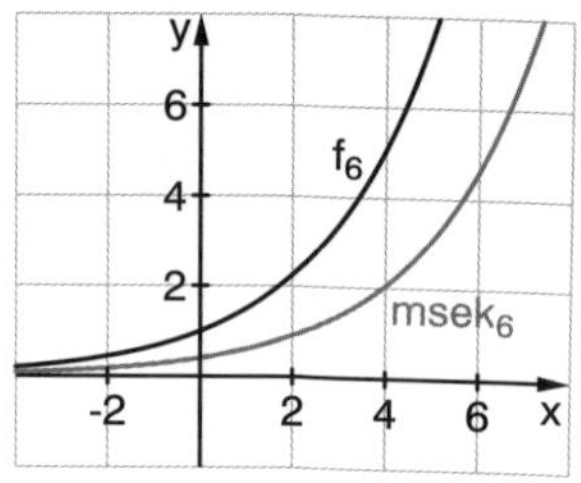

2. a)

$f(x) = x^2$ $f'(x) = 2x$	Die Steigung von f ist für x < 0 negativ und für x > 0 positiv. Sie nimmt proportional zu x zu.
$f(x) = x^3$ $f'(x) = 3x^2$	Die Steigung von f ist für alle $x \in \mathbb{R}$, $x \neq 0$ positiv. Sie ändert sich wie eine Potenzfunktion 2. Grades.
$f(x) = x^4$ $f'(x) = 4x^3$	Die Steigung von f ist für x < 0 negativ und für x > 0 positiv. Sie ändert sich wie eine Potenzfunktion 3. Grades.
$f(x) = x^5$ $f'(x) = 5x^4$	Die Steigung von f ist für alle $x \in \mathbb{R}$, $x \neq 0$ positiv. Sie ändert sich wie eine Potenzfunktion 4. Grades.

Beobachtung:
Die Steigungen einer Potenzfunktion n-ten Grades lassen sich durch eine Potenzfunktion des Grades n – 1 beschreiben. Graphen der Potenzfunktionen mit ungeradem Exponenten sind punktsymmetrisch, ihr Änderungsverhalten lässt sich durch Funktionen mit achsensymmetrischem Graphen beschreiben. Mit wachsendem Exponenten schmiegen sich die Graphen der Potenzfunktionen im Intervall [–1; 1] immer mehr an die x-Achse. In einer kleinen Umgebung von x = 0 ändern sich die Werte aller Potenzfunktionen mit natürlichem Exponenten nur wenig.

b) Für $f(x) = x^6$ gilt $f'(x) = 6 \cdot x^5$.
Vermutung für die Ableitungsregel:
Für Potenzfunktionen $f(x) = x^n$ mit $n \in \mathbb{N}$ gilt $f'(x) = n \cdot x^{n-1}$.

20

3. a)

	Der Graph der Funktion g entsteht, …
A	indem der Graph von f um 3 Einheiten in die positive Richtung der y-Achse verschoben wird.
B	indem der Graph von f mit dem Faktor 2 gestreckt wird.
C	durch Addition der Werte von f_1 und f_2 an jeder Stelle.

b)

A	Die Steigung an jeder Stelle ändert sich nicht, da sich die Form des Graphen nicht geändert hat. $g(x) = f(x) + c \quad \Rightarrow \quad g'(x) = f'(x)$
B	Die Steigung hat sich an jeder Stelle um denselben Faktor geändert. $g(x) = a \cdot f(x) \quad \Rightarrow \quad g'(x) = a \cdot f'(x)$
C	Die Steigung des Graphen von g an jeder Stelle ist die Summe der Steigungen von f_1 und f_2 an dieser Stelle. $g(x) = f_1(x) + f_2(x) \quad \Rightarrow \quad g'(x) = f_1'(x) + f_2'(x)$

4. a) Bild 1 zeigt eine Geradenschar durch den Punkt P(0,5|0,25). In der Geradenschar ist die Tangente (rote Linie) im Punkt P an den Graphen der Funktion $f(x) = x^2$ enthalten.
Bild 2 zeigt die Tangentenschar für $f(x) = x^2$.

b) Die Steigung der Tangenten im Punkt P ist m = 1. Hiermit und mit den Koordinaten von P benutzen wir in die allgemeine Geradengleichung
$y = mx + b$: $0{,}25 = 1 \cdot 0{,}5 + b \quad \Rightarrow \quad f(x) = x - 0{,}25$ als Tangentengleichung.

c) Die Tangentengleichungen für die fünf Punkte werden nach dem gleichen Verfahren aufgestellt.

$x = -2$	$f(x) = -4x - 4$	$x = -1$	$f(x) = -2x - 1$
$x = 1$	$f(x) = 2x - 1$	$x = 2$	$f(x) = 4x - 4$
$x = 3$	$f(x) = 6x - 9$		

Die Tangentengleichung für $x = -3$ ist $f(x) = -6x - 9$ und die für $x = -\frac{1}{2}$ ist $f(x) = -x - 0{,}25$. Sie entstehen durch Spiegelung der Gleichungen für $x = 3$ bzw. für $x = \frac{1}{2}$ an der y-Achse. Die Tangente durch (0|0) ist $f(x) = 0$.

d) Es ist $f'(a) = 2a = m$. Mit m und den Punktkoordinaten (a|f(a)) gehen wir in die allgemeine Geradengleichung $y = mx + b$. Daraus ergibt die zu zeigende Tangentengleichung: $f(a) = a^2 = 2a \cdot a + b \quad \Rightarrow \quad b = -a^2$
$\Rightarrow \quad y(x) = 2ax - a^2$

22

5. $f'(x) = 3x^2$; $f'(2) = 12$; $f'(-2) = 12$
Wegen der Punktsymmetrie von f liegt jeweils dieselbe Steigung vor.

$f'(x) = 4x^3$; $f'(2) = 32$; $f'(-2) = -32$
Wegen der Achsensymmetrie von f unterscheidet sich die Steigung nur durch das Vorzeichen.

22

6. $f'(x) = 2x$

$f'(x) = 0;\ f'(0{,}5) = 1;\ f'(1) = 2;\ f'(1{,}5) = 3$

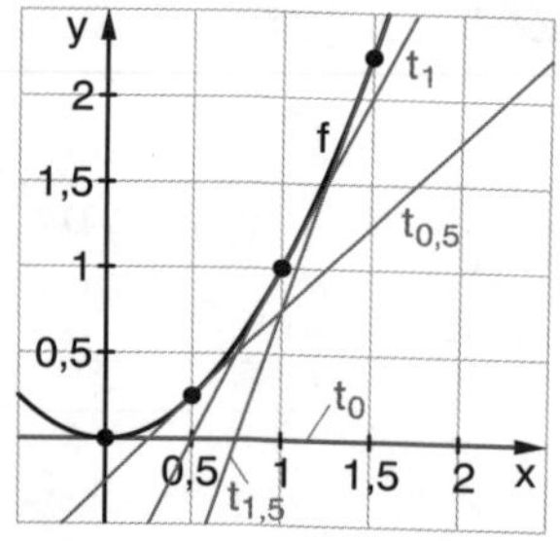

7. a) $f'(x) = 3x^2$
$3x^2 = 12 \Rightarrow x_{1,2} = \pm 2$

b) $x = \sqrt[3]{-\frac{1}{4}} \approx -0{,}63$

c) $x = 2n\pi,\ n \in \mathbb{N}$

d) $x = \frac{1}{4}$

8. $f'(x) = -\frac{1}{x^2}$

Weil $x^2 > 0$ für alle $x \neq 0$ gilt, ist $-\frac{1}{x^2}$ immer negativ.

9. $f'(x) = \cos(x)$

Weil $-1 \leq \cos(x) \leq 1$ gilt, kann die Steigung von $\sin(x)$ nicht größer als 1 und kleiner als −1 sein.

10. a) $f'(x) = \frac{1}{2\sqrt{x}}$. Für $x = 0$ ist f' nicht definiert (Nenner wird 0).

b) Die Abbildung zeigt Sekanten durch P und Q, wobei Q sich P immer weiter nähert.

Sekantensteigung: $\frac{\sqrt{h} - 0}{h - 0} = \frac{\sqrt{h}}{h} = \frac{\sqrt{h} \cdot \sqrt{h}}{h \cdot \sqrt{h}} = \frac{h}{h \cdot \sqrt{h}} = \frac{1}{\sqrt{h}}$

Für $h \to 0$ strebt $\frac{1}{\sqrt{h}}$ gegen unendlich, weil „1 durch eine ganz kleine Zahl" immer eine ganz große Zahl ergibt. Damit wäre $\lim\limits_{x \to 0} f'(x) = \infty$, die Tangente in $(0|0)$ also eine Parallele zur y-Achse.

11. $\frac{(x+h)^4 - x^4}{h} = \frac{(x^3 + 3x^2h + 3xh^2 + h^3)(x+h) - x^4}{h}$

$= \frac{x^4 + 4x^3h + 6x^2h^2 + 4xh^3 - x^4}{h} = \frac{h \cdot (4x^3 + 6x^2h + 4xh^2)}{h}$

$= 4x^3 + 6x^2h + 4xh^2$

Damit gilt: $f'(x) = \lim\limits_{h \to 0} (4x^3 + 6x^2h + 4xh^2) = 4x^3$

23

12. $f'(x) = 4x^3 - 39x^2 + 5$

Faktorregel, Potenzregel, Summenregel, Regel für konstante Summanden

13. a) $f'(x) = 20x^3$ b) $f'(x) = 3$ c) $f'(x) = 6x$

d) $f'(x) = 0{,}6x^2 - 4$ e) $f'(x) = 9x$ f) $f'(x) = 0$

g) $f'(x) = \frac{3}{2\sqrt{x}} + 2$ h) $f'(x) = 5\cos(x) - 2x$ i) $f'(x) = -\frac{2}{x^2}$

23

14. a) $f'(x) = -\frac{1}{x^2}$
b) $f'(x) = x^2 - x^3$
$f'(x) = 2x - 3x^2$
c) $f'(x) = 3 + \frac{3}{\sqrt{x}}$
d) $f(x) = x^4 - 1$
$f'(x) = 4x^3$
e) $f'(x) = 5kx^{k-1}$
f) $f(x) = x^{n+1} - x$
$f'(x) = (n+1)x^n - 1$
g) $f'(x) = 2x + 3x^2 + 4x^3$
h) $f(x) = 1 + \frac{1}{x}$
$f'(x) = -\frac{1}{x^2}$

24

15. a) $f(x) = x^3 - 2x^2$ b) $f(x) = 5x$ c) $f(x) = \sin(x) + x$ d) $f(x) = 3 \cdot \sqrt{x}$
e) $f(x) = 2x^2 - 6x$ f) $f(x) = \frac{1}{3}x^3 + \frac{3}{x}$ g) $f(x) = \frac{2}{5}x^5 - \frac{1}{4}x^4 - 2x$

16. a) 96 b) 2 c) 1
d) nicht definiert e) –3 f) 0

17. a) Der Grad ist 2, der Funktionsterm besteht nur aus Summen bzw. Differenzen von Potenzen von x und Koeffizienten. Allgemeine Form: $f(x) = a_2x^2 + a_1x + a_0$
b) $f(x) = 2x^4 - 3x^3 + x^2 - 5x + 2$; allgemeine Form: $f(x) = a_4x^4 + a_3x^3 + a_2x^2 + a_1x + a_0$
$f(x) = -x^5 + x^3 - 9x + 2$; allgemeine Form: $f(x) = a_5x^5 + a_4x^4 + a_3x^3 + a_2x^2 + a_1x + a_0$
c) Grad 1: $f(x) = a_1x + a_0$; Geraden mit der Steigung a_1 und dem y-Achsenabschnitt a_0
Grad 0: $f(x) = a_0$; Parallele zur x-Achse

18. a) $f'(x) = 3a_3x^2 + 2a_2x + a_1$ ist ganzrationale Funktion zweiten Grades.
b) $f'(x) = n \cdot a_nx^{n-1} + \ldots$
Die Ableitung ist eine ganzrationale Funktion (n–1)-ten Grades.

19. a) $f'(x) = 15x^4 - 6x^2$ b) $g'(x) = -12x^2 - 1$ c) $h'(x) = 20x^4 - 4x - 1$

20. $f_2(x)$ und $f_3(x)$ passen. Weitere Kandidaten sind alle Funktionen mit $f(x) = x^4 - 2x^2 + 3x + c$, wobei c eine beliebige konstante reelle Zahl ist.

21. a) $f(x) = x^3 - x^2$
$f'(x) = 3x^2 - 2x$
b) $g(x) = x^3 - x^2 + x - 1$
$g'(x) = 3x^2 - 2x + 1$
c) $h(x) = x^2 + 6x + 9$
$h'(x) = 2x + 6$
d) $i(x) = 2x^5 - 3x^4$
$i'(x) = 10x^4 - 12x^3$

25

22. a) $f(1) = 0{,}5 \cdot 1^2 + 0{,}5 \cdot 1 - 1 = 0$
$f'(x) = x + 0{,}5 \Rightarrow f'(1) = 1{,}5$
$f(x) = 2;\ f'(2) = 2{,}5$
b) $\Rightarrow 2 = 2{,}5 \cdot 2 + b \Rightarrow b = -3$
$\Rightarrow y = 2{,}5x - 3$

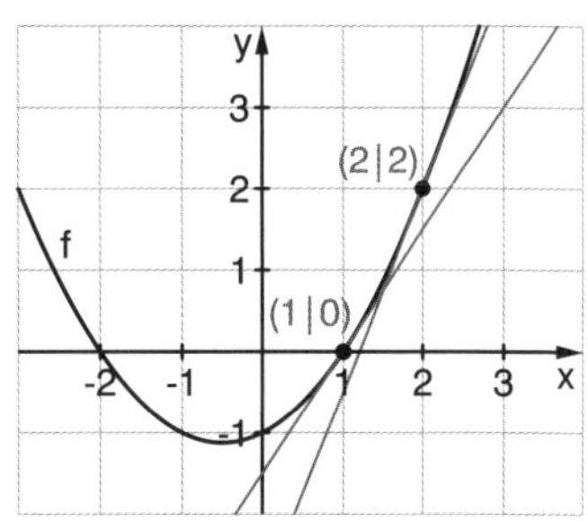

25 **23.** a) t: $y = -2x + 1$ b) t: $y = \frac{1}{6}x + \frac{3}{2}$ c) t: $y = -\frac{4}{9}x + \frac{1}{9}$

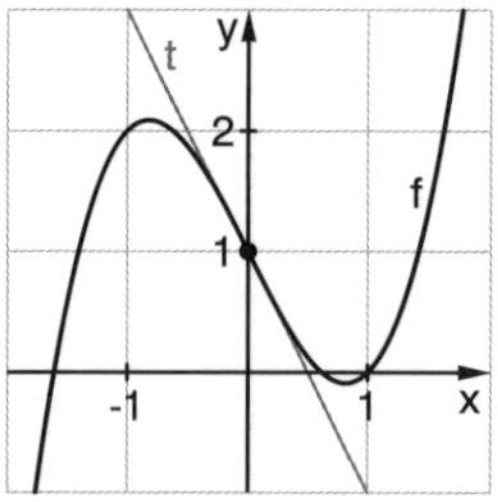

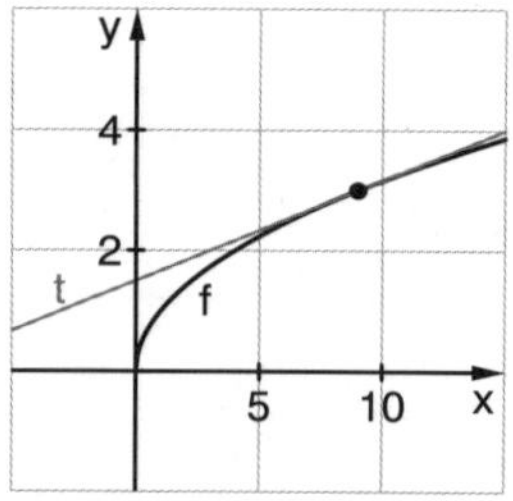

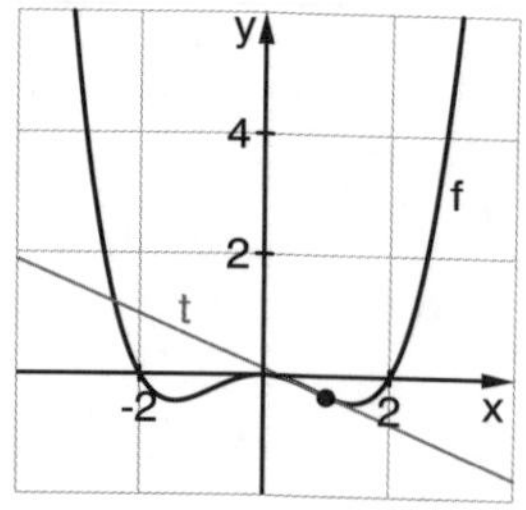

24. a) Tangente an der Stelle a = 1: $y = 2(x-1) + 1$
Tangente an einer beliebigen Stelle a:
$y = 2a(x-a) + a^2 = 2ax - a^2$

b) $0 = 2a \cdot 1 - a^2 = a \cdot (2-a) \Rightarrow a = 0$ oder $a = 2$
Die beiden Tangenten zu a = 0 bzw. a = 2 schneiden die x-Achse in (1 | 0).
Die Berührpunkte sind (0 | 0) für a = 0 und (2 | 4) für a = 2.

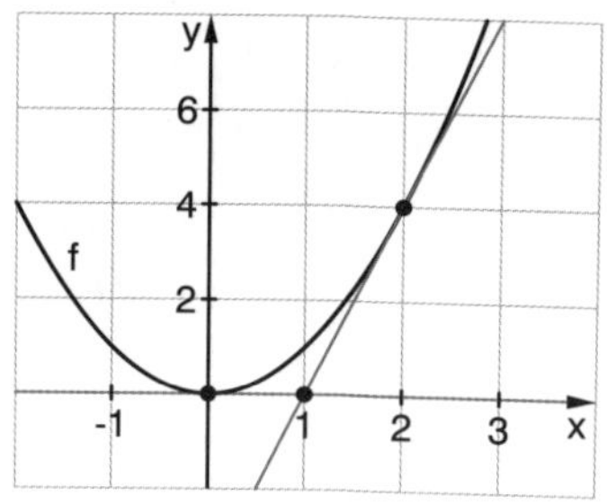

1.4 Zusammenhänge zwischen Funktion und Ableitung

26 **1.** a) Der Graph steigt bis x = 2 streng monoton, fällt dann bis x = 6 monoton und steigt danach wieder monoton. Er hat in (2 | 5,5) einen Hochpunkt und in (6 | 0) einen Tiefpunkt, er schneidet die x-Achse in (0 | 0) und (6 | 0), hat also bei x = 0 und x = 6 jeweils eine Nullstelle. In [0; 4] ist er rechtsgekrümmt, in [4; 8] linksgekrümmt. In (4 | 2,5) hat er einen Wendepunkt.

b) Aussage 1: streng monoton steigend
Aussage 2: ein lokales Maximum
Aussage 3: ein globales Maximum
Aussage 4: eine Wendestelle
Aussage 5: rechtsgekrümmt

27 **2.** a) Zunächst eine Linkskurve, dann (gestrichelte senkrechte Linie) eine Rechtskurve

b) Die Aufgabe ist ohne zusätzliche Hinweise kaum sinnvoll bearbeitbar, weil Schüler den Blick von oben (Vogelperspektive; 2. Ableitung) und von der Seite (Höhenprofil, 1. Ableitung) wohl nicht selbständig wechselseitig einnehmen. Es empfiehlt sich hier folgende Vorgabe zu machen:
Die Funktion $f(x) = -x^3 + x$ beschreibt in [–1; 1] annähernd den Kurvenverlauf der Straße. Skizzieren Sie f′ und f″. Beschreiben Sie Zusammenhänge zwischen der Lenkradeinstellung und den beiden Ableitungen.

27

2. Fortsetzung

b) Lenkrad nach links: f′ monoton wachsend; f″ positiv
Lenkrad nach rechts: f′ monoton fallend; f″ negativ
Bei Krümmungswechsel (von links nach rechts) hat f′ Extremstelle und f″ Nullstelle.

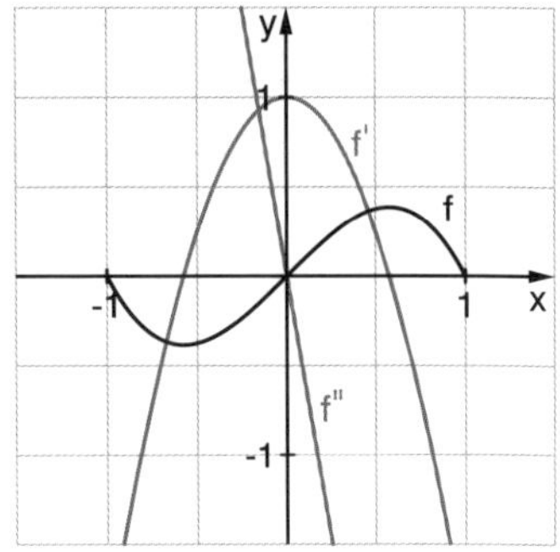

3. a) (1): x = 0; x = 3
(4): x = 2

b) (1): x = 0; x = 3
(2): x = 1
(4): x = 2

c) (1): x = 1,5
(2): x = 1
(3): x = 1,5

d) (1): x > 1,5
(2): x > 1
(3): x > 1,5
(4) gesamtes sichtbares Intervall

e) (2): x = 1,5

f) (1): x = 0; x = 3
(4): x = 2

29

4. a) (–2,5; 0): Rechtskrümmung; (0; 2,5): Linkskrümmung
b) (–3; 0): Rechtskrümmung; (0; 3): Linkskrümmung
c) (–1,5; 0): Rechtskrümmung; (0; 1,5): Linkskrümmung
d) (–2; 0): Rechtskrümmung; (0; 2): Linkskrümmung

5. (1) → (C); (2) → (B); (3) → (D); (4) → (A)

6. a) Der Wasserstand nimmt immer weniger zu, d. h. die Ausgangsfunktion ist rechtsgekrümmt (Steigung nimmt ab).
b) Die Temperatur nimmt stärker zu, es wird zunehmend wärmer, d. h. die Ausgangsfunktion ist linksgekrümmt (Steigung nimmt zu).
c) Die Schulden werden langsamer weniger, es dauert immer länger, bis dieselbe Menge Schulden getilgt ist, d. h. die Ausgangsfunktion ist linksgekrümmt (Steigung nimmt ab).
d) Die Schülerzahl wächst konstant mit derselben Anzahl pro Zeiteinheit, d. h. die Ausgangsfunktion weist keine Krümmung auf (Steigung ist konstant).

7. a)

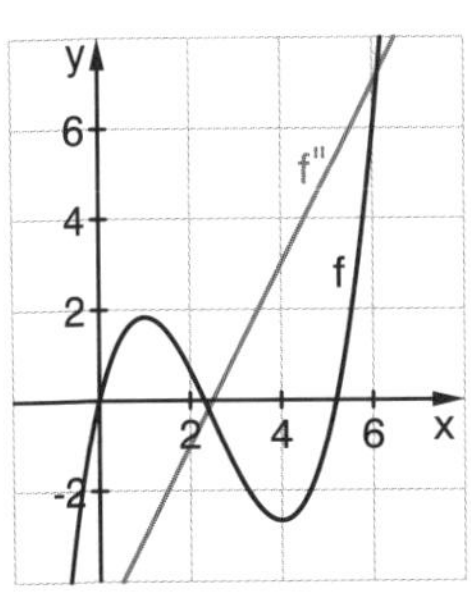

b)

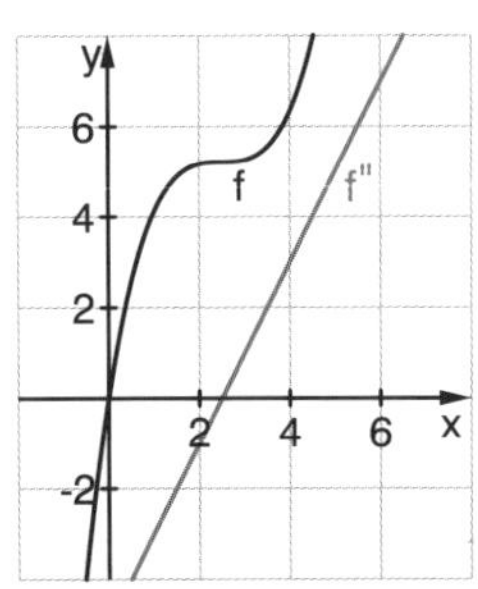

c)

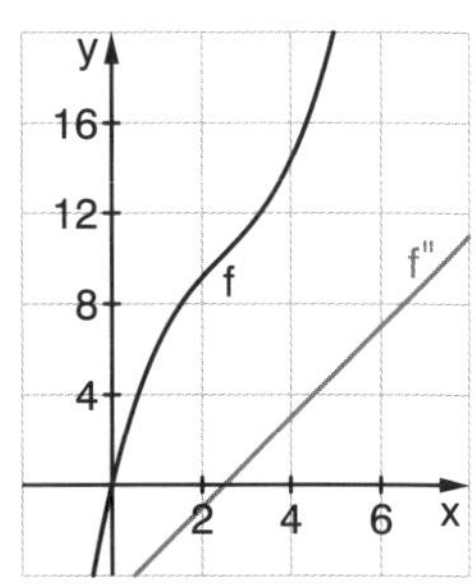

Die zweite Ableitung ist in allen Fällen dieselbe, weil die ersten Ableitungen in y-Richtung verschobene Parabeln sind.

29

8. a) An den Extremstellen von f hat f′ jeweils eine Nullstelle.
Am Graphen der zweiten Ableitung kann man das Krümmungsverhalten ablesen: Rechtskrümmung von f liegt vor, wenn f″ negativ ist; Linkskrümmung von f liegt vor, wenn f″ positiv ist.

b) Ja, in (–3; –1) ist f streng monoton fallend und f′ wachsend.

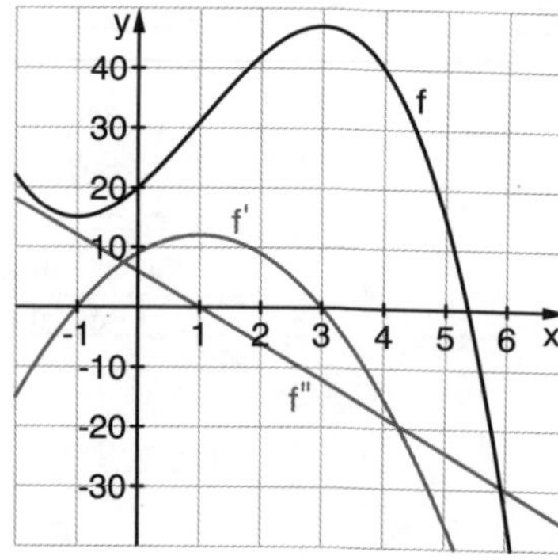

32

9. a) Wahr, weil f″ dort eine Nullstelle mit Vorzeichenwechsel hat.

b) Falsch, weil f″(4) ≠ 0 sein müsste, wenn an der Stelle x = 4 ein lokales Extremum vorliegt.

c) Falsch, weil bei Linkskrümmung f″ positiv sein müsste.

d) Wahr, weil f″(4) = 0 und in x = 4 ein Vorzeichenwechsel vorliegt.

e) Kann sein, muss aber nicht sein, lässt sich aus f'' nicht erschließen.

10. a)

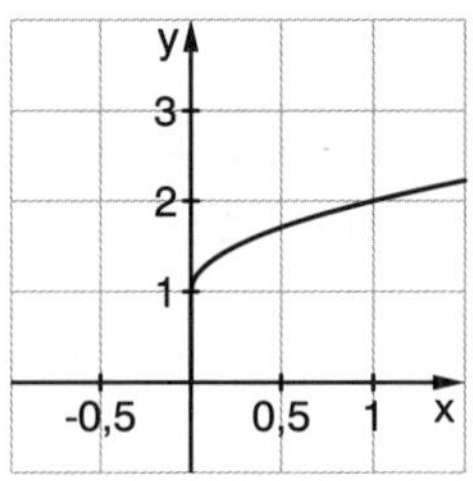

$f(x) = \sqrt{x} + 1$

b)

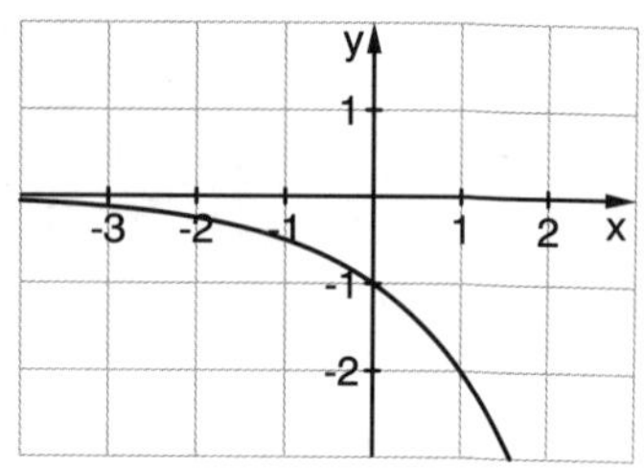

$f(x) = -2^x$

c) Nicht möglich, weil streng monoton fallende, linksgekrümmte Funktionen die x-Achse schneiden müssen.

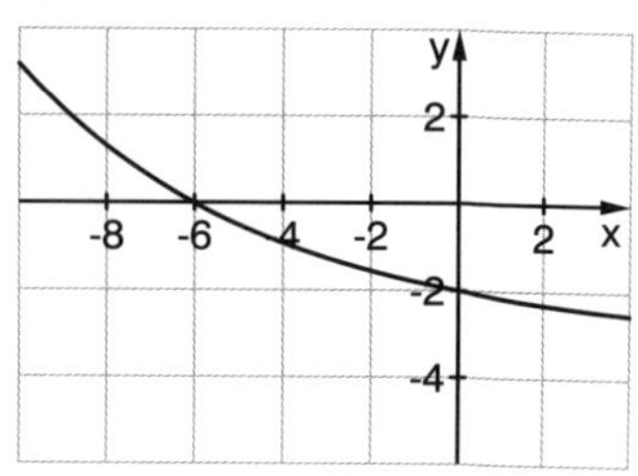

11. a) I: A), D) II: B), D) III: C)
Es passen zu zwei Aussagen mehrere Graphen.

b) A) → I B) → II C) → III

32

12. a) Die Funktion $f(x) = \frac{1}{4}x^4 - \frac{3}{2}x^3 + 2$ in Aufgabe 13 c) hat in x = 0 einen Sattelpunkt.

b) Da ein Sattelpunkt an der Stelle x ein Wendepunkt mit waagerechter Tangente ist, muss gelten: $f''(x) = 0$, $f''(x) = 0$ und $f'''(x) \neq 0$

$f(x) = (x-1)^3$	$g(x) = x^2(x-2)$	$h(x) = x^3 + x$	$k(x) = 0{,}5x^4 - 3x^2 - 4x$
$f'(x) = 3x^2 - 6x + 3$	$g'(x) = 3x^2 - 4x$	$h'(x) = 3x^2 + 1$	$k'(x) = 2x^3 - 6x - 4$
$f''(x) = 6x - 6$	$g''(x) = 6x - 4$	$h''(x) = 6x$	$k''(x) = 6x^2 - 6$
$f'''(x) = 6$	$g'''(x) = 6$	$h'''(x) = 6$	$k'''(x) = 12x$
$f'(x) = 0 \Rightarrow x = 1$ wegen $f''(1) = 0$ und $f'''(1) \neq 0$ ist mit $f(1) = 0$ der Punkt (1 | 0) ein Sattelpunkt.	$g'(x) = 0 \Rightarrow x_1 = 0$ und $x_2 = \frac{4}{3}$ $g''(0) = -4$ und $g''\left(\frac{4}{3}\right) = 4$, d.h. Punkte mit waagerechter Tangente sind keine Wendepunkte.	$h'(x) = 0$ ist nicht lösbar. Graph hat keine waagerechten Tangenten, also auch keinen Sattelpunkt.	$k'(x) = 0 \Rightarrow x_1 = -1$ und $x_2 = 2$ Wegen $k''(-1) = 0$ und $k'''(-1) \neq 0$ ist mit $k(-1) = 1{,}5$ der Punkt (−1 | 1,5) ein Sattelpunkt.

13. a) $TP_1\left(-\sqrt{3}\,\middle|\,-\frac{9}{2}\right)$; HP(0 | 0); $TP_2\left(\sqrt{3}\,\middle|\,-\frac{9}{2}\right)$

$WP_1\left(-1\,\middle|\,-\frac{5}{2}\right)$; $WP_2\left(1\,\middle|\,-\frac{5}{2}\right)$

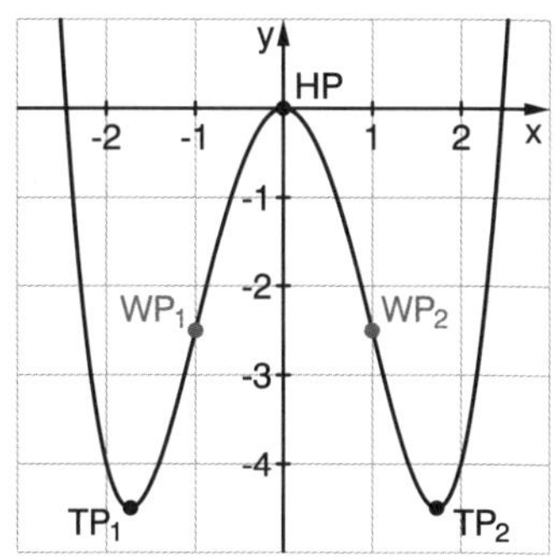

b) HP(−3 | 54); TP(3 | −54)
WP(0 | 0)

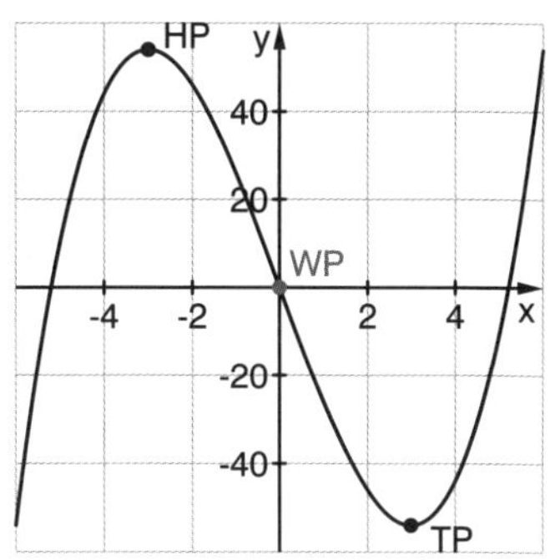

32

13. c) $TP\left(\frac{9}{2}\middle|-\frac{2059}{64}\right) \approx (4{,}5|-32{,}17)$

$WP\left(3\middle|-\frac{73}{4}\right) = (3|-18{,}25)$; $SP(0|2)$

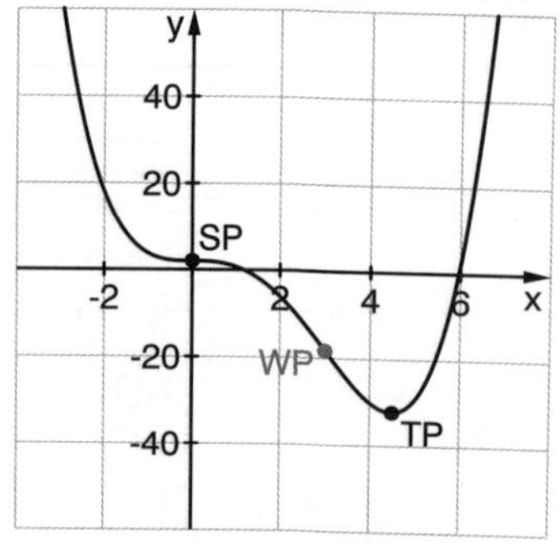

d) $f'(x) = x^4 - 10x^2 + 9$

Substitution: $z = x^2$: $z^2 - 10z + 9 = 0$

$\Rightarrow \quad z_1 = 9;\ z_2 = 1$

$HP_1\left(-3\middle|\frac{72}{5}\right) = (-3|14{,}4)$; $TP_1\left(-1\middle|-\frac{88}{15}\right) \approx (-1|-5{,}87)$

$HP_2\left(1\middle|\frac{88}{15}\right)$; $TP_2\left(3\middle|-\frac{72}{15}\right)$

$WP_1\left(-\sqrt{5}\middle|\frac{8}{3}\sqrt{5}\right) \approx (-2{,}24|5{,}96)$;

$WP_2(0|0)$ $WP_3\left(\sqrt{5}\middle|-\frac{8}{3}\sqrt{5}\right)$

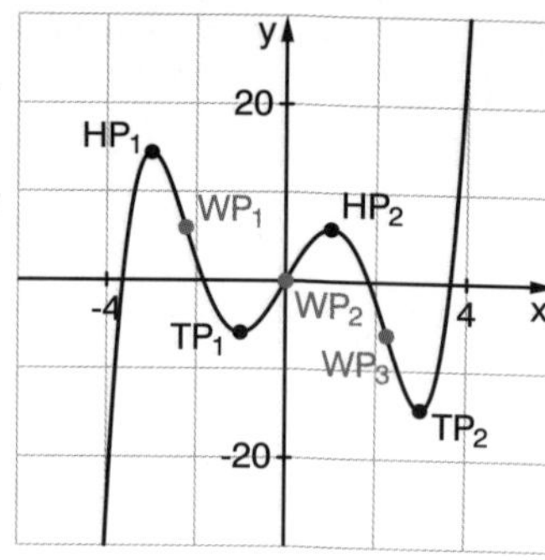

33

14. a) Die Funktionsgleichung der abgebildeten Parabel gewinnen wir über die Scheitelpunktform $f'(x) = -(x-1)^2 + 9 = -x^2 + 2x + 8$.

(1) Tiefpunkt bei $x = -2$ ($f'(2) = 0$; $f''(2) > 0$),
Hochpunkt bei $x = 4$ ($f'(4) = 0$; $f''(4) < 0$).

(2) f hat einen Wendepunkt bei $x = 1$ (wegen $f''(1) = 0$ und $f'''(1) \neq 0$).

(3) Die Tangente im Wendepunkt hat die Steigung $m = f'(1) = 9$.

(4) In $I = [-2; 4]$ ist f streng monoton wachsend wegen $f'(x) > 0$ für $x \in I$.

b) Skizze von $f(x) = -\frac{1}{3}x^3 + x^2 + 8x$:

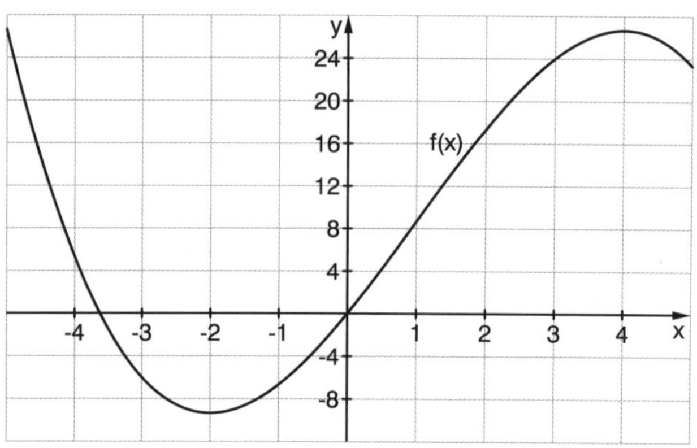

33

15. a) Die Funktionsgleichung der abgebildeten Parabel gewinnen wir über die Scheitelpunktform $f'(x) = (x-2)^2 + 1 = x^2 - 4x + 5$.

(1) f hat keine lokalen Extrema, weil f′ keine Nullstellen hat.

(2) f hat einen Wendepunkt bei $x = 2$ (wegen $f''(2) = 0$ und $f'''(2) \neq 0$), ein weiterer Wendepunkt ist wegen grad (f) = 3 nicht möglich.

(3) Die Tangente im Wendepunkt hat die Steigung $m = f'(2) = 1$.

(4) Im Definitionsbereich D ist f streng monoton wachsend wegen $f'(x) > 0$, $x \in D = \mathbb{R}$.

b) Skizze von $f(x) = \frac{1}{3}x^3 - 2x^2 + 5x$:

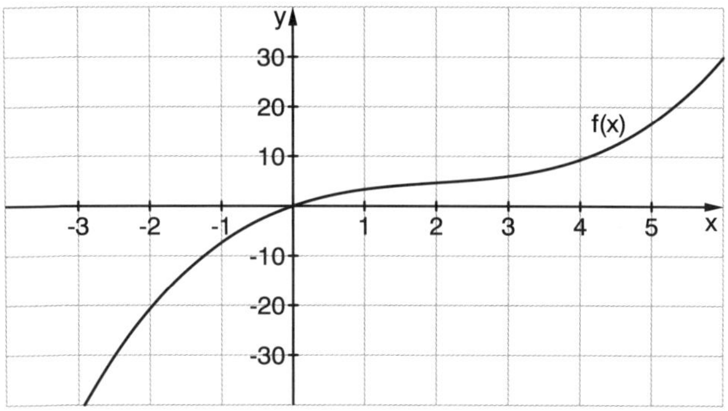

16. a) Die Funktionsgleichung der abgebildeten Parabel gewinnen wir über die Scheitelpunktform $f'(x) = (x+1)^2 = x^2 + 2x + 1$.

(1) f′ hat zwar einen Punkt mit einer waagerechten Tangenten, nämlich bei $x = -1$, aber es fehlt hier der Vorzeichenwechsel von f′.

(2) f hat einen Wendepunkt bei $x = -1$ (wegen $f''(-1) = 0$ und $f'''(-1) \neq 0$), und wegen der waagerechten Tangenten an f in $x = -1$ ist $(-1|0)$ ein Sattelpunkt. Ein weiterer Wendepunkt ist wegen grad (f) = 3 nicht möglich.

(3) Die Tangente im Wendepunkt hat die Steigung $m = f'(1) = 0$.

(4) Im ganzen Definitionsbereich D ist f streng monoton wachsend wegen $f'(x) \geq 0$ für $x \in D = \mathbb{R}$.

b) Skizze von $f(x) = \frac{1}{3}x^3 + x^2 + x$:

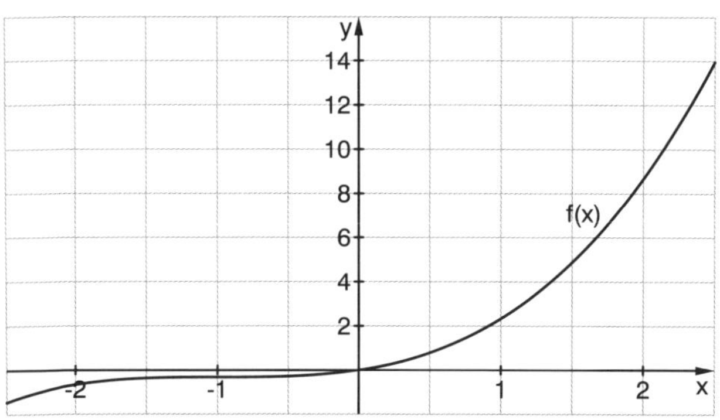

33

17. a) Die Kostenfunktion muss eine Potenzfunktion dritten Grades sein. Der Graph schneidet die y-Achse (= Kostenachse) in K_0 (Bedingung (1)). Er ist streng monoton steigend (Bedingung (2)), hat also keine Extrempunkte, aber einen Wendepunkt (Bedingung (3)).

Skizzen der drei geforderten Graphen:

Kostenfunktion K	Kostenänderung K´	Änderung der Kostenänderung K´´
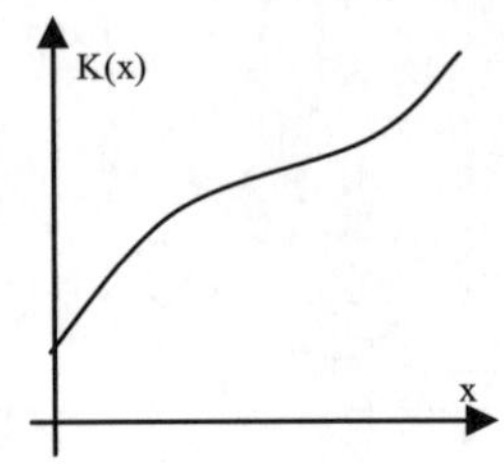	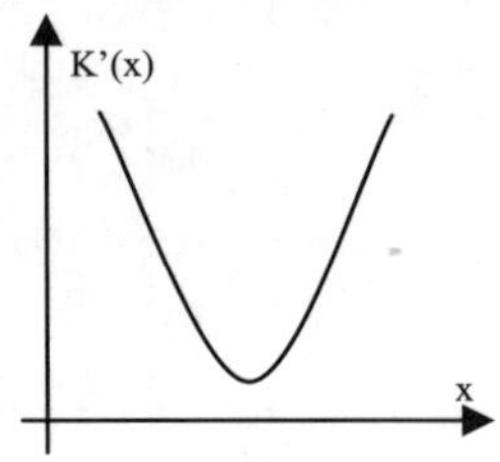	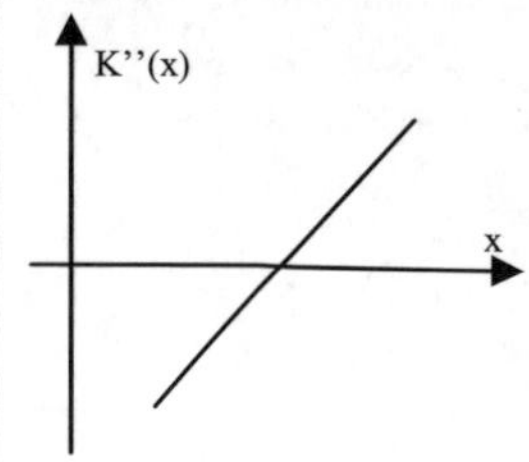

b) Die Ableitungen der Kostenfunktion $K(x) = 2x^3 - 18x^2 + 60x + 32$ sind
$K'(x) = 6x^2 - 36x + 60$, $K''(x) = 12x - 36$ und $K'''(x) = 12$.
Einsetzen von 0, 3, 6 und 8 in K´(x) ergibt:
$K'(0) = 60$ (1000 €)
$K'(3) = 6$ (1000 €)
$K'(6) = 60$ (1000 €)
$K'(8) = 156$ (1000 €).
Minimale momentane Änderungsrate ($\triangleq$ Minimum von K´), also
$K'' = 0 \quad \Rightarrow \quad 0 = x - 3 \quad \Rightarrow \quad x = 3$. Wegen $K'''(3) = 12 > 0$ hat K´ bei x = 3 ein lokales Minimum, d. h. bei einer Stückzahl von dreitausend pro Tag ist die momentane Änderungsrate der Produktionskosten minimal. Es ist $K'(3) = 6$ (1000 €).

34

18. a) Graphen von Funktionen 2. Grades $f(x) = ax^2 + bx + c$ sind Parabeln. Diese haben zwei, eine oder keine Nullstelle und immer einen Hochpunkt, wenn sie nach unten geöffnet sind ($a < 0$) und einen Tiefpunkt, wenn sie nach oben geöffnet sind ($a > 0$). Sie haben keine Wendepunkte und sind für $a > 0$ nur linksgekrümmt, für $a < 0$ rechtsgekrümmt.

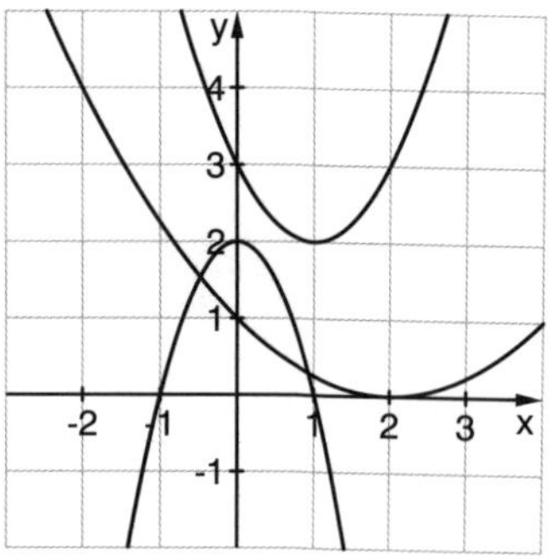

34

18. b) Die Ableitungsfunktionen f′(x) haben den Grad 2, es sind also quadratische Funktionen. Die zweiten Ableitungen f″(x) haben den Grad 1, es sind also lineare Funktionen.

c)

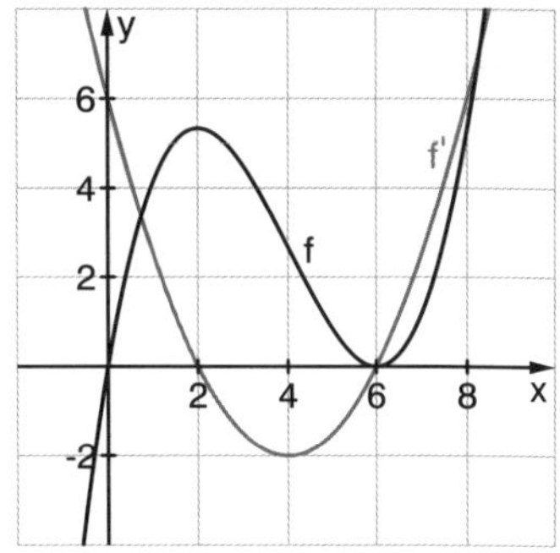

19. a) $f'(x) = 3x^2 - 4$;
f′ hat zwei Nullstellen, also Typ I.

b) $f'(x) = 3x^2 + 4$;
f′ hat keine Nullstellen, also Typ III.

c) $f'(x) = 3x^2 - 6x + 3 = 3(x - 1)^2$;
f′ hat eine Nullstelle, also Typ II.

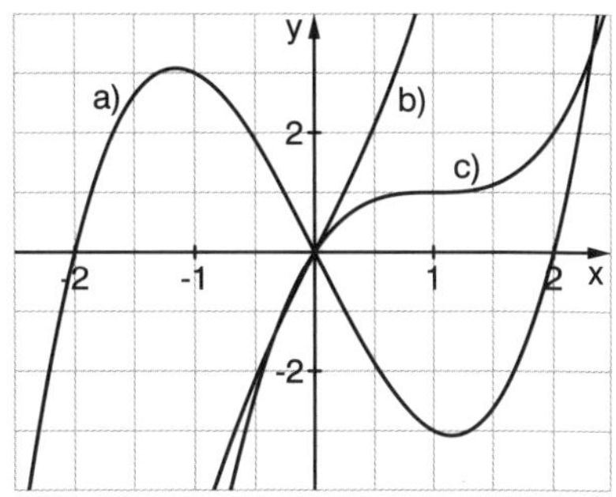

35

20. f″ ist eine fallende Gerade, f′ sind nach unten geöffnete Parabeln. Die Funktionen für $a < 0$ sind Spiegelbilder der Funktionen für $a > 0$ am Wendepunkt.

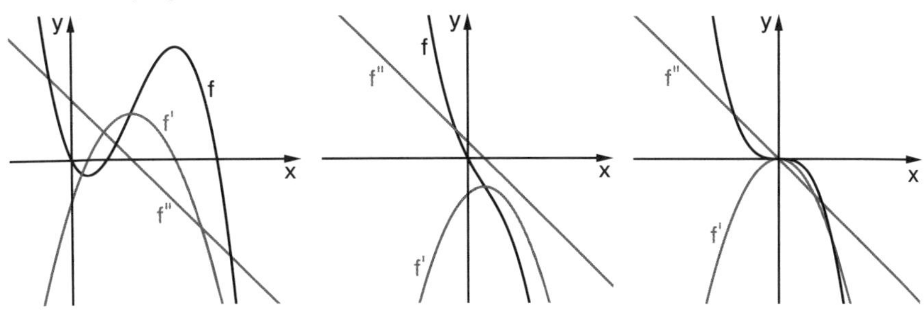

21. Der Graph der ersten Ableitung ist eine Parabel, deren Nullstellen die möglichen Extremstellen sind. Es gibt also zwei Extrempunkte, einen oder keinen. Wenn es nur einen geben würde, müsste der Scheitelpunkt von f′ auf der x-Achse liegen. Dann läge aber dort kein Vorzeichenwechsel der ersten Ableitung vor.

22. a) $f(x) = ax^3 + bx$

b) Weil bei ganzrationalen Funktionen 3. Grades immer der Grad 3, also ein ungerader Exponent auftritt.

36

23. a) Punktsymmetrisch zu (0|0)

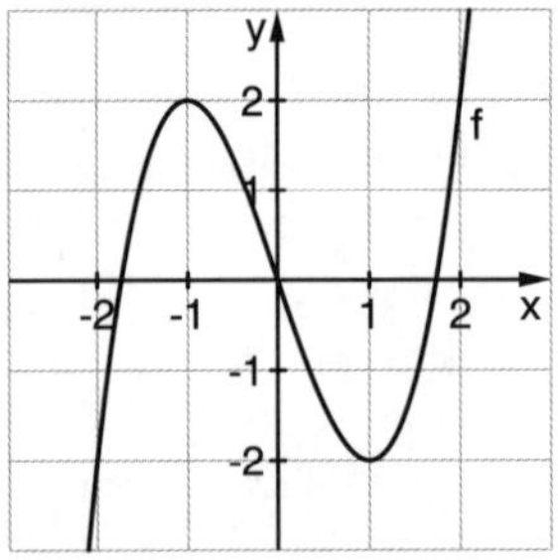

b) keine der beiden Symmetrien

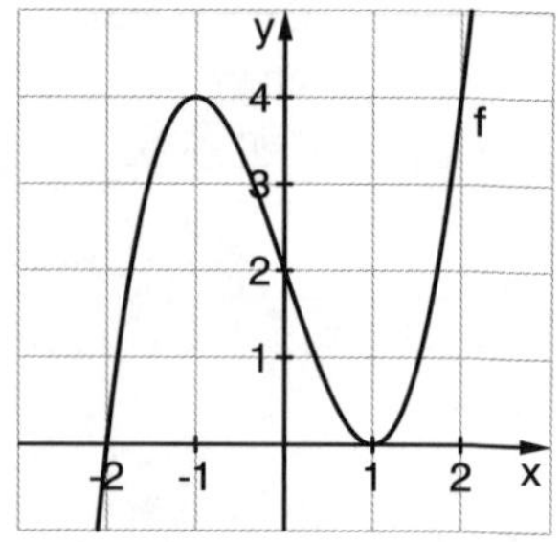

c) Achsensymmetrisch bzgl. der y-Achse

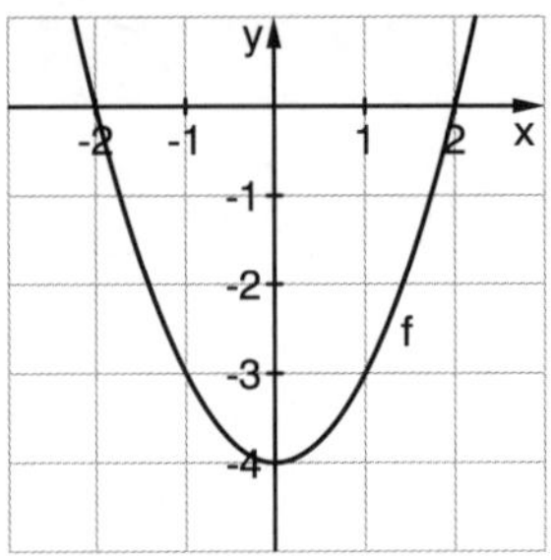

d) Achsensymmetrisch bzgl. der y-Achse

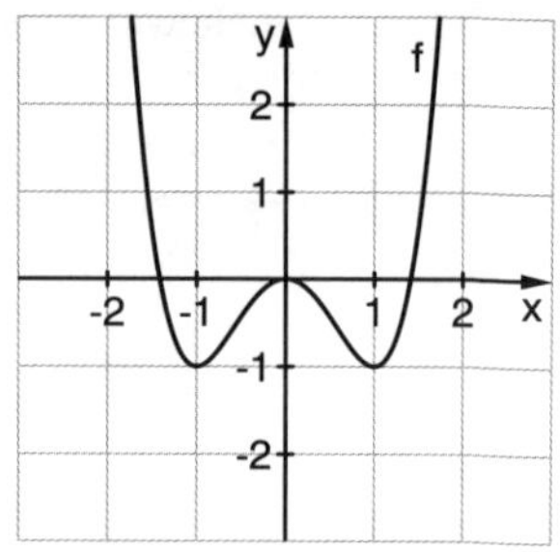

24. a) Mit Geogebra:

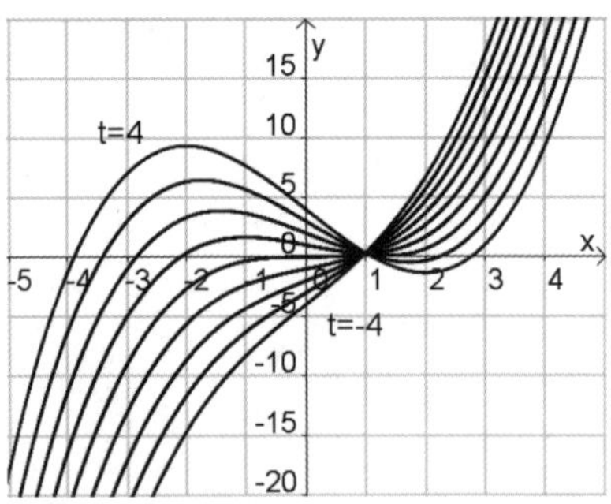

b) Für $-4 < t < 0$ erhält man Typ III, also keine Extrempunkte und einen Wendepunkt.

Für $t = 0$ erhält man $f(x) = \frac{1}{3}x^3$, also einen Sattelpunkt und keine Extrempunkte.

Für $t > 0$ erhält man zwei Extrempunkte.

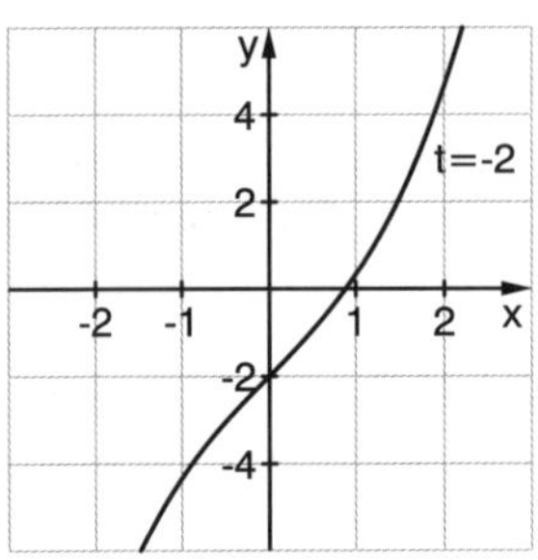

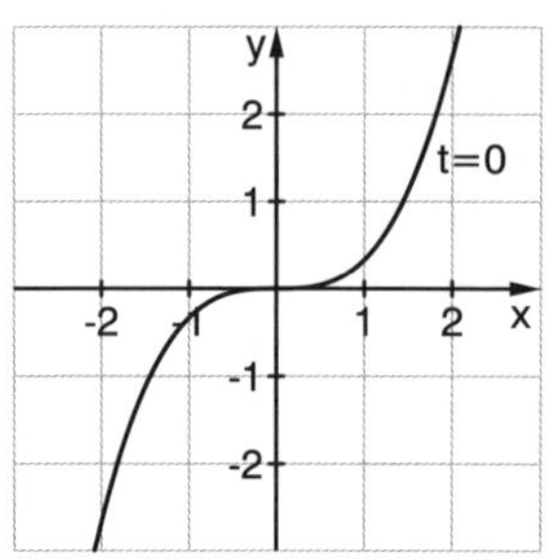

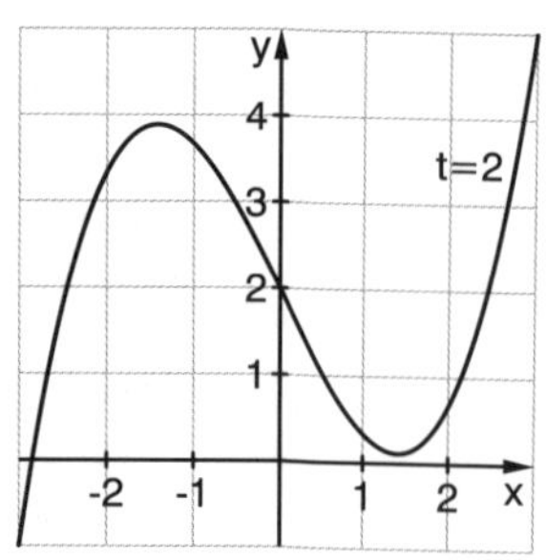

36

25. a) Wir berechnen $f(-1) = -1 - 2 + 1 + 2 = 0$; $f(1) = 1 - 2 - 1 + 2 = 0$ und $f(2) = 8 - 8 - 2 + 2 = 0$. Zum Ziel führt auch das Ausmultiplizieren der Linearfaktoren mit den Gegenzahlen der Nullstellen:
$(x + 1) \cdot (x - 1) \cdot (x - 2) = (x^2 - 1)(x - 2) = x^3 - 2x^2 - x + 2 = f(x)$

b) $f(x) = x^3 - 2x^2 - x + 2$ hat bei $(-0{,}22\,|\,2{,}1)$ einen Hochpunkt und einen Tiefpunkt bei $(1{,}55\,|\,-0{,}6)$. Wir definieren zwei neue Funktionen g und h:
$g(x) = f(x) + 0{,}6$ und $h(x) = f(x) - 2{,}1$

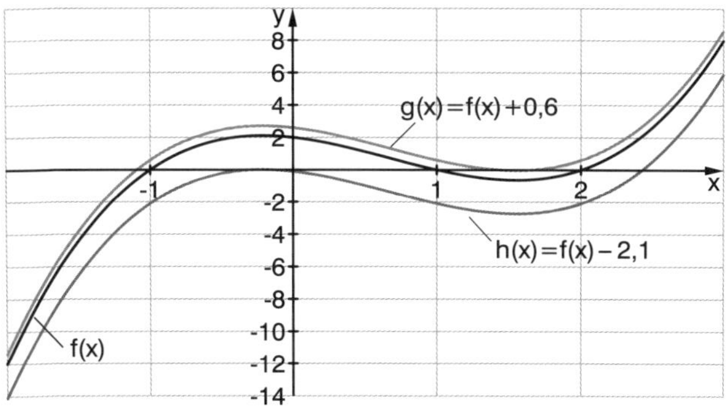

Wenn man f(x) zunächst in positive y-Richtung verschiebt, wandert der Tiefpunkt nach oben auf die x-Achse, f(x) hat dann nur noch zwei Nullstellen. Bei einer weiteren Verschiebung nach oben verschwindet die rechte Nullstelle, und es bleibt nur die linke Nullstelle, die auf der x-Achse nach links wandert.
Umgekehrt: Wenn man f(x) in negative y-Richtung verschiebt, wandert der Hochpunkt nach unten auf die x-Achse, f(x) hat dann wieder nur noch zwei Nullstellen. Bei einer weiteren Verschiebung nach unten verschwindet die linke Nullstelle, und es bleibt nur die rechte Nullstelle, die auf der x-Achse nach rechts wandert. Wie groß die Verschiebungen auch sein mögen, eine Nullstelle ist immer vorhanden.

26. Potenzfunktionen dritten Grades vom Typ I können eine, zwei oder drei Nullstellen haben. Sie haben eine Nullstelle, wenn das Maximum unterhalb oder das Minimum oberhalb der x-Achse liegt. Sie haben zwei Nullstellen, wenn ein Extremum auf der x-Achse liegt. Sie haben drei Nullstellen, wenn die x-Achse zwischen den Extremwerten verläuft.
Potenzfunktionen dritten Grades vom Typ II und III haben eine Nullstelle (siehe auch Grafik im Schülerband Seite 34).

27. a) $f_1(x) = 2x^3 - 36x^2 + 36x - 432$

$f_2(x) = \frac{1}{2}x^3 - x^2 - 7{,}5x$

$f_3(x) = x^3 - 2x^2 + x - 2$

$f_4(x) = -x_3 + 2x^2 + x - 2$

$f_5(x) = -x^3 - 10x^2$

$f_6(x) = -x^3 + x^2 + 5x + 3$

36

27. b) Die Nullstellen dieser sechs Funktionen sind für:
$f_1(x)$: $x_0 = 6$ (6 ist dreifache Nullstelle)
$f_2(x)$: $x_{01} = -3$, $x_{02} = 5$, $x_{03} = 0$
$f_3(x)$: $x_0 = 2$
$f_4(x)$: $x_{01} = -1$, $x_{02} = 1$, $x_{03} = 2$
$f_5(x)$: $x_{01} = 0$, $x_{02} = -10$ (0 ist doppelte Nullstelle)
$f_6(x)$: $x_{01} = -1$, $x_{02} = 3$ (–1 ist doppelte Nullstelle)
Im Falle von $f_6(x)$ muss man den Term in der zweiten Klammer gleich Null setzen und die quadratische Gleichung entweder mit der pq-Formel lösen oder aber man erkennt die erste binomische Formel für $(x + 1)^2$.

28. (1) $2(x-6) \cdot (x-6) \cdot (x-6) = 2x^3 - 36x^2 + 36x - 432 = f_1(x)$
(2) $\frac{1}{2}(x-0) \cdot (x-5) \cdot (x+3) = \frac{1}{2}x^3 - x^2 - 7{,}5x = f_2(x)$
(3) $(x^2+1) \cdot (x-2) = x^3 - 2x^2 + x - 2 = f_3(x)$
(4) $-(x+1) \cdot (x-1) \cdot (x-2) = -x^3 + 2x^2 + x - 2 = f_4(x)$
(5) $-(x-0) \cdot (x-0) \cdot (x-10) = -x^3 - 10x^2 = f_5(x)$
(6) $-(x-3) \cdot (x+1) \cdot (x+1) = -x^3 + x^2 + 5x + 3 = f_6(x)$

29. a) (1) $2(x-2)(x-1)(x+1) = (2x-4)(x^2-1) = 2x^3 - 4x^2 - 2x + 4$
korrekte Zerlegung
(2) $2(x-1)^2(x+2) = (x^2-2x+1)(2x+4) = 2x^3 - 6x + 4$
korrekte Zerlegung
(3) $x(x^2 - 2x + 4) = x^3 - 2x^2 + 4x$
Der quadratische Term in der Klammer ist nicht weiter zerlegbar, deshalb ist die Zerlegung korrekt.

b) Im Diagramm:
(1) f mit drei Nullstellen, (2) g mit zwei Nullstellen und (3) h mit einer Nullstelle

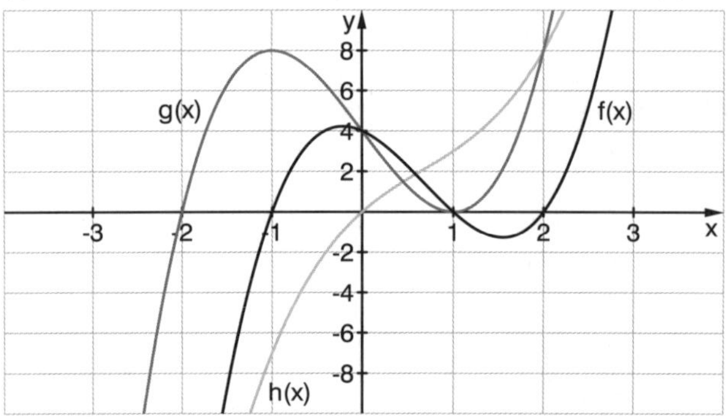

37

30. a) Mit „Produkt = Null"-Regel: Nullstellen bei $x_1 = 0$; $x_2 = 5$; $x_3 = -1{,}5$
b) Nach Ausklammern von x^3 und mit „Produkt = Null"-Regel:
Nullstellen bei $x_1 = 0$; $x_2 = -0{,}6$ (dreifache Nullstelle bei 0)
c) Nach Ausklammern von x und mit pq-Formel:
Nullstellen bei $x_1 = 0$; $x_2 = \frac{3 + \sqrt{17}}{2}$; $x_3 = \frac{3 - \sqrt{17}}{2}$
d) Mit „Produkt = Null"-Regel: Nullstelle bei $x_1 = 1$ (doppelte Nullstelle)

37 **30.** e) Mit pq-Formel für biquadratische Gleichung: Nullstellen bei $x_1 = -1$; $x_2 = 1$

f) Mit „Produkt = Null"-Regel und mit dritter binomischer Formel:
Nullstellen bei $x_1 = -\sqrt{7}$; $x_2 = \sqrt{7}$ und $x_3 = -0{,}5$

g) Nach Ausklammern von x und mit dritter binomischer Formel:
Nullstellen bei $x_1 = -1{,}5$; $x_2 = 1{,}5$ und $x_3 = 0$

h) Nach Ausklammern von x und mit zweiter binomischer Formel:
Nullstellen bei $x_1 = \frac{1}{3}$ und $x_2 = 0$ (doppelte Nullstelle bei $\frac{1}{3}$)

i) Faktorisieren mit (x – 1) und mit pq-Formel:
Nullstellen bei $x_1 = 1$; $x_2 = \frac{-3+\sqrt{17}}{4}$; $x_3 = \frac{-3-\sqrt{17}}{4}$

38 **31.** a)/b) Kurvendiskussion gemäß Gliederung im Schülerband auf Seite 38

	a)	b)
Funktion	$f(x) = \frac{1}{4}x^3 - 3x$	$f(x) = -x^3 + 6x^2 - 9x$
1. Ableitung	$f'(x) = \frac{3}{4}x^2 - 3$	$f'(x) = -3x^2 + 12x - 9$
2. Ableitung	$f''(x) = \frac{3}{2}x$	$f''(x) = -6x + 12$
3. Ableitung	$f'''(x) = \frac{3}{2}$	$f'''(x) = -6$
Symmetrie	Wegen $f(-x) = -f(x)$ Punktsymmetrie zum Ursprung	keine Symmetrie
Nullstellen	$0 = x\left(\frac{1}{4}x^2 - 3\right)$ $x_1 = 0$; $x_2 = -\sqrt{12}$; $x_3 = \sqrt{12}$	$0 = -x(x^2 - 6x + 9)$ $x_1 = 0$; $x_2 = 3$ (doppelte Nullstelle bei 3)
Lokale Extrempunkte	Notw. Bed.: $f'(x) = 0$ $\Rightarrow x_1 = -2$; $x_2 = 2$ hinr. Bed. $f''(-2) = -3 < 0$ $\Rightarrow$ Hochpunkt $H(-2 \mid 4)$ dabei ist $f(-2) = 4$ hinr. Bed. $f''(2) = 3 > 0$ $\Rightarrow$ Tiefpunkt $T(2 \mid -4)$ dabei ist $f(2) = -4$	Notw. Bed.: $f'(x) = 0$ $\Rightarrow x_1 = 1$; $x_2 = 3$ hinr. Bed. $f''(1) = 6 > 0$ $\Rightarrow$ Tiefpunkt $T(1 \mid -4)$ dabei ist $f(1) = -4$ hinr. Bed. $f''(3) = -6 < 0$ $\Rightarrow$ Hochpunkt $H(3 \mid 0)$ dabei ist $f(3) = 0$
Wendepunkte	Notw. Bed.: $f''(x) = 0$ $\Rightarrow x_W = 0$ hinr. Bed. $f'''(0) = \frac{3}{2} \neq 0$ Wendepunkt $W(0 \mid 0)$ dabei ist $f(0) = 0$	Notw. Bed.: $f''(x) = 0$ $\Rightarrow x_W = 2$ hinr. Bed. $f'''(2) = -6 \neq 0$ Wendepunkt $W(2 \mid -2)$ dabei ist $f(2) = -2$
Skizze	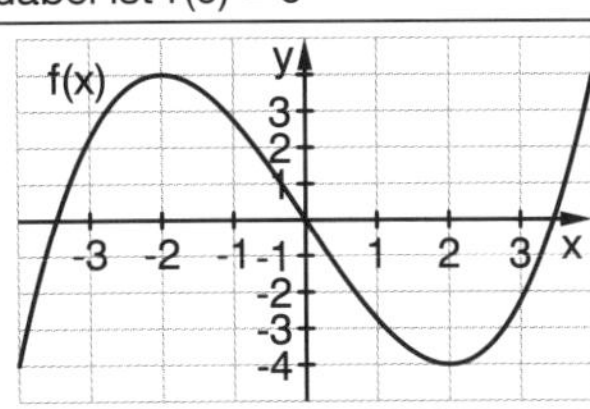	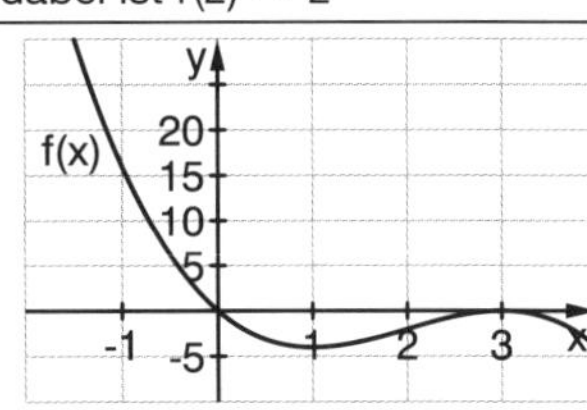

38 **31.** c)/d)

	c)	d)
Funktion	$f(x) = -\frac{1}{4}x^4 + x^3$	$f(x) = \frac{1}{3}x^4 - 2x^2$
1. Ableitung	$f'(x) = -x^3 + 3x^2$	$f'(x) = \frac{4}{3}x^3 - 4x$
2. Ableitung	$f''(x) = -3x^2 + 6x$	$f''(x) = 4x^2 - 4$
3. Ableitung	$f'''(x) = -6x + 6$	$f'''(x) = 8x$
Symmetrie	keine Symmetrie	Wegen $f(-x) = f(x)$ Achsensymmetrie zur y-Achse
Nullstellen	$0 = x^3\left(-\frac{1}{4}x + 1\right)$ $x_1 = 0;\ x_2 = 4$	$0 = x^2\left(\frac{1}{3}x^2 - 2\right)$ $x_1 = 0;\ x_2 = -\sqrt{6};\ x_3 = \sqrt{6}$
Lokale Extrempunkte	Notw. Bed.: $f'(x) = 0$ $\Rightarrow x_1 = 0;\ x_2 = 3$ hinr. Bed. $f''(0) = 0$ $\Rightarrow$ Sattelpunkt $SP(0 \mid 0)$ hinr. Bed. $f''(3) = -9 < 0$ $\Rightarrow$ Hochpunkt $H\left(3 \mid 6\frac{3}{4}\right)$	Notw. Bed.: $f'(x) = 0$ $\Rightarrow x_1 = 1;\ x_2 = -\sqrt{3};\ x_3 = \sqrt{3}$ hinr. Bed. $f''(0) = -4 < 0$ $\Rightarrow$ Hochpunkt $H(0 \mid 0)$ hinr. Bed. $f''(-\sqrt{3}) = 8 > 0$ $\Rightarrow$ Tiefpunkt $T(-\sqrt{3} \mid -3)$ hinr. Bed. $f''(\sqrt{3}) = 8 > 0$ $\Rightarrow$ Tiefpunkt $T(\sqrt{3} \mid -3)$
Wendepunkte	Notw. Bed.: $f''(x) = 0$ $\Rightarrow x_{W1} = 0;\ x_{W2} = 2$ hinr. Bed. $f'''(0) = 6 \neq 0$ Wendepunkt $WP_1(0 \mid 0)$ hinr. Bed. $f'''(2) = -6 \neq 0$ Wendepunkt $WP_2(2 \mid 4)$	Notw. Bed.: $f''(x) = 0$ $\Rightarrow x_{W1} = -1;\ x_{W2} = 1$ hinr. Bed. $f'''(-1) = -0{,}5 \neq 0$ Wendepunkt $WP_1(-1 \mid -1{,}7)$ hinr. Bed. $f'''(1) = 0{,}5 \neq 0$ Wendepunkt $WP_2(1 \mid -1{,}7)$
Skizze	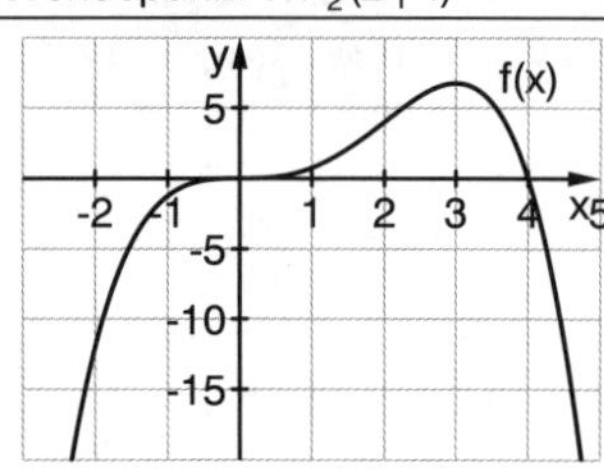	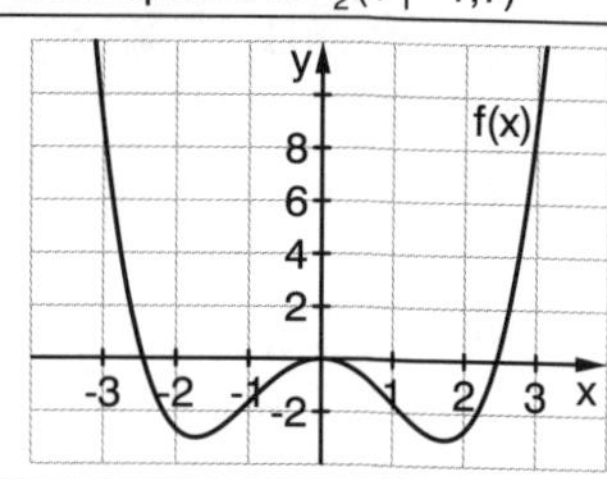

38 **31.** e)/f)

	e)	f)
Funktion	$f(x) = x^3 - 3x^2 + 3x$	$f(x) = -\frac{1}{2}x^3 + \frac{3}{2}x^2 - 3x$
1. Ableitung	$f'(x) = 3x^2 - 6x + 3$	$f'(x) = -\frac{3}{2}x^2 + 3x - 3$
2. Ableitung	$f''(x) = 6x - 6$	$f''(x) = -3x + 3$
3. Ableitung	$f'''(x) = 6$	$f'''(x) = -3$
Symmetrie	keine Symmetrie	keine Symmetrie
Nullstellen	$0 = x(x^2 - 3x + 3)$ $x_0 = 0$	$0 = -\frac{1}{2}x(x^2 - 3x + 6)$ $x_0 = 0$
Lokale Extrempunkte	Notw. Bed.: $f'(x) = 0$ $\Rightarrow x_E = 1$ hinr. Bed. $f''(1) = 0$ $\Rightarrow$ Sattelpunkt SP(1 | 1)	Notw. Bed.: $f'(x) = 0$ Keine Lösung für x, d.h. keine lokalen Extremstellen
Wendepunkte	Notw. Bed.: $f''(x) = 0$ $\Rightarrow x_W = 1$ hinr. Bed. $f'''(1) = 6 \neq 0$ Wendepunkt WP(1 | 1)	Notw. Bed.: $f''(x) = 0$ $\Rightarrow x_W = 1$ hinr. Bed. $f'''(1) = -3 \neq 0$ Wendepunkt WP(1 | -2)
Skizze	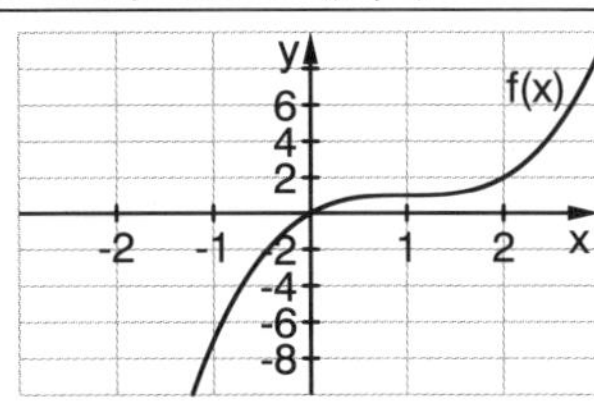	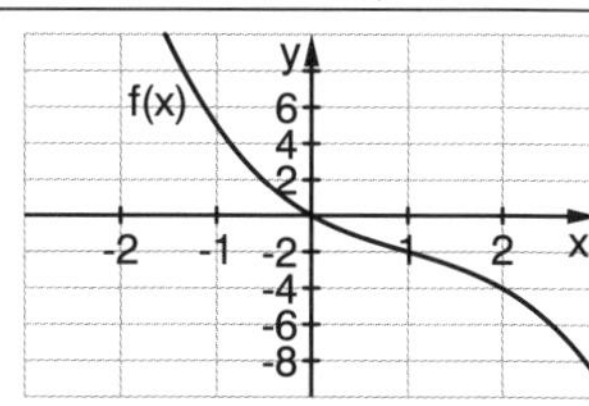

32. –

39 **33.** a) Umkehrung: Wenn $a \cdot b = 0$ ist, dann ist $a = 0$.
Falsch: $a = 2$; $b = 0$

b) Wenn $f'(a) = 0$, dann hat die Funktion an der Stelle a einen Extrempunkt.
Falsch: $f(x) = x^3$ hat in (0|0) keinen Extrempunkt, es gilt aber $f'(0) = 0$.

c) Wenn $f'(a) = 0$ und $f''(a) = 0$, dann hat f an der Stelle a einen Sattelpunkt.
Falsch: $f(x) = x^4$ hat in (0|0) einen Tiefpunkt, es gilt aber $f'(a) = f''(a) = 0$.

1.5 Optimieren

40 **1.** a)

Seitenlänge x (cm)	1	2	3	4	5	6
Volumen V (cm^3)	324	512	588	576	500	384

Das maximale Volumen der Schachtel sollte bei x = 3 cm liegen.

b) $V(x) = (20 - 2x)(20 - 2x) \cdot x = 400x - 80x^2 + 4x^3$
Zum Auffinden des Maximums bilden wir die erste Ableitung von V:
$V'(x) = 400 - 160x + 12x^2$ und setzen $V'(x) = 0$. Mit der pq-Formel finden wir $x_1 = 3{,}3$ und $x_2 = 10$. Die zweite Lösung ist ohne Sachbezug, also haben wir ein maximales Schachtelvolumen bei x = 3,3 cm, die hinreichende Bedingung ist mit $V''(3{,}3) = -160 + 24 \cdot 3{,}3 < 0$ auch erfüllt.
Es ist $V_{max} = (13{,}4)^2 \cdot 3{,}3 = 592{,}5\ cm^3$.

c) Wenn die Kantenlänge eines quadratischen Pappbogens gleich a ist, dann ist $V(x) = (a - 2x)(a - 2x) \cdot x = a^2x - 4ax^2 + 4x^3$.
Mit demselben Verfahren wie bei Teilaufgabe b) findet man, dass die Schachtel ihr maximales Volumen bei $x = \frac{1}{6}a$ hat. An dieser Stelle ist
$V_{max}\left(\frac{1}{6}a\right) = \left(a - 2 \cdot \frac{1}{6}a\right)\left(a - 2 \cdot \frac{1}{6}a\right) \cdot \frac{1}{6}a = \frac{2}{27}a^3\ cm^3$.

43 **2.** a) $V(x) = (16 - 2x)(8 - 2x)x = 4x^3 - 48x^2 + 128x \Rightarrow V'(x) = 12x^2 - 96x + 128$
Bestimmung von x_{max} mit $V'(x) = 0$ und pq-Formel: $x_{max} = 1{,}69$ cm
Die hinreichende Bedingung ist mit $V''(1{,}69) = 24 \cdot 1{,}69 - 96 < 0$ erfüllt.

b) $V(x) = \left(\frac{16 - 2x}{2}\right)(8 - 2x)x = 2x^3 - 24x^2 + 64x \Rightarrow V'(x) = 6x^2 - 48x + 64$
Bestimmung von x_{max} mit $V'(x) = 0$ und pq-Formel: $x_{max} = 1{,}69$ cm
Die hinreichende Bedingung ist mit $V''(1{,}69) = 12 \cdot 1{,}69 - 48 < 0$ erfüllt.

3. a) Die Oberfläche O besteht aus zwei Grundflächen G jeweils mit $G = a^2$ und einem Mantel M aus vier Rechtecken M = 4ah, zusammen also $O = 2a^2 + 4ah$. Hier hängt O von den Variablen a und h ab. Mit $h = \frac{1000}{a^2}$ erhalten wir $O(a) = 2a^2 + \frac{4000}{a}$.
Die erste Ableitung ist $O'(a) = 4a - \frac{4000}{a^2}$.
Über $O'(a) = 0$ finden wir $a_{min} = 10$ cm. Die hinreichende Bedingung $O''(10) = 4 + \frac{8000}{10^3} = 12 > 0$ ist auch erfüllt. Der gesuchte Quader ist also ein Würfel mit der Kantenlänge a = 10 cm.

b) Es ergibt sich bei beliebigem Quadervolumen als Lösung in jedem Fall ein Würfel mit der Kantenlänge $a = \sqrt[3]{V}$ cm.

4. a) Für ein Rechteck mit den Seiten a und b ist der Flächeninhalt A = ab.
Aus der Bedingung 100 = 2a + 2b folgt b = 50 – a, eingesetzt in A ergibt sich $A = 50a - a^2$. Über $A' = 50 - 2a$ finden wir $a_{max} = 25$ und dann $b_{max} = 25$. Die maximal einzäunbare Fläche ist in diesem Fall ein Quadrat mit der Seitenlänge $a_{max} = 25$ m.

43

4. b) Aus der Bedingung $100 = 2a + b$ folgt $b = 100 - 2a$, eingesetzt in A ergibt sich $A = 100a - 2a^2$. Über $A' = 50 - 2a$ finden wir $a_{max} = 25$ und dann $b_{max} = 50$. Die maximal einzäunbare Fläche ist in diesem Fall ein Rechteck mit den Seitenlängen $a_{max} = 25$ m und $b_{max} = 50$ m.

c) Aus der Bedingung $100 = 2a + b + (b - 20)$ folgt $b = 60 - a$, eingesetzt in A ergibt sich $A = 60a - a^2$. Über $A' = 60 - 2a$ finden wir $a_{max} = 30$ und dann $b_{max} = 30$. Die maximal einzäunbare Fläche ist in diesem Fall ein Quadrat mit der Seitenlänge $a_{max} = 30$ m.

5. Der Flächeninhalt A des rechteckigen Fußballplatzes wird durch $A = a \cdot 2r$ beschrieben, wobei r der Radius der beiden Halbkreise ist und a die Länge der geraden Strecke (jeweils gemessen in Meter). Aus der Bedingung $400 = 2\pi r + 2a$ ergibt sich $a = 200 - \pi r$. Eingesetzt in A erhalten wir $A = 400r - 2\pi r^2$. Der Graph von $A(r)$ ist eine nach unten geöffnete Parabel, er hat also ein Maximum, das wir über die Ableitung von $A(r)$ bestimmen.

$A' = 400 - 4\pi r$

Für $r = \frac{400}{4\pi}$ ist $A' = 0 \Rightarrow r = 31{,}83$ m. Damit errechnen wir $a = 100$ m. Das ist genau die Länge, der in allen Sportstadien der Welt vorhandenen 100-m-Sprintstrecke. Für das maximal mögliche Fußballfeld ergibt sich $A = 2 \cdot 31{,}83\text{ m} \cdot 100\text{ m} = 6\,366\text{ m}^2$.

6. Der Rauminhalt des vom Segeltuch überspannten Unterstandes ist ein Quader. Sein Volumen ist $V = x^2h$. Die Bedingung $2x^2 + 2xh = 8$ liefert $h = \frac{4}{x} - x\ (x \neq 0)$. Eingesetzt in V erhalten wir $V(x) = 4x - x^3$. Über die erste Ableitung und $V'(x) = 0$ bestimmen wir $x = \sqrt{\frac{4}{3}} \approx 1{,}15$ m. Damit wird $h = 2{,}33$ m. Eine Probe ergibt für die Segeltuchfläche 8 m^2.

44

7. Das Kegelvolumen ist $V = \frac{1}{3}\pi r^2 h$. Mit der Nebenbedingung $r^2 + h^2 = 10^2$ (Satz des Pythagoras) ergibt sich $V = \frac{1}{3}\pi(10^2 - h^2)h$.

Über $V'(h) = \frac{100}{3}\pi - \frac{1}{3}\pi \cdot 3h^2$ ist $h = \frac{10}{\sqrt{3}}$ cm $= 5{,}77$ cm Nullstelle von $V'(h)$.

Wegen $V''(h) = -2\pi h$ mit $V''(5{,}77) < 0$ ist das Kegelvolumen für $h = 5{,}77$ cm maximal.

44

8. a/b)

Funktion	$f(x) = -x + 6$	$f(x) = -\frac{1}{2}x^2 + 6$	$f(x) = \frac{4}{x}$
Rechteck	$A(t; f(t)) = t \cdot (-t + 6)$	$A(t; f(t)) = t \cdot \left(-\frac{1}{2}t^2 + 6\right)$	$A(t; f(t)) = t \cdot \frac{4}{t}$
A(t)	$A(t) = -t^2 + 6t$	$A(t) = -\frac{1}{2}t^3 + 6t$	$A(t) = t \cdot \frac{4}{t} = 4$
1. Ableitung	$A'(t) = -2t + 6$	$A'(t) = -1{,}5t^2 + 6$	$A'(t) = 0$
Für t = … ist A´(t) = 0	t = 3 cm	t = 2 cm	$t > 0$
Maximales Rechteck	$A = t \cdot f(t)$ $A = 3 \cdot 3 = 9\ \text{cm}^2$	$A = t \cdot f(t)$ $A = 2 \cdot \left(-\frac{1}{2}4 + 6\right) = 8\ \text{cm}^2$	$A = t \cdot f(t)$ $A = t \cdot \frac{4}{t} = 4\ \text{cm}^2$
Umfang u(t; f(t))	$u = 2t + 2f(t)$	$u = 2t + 2f(t)$	$u = 2t + 2f(t)$
u(t)	$u = 2t + 2(-t + 6)$ $u = 12$ (unabhängig von t)	$u = 2t + 2\left(-\frac{1}{2}t^2 + 6\right)$ $u = 2t - t^2 + 12$	$u = 2t + 2\frac{4}{t}$ $u = 2t + \frac{8}{t}$
1. Ableitung	$u'(t) = 0$	$u'(t) = 2 - 2t$	$u'(t) = 2 - \frac{8}{t^2}$
Für t = … ist u´(t) = 0	$t > 0$	t = 1 cm	t = 2 cm
Maximaler Umfang	$u = 2t + 2(-t + 6)$ u = 12 cm	$u = 2t + 2\left(-\frac{1}{2}t^2 + 6\right)$ $u = 2 \cdot 1 + 2\left(-\frac{1}{2}1^2 + 6\right)$ u = 13 cm	$u = 2t + 2\frac{4}{t}$ $u = 2 \cdot 2 + 2\frac{4}{2}$ u = 8 cm

c) Zum Beispiel: Bestimmen Sie jeweils den minimalen Abstand des Ursprungspunktes O(0|0) vom Graphen der Funktion.

9. a) Zur Information an den Abteilungsleiter:

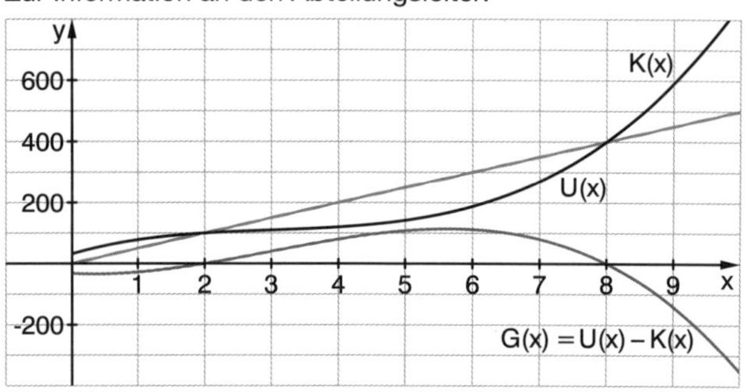

„Im Diagramm sind – jeweils in Euro pro Tag – die Kosten K(x), die Erlöse U(x) und die Gewinne G(x) = U(x) – K(x) über der produzierten Stückzahl x (in Tausend pro Tag) aufgetragen.

44

9. a) Fortsetzung
Das Unternehmen wird bei Produktionsmengen von 2000 bis 8000 Stiften pro Tag Gewinne erwirtschaften. Unterhalb von x = 2 sind die Anlauf- und Fixkosten noch nicht gedeckt, ab x = 8 wachsen verschiedene Kosten so stark (beispielsweise Lohnkosten), dass sich die Produktion nicht mehr lohnt. Im Wendepunkt von K ist die stärkste Gewinnzunahme, weil hier die Kostenzunahme am kleinsten ist. Das Gewinnmaximum liegt bei x = 6 (entspricht 6000 Stiften pro Tag)."

b) Die Gewinnblase befindet sich in jenem Bereich, für den gilt: U(x) = K(x). Aus der Zeichnung liest man dafür x = 2 und x = 8 ab. Setzt man das in U(x) und K(x) ein, so sind die Werte identisch.
Das genaue Gewinnmaximum bekommt man durch Ableiten von G(x): $x_M = 5{,}646$
Das bedeutet: Bei 5646 produzierten Stiften wird das Gewinnmaximum erwirtschaftet.

10. a)/b) Vergleich der Modelle (x = produzierte Menge):

$K_1(x) = 0{,}5x + 1$; $U_1(x) = 0{,}8x$; $G_1(x) = U_1(x) - K_1(x)$

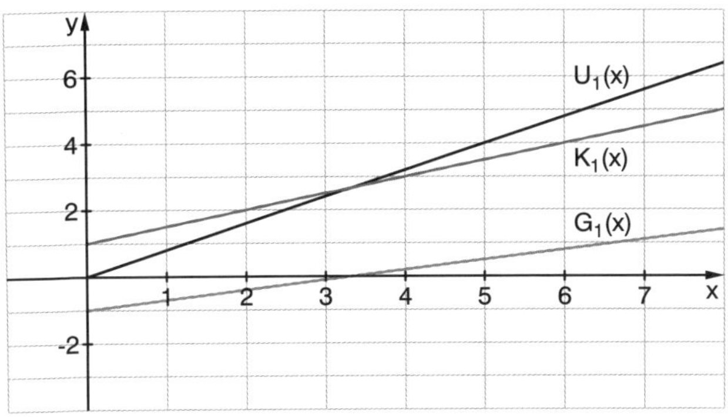

Unrealistische Kostenfunktion, da der Gewinn ab 4 Stück linear wächst.
Es gibt kein Gewinnmaximum.

$K_2(x) = 0{,}01x^3 + 1$; $U_2(x) = 1{,}5x$; $G_2(x) = U_2(x) - K_2(x)$

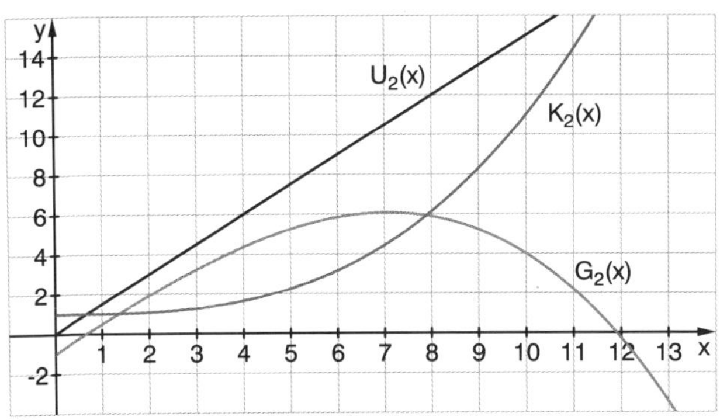

Bei K_2 wächst die Zunahme ab x = 0 an ($K_2''(x) > 0$ für $x \geq 0$). Eher erwartet man, dass die Zunahme der Kosten bis zu einem x_0 schrumpft (dort gilt dann $K_2''(x_0) = 0$) und ab dem x_0 wieder wächst.
Die Gewinnblase ist relativ groß: Schon ab einem (!) Stück wird ein Gewinn erwirtschaftet. Das Gewinnmaximum liegt ca. bei 7 Stück.

44

10. a)/b) Fortsetzung

$K_3(x) = 0{,}2x^3 - 1{,}2x^2 + 2{,}4x + 1$; $U_3(x) = 1{,}4x$; $G_3(x) = U_3(x) - K_3(x)$

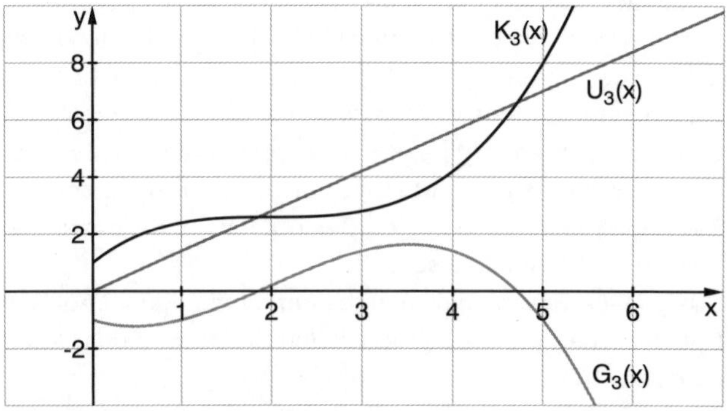

Wenig attraktive Kosten- und Gewinnstruktur, da nur eine kleine Gewinnblase entsteht. Die Kosten steigen ab 4 Stück rasch an. Das Gewinnmaximum wird zwischen drei und vier Einheiten erzielt.

$K_4(x) = 0{,}1x^3 - 0{,}6x^2 + 1{,}7x + 1$; $U_4(x) = 2x$; $G_4(x) = U_4(x) - K_4(x)$

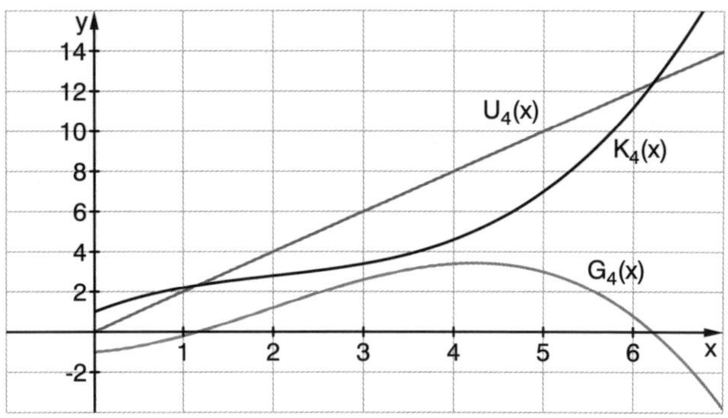

Wenig interessante Kosten- und Gewinnstruktur, Gewinne werden nur zwischen 2 und 6 Stück erwirtschaftet, die Kosten steigen ab x = 5 zu rasch. Das Gewinnmaximum liegt bei ca. 4 Stück.

Kapitel 2
Modellieren mit Funktionen – Kurvenanpassung

Didaktische Hinweise

Funktionen sind ein zentrales Werkzeug zur Beschreibung von vielfältigen innermathematischen Problemen und außermathematischen Sachverhalten. Im bisherigen Unterricht haben die Schülerinnen und Schüler alle grundlegenden Funktionen und die spezifischen Verläufe ihrer Graphen kennengelernt und untersucht. Mit der Differenzialrechnung stehen auch die Bestimmung charakteristischer Punkte und die Beschreibung des Änderungs- bzw. Steigungsverhaltens der Graphen zur Verfügung. In diesem Kapitel stehen Beschreibungen und Modellierungen vorgegebener bzw. antizipierter Kurvenverläufe im Mittelpunkt, wie sie durch Sachsituationen oder auch innermathematische Kontexte gegeben sind. Als Ausgangsmaterial dienen dabei Messwerte, Bilder oder vorgegebene bzw. erarbeitete Eigenschaften der benötigten Funktionen. Während bisher eher vom globalen Funktionsverlauf auf lokale Eigenschaften und Besonderheiten der Funktionen und ihrer Graphen geschlossen wurde, verläuft der Weg jetzt andersherum, aus lokalen Eigenschaften wird ein Globalverlauf entwickelt.
Das Spektrum reicht dabei von klassischen „Steckbriefaufgaben“ (2.3) bis zur Modellierung der Form von Gegenständen, wie es auch im Prinzip im CAS gemacht wird (2.4). Einen innermathematischen Abschluss bildet dabei das Erfahren des Prinzips der Taylorentwicklung (2.3 A28c)/A29), bezüglich des Modellierens fasst die Spline-Interpolation das Bisherige zusammen (2.4).
Es ist ein Leitprinzip von NEUE WEGE und dem Vorrang des Verstehens geschuldet, dass zu zentralen Begriffen und Konzepten zunächst adäquate Grundvorstellungen erzeugt werden, ehe algorithmische Verfahren in den Blick genommen werden. So wie deswegen im ersten Lernabschnitt zum Änderungsverhalten in der Einführung der Analysis (vgl. hier 1.1) zunächst rein grafisch-anschaulich leistungsfähige Grundvorstellungen aufgebaut werden und dies auch später bei der Rekonstruktion von Beständen aus Änderungen geschieht (4.1), so soll auch hier durch ein zunächst meist qualitativ orientiertes Arbeiten mit Funktionen der sichere, verstehensorientierte Umgang mit ihnen erzeugt und gefördert werden (2.1). Dies setzt Verfahren voraus, die nicht durch hohe Algebralastigkeit den Blick auf das Wechselspiel aus Sachzusammenhang und mathematischer Funktion unnötig erschweren. Hier leisten dynamische Funktionenplotter, grafikfähige Taschenrechner und Regressionen wertvolle Dienste, weil sie die Funktionen als ganze Objekte mit einfacher Variation zur Verfügung stellen. Im Mittelpunkt steht also nicht das Erzeugen einer Funktion, sondern der verständige Umgang mit schnell zur Verfügung stehenden Funktionen. Während der mathematische Hintergrund von Parametervariationen bei Funktionenplottern für Schüler unmittelbar erfassbar ist, bleiben die Regressionsfunktionen zunächst eine „black box“. Deswegen wird in einem Kasten eine inhaltlich aufklärende Information so gegeben, dass Fehlvorstellungen zu den Regressionen vermieden werden, ohne dass die algebraischen Methoden zu ihrer Ermittlung weiter thematisiert werden.
Auf der mathematisch-algebraischen Seite führt das Bestimmen von Funktionen aus Daten meist zu linearen Gleichungssystemen, die in diesem Kapitel zum universellen

mathematischen Werkzeug werden. Aus diesem Grund ist dem systematischen Lösen solcher Systeme ein vorgängiger, eigener Lernabschnitt gewidmet (2.2), der neben einer händischen Einführung des Gauß-Algorithmus, auch die Bearbeitung mit Matrizen und grafikfähigen Taschenrechnern behandelt. Damit wird den Schülern das für die Lernabschnitte 2.3 und 2.4 zentrale Werkzeug zur Verfügung gestellt.
In 2.3 werden sowohl aus innermathematisch gegebenen Eigenschaften geeignete Funktionen entwickelt (‚Steckbriefaufgaben') als auch vielfältige Formen beschreibend modelliert. Trassierungsprobleme und Biegelinien sind weitere Anwendungsbereiche und bilden damit einen ersten Abschluss dieses Themenbereichs.
Bei der Spline-Interpolation in 2.4 fließen alle bisher verwendeten Verfahren mit ein und werden durch ein neues sehr leistungsfähiges Verfahren ergänzt. Mit diesem Verfahren lernen Schüler ein auch in der mathematischen Praxis vielfältig verwendetes Verfahren kennen. Dieser Lernabschnitt ist durchgehend von Modellierungsaktivitäten geprägt.

Zu **2.1**

In der ersten grünen Ebene werden mit der Beschreibung der Reichstagskuppel und der Auswertung der CO_2-Daten zwei archetypische Grundsituationen mit Funktionen modelliert, eine vorgegebene Gestalt und ein Datensatz. Dabei liegen die Schwerpunkte der geforderten Schüleraktivitäten einmal in der Auswahl unterschiedlicher Strategien (A1), das andere Mal im Vergleich unterschiedlicher Modelle zum gleichen Datensatz (A2). Damit werden in der Einführung grundlegende Prinzipien des Modellierens thematisiert. Im Basiswissen wird dementsprechend konsequent der Prozess des Modellierens systematisch an einem Beispiel dargestellt: Von der Auswahl einer geeigneten Funktion, über die Bestimmung geeigneter Parameter mit unterschiedlichen Strategien, zur Abschätzung der Güte des Modells und Interpretation der Modellierung als Beschreibung und nicht Ergebnis eines gesetzmäßigen Zusammenhangs. In den Übungen werden die Strategien und Verfahren in vielfältigen Sachsituationen trainiert. Zunächst werden Formen von Brücken und Gebäuden beschrieben (A3, A4), ehe dann Datensätze im Mittelpunkt stehen. Hier wird dann auch das Prinzip der Regression erläutert, so dass ein verständiger Umgang damit möglich ist. Während bis hierhin allein Daten und Formen benutzt wurden, wird in den weiteren Übungen (A11–A13) auch die Ableitung zur Funktionsauswahl benutzt, um so die in 2.3 und vor allem 2.4 folgende intensive Benutzung von Änderungs- und Krümmungsverhalten vorzubereiten. Weil das Erzeugen von Daten durch eigene Experimente besonders sinnstiftend ist, wird in einem Projekt zu einem Experiment und seiner Auswertung angeregt. Die Analyse und der mathematische ‚Nachbau' eines real existierenden Freistoßtores runden diesen Abschnitt ab.

Zu **2.2**

Nachdem Schüler im vorangegangenen Unterricht das Bestimmen einer Geraden durch zwei Punkte erlernt haben, wird in diesem Lernabschnitt die naheliegende Bestimmung einer Parabel durch drei Punkte zum Ausgangspunkt für das Lösen eines linearen Gleichungssystems mithilfe des Gauß-Algorithmus benutzt. Die Beschränkung auf dieses Verfahren ist hier bewusst gewählt, weil es den mathematischen Hintergrund für das Lösen der Gleichungssysteme mit dem grafikfähigen Taschenrechner beleuchtet. Die wesentliche Funktion dieses Lernabschnitts ist also die verständige Bereitstellung eines wirkmächtigen Werkzeuges. Die Herleitung erfolgt daher instruktiv und nicht problemorientiert. Nach einem grundlegenden Training per Hand, wird das Kalkül auf den Taschenrechner übertragen, der im Weiteren dessen Durchführung übernimmt, sodass dann verstehensorientierte Aufgaben in den Übungen Einsicht und Überblick fördern. Unterschiedliche Lösungsanzahlen im Kontext von interpolierten Parabeln werden ebenso thematisiert wie der Zusammenhang des Gauß-Algorithmus mit der Gestalt der Matrizen (A10).

Zu **2.3**
In den Einführungsaufgaben sammeln Schüler Erfahrungen zum Aufstellen von Funktionsgleichungen aus gegebenen Bedingungen sowohl in einem innermathematischen als auch in einem außermathematischen Sachzusammenhang (knickfreie Verbindung). Im Basiswissen wird das Vorgehen nicht nur kalkülorientiert angegeben sondern auch prozessorientiert die Strategien und der Modellierungszusammenhang dargestellt. Im ersten Teil der Übungen (A3–A15) stehen zunächst innermathematische Aufgaben im Mittelpunkt, im zweiten Anwendungssituationen (A16–A24). Mit „Biegelinien" (A22/A23) und „Sanfte Übergänge" (A24) werden zwei Themenseiten zu klassischen Anwendungen angeboten. Die Erarbeitung von Krümmungsmaß, Krümmungskreis und Krümmungsfunktion bilden zum Abschluss ein Angebot zu einer innermathematischen Erweiterung für Kurse auf erhöhtem Niveau, ebenso wie die Vernetzung mit den Winkelfunktionen, wo in Ansätzen das Prinzip von Taylorentwicklungen erfahren werden kann (A28, A29). Eine Fortsetzung für Exponentialfunktionen findet dies in Kap. 6.1, A47.
Im ersten Teil wird intelligentes Üben dadurch erreicht, dass in den Aufgaben in vielfältiger Weise die Zusammenhänge zwischen Texten, Gleichungen, Tabellen und Graphen thematisiert und durchgearbeitet werden. Neben der auf Routinisierung ausgerichteten Sicherung werden aber auch inhaltliche Weitungen angeboten, wenn es um unterschiedliche Anzahlen von Lösungsfunktionen bis hin zu fehlenden Lösungen infolge widersprüchlicher Bedingungen geht (A8–A10, A12). In behutsamer Weise werden Funktionenscharen eingeführt (A13, A14). In den Anwendungssituationen erleben Schüler in welch vielfältiger Weise ganzrationale Funktionen zur Beschreibung von Sachkontexten geeignet sind, angesprochen wird auch das spielerische Gestalten mit solchen Funktionen. Die Themenseite „Biegelinien" bietet zwei Aufgaben in aufsteigender Komplexität zur Binnendifferenzierung an. Die Trassierungsproblematik wird in intellektuell redlicher Art zunächst beschrieben und es wird darauf hingewiesen, dass in der Realität meist andere Modelle benutzt werden. Damit wird Schülern der Stellenwert ihrer einfachen Modellierungen in A24 bewusst und eine adäquate Grundvorstellung zum Modellieren aufgebaut und gleichzeitig wird dieser klassische Aufgabentyp aber auch geübt.

Zu **2.4**
Das Besondere dieses Lernabschnitts ist, dass in der einführenden Aufgabe der Modellierungszyklus am Beispiel einer Vasenform mehrmals durchlaufen wird, ehe abschließend das neue Verfahren, die Spline-Interpolation, eingeführt wird. In einer projektartig angelegten Aufgabensequenz mit begleitendem, erläuternden Text erfahren Schüler, wie die Suche nach einem besseren Modell einerseits die Anwendung bekannter Verfahren übt und anderseits zur Erarbeitung neuer, leistungsfähiger Algorithmen führt. Aufgrund der Komplexität wird im Basiswissen an einem Beispiel noch einmal das

Prinzip erläutert, aber keine Verallgemeinerung vorgenommen. In den Übungen wird der sichere Umgang mit dem Algorithmus ebenso geschult (A3, A4) wie die Vorstellungen zur Ableitung (A2, A6). Es gibt Möglichkeiten, kreativ selbstständig Kurven zu erzeugen (A5) und es wird in offeneren Ausgangssituationen zu unterschiedlichen Modellierungen angeregt, die bevorzugt in Gruppenarbeiten zu bearbeiten sind (A7, A8).

Methodische Anmerkung:

Die Modellierung der Vasenform in A1 kann auch zur Einführung von Interpolationspolynomen und klassischer Steckbriefaufgaben genutzt werden, indem unterschiedlich viele Punkte mit eventuell charakteristischen Eigenschaften (Extrem- und Wendepunkte) aus der grafischen Darstellung der Vase im Koordinatensystem abgelesen werden. Hier besteht also die Möglichkeit, objektorientiert in einem Anwendungskontext mathematische Verfahren einzuführen. Ein solches Vorgehen ist hochgradig sinnstiftend, weil der Kontext Motive zur Einführung mathematischer Algorithmen liefert. Möchte man von vornherein Splines behandeln, führt dieses Vorgehen darüber hinaus zu höherer Zeiteffizienz, wenn man nach 2.2 direkt mit 2.4 beginnt oder 2.3 zunächst nur in kleinen Teilen behandelt, und dann ausgewählte Aufgaben aus 2.3 zur festigenden Übung in auch einfacheren Kontexten behandelt.

Lösungen

2.1 Funktionen beschreiben und modellieren Wirklichkeit

56 **1.** –

57 **2.** a) Je nach Skalierung der Achsen wird der Anstieg ver- oder entschärft.

b) Die Werte von 1960 bis 1982 ergeben mit dem GTR folgende mögliche Regressionen:

Lineare Regression: $f_{LR}(x) = 2{,}17x + 314{,}6$

Quadratische Regression: $f_{QR}(x) = 0{,}078x^2 + 1{,}31x + 316$

Exponentielle Regression: $f_{ER}(x) = 314{,}79 \cdot 1{,}0066^x$

Es passen alle drei Modellierungen gut zu den Messdaten.

c) Die Verdopplung des CO_2-Gehalts aus dem Jahre 1980 beträgt 674 ppm. Zu dieser Zahl suchen wir nun den passenden Funktionswert bzw. die Jahreszahl. Eine Möglichkeit besteht nun darin, dass wir am Graphen der jeweiligen Funktion den gesuchten Wert einfach ablesen. Algebraisch setzen wir die entsprechende Funktion gleich dem Wert 674 und lösen dann nach x auf.

Es folgt mit obigen Gleichungen:

$f_{LR}(x) = 2{,}17x + 314{,}6$ $\Rightarrow x \approx 166$, d. h. nach diesem Modell im Jahr 2292

$f_{QR}(x) = 0{,}078x^2 + 1{,}31x + 316$ $\Rightarrow x \approx 60$, d. h. nach diesem Modell im Jahr 2080

$f_{ER}(x) = 314{,}79 \cdot 1{,}0066^x$ $\Rightarrow x \approx 116$, d. h. nach diesem Modell im Jahr 2192

Wird der Wert aus dem Jahr 2007 mit 385 ppm dazu genommen, dann nehmen lineare und exponentielle Regression den neuen Messpunkt (23,5 | 385) nicht mehr mit und weichen „nach unten“ ab. Die quadratische Regression weist hingegen noch eine gute Verträglichkeit mit dem Wert aus dem Jahr 2007 auf.

Bemerkung:

Die Jahreszahlen in der Tabelle im Buch laufen in 2er-Schritten und werden mit 1er-Schritten auf der x-Achse besetzt: $x = 0 \triangleq 1960$, $x = 1 \triangleq 1962$, $x = 2 \triangleq 1964$, …
Hierzu wird am besten folgende Rekursionsformel genutzt: Jahreszahl = 2x + 1960

59 **3.** a) Es ergeben sich folgende Funktionsgraphen:

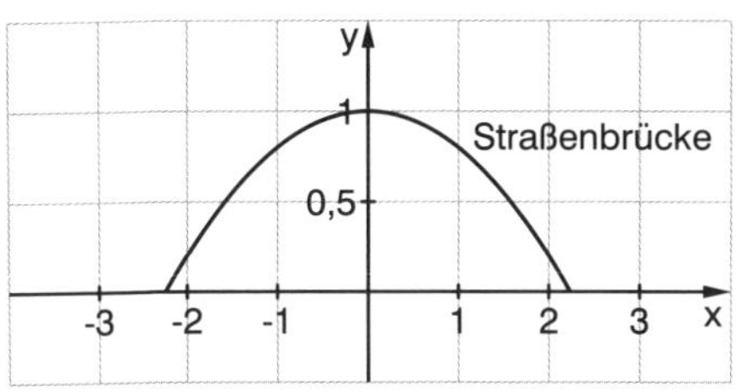

$f(x) = -0{,}2x^2 + 1$; $-2{,}2 \le x \le 2{,}2$

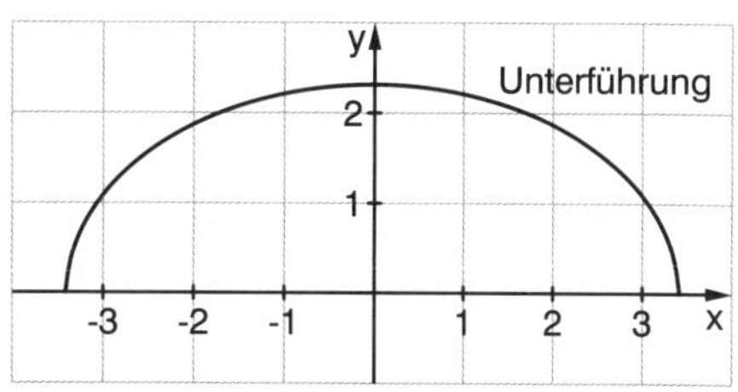

$g(x) = 0{,}68\sqrt{11{,}56 - x^2}$

59 **3.** a) Fortsetzung

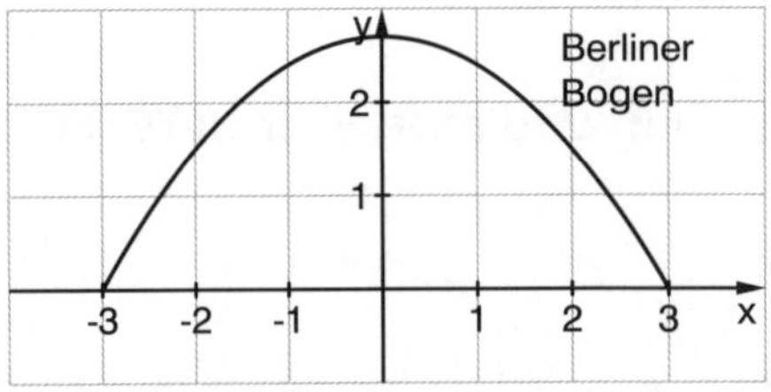

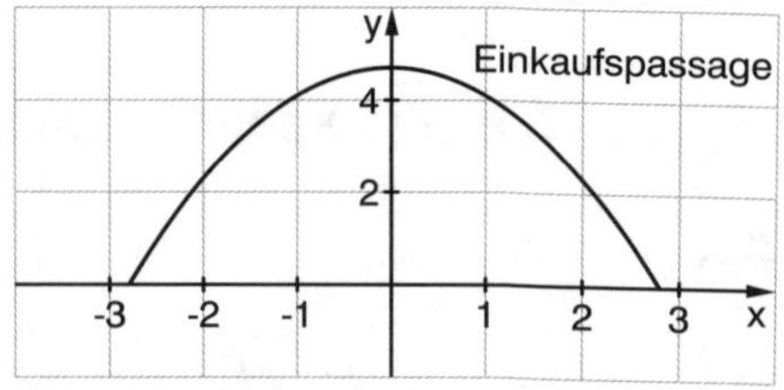

$h(x) = -0{,}3x^2 + 2{,}7;\ -3 \leq x \leq 3$ $\qquad$ $k(x) = -0{,}6x^2 + 4{,}7;\ -2{,}8 \leq x \leq 2{,}8$

Bemerkung:
Funktionsgleichung einer Halbellipse: $y = \frac{b}{a}\sqrt{a^2 - x^2}$ bzw. $\frac{x^2}{a^2} + \frac{y^2}{b^2} = 1$
(Halbachsen a und b)

b) –

4.

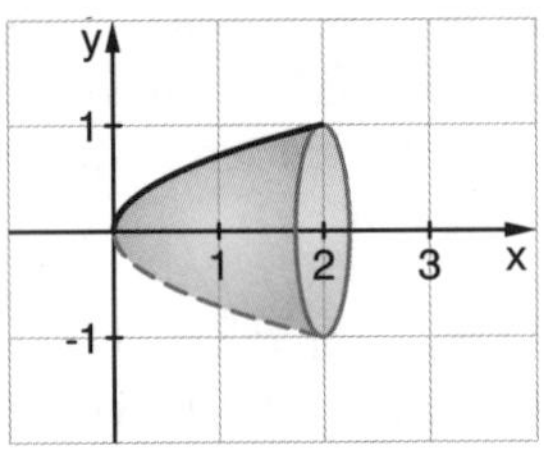

$f(x) = \sqrt{0{,}5x};\ 0 \leq x \leq 2{,}5$

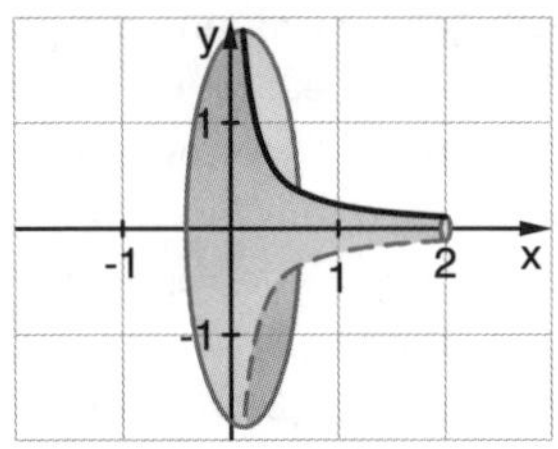

$g(x) = \frac{1}{4{,}5x};\ 0{,}12 \leq x \leq 2$

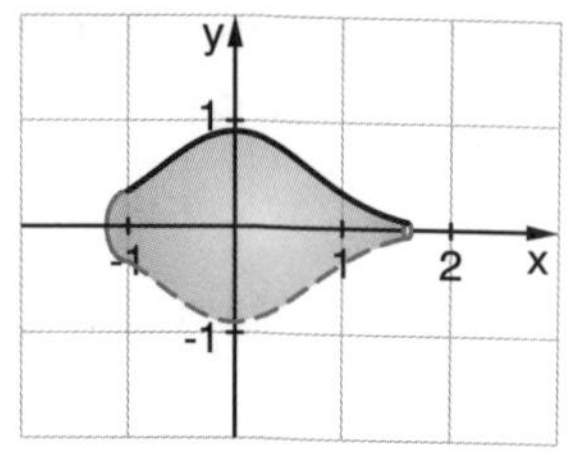

$h(x) = 0{,}9e^{-0{,}9x^2};\ -1 \leq x \leq 1{,}6$

60 **5.** Ja, die Flugbahn lässt sich durch eine Parabel der allgemeinen Form $f(x) = ax^2 + bx + c$ beschreiben.

a) Die drei Punkte $P_1(-9{,}1\,|\,1{,}4)$, $P_8(-1\,|\,7{,}9)$ und $P_{16}(6{,}7\,|\,3{,}2)$ liefern in die allgemeine Form einer quadratischen Funktionsgleichung eingesetzt das nachfolgende LGS:

$$\left.\begin{array}{ll} \text{I} & 82{,}81a - 9{,}1b + c = 1{,}4 \\ \text{II} & 1a - 1b + c = 7{,}9 \\ \text{II} & 44{,}9a + 6{,}7b + c = 3{,}2 \end{array}\right\} \text{Lösung: } a \approx -0{,}09;\ b \approx -0{,}1;\ c \approx 7{,}9$$

Funktionsgleichung: $f(x) = -0{,}09x^2 - 0{,}1x + 7{,}9 \Rightarrow$ Graph passt zu Messpunkten
Quadratische Regression mit dem GTR liefert: $f(x) = -0{,}09x^2 - 0{,}08x + 8$

b) Alternative 1: Differenzenquotient
Bestimmung der Steigung zwischen zwei Punkten mit dem Differenzenquotienten.
$m = \frac{f(x_2) - f(x_1)}{x_2 - x_1} = \frac{\Delta y}{\Delta x}$ und $m = \tan(\alpha) \Leftrightarrow \alpha = \tan^{-1}(m)$
Aufschlag: $P_1(-9{,}147\,|\,1{,}402)$ und $P_2(-8{,}041\,|\,2{,}729)$ ergibt $m \approx 1{,}19 \Rightarrow \alpha \approx 50°$
Hallenboden: $P_{17}(7{,}672\,|\,1{,}918)$ und $P_{18}(8{,}557\,|\,0{,}295)$ ergibt $m \approx -1{,}8 \Rightarrow \alpha \approx -61°$

Alternative 2: Ableitung
Bestimmung der Steigung mit 1. Ableitung an einer Stelle x_0 mit $f'(x_0) = m = \tan(\alpha)$.
Dann folgt mit der Funktion des GTR: $f'(x) = -0{,}18x - 0{,}08$

- an der Stelle $x_1 = -9{,}147$ folgt $m \approx 1{,}6$ und damit $\alpha \approx 58°$
- an der Stelle $x_{18} = 8{,}557$ folgt $m \approx -1{,}6$ und damit $\alpha \approx -58°$

$\Rightarrow$ Der Aufschlag erfolgt unter einem Winkel von ca. 58° und der Ball trifft mit einem Winkel von ca. 58° auf.

60 **6.** a) Es wird ein trigonometrischer Zusammenhang vermutet. Die im Buch gegebene Ausgleichskurve passt sehr gut zu den Messdaten.

b) Kurvenanpassung zum Beispiel mit GEOGEBRA an die Messdaten über Schieberegler mit der Funktion $f(x) = a\sin(bx + c) + d$:

$f(x) = 9{,}5\sin(0{,}26x - 1{,}66) + 10{,}8$

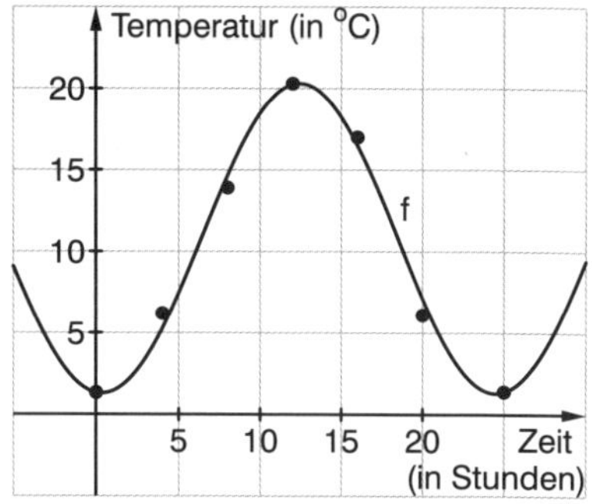

61 **7.** a) Je nach Kontext ist das Stabdiagramm oder die Regressionskurve zu nutzen. Während das Stabdiagramm ausschließlich die Maximalwerte erkennen lässt, so sind aus der Regressionskurve auch mögliche Zwischenwerte abzulesen. Allerdings sind diese nicht exakt, da sich die Regressionskurve nicht gänzlich an die Messwerte anpasst.

b)

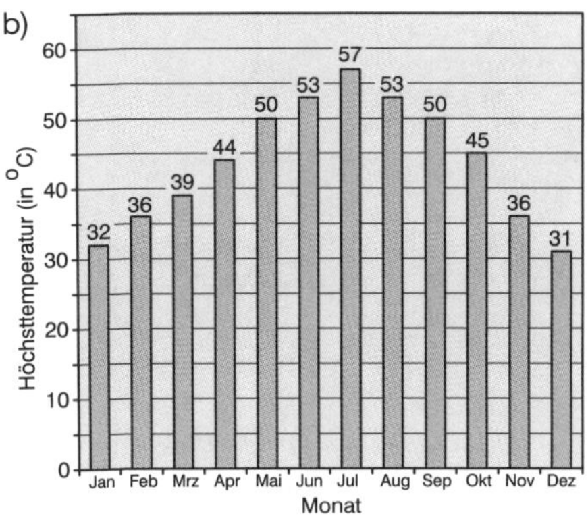

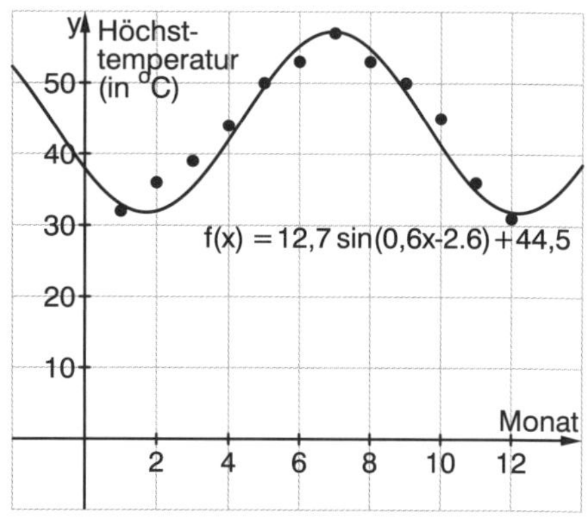

Ein Vergleich liefert: Die „record maximum"-Temperaturwerte sind jeweils größer und damit ist die zugehörige Regressionskurve nach oben verschoben. Entsprechend modifizieren sich die Koeffizienten der Sinusfunktion zu höheren Werten.

8. a) Wir gehen davon aus, dass ein Vogel der Masse 0 g eine Flügelfläche von 0 cm^2 aufweist. Daher beginnt die zugehörige Regressionsfunktion im Ursprung. Eine lineare Regression liefert die am besten angepasste Modellierung, doch müssen hier Abstriche gemacht werden. Es lässt sich also für dieses Modell feststellen, dass mit Zunahme des Gewichts des Vogels auch seine Flügelfläche linear dazu ansteigt. Mögliche Abhängigkeit: $f(x) = 3{,}2x$

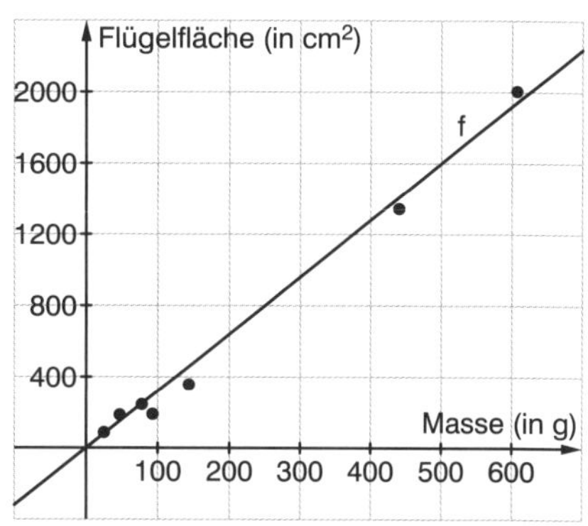

61 **8.** b) Entweder im Diagramm ablesen oder per Rechnung mit der Funktionsgleichung:
Flügelfläche $f(x) = 500\ cm^2 \Rightarrow x = 156\ g$
Masse $x = 300\ g \Rightarrow f(x) = 960\ cm^2$
Blaureiher: Modell passt nicht mehr, die Werte weichen zu stark ab.

9. Mit GEOGEBRA erfolgt die grafische Kurvenanpassung und damit die Bestimmung der Parameter a und b zu:

$c(t) = \frac{4,3}{t} + 0,03$

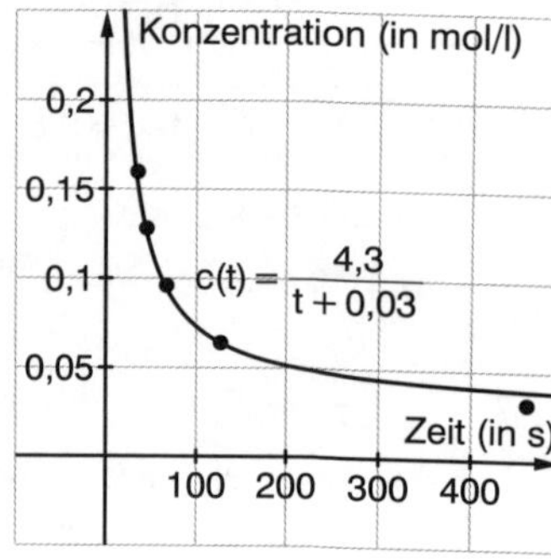

10. Die Summenformel lautet:
$S(n) = \frac{1}{2}n(n + 1)$

Kurvenanpassung mit GEOGEBRA:
$f(x) = \frac{1}{2}x^2 + \frac{1}{2}x = \frac{1}{2}x(x + 1)$
$\Rightarrow \quad n = x$

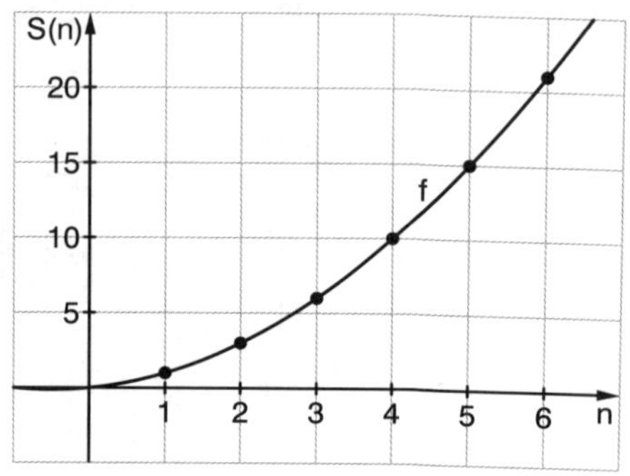

62 **11.** Die beiden Koordinaten P(0|0) und Q(50|59,3) reichen noch nicht aus, um ein LGS aufzustellen. Man erhält die dritte Information aus dem Winkel der Steigung im Punkt P(0|0).

Ausgangspunkt: $f(x) = ax^2 + bx + c$ und $f'(x) = 2ax + b$
Steigung: $f'(x) = m = \tan(\alpha) \approx 1,76$ (Steigung $\alpha = 60,4°$ an der Stelle $x = 0$)

Es entsteht das folgende LGS:

$$\left.\begin{array}{ll} \text{I} & 0 = 0 + 0 + c \\ \text{II} & 59,3 = 50^2a + 50b + c \\ \text{III} & 1,76 = 0 + b + 0 \end{array}\right\} \quad \text{Lösung: } a \approx -0,0115;\ b = 1,76;\ c = 0$$

Wir erhalten: $f(x) = -0,0115x^2 + 1,76x$ (nach Punktprobe für P und Q korrekt)

Scheitelpunkt ≙ Maximum: $f'(x) = 0$ und $f''(x) < 0$
$\Rightarrow$ $x \approx 76,5$, d.h. Maximum bei $f(76,5) = 67,3$ (den Wert in die Funktionsgleichung eingesetzt)
Spannweite ≙ Abstand der Nullstellen: $f(x) = 0$
$\Rightarrow$ $x_1 = 0$ und $x_2 \approx 153$
$\Rightarrow$ Der Scheitelpunkt liegt ca. 67,3 m über der Auflagestelle und der Bogen hat eine Spannweite von ca. 153 m.

62

12. Aus dem Text entnehmen wir folgende Koordinaten der gesuchten Parabel:
Abstoßpunkt: P(0|1,80)
Stoßweite: Q(8,4|0) mit $f(x) = ax^2 + bx + c$
Steigung am Abstoßpunkt: $m = f'(x) = \tan(\alpha) = 0{,}9$ mit $f'(x) = 2ax + b$

Es entsteht das folgende LGS:

$$\left.\begin{array}{ll} \text{I} & 1{,}8 = 0 + 0 + c \\ \text{II} & 0 = 8{,}4^2a + 8{,}4b + c \\ \text{III} & 0{,}9 = 0 + b + 0 \end{array}\right\} \quad \text{Lösung: } a \approx -0{,}133;\ b = 0{,}9;\ c = 1{,}8$$

Wir erhalten: $f(x) = -0{,}133x^2 + 0{,}9x + 1{,}8$ (nach Punktprobe für P und Q korrekt)

Maximale Flughöhe ≙ Maximum: $f'(x) = 0 \Rightarrow x \approx 3{,}4;\ f(3{,}4) \approx 3{,}3$
Auftreffwinkel ≙ Steigungswinkel an der Stelle x = 8,4, d. h. $f'(8{,}4) \approx -1{,}33 \Rightarrow \alpha \approx -53°$

⇒ Die maximale Flughöhe beträgt ca. 3,3 m und der Auftreffwinkel ca. 53°.

13. a) Mittels Variation des Geschwindigkeitsparameters v = T erhält man T = 5,57. Dieser hat eine Nullstelle bei x = 2, was der gesuchten Breite des Wasserstrahls entspricht.

b) Wir lösen x(t) nach t auf und erhalten $t = \frac{x}{v\cos(\alpha)}$. Eingesetzt in y(t) und mit $\tan(\alpha) = \frac{\sin(\alpha)}{\cos(\alpha)}$ folgt der gesuchte Ausdruck y(x).
Mit dem in a) ermittelten Wert von ca. 5,57 $\frac{m}{s}$ sowie der Erdbeschleunigung $g = 9{,}81\ \frac{m}{s^2}$ und dem Winkel $\alpha = 70°$ ergibt sich für einen Brunnenradius von 2 m: $y(x) = -1{,}35x^2 + 2{,}7x$

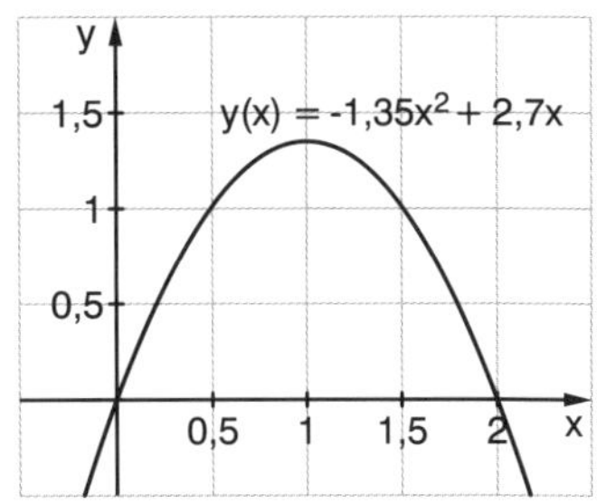

64

14. Modellansatz **A**: „Parameterdarstellung"
Einsetzen der Werte $\left(\alpha = 25°,\ g = 9{,}81\ \frac{m}{s^2},\ v = 24{,}2\ \frac{m}{s}\right)$ ergibt:
$f_A(x) = -0{,}01x^2 + 0{,}47x$

⇒ Schuss geht über das Tor hinaus: f(35) = 4,2 ⇒ d. h. auf Torhöhe hat der Ball eine Flughöhe von 4,2 m.

Modellansatz **B**: „Parabel mit drei Punkten" – $f(x) = ax^2 + bx + c$

$$\left.\begin{array}{l} \text{Ballhöhe am Freistoßpunkt } P(0|0) \\ \text{Ballhöhe über der Mauer } P(9{,}15|2{,}53) \\ \text{Ballhöhe „im" Tor } Q(35|1{,}88) \end{array}\right\} \Rightarrow \text{LGS} \quad \begin{array}{ll} \text{I} & 0 = 0 + 0 + c \\ \text{II} & 2{,}53 = 9{,}15^2a + 9{,}15b + c \\ \text{III} & 1{,}88 = 35^2a + 35b + c \end{array}$$

LGS gelöst ergibt: $f_B(x) = -0{,}0086x^2 + 0{,}36x$ ⇒ Alle Daten werden gültig erfasst.

Modellansatz **C**: „Parabel mit zwei Punkten und der Ableitung" – $f'(x) = 2ax + b$

$$\left.\begin{array}{l} \text{Steigung am Freistoßpunkt} \\ (x = 0 \Rightarrow m = \tan(\alpha) = 0{,}47) \\ \text{Ballhöhe über der Mauer } P(9{,}15|2{,}53) \\ \text{Ballhöhe im Tor } Q(35|1{,}88) \end{array}\right\} \Rightarrow \text{LGS} \quad \begin{array}{ll} \text{I} & 0{,}47 = 0 + b + 0 \\ \text{II} & 2{,}53 = 9{,}15^2a + 9{,}15b + c \\ \text{III} & 1{,}88 = 35^2a + 35b + c \end{array}$$

LGS gelöst ergibt: $f_C(x) = -0{,}011x^2 + 0{,}47x - 0{,}83$ ⇒ Freistoßpunkt zu weit vorne

64

14. Fortsetzung

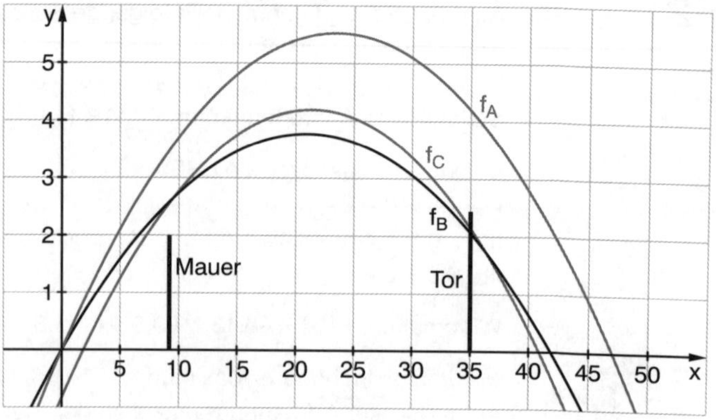

2.2 Gauß-Algorithmus zum Lösen linearer Gleichungssysteme

65

1. a) Mit den Lösungen aus dem Buch ($a = 1$; $b = -2$; $c = 3$) folgt für das gesuchte Polynom: $y = x^2 - 2x + 3$

Punktproben: A(–1 | 6) $6 = (-1)^2 - 2(-1) + 3 = 1 + 2 + 3$

B(2 | 3) $3 = 2^2 - 2 \cdot 2 + 3 = 4 - 4 + 3$

C(3 | 6) $6 = 3^2 - 2 \cdot 3 + 3 = 9 - 6 + 3$

b) Die drei Punkte P(1 | 4), Q(2 | 9) und R(3 | 18) ergeben folgendes LGS:

$$\left.\begin{array}{ll} \text{I} & 1a + 1b + 1c = 4 \\ \text{II} & 4a + 2b + 1c = 9 \\ \text{III} & 9a + 3b + 1c = 18 \end{array}\right\} \quad \text{Lösung: } a = 2;\ b = -1;\ c = 3$$

Wir erhalten das zugehörige Polynom mit $y = 2x^2 - x + 3$ (Abb. unten links).

c) Die vier Punkte P(–1 | –3,5), Q(1 | –2,5), R(2 | –5) und S(4 | –1) fordern ein Polynom dritten Grades mit der allgemeinem Form: $y = ax^3 + bx^2 + cx + d$

Damit ergibt sich nachfolgendes LGS:

$$\left.\begin{array}{ll} \text{I} & -1a + 1b - 1c + 1d = -3{,}5 \\ \text{II} & 1a + 1b + 1c + 1d = -2{,}5 \\ \text{III} & 8a + 4b + 2c + 1d = -5 \\ \text{IV} & 64a + 16b + 4c + 1d = -1 \end{array}\right\} \quad \text{Lösung: } a = 0{,}5;\ b = -2;\ c = 0;\ d = -1$$

Wir erhalten das zugehörige Polynom mit $y = 0{,}5\,x^3 - 2x^2 - 1$ (Abb. unten rechts).

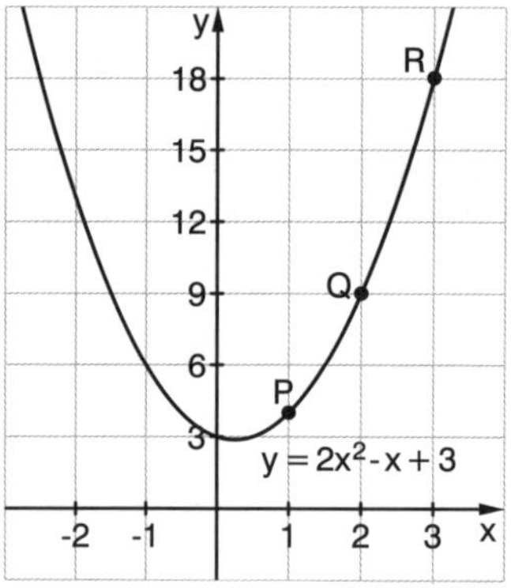

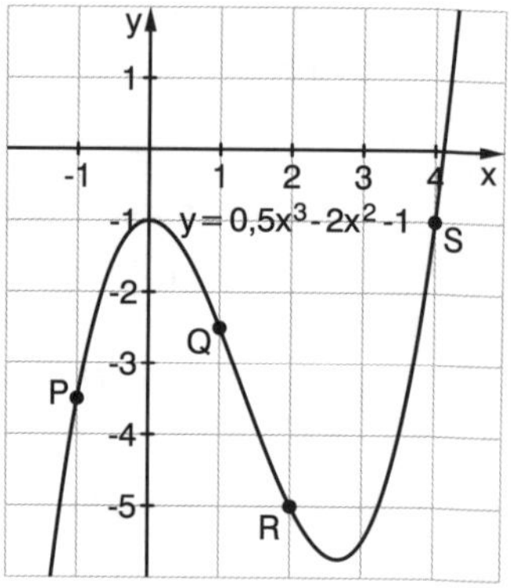

67

2. a) $x = 1;\ y = 2;\ z = -1$ b) $x = -1;\ y = 3;\ z = 4$ c) $x = 2;\ y = 2;\ z = -1$

3. a)
$$\left.\begin{array}{ll} \text{I} & 1a + 2b + 1c = 1 \\ \text{II} & 2a + 1b - 1c = -1 \\ \text{III} & -1a + 2b + 2c = 1 \end{array}\right\}$$ Lösung: $a = 1;\ b = -1;\ c = 2$

b)
$$\left.\begin{array}{ll} \text{I} & 1a + 2b + 1c = 1 \\ \text{II} & 1a + 1b - 1c = 2 \\ \text{III} & 0 + 2b + 1c = 4 \end{array}\right\}$$ Lösung: $a = -3;\ b = 3;\ c = -2$

c)
$$\left.\begin{array}{ll} \text{I} & 3a - 2b + 4c = 5 \\ \text{II} & 4a + 6b - 1c = 9 \\ \text{III} & 5a - 4b + 3c = 4 \end{array}\right\}$$ Lösung: $a = 1;\ b = 1;\ c = 1$

4. a) Weil damit eine Äquivalenzumformung eingespart wird. Das Ergebnis für die zweite Zeile steht schon da, wenn die Zeilen 1 und 2 vertauscht werden und kommt der angestrebten „Dreiecksform" somit entgegen (vgl. Aufgabe 10 b)).

b) Weil lediglich die Reihenfolge der Zeilen vertauscht wird und nicht deren „Inhalt". Beide Versionen (vertauscht und nicht vertauscht) ergeben identische Lösungen, wenn der Gauß-Algorithmus konsequent angewandt wird.
(Mathematisch formuliert: Der Betrag der **Determinanten** (in diesem Fall 3) bleibt unverändert.)

5.
$$\begin{array}{l} (1) \\ (2) \\ (3) \\ (4) \end{array} \left(\begin{array}{cccc|c} 2 & 3 & -1 & 5 & 11 \\ 0 & 1 & 3 & -1 & 1 \\ 4 & -2 & 0 & -2 & 0 \\ 1 & 1 & 1 & 1 & 4 \end{array}\right)$$
Übertragen des Gleichungssystems in die Matrix

$$\begin{array}{l} (1) \\ (2) \\ (3^*) \\ (4^*) \end{array} \left(\begin{array}{cccc|c} 2 & 3 & -1 & 5 & 11 \\ 0 & 1 & 3 & -1 & 1 \\ 0 & -8 & 2 & -12 & -22 \\ 0 & 1 & -3 & 3 & 3 \end{array}\right)$$
(1) wird übernommen
(2) wird übernommen, da 0 bereits vorhanden
$(-2) \cdot (1) + (3)$
$(1) - 2 \cdot (4)$

$$\begin{array}{l} (1) \\ (2) \\ (3^{**}) \\ (4^{**}) \end{array} \left(\begin{array}{cccc|c} 2 & 3 & -1 & 5 & 11 \\ 0 & 1 & 3 & -1 & 1 \\ 0 & 0 & 26 & -20 & -14 \\ 0 & 0 & -6 & 4 & 2 \end{array}\right)$$
(1) wird übernommen
(2) wird übernommen
$8 \cdot (2) + 1 \cdot (3^*)$
$-1 \cdot (2) + 1 \cdot (4^*)$

$$\begin{array}{l} (1) \\ (2) \\ (3^{**}) \\ (4^{***}) \end{array} \left(\begin{array}{cccc|c} 2 & 3 & -1 & 5 & 11 \\ 0 & 1 & 3 & -1 & 1 \\ 0 & 0 & 26 & -20 & -14 \\ 0 & 0 & 0 & -8 & -16 \end{array}\right)$$
(1) wird übernommen
(2) wird übernommen
(3^{**}) wird übernommen
$3 \cdot (3^{**}) + 13 \cdot (4^{**})$

Rückwärtseinsetzen ausgehend von (4^{***}) ergibt die Lösung (1; 0; 1; 2).

68

6. –

68 **7.** a) Rudimentäre Zeilenumformungen führen hier zur gesuchten „Dreiecksform“:

$$\left(\begin{array}{ccc|c} 1 & 1 & -1 & 2 \\ 1 & -2 & 1 & 1 \\ 1 & -1 & 2 & 1 \end{array}\right) \longrightarrow \left(\begin{array}{ccc|c} 1 & 1 & -1 & 2 \\ 0 & 3 & -2 & 1 \\ 0 & 2 & -3 & 1 \end{array}\right) \longrightarrow \left(\begin{array}{ccc|c} 1 & 1 & -1 & 2 \\ 0 & 3 & -2 & 1 \\ 0 & 0 & 5 & -1 \end{array}\right)$$

1. Schritt: 1. Zeile + 2. Zeile · (–1) sowie 1. Zeile + 3. Zeile · (–1)
2. Schritt: 2. Zeile · (2) + 3. Zeile · (–3)

b) Wir gehen rückwärts vor, d. h. ausgehend von der untersten Zeile (3. Zeile) arbeitet man sich nach oben und eliminiert nacheinander die restlichen Zahlen ungleich Null.

$$\left(\begin{array}{ccc|c} 1 & 1 & -1 & 2 \\ 0 & 3 & -2 & 1 \\ 0 & 0 & 5 & -1 \end{array}\right) \to \left(\begin{array}{ccc|c} 1 & 1 & -1 & 2 \\ 0 & 3 & -2 & 1 \\ 0 & 0 & 1 & -\frac{1}{5} \end{array}\right) \to \left(\begin{array}{ccc|c} 1 & 1 & -1 & 2 \\ 0 & 1 & 0 & \frac{1}{5} \\ 0 & 0 & 1 & -\frac{1}{5} \end{array}\right) \to \left(\begin{array}{ccc|c} 1 & 1 & 0 & \frac{9}{5} \\ 0 & 1 & 0 & \frac{1}{5} \\ 0 & 0 & 1 & -\frac{1}{5} \end{array}\right) \to \left(\begin{array}{ccc|c} 1 & 0 & 0 & \frac{8}{5} \\ 0 & 1 & 0 & \frac{1}{5} \\ 0 & 0 & 1 & -\frac{1}{5} \end{array}\right)$$

1. Schritt: 3. Zeile wird durch 5 dividiert
2. Schritt: 3. Zeile · (2) + 2. Zeile · (1) und dann die neue 2. Zeile durch 3 dividieren
3. Schritt: 3. Zeile + 1. Zeile
4. Schritt: neue 2. Zeile · (–1) + neue 1. Zeile

69 **8.** Es ergeben sich die Zuordnungen (LGS, Matrix, Graph):
1 – B – II; 2 – D – I; 3 – C – IV; 4 – A – III

Anhand der Diagonalform lässt sich direkt die Lage der beiden Geraden im Koordinatensystem und damit die Lösungsmenge des LGS erkennen:

B und D: genau eine Lösung für die Variablen x und y, d. h. es existiert ein Schnittpunkt
C: unendlich viele Lösungen, d. h. identische Geraden
A: keine Lösung, da eine Falschaussage vorliegt („0 = 1“), d. h. parallele Geraden

9. 1. Matrix, 3. Gleichung, 2. Graph
Begründung: Die Diagonalform zeigt genau eine Lösung.

2. Matrix, 2. Gleichung, 1. Graph
Begründung: Die Diagonalform zeigt genau eine Lösung, dabei fällt a = 0 beim Term weg.

3. Matrix, 1. Gleichung, 3. Graph
Begründung: Die Diagonalform zeigt eine Falschaussage „0 = 1“, d. h. keine Lösung.

10. a) Nur, wenn beim Spaltentausch alle Variablen entsprechend vertauscht werden.

b) Wird der Gauß-Algorithmus in dieser Form angewandt, d. h. die 1. Zeile wird nicht mit der 2. bzw. 3. Zeile vertauscht, dann ist ein systematisches Lösen nicht mehr möglich.

c) Ablesen (von unten nach oben) ergibt die gesuchte Lösung (–3; 3; –2).

70 **11.** Wir legen die Variablen im Bezug zum Text: x = „gut“, y = „mittel“, z = „schlecht“

Es entsteht folgendes LGS:

$$\left.\begin{array}{ll} \text{I} & 3x + 2y + 1z = 39 \\ \text{II} & 2x + 3y + 1z = 34 \\ \text{III} & 1x + 2y + 3z = 26 \end{array}\right\} \quad \text{Lösung: } x = 9{,}25;\ y = 4{,}25;\ z = 2{,}75$$

12. Der Polynomansatz $f(x) = ax^3 + bx^2 + cx + d$ ($x \triangleq$ Stufe, $y = f(x) \triangleq$ Anzahl der Bälle) führt mit den Werten aus der Tabelle zum nachfolgenden LGS und damit zum Erfolg:

$$\left.\begin{array}{ll} \text{I} & 1a + 1b + 1c + 1d = 1 \\ \text{II} & 8a + 4b + 2c + 1d = 4 \\ \text{III} & 27a + 9b + 3c + 1d = 10 \\ \text{IV} & 64a + 16b + 4c + 1d = 20 \end{array}\right\} \quad \text{Lösung: } a = \tfrac{1}{6};\ b = \tfrac{1}{2};\ c = \tfrac{1}{3};\ d = 0$$

Wir erhalten eine Funktion dritten Grades mit $f(x) = \frac{1}{6}x^3 + \frac{1}{2}x^2 + \frac{1}{3}x$.

$x = 50 \quad \Rightarrow \quad f(50) = 22\,100$ Bälle

$x = 100 \quad \Rightarrow \quad f(100) = 171\,700$ Bälle

Setzen wir für einen Tennisball den Durchmesser d = 6,5 cm, dann gilt für dessen Volumen ungefähr $V_T = 143\ \text{cm}^3 = 143 \cdot 10^{-6}\ \text{m}^3$. Somit erzeugen 171 700 Tennisbälle ein Volumen von ca. 24 m^3. Ein Kleintransporter weist ein Volumen von ca. 8 m^3 auf und damit passen die 171 700 Tennisbälle nicht hinein.

2.3 Bestimmung ganzrationaler Funktionen zu vorgegebenen Daten und Eigenschaften

71 **1.** a) I wird von allen Funktionen erfüllt

II wird von allen Funktionen erfüllt

III wird von allen Funktionen erfüllt

IV wird von B und C erfüllt

b)

	II	III	IV
Bedingung	$f'(0) = 2$	$f'(2) = 0$	■
Gleichung	$3a \cdot 0^2 + 2b \cdot 0 + c = 2$	■	$6a \cdot 0 + 2b = 0$

Lösung des Systems $a = -\frac{1}{6}$; $b = 0$; $c = 2$; $d = 1$

Der Graph von $f(x) = -\frac{1}{6}x^3 + 2x + 1$ stimmt mit B überein.

c) Da Funktionen 2. Grades keine Wendepunkte haben.

72 **2.** a) Es ist der rechte Übergang zu bevorzugen, da sich bei diesem an die Rechtskurve zunächst eine gerade Strecke anfügt, bevor an die Strecke eine Linkskurve anschließt. Bei der linken Streckenführung fehlt dieses gerade Teilstück, sodass hier der Kurvenwechsel abrupter verläuft.

b) Der Ruck lässt sich durch das Krümmungsverhalten im Übergangsbereich erklären. Da bei den Beispielen kein bzw. nur ein sehr geringer Übergang vorliegt, kommt es zu dem beschriebenen Ruck an diesen Stellen.

72 **2.** c) $f(x) = ax^3 + bx + c$

Bedingungen: $f(1) = -1$

$f'(1) = 0$

$f(0) = 0$

Lösung: $a = \frac{1}{2}$; $b = -\frac{3}{2}$; $c = 0$

Funktion: $f(x) = \frac{1}{2}x^3 - \frac{3}{2}x$

d) $f(x) = ax^5 + bx^3 + cx$

Bedingungen: $f(1) = -1$

$f'(1) = 0$

$f''(1) = 0$

Lösung: $a = -\frac{3}{8}$; $b = \frac{5}{4}$; $c = -\frac{15}{8}$

Funktion: $f(x) = -\frac{3}{8}x^5 + \frac{5}{4}x^3 - \frac{15}{8}x$

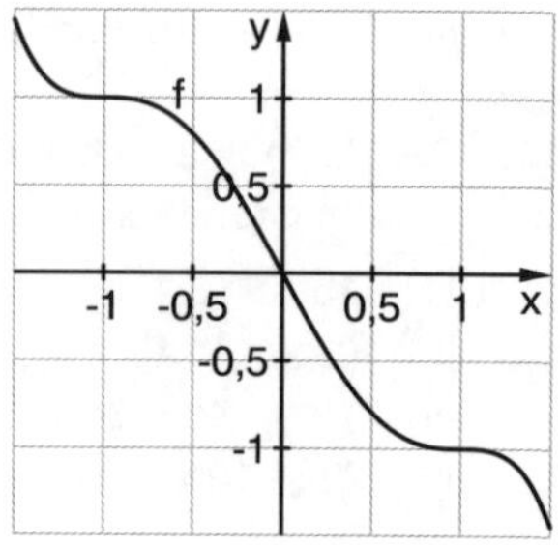

75 **3.** a) Bedingungen: $f(0) = 0$

$f(-2) = 0$

$f(4) = 0$

$f'(2) = -2$

Funktion: $f_a(x) = \frac{1}{2}x^3 - x^2 - 4x$

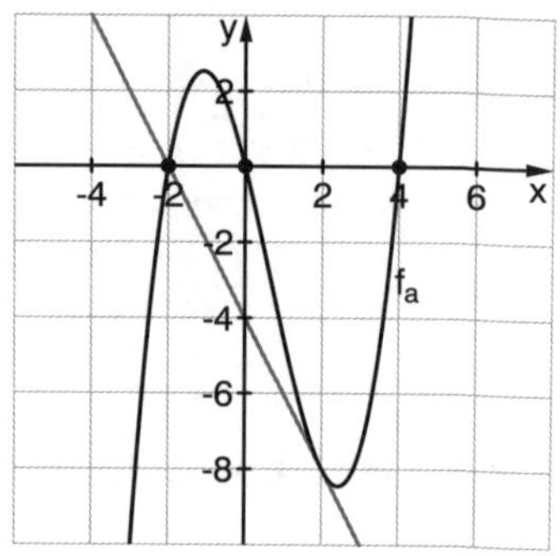

b) Bedingungen: $f(1) = 4$

$f'(4) = 0$

$f(3) = 6$

$f''(3) = 0$

Funktion: $f_b(x) = x^3 - 9x^2 + 24x - 12$

Eine Probe oder das Betrachten des Graphen zeigt, dass wirklich Extremum und Wendepunkt vorliegen.

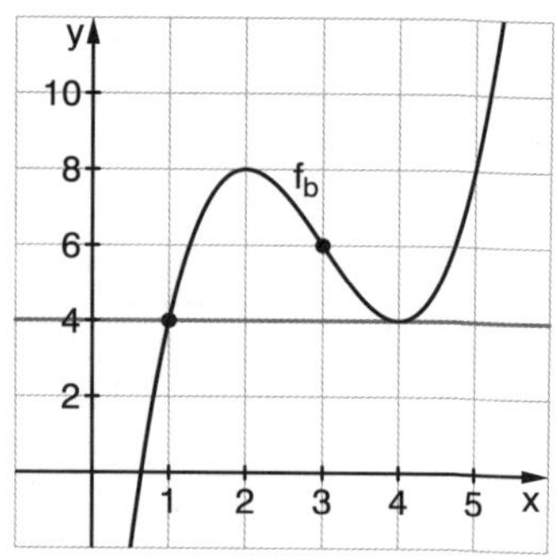

c) Bedingungen: $f(0) = 0$

$f'(0) = 0$

$f''(0) = 0$

$f(1) = -1$

$f''(1) = 0$

Funktion: $f_c(x) = x^4 - 2x^3$

Eine Probe oder das Betrachten des Graphen zeigt, dass wirklich Wendepunkte vorliegen.

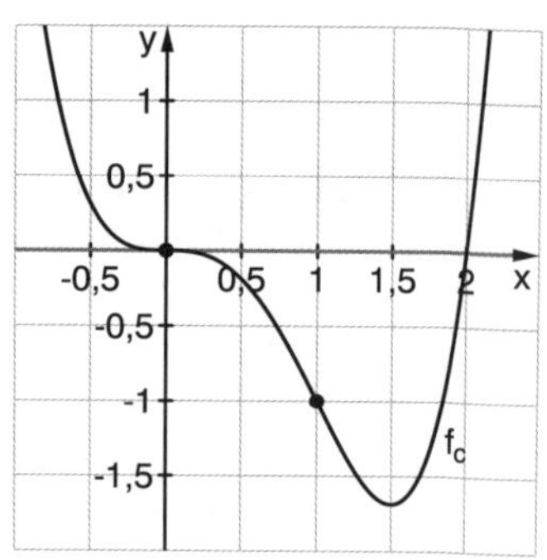

75 **4.** a) Bedingungen (Funktion 3. Grades):

$f(0) = 1$
$f(1) = 4$
$f'(1) = 0$
$f'(4) = 0$

Funktion: $f_a(x) = \frac{6}{11}x^3 - \frac{45}{11}x^2 + \frac{72}{11}x + 1$

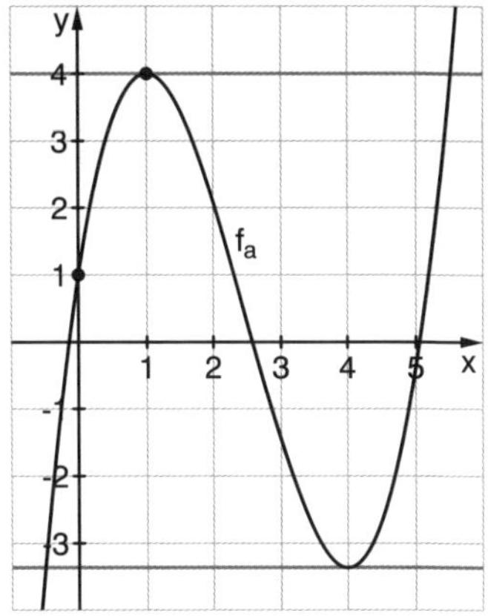

Eine Probe oder das Betrachten des Graphen zeigt, dass wirklich ein Hochpunkt vorliegt.

b) Funktion 3. Grades, obwohl nur 3 Bedingungen gegeben sind, da ein Wendepunkt gefordert ist:

$f'(5) = 0$
$f(1) = 1$
$f''(3) = 0$

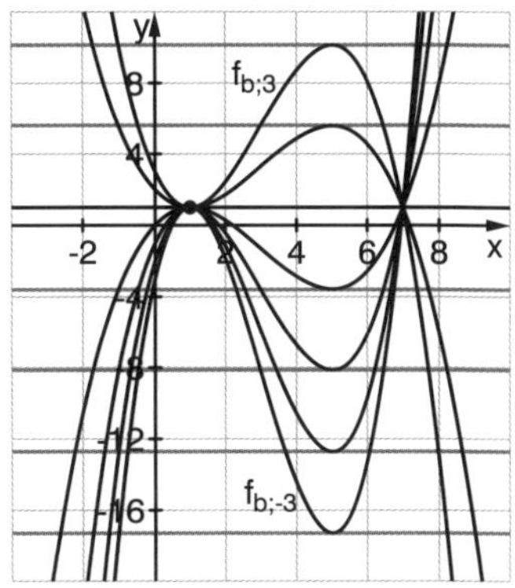

Lösung ist eine Funktionsschar:

$f_{b;\,k}(x) = \frac{1-k}{7}x^3 + \frac{9(k-1)}{7}x^2 + \frac{15(1-k)}{7}x + k$

c) Funktion 4. Grades:

$f(-2) = 3$
$f'(-2) = 0$
$f(1) = 1$
$f'(1) = 0$
$f'(2) = 0$

$f_c(x) = -\frac{2}{45}x^4 + \frac{8}{135}x^3 + \frac{16}{45}x^2 - \frac{32}{45}x + \frac{181}{135}$

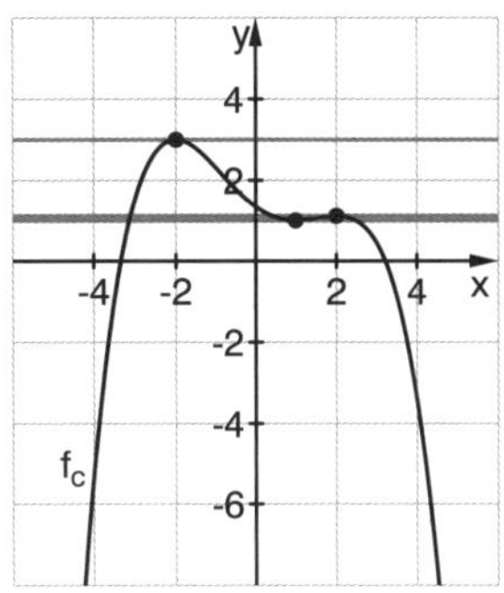

75

4. d) Funktion 5. Grades:

$f(1) = 5$
$f'(1) = 0$
$f''(1) = 0$
$f(2) = 2$
$f'(2) = 0$
$f'(4) = 0$

$f_d(x) = -3x^5 + 30x^4 - 105x^3 + 165x^2 - 120x + 38$

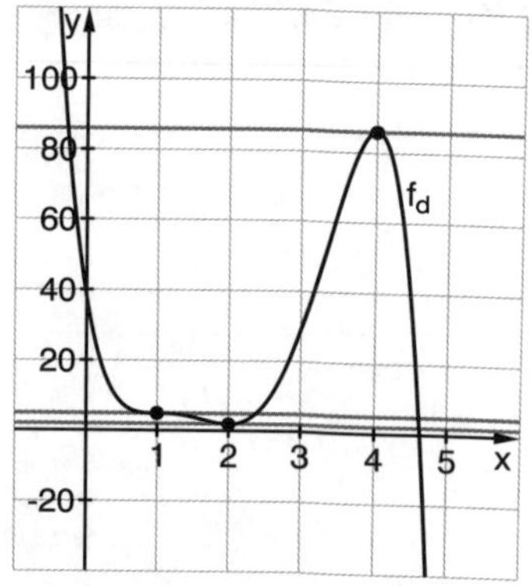

5. a)

Punkt P(a|0) liegt auf dem Graphen.	Die Steigung an der Stelle a ist m.	■	Der Graph hat an der Stelle a ein Extremum.	Der Graph hat an der Stelle a einen Sattelpunkt.
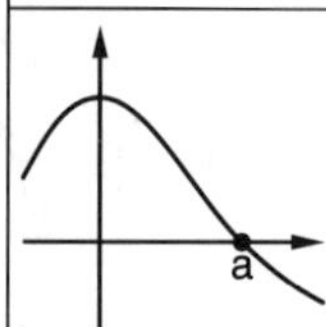	■	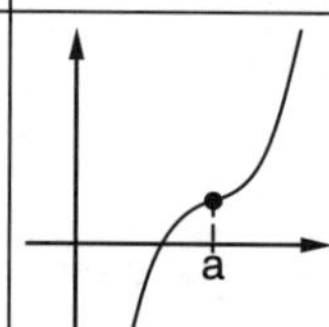	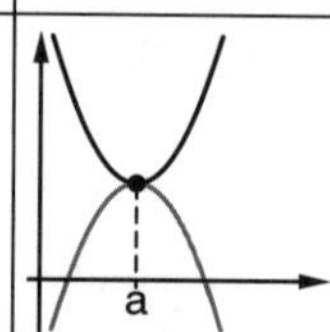	■
■	$f'(a) = m$	$f''(a) = 0$ und $f'''(a) \neq 0$	■	$f'(a) = 0$ $f''(a) = 0$ $f'''(a) \neq 0$

b) Weitere Eigenschaftsmerkmale sind beispielsweise das Symmetrie- und Grenzverhalten von ganzrationalen Funktionen.

6. $f(x) = ax^4 + bx^3 + cx^2 + dx + e$; wegen der Symmetrie ist $b = d = 0$

Bedingungen: $f(0) = 2$, $f(1) = 0$, $f'(1) = 0$ $\Rightarrow$ $f(x) = 2x^4 - 4x^2 + 2$

7. a) Funktion 2. Grades, da kein Wendepunkt vorliegt

Bedingungen: $f(0) = -2$, $f(2) = 2$, $f'(2) = 0$ $\Rightarrow$ $f(x) = -x^2 + 4x - 2$
Parabel ist nach unten geöffnet, also Hochpunkt

b) Funktion 3. Grades, da 2 Extrema (oder ein Wendepunkt)

Bedingungen: $f(2) = 4$, $f'(2) = 0$, $f(5) = 1$, $f'(5) = 0$ $\Rightarrow$ $f(x) = \frac{2}{9}x^3 - \frac{7}{3}x^2 + \frac{20}{3}x - \frac{16}{9}$

75

7. c) Funktion 4. Grades, da 3 Extrema (oder 2 Wendepunkte); symmetrisch

$f(x) = ax^4 + bx^2 + c$

Bedingungen: $\left.\begin{array}{l} f(0) = 2 \\ f(2) = 0 \\ f'(1{,}7) = 0 \end{array}\right\}$ $f(x) = \frac{25}{89}x^4 - \frac{289}{178}x^2 + 2$

(geschätzter Wert; Lage des Extremums ist nur schwer ablesbar, andere Werte sind bei Schülerlösungen möglich)

76

8. Eine Funktion 3. Grades kann außer einem Sattelpunkt keine weiteren Punkte mit waagerechter Tangente haben.

9. a) Bei x = 1 und x = 5 liegt eine waagerechte Tangente vor. (3|2) ist Wendepunkt.

b) Es gibt unendlich viele Lösungen des Gleichungssystems. Zwischen den Extrema liegt bei einer Funktion 3. Grades der Wendepunkt immer genau in der Mitte. Daher ist die Bedingung $f''(3) = 0$ bereits in den Bedingungen $f'(1) = 0$ und $f'(5) = 0$ enthalten und liefert keine neue Information.

c) Verwenden Sie zum Beispiel die Bedingungen

$\left.\begin{array}{l} f(1) = 1 \\ f'(1) = 0 \\ f(3) = 2 \\ f'(5) = 0 \end{array}\right\}$ Lösung: $f(x) = -\frac{1}{16}x^3 + \frac{9}{16}x^2 - \frac{15}{16}x + \frac{23}{16}$

10. Das Gleichungssystem ist unlösbar, da der Wendepunkt nicht genau in der Mitte zwischen den Extrema liegt.

$\left.\begin{array}{l} f(1) = 1 \\ f''(1) = 0 \\ f'(-2) = 0 \\ f'(2) = 0 \end{array}\right\}$ liefert $f(x) = 1$, also eine konstante Funktion

11. a)/b) (I) Funktion 3. Grades

$\left.\begin{array}{l} f(-2) = 8 \\ f(0) = 4 \\ f(2) = 0 \\ f'(2) = 0 \end{array}\right\}$ $f(x) = \frac{1}{4}x^3 - 3x + 4$

Die Probe zeigt, dass auch die übrigen Gleichungen bzw. Ungleichungen erfüllt sind.

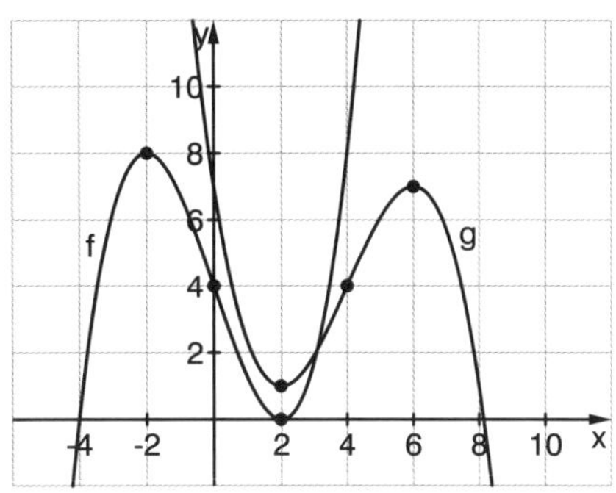

(II) Funktion 3. Grades

Bedingungen: $\left.\begin{array}{l} g'(2) = 0 \\ g(2) = 1 \\ g(4) = 4 \\ g(6) = 7 \end{array}\right\}$ $g(x) = -\frac{3}{16}x^3 + \frac{9}{4}x^2 - \frac{27}{4}x + 7$

Die Probe zeigt, dass auch die übrigen Eigenschaften vorliegen.

76

12. a) $\left.\begin{array}{l} f(0) = 5 \\ f'(2) = 0 \\ f''(2) = 1 \end{array}\right\}$ $f(x) = \frac{1}{2}x^2 - 2x + 5$

Zur Begründung: Bei einer Parabel ist $f''(x)$ konstant, also hier $f''(x) = 1$.
Stammfunktion dazu: $f'(x) = x + c$
Bestimmung von c durch die Bedingung $f'(2) = 0$, also $c = -2$
Stammfunktion dazu: $f(x) = \frac{1}{2}x^2 - 2x + d$
Bestimmung von d durch $f(0) = 5$, also $d = 5$; $f(x) = \frac{1}{2}x^2 - 2x + 5$

b) Die 3 Bedingungen für die Koeffizienten a, b, c, d der Funktion 3. Grades liefern eine Funktionsschar $f_c(x) = \frac{c+2}{12}x^3 - \frac{c+1}{2}x^2 + cx + 5$.
$g_1 = f_1$; $g_2 = f_2$ Somit erfüllen g_1 und g_2 die Bedingungen.

77

13. a) Bedingungen:
$\left.\begin{array}{l} f(-2) = 0 \\ f(2) = 0 \\ f(4) = 0 \end{array}\right\}$ Lösungsschar: $f_d(x) = \frac{d}{16}x^3 - \frac{d}{4}x^2 - \frac{d}{4}x + d$

Extrema: $f_d'(x) = 0 \Rightarrow x_{1/2} = \frac{4 \pm 2\sqrt{7}}{3}$
Wegen der drei Nullstellen müssen zwei Extrema vorliegen.

Wendepunkt: $f_d''(x) = 0 \Rightarrow x_w = \frac{4}{3}$
Es muss ein Wendepunkt sein, da es eine Funktion 3. Grades ist.

b) Nur eine Bedingung ist gegeben: $f''(0) = 0$; d. h. $b = 0$
Lösung: $f_{a,c,d}(x) = ax^3 + cx + d$
Wenn es Extrempunkte gibt, müssen sie punktsymmetrisch zum Wendepunkt liegen.
Bedingung: $f_{a,c,d}'(x) = 0 \Leftrightarrow 3ax^2 + 0 \Leftrightarrow x = \pm\sqrt{\frac{-c}{3a}}$
Wenn $-\frac{c}{3a} > 0$, gibt es 2 Extrema.
Wenn $-\frac{c}{3a} = 0$, ist der Wendepunkt ein Sattelpunkt.
Wenn $-\frac{c}{3a} < 0$, gibt es keine Extrema.

14. $f_a(0) = 1$
$f_a'(x) = 4ax^3 - \left(8a + \frac{1}{2}\right)x^2 + 2$; $f_a'(0) = 2$
$f_a'(2) = 32a - 32a - 2 + 2 = 0$
$f_a''(x) = 12ax^2 - (16a + 1)x$; $f_a''(0) = 0$
Die Lösung des Gleichungssystems liefert dieselbe Funktionsschar.

15. Wegen der Symmetrie ist $b = d = 0$.
Da der Schnittpunkt mit der y-Achse unter der x-Achse liegt, ist $e < 0$.
Wegen der Grenzwerte ist $a > 0$.
Bedingung für die Extrema: $f'(x) = 0 \Leftrightarrow 4ax^3 + 2cx = 0 \Leftrightarrow x = 0 \vee x = \pm\sqrt{\frac{-2c}{4a}}$
Damit 3 Extrema existieren, muss $\frac{-2c}{4a} > 0$; wegen $a > 0$ muss $c < 0$ sein.
Beispiel: $a = 1$; $c = -4$; $e = -1$: $f(x) = x^4 - 4x^2 - 1$

77

16. Möglich ist eine Modellierung mit einer Funktion 3. Grades. Der Nullpunkt des Koordinatensystems liegt links unten.

Bedingungen:

$$\left.\begin{array}{l} f(0) = 0 \\ f'(0) = 0 \\ f(9{,}2) = 1{,}4 \\ f'(9{,}2) = 1{,}4 \end{array}\right\}$$

Lösung (gerundete Werte):
$f(x) = -0{,}0036x^3 + 0{,}0496x^2$
Dann sind $f(9{,}2) = 1{,}395$ und $f'(9{,}2) = -0{,}0015$.
Maximale Steigung im Wendepunkt $f'(4{,}6) = 0{,}228$

78

17. I

$$\left.\begin{array}{l} f(0) = 2 \\ f'(0) = 0 \\ f(4) = 0 \\ f'(4) = 0 \end{array}\right\}$$

$f(x) = \frac{1}{16}x^3 - \frac{3}{8}x^2 + 2$

Größte Steigung im Wendepunkt: $f'(2) = -\frac{3}{4}$

II

$$\left.\begin{array}{l} f(0) = 2 \\ f'(0) = 2 \\ f(4{,}5) = 0 \\ f'(4{,}5) = 0 \end{array}\right\}$$

$f(x) = \frac{32}{727}x^3 - \frac{216}{727}x^2 + 2$

Steigung im Wendepunkt: $f'(2{,}25) \approx -0{,}67$

Beide Wasserrutschen überschreiten die maximale Steigung nicht.

18. a) Anlauf:

$$\left.\begin{array}{l} f_1(-110) = 48{,}79 \\ f_1(0) = 0 \\ f_1'(0) = \tan(-11°) \\ \quad \approx -0{,}194 \\ f_1'(-110) = 0 \end{array}\right\} f_1(x) = 5{,}728 \cdot 10^{-5}x^3 + 0{,}00857x^2 - 0{,}194x$$

Aufsprung:

$$\left.\begin{array}{l} f_2(0) = -3{,}14 \\ f_2(107{,}9) = -62{,}6 \\ f_2''(107{,}9) = 0 \\ f(178{,}7) = -86 \end{array}\right\} f_2(x) = -3{,}327 \cdot 10^{-5}x^3 + 0{,}0108x^2 - 1{,}326x - 3{,}14$$

b) Die Gleichung $f_t(107{,}9) = -62{,}6$ liefert den t-Wert für eine Landung im Kalkulationspunkt $t_k = 0{,}0672$.
$t < t_k$: Landung vor k
$t > t_k$: Landung hinter k

c) Höhe über dem Hügel: $h(x) = f_{t_k}(x) - f_2(x)$
$h'(x) = 0 \;\Leftrightarrow\; x = 48{,}55 \vee \underbrace{x = 287{,}49}_{\text{außerhalb des Hügels}}$

$h''(48{,}55) < 0$, also liegt bei $x = 48{,}55$ die maximale Höhe $h(48{,}55) \approx 35{,}05$ vor.
Springer landet in $(112{,}9 \,|\, f_2(112{,}9))$, also $(112{,}9 \,|\, -63{,}42)$ (5 m hinter k)
$f_t(112{,}9) = -63{,}42$ liefert $t_1 = 0{,}1157$.
$h(x) = f_{t_1}(x) - f_2(x)$; $h'(x) = 0 \;\Leftrightarrow\; x = 50{,}60 \vee \underbrace{x = 285{,}44}_{\text{außerhalb}}$

$h''(50{,}6) < 0$; $h(50{,}6) = 37{,}45$ (maximale Höhe)

79

19. – **20.** – **21.** –

80

22. $f(x) = ax^3 + bx^2 + cx + d$

Bedingungen:

$$\left.\begin{array}{l} f(0) = 19 \\ f(17) = 0 \\ f(7) = 16 \\ f'(0) = 0 \end{array}\right\} \quad f(x) = -0{,}00045x^3 - 0{,}058x^2 + 19$$

Zu Abweichungen können sowohl Ungenauigkeiten beim Abmalen der Projektion sowie beim Ablesen der Punkte führen. Des Weiteren kann nicht unbedingt immer eine waagerechte Einspannung sowie ein ruhiger Hang gewährleistet werden. Außerdem kann die Rundung bei der Rechnung zu weiteren Ungenauigkeiten führen.

23. Kurve 1:

$$\left.\begin{array}{l} f(0) = 0 \\ f'(0) = \tan(25°) \approx 0{,}4663 \\ f(0{,}5) = 0 \\ f(0{,}25) = 0{,}08 \\ f'(0{,}25) = 0 \end{array}\right\} \quad f(x) = 5{,}56x^4 - 5{,}56x^3 + 0{,}457x^2 + 0{,}4663x$$

Kurve 2:

$$\left.\begin{array}{l} f(0) = 0 \\ f'(0) = 0 \\ f(0{,}5) = 0 \\ f'(0{,}32) = 0 \\ f(0{,}32) = 0{,}09 \end{array}\right\} \quad f(x) = 3{,}39x^4 - 7{,}66x^3 + 2{,}98x^2$$

Kurve 3:

$$\left.\begin{array}{l} f(0) = 0 \\ f(0{,}5) = 0 \\ f'(0) = 0 \\ f'(0{,}25) = 0 \\ f(0{,}25) = 0{,}05 \end{array}\right\} \quad f(x) = \frac{64}{5}x^4 - \frac{64}{5}x^3 + \frac{16}{5}x^2$$

Die Graphen zeigen die Funktionsverläufe. Es hat der Graph von K3 den geringsten Anstieg, auf der Hälfte des Intervalls befindet sich der Hochpunkt der symmetrischen Funktion. Dadurch verteilt sich das auf dem Träger lastende Gewicht gleichmäßiger.

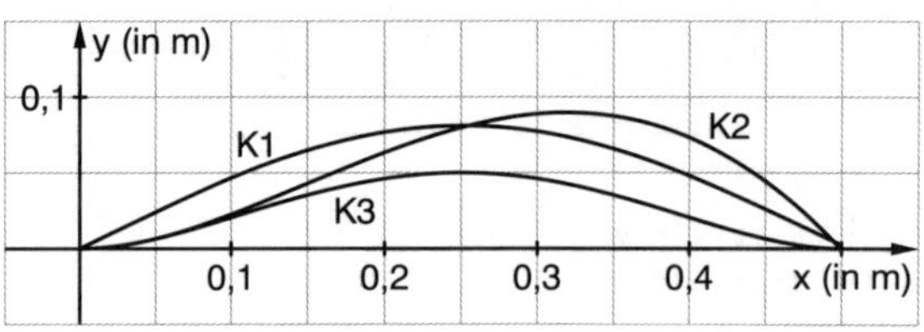

81

24. a) $f(-2) = 2$
$f'(-2) = 0$
$f''(-2) = 0$
$f(2) = -2$
$f'(2) = 0$
$f''(2) = 0$

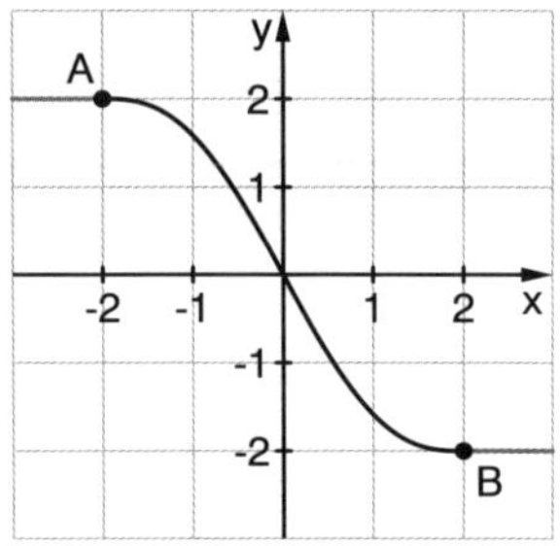

$f(x) = -\frac{3}{128}x^5 + \frac{5}{16}x^3 - \frac{15}{8}x$

b) $f(-1) = 0$
$f'(-1) = 0$
$f''(-1) = 0$
$f(2) = 2$
$f'(2) = 1$
$f''(2) = 0$

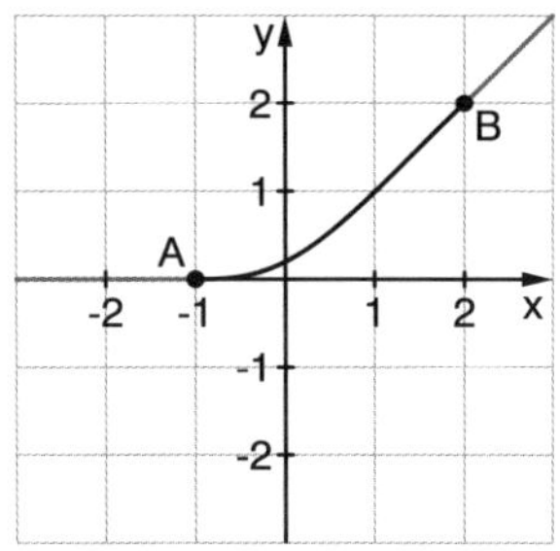

$f(x) = \frac{1}{81}x^5 - \frac{4}{81}x^4 - \frac{2}{81}x^3 + \frac{28}{81}x^2 + \frac{41}{81}x + \frac{16}{81}$

c) $f(-1) = 1$
$f'(-1) = -1$
$f''(-1) = 0$
$f(1) = 1$
$f'(1) = 1$
$f''(1) = 0$

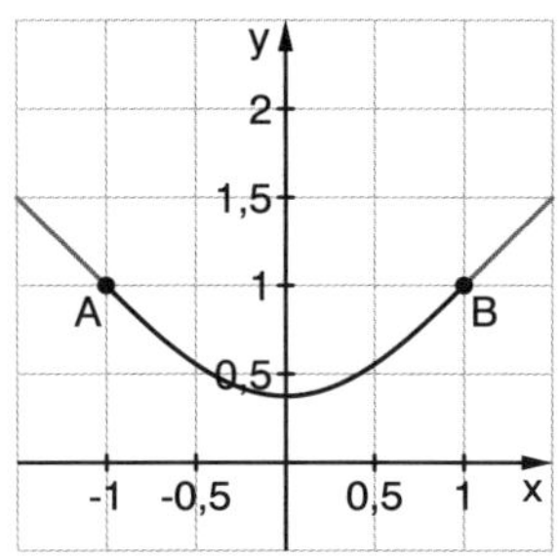

Ansatz mit einer Funktion 5. Grades liefert:
$f(x) = -\frac{1}{8}x^4 + \frac{3}{4}x^2 + \frac{3}{8}$

d) $f(0) = 4$
$f'(0) = -1$
$f''(0) = 0$
$f(2) = 1$
$f(4) = 0$
$f'(4) = -1$
$f''(4) = 0$

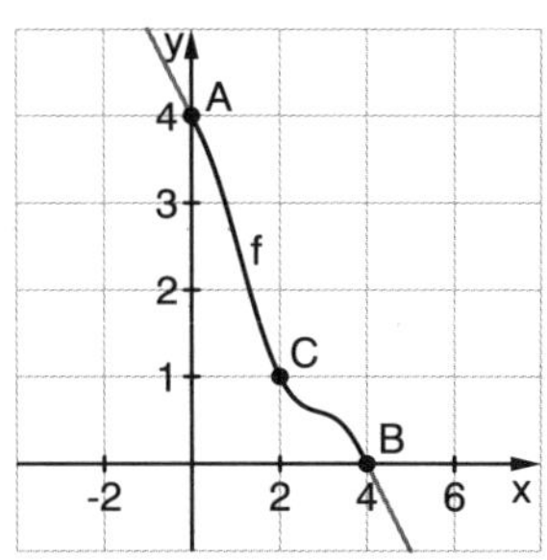

$f(x) = \frac{1}{64}x^6 - \frac{3}{16}x^5 + \frac{3}{4}x^4 - x^3 - x + 4$

82

25. a) Krümmung der Geraden ist 0; $f''(x) = 0$ für lineare Funktionen $\Rightarrow$ ✓

b) Im Wendepunkt ist die Krümmung 0; dort ist $f''(x_0) = 0$ $\Rightarrow$ ✓

c) Anschaulich ist die Krümmung im Scheitelpunkt maximal. Bei einer quadratischen Funktion hat jedoch die 2. Ableitung überall den gleichen Wert.

83

26. a) Für $P(1\,|\,1)$ ergibt sich mithilfe der Tangente an den Punkt die Normalengleichung $n_P: y = -\frac{1}{2}x + \frac{3}{2}$

Für einen allgemeinen Punkt $Q(1 + h\,|\,(1 + h)^2)$ erhalten wir die Steigung der Tangente mit $f'(1 + h) = 2 \cdot (1 + h)$ und somit die Steigung der Normalen in Q als $m_N = -\frac{1}{2 \cdot (1 + h)}$.

Einsetzen von Q ergibt:

$n_Q: y = -\frac{1}{(1 + h) \cdot 2}x + \left((1 + h)^2 + \frac{1}{2}\right)$

Gleichsetzen von n_P und n_Q liefert uns den Schnittpunkt A mit den Koordinaten:

$\left(-2 \cdot (2 + h)(1 + h) \,\middle|\, (2 + h)(1 + h) + \frac{3}{2}\right)$

Der Radius ergibt sich als $r = |\overrightarrow{AQ}| = \sqrt{(x_Q - x_A)^2 + (y_Q - y_A)^2}$.

Für $h \to 0$ nähert sich der Mittelpunkt A dem Wert $\left(-4\,\middle|\,\frac{7}{2}\right)$ an.

Der Radius $r = \sqrt{((1 + h) + 2 \cdot (2 + h)(1 + h))^2 + \left((1 + h)^2 - \left((2 + h)(1 + h) + \frac{3}{2}\right)^2\right)^2}$ nähert sich für $h \to 0$ dem Wert $r = \sqrt{31{,}25} \approx 5{,}59017$ an, entsprechend nähert sich der Wert für das Krümmungsmaß dem Wert $\frac{1}{r} \approx 0{,}178885$ an.

b) Exemplarisch gilt für den Punkt $(2\,|\,4)$:

$r = 35{,}31$; $\frac{1}{r} \approx 0{,}0283$

$\frac{2}{\sqrt{1 + 16^3}} = 0{,}0285$

Allgemein gilt für den Punkt $P(a\,|\,a^2)$:

$f'(a) = 2a$; Steigung der Normalen in P: $-\frac{1}{2a}$

Gleichung der Normalen in P: $y = -\frac{1}{2a}x + \left(a^2 + \frac{1}{2}\right)$

Punkt $Q(a + h)\,|\,(a + h)^2)$

$f'(a + h) = 2(a + h)$: Steigung der Normalen in Q: $-\frac{1}{2(a + h)}$

Gleichung der Normalen in Q: $y = -\frac{1}{2(a + h)}x + \left((a + h)^2 + \frac{1}{2}\right)$

Schnitt der beiden Normalen:

$-\frac{1}{2a}x + \left(a^2 + \frac{1}{2}\right) = -\frac{1}{2(a + h)}x + a^2 + 2ah + h^2 + \frac{1}{2} \quad \Leftrightarrow \quad x = -2a(a + h)(2a + h)$

$h \to 0$ bedeutet $x \to -4a^3$

Dann ist $y = 3a^2 + \frac{1}{2}$, also $S\left(-4a^3\,\middle|\,3a^2 + \frac{1}{2}\right)$.

Abstand von P zu S: $r = \sqrt{\left(-4a^3 - a\right)^2 + \left(2a^2 + \frac{1}{2}\right)^2}$

Betrachtung des Radikanden: $16a^6 + 8a^4 + a^2 + 4a^4 + 2a^2 + \frac{1}{4} = \frac{1}{4}(4a^2 + 1)^3$

Damit ist $\frac{1}{r} = \frac{2}{\sqrt{4a^2 + 1}^3}$.

83

27. a) Die x-Achse ist Asymptote. Der Maximalwert liegt etwa bei (0|0,5).

$P\left(h \middle| \frac{1}{4}h^2\right)$: Tangentensteigung in P: $\frac{1}{2}h$

Normalensteigung in P: $-\frac{2}{h}$

Normalengleichung: $y = -\frac{2}{h}x + \frac{1}{4}h^2 + 2$

Schnitt mit der y-Achse: $\left(0 \middle| \frac{1}{4}h^2 + 2\right)$

$h \to 0$: (0|2)

Damit ist $\frac{1}{r} = 0{,}5$.

b) Die Graphen stimmen überein.

c) –

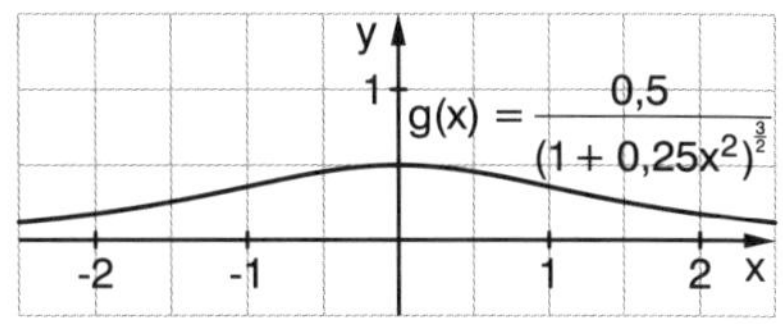

84

28. a) $f(x) = ax^3 + bx^2 + cx + d$

(I) Bedingungen: $I(-\pi) = 0$, $I(0) = 0$, $I(\pi) = 0$, $I'(0) = 1$ — Funktion: $I(x) = -0{,}10132x^3 + x$

(II) Bedingungen: $II'(0) = 1$, $II'\left(-\frac{\pi}{2}\right) = 0$, $II'\left(\frac{\pi}{2}\right) = 0$, $II(0) = 0$ — Funktion: $II(x) = -0{,}1351x^3 + x$

(III) Bedingungen: $III''(0) = 0$, $III(0) = 0$, $III'(0) = 1$, $III(\pi) = 0$ — Funktion: $III(x) = -\frac{1}{\pi^2}x^3 + x$

Die Verläufe der Graphen zeigen, dass im Intervall $\left[-\frac{\pi}{2}; \frac{\pi}{2}\right]$ eine relativ gute Approximation vorliegt.

Auf dem Intervall [– π; π] bilden die Funktionen I und III eine einigermaßen gute Annäherung.

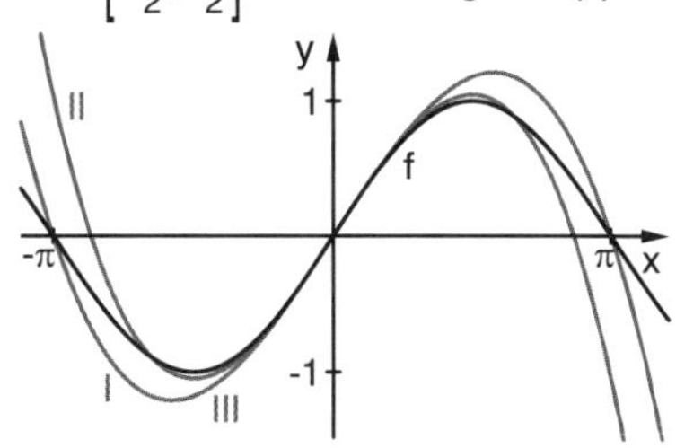

b) Die kubische Regression liefert eine noch bessere Approximation an den Graphen von sin (x).

Durch eine Erhöhung der Anzahl der Punkte lässt sich die Approximation noch weiter verbessern, für eine Regressionsfunktion 5. Grades ergibt sich z. B.:

$f_5(x) = 0{,}05398x^5 + 0{,}000401x^4 - 0{,}154072x^3 + 0{,}982359x$

84

28. c) Für das Polynom 3. Grades $f_3(x) = ax^3 + bx^2 + cx + d$ ergeben sich:

$b = d = 0; \quad c = 1; \quad a = -\frac{1}{6}$

$\Rightarrow \quad f_3(x) = -\frac{1}{6}x^3 + x$

Für ein Polynom 4. Grades ergibt sich keine Verbesserung, da dort der Vorfaktor von x^4 gleich Null ist (gleiches gilt dann auch für die Polynome 6. und 8. Grades).

Für ein Polynom 5. Grades $f_5(x) = ax^5 + bx^4 + cx^3 + dx^2 + ex + f$ erhalten wir mit den entsprechenden Bedingungen:

$b = d = f = 0; \quad e = 1; \quad c = -\frac{1}{6}; \quad a = \frac{1}{120}$

$\Rightarrow \quad f_5(x) = \frac{1}{120}x^5 - \frac{1}{6}x^3 + x$

Für das Polynom 7. Grades bestimmt man entsprechend:

$f_7(x) = -\frac{1}{5040}x^7 + \frac{1}{120}x^5 - \frac{1}{6}x^3 + x$

Es lassen sich bei der Bildung der Funktionsterme folgende Gesetzmäßigkeiten feststellen:

- immer abwechselndes Vorzeichen
- Nenner des Vorfaktors sind Fakultäten, und zwar den Potenzen entsprechende.

Dementsprechend wäre dann eine Vermutung für f_9:

$f_9(x) = \frac{1}{9!}x^9 - \frac{1}{7!}x^7 + \frac{1}{5!}x^5 - \frac{1}{3!}x^3 + \frac{1}{1!}x$

29. Wir wissen: $f(0) = f^{(4)}(0) = f^{(8)}(0) = 1$

$f'(0) = f'''(0) = f^{(5)}(0) = f^{(7)}(0) = f^{(9)}(0) = 0$

$f''(0) = f^{(6)}(0) = -1$

Für das Polynom 1. Grades erhalten wir die konstante Funktion $f_1(x) = 1$, welche die Kosinusfunktion in der Umgebung von $(0|1)$ gut approximiert.

Für das Polynom 2. Grades erhalten wir mit $f_2(x) = ax^2 + bx + c$ dann:

$a = -\frac{1}{2}; \quad b = 0; \quad c = 1$

$\Rightarrow \quad f_2(x) = -\frac{1}{2}x^2 + 1$

Für f_3 gibt es keine Veränderung des Polynoms, d. h. $f_3(x) = f_2(x)$.

Für f_4 ergibt sich $f_4(x) = \frac{1}{24}x^4 - \frac{1}{2}x^2 + 1$, für f_6 ergibt sich $f_6(x) = -\frac{1}{720}x^6 + \frac{1}{24}x^4 - \frac{1}{2}x^2 + 1$.

Insgesamt gilt für alle Polynome:

- es kommen nur gerade Potenzen vor
- die Vorzeichen sind immer abwechselnd
- der Nenner des Vorfaktors ist die Fakultät der zugehörigen Potenz von x

In Summenformel gilt für die Kosinusfunktion:

$$\cos(x) = \sum_{k=0}^{\infty} (-1)^k \frac{x^{2k}}{(2k)!}$$

2.4 Spezielle Kurvenanpassung durch Spline-Interpolation

85

1. **Modell 1**

Einzig geeignete Regression ist ein Polynom vom Grad 3. Bei Regression mit einem Polynom 4. Grades wird es bei 5 Punkten schon Interpolationspolynom.

- Interpolation mit A, B, D, E: $f(x) = 0{,}02471x^3 - 0{,}3625x^2 + 1{,}2986x + 1{,}6$
- Interpolation mit A, C, D, E: $f(x) = 0{,}03876x^3 - 0{,}5943x^2 + 2{,}2329x + 1{,}6$
- Interpolation mit A, B, C, D, E:
  $f(x) = 0{,}00702x^4 - 0{,}11227x^3 + 0{,}45232x^2 - 0{,}102822x + 1{,}6$

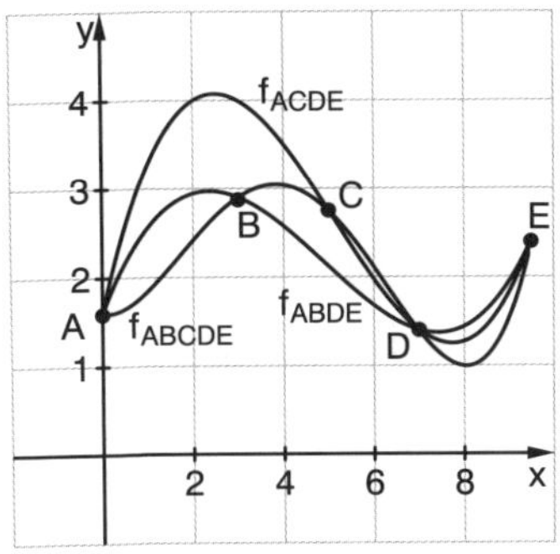

⇒ Die Vasenform wird mit keinem Polynom gut erfasst.

Modell 2

Eine Verbindung mit Geraden ist wegen der Knicke in den Stützpunkten ungeeignet. Mögliche Verbesserung: Man liest ganz viele Punkte eng nebeneinander aus. Dann wird der Polygonzug „fast rund".

Modell 3

(1)
$$f(x) = \begin{cases} f_{AB}(x) = 0{,}433x + 1{,}6 \\ f_{BC}(x) = -0{,}254x^2 + 1{,}957x - 0{,}685 \\ f_{CD}(x) = -0{,}0442x^2 - 0{,}1446x + 4{,}578 \\ f_{DE}(x) = 0{,}46536x^2 - 7{,}2784x + 29{,}5464 \end{cases}$$

f_{AB} ist eine Gerade, weil mit A und B auch die mittlere Steigung festliegt und eine Gerade alle Bedingungen erfüllt.

(2) Variation mit Interpolation mit A, B, C:

$$f(x) = \begin{cases} f_{ABC}(x) = -0{,}1017x^2 + 0{,}7383x + 1{,}6 \\ f_{CD}(x) = -0{,}1985x^2 + 1{,}707x - 0{,}8225 \\ f_{DE}(x) = 0{,}5888x^2 - 9{,}315x + 37{,}75 \end{cases}$$

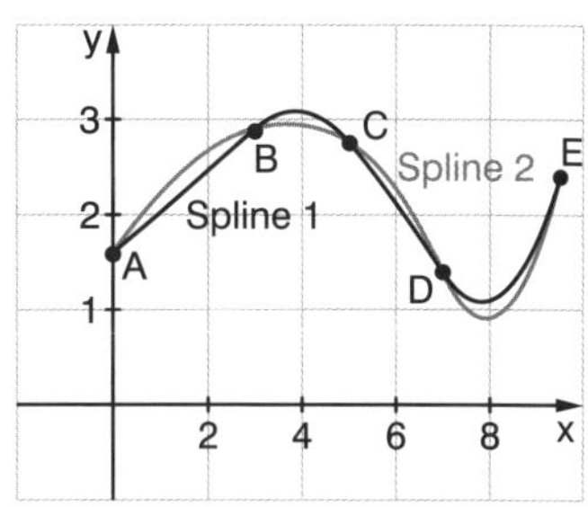

85

1. Fortsetzung

(2) Bezüglich der Verbindung durch Polynome 3. Grades ergibt sich folgende Regressionsfunktion:

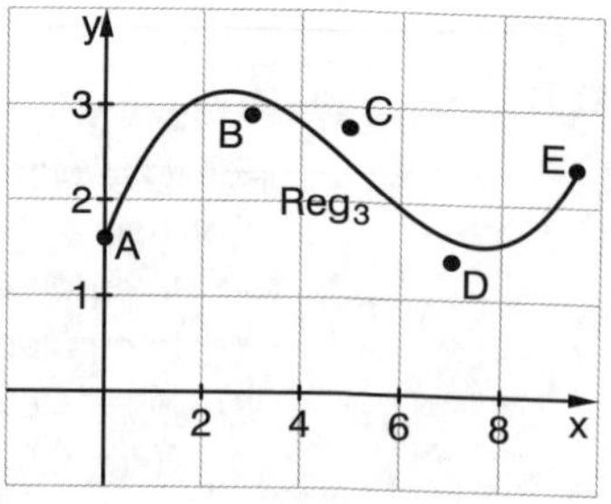

Für die Tabelle ergibt sich:

	a_1	b_1	c_1	d_1	a_2	b_2	c_2	d_2	a_3	b_3	c_3	d_3	a_4	b_4	c_4	d_4	
$f_A(0) = 1{,}6$	0	0	0	1	0	0	0	0	0	0	0	0	0	0	0	0	1,6
$f_A(3) = 2{,}9$	27	9	3	1	0	0	0	0	0	0	0	0	0	0	0	0	2,9
$f_D(3) = 2{,}9$	0	0	0	0	27	9	3	1	0	0	0	0	0	0	0	0	2,9
$f_D(5) = 2{,}75$	0	0	0	0	125	25	5	1	0	0	0	0	0	0	0	0	2,75
$f_F(5) = 2{,}75$	0	0	0	0	0	0	0	0	125	25	5	1	0	0	0	0	2,75
$f_F(7) = 1{,}4$	0	0	0	0	0	0	0	0	343	49	7	1	0	0	0	0	1,4
$f_H(7) = 1{,}4$	0	0	0	0	0	0	0	0	0	0	0	0	343	49	7	1	1,4
$f_H(9{,}5) = 2{,}4$	0	0	0	0	0	0	0	0	0	0	0	0	857,375	90,25	9,5	1	2,4
$f_A'(3) = f_D'(3)$	27	6	1	0	–27	–6	–1	0	0	0	0	0	0	0	0	0	0
$f_D'(5) = f_F'(5)$	0	0	0	0	75	10	1	0	–75	–10	–1	0	0	0	0	0	0
$f_F'(7) = f_H'(7)$	0	0	0	0	0	0	0	0	147	14	1	0	–147	–14	–1	0	0
$f_A''(0) = 0$	0	2	0	0	0	0	0	0	0	0	0	0	0	0	0	0	0
$f_A''(3) = f_D''(3)$	18	2	0	0	–18	–2	0	0	0	0	0	0	0	0	0	0	0
$f_D''(5) = f_F''(5)$	0	0	0	0	30	2	0	0	–30	–2	0	0	0	0	0	0	0
$f_F''(7) = f_H''(7)$	0	0	0	0	0	0	0	0	42	2	0	0	–42	–2	0	0	0
$f_H''(9{,}5) = 0$	0	0	0	0	0	0	0	0	0	0	0	0	57	2	0	0	0

Das Modell passt sehr gut. Bessere Ergebnisse wird man erzielen, wenn man mehr Punkte ausliest, allerdings wird dann auch das Gleichungssystem schnell sehr groß. Für den Sockel müsste man auch noch einen zusätzlichen Punkt am linken Rand auslesen.

90

2. $sp_1(0) = 0;\ sp_1(5) = 2;\ sp_2(5) = 2;\ sp_2(6) = 4$

$sp_1'(x) = \frac{2}{25}x^2 - \frac{4}{15};\ sp_2'(x) = -\frac{2}{5}x^2 + \frac{24}{5}x - \frac{184}{15}$

$sp_1''(x) = \frac{4}{25}x;\ sp_2''(x) = -\frac{4}{5}x + \frac{24}{5}$

$sp_1'(5) = \frac{26}{15} = sp_2'(5);\ sp_1''(5) = \frac{4}{5} = sp_2''(5)$

$sp_1''(0) = 0;\ sp_2''(6) = 0$

$int(0) = 0;\ int(5) = 2;\ int(6) = 4$

90

2. Fortsetzung

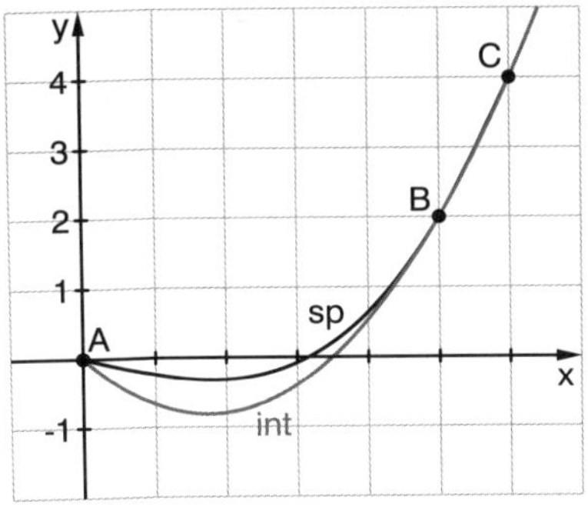

Es zeigt sich, dass die Graphen zwischen den Punkten B und C identisch verlaufen. Zwischen den Punkten A und B weist die Funktion des Interpolationspolynoms eine „stärkere" Krümmung nach unten auf.

3. a)

	a_1	b_1	c_1	d_1	a_2	b_2	c_2	d_2	
$f_1(-2) = 0$	−8	4	−2	1	0	0	0	0	0
$f_1(0) = 2$	0	0	0	1	0	0	0	0	2
$f_2(0) = 2$	0	0	0	0	0	0	0	1	2
$f_2(8) = 0$	0	0	0	0	512	64	8	1	0
$f_1'(0) = f_2'(0)$	0	0	1	0	0	0	−1	0	0
$f_1''(0) = f_2''(0)$	0	2	0	0	0	−2	0	0	0
$f''(-2) = 0$	−12	2	0	0	0	0	0	0	0
$f''(8) = 0$	0	0	0	0	48	2	0	0	0

$$f(x) = \begin{cases} -\frac{1}{32}x^3 - \frac{3}{16}x^2 + \frac{3}{4}x + 2; & -2 \le x \le 0 \\ \frac{1}{128}x^3 - \frac{3}{16}x^2 + \frac{3}{4}x + 2; & 0 \le x \le 8 \end{cases}$$

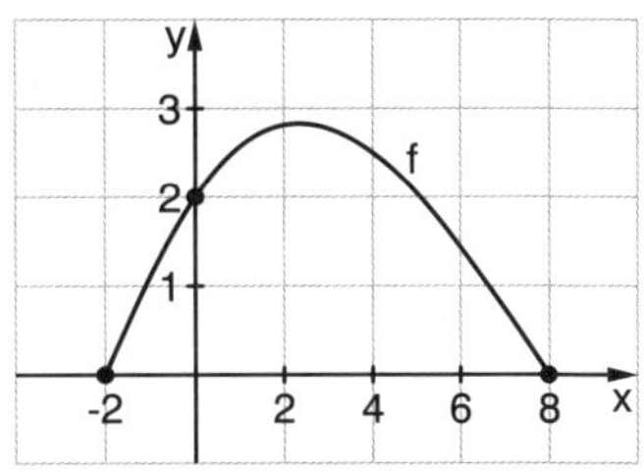

b)

	a_1	b_1	c_1	d_1	a_2	b_2	c_2	d_2	
$f_1(0) = -2$	0	0	0	1	0	0	0	0	−2
$f_1(3) = 4$	27	9	3	1	0	0	0	0	4
$f_2(3) = 4$	0	0	0	0	27	9	3	1	4
$f_2(5) = 3$	0	0	0	0	125	25	5	1	3
$f_1'(3) = f_2'(3)$	27	6	1	0	−27	−6	−1	0	0
$f_1''(3) = f_2''(3)$	18	2	0	0	−18	−2	0	0	0
$f_1''(0) = 0$	0	2	0	0	0	0	0	0	0
$f_2''(5) = 0$	0	0	0	0	30	2	0	0	0

90

3. Fortsetzung

b) Stützpunkte: (0|–2); (3|4); (5|3)

$$f(x) = \begin{cases} -\frac{1}{12}x^3 + \frac{11}{4}x - 2; & 0 \le x \le 3 \\ \frac{1}{8}x^3 - \frac{15}{8}x^2 + \frac{67}{8}x - \frac{61}{8}; & 3 \le x \le 5 \end{cases}$$

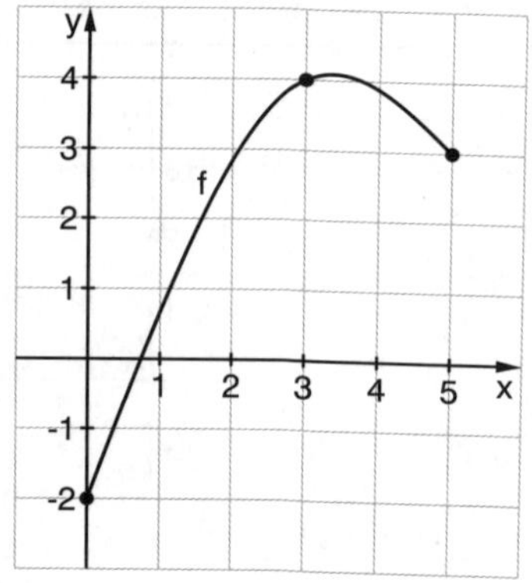

4.

Bedingungen	1. Funktion				2. Funktion				3. Funktion				z
$f_1(0) = -6$	0	0	0	1	0	0	0	0	0	0	0	0	–6
$f_1(6) = -3$	216	36	6	1	0	0	0	0	0	0	0	0	–3
$f_1''(0) = 0$	0	2	0	0	0	0	0	0	0	0	0	0	0
$f_1'(6) - f_2'(6) = 0$	108	12	1	0	–108	–12	–1	0	0	0	0	0	0
$f_1''(6) - f_2''(6) = 0$	36	2	0	0	–36	–2	0	0	0	0	0	0	0
$f_2(6) = -3$	0	0	0	0	216	36	6	1	0	0	0	0	–3
$f_2(8) = 0$	0	0	0	0	512	64	8	1	0	0	0	0	0
$f_2'(8) - f_3'(8) = 0$	0	0	0	0	192	16	1	0	–192	–16	–1	0	0
$f_2''(8) - f_3''(8) = 0$	0	0	0	0	48	2	0	0	–48	–2	0	0	0
$f_3(8) = 0$	0	0	0	0	0	0	0	0	512	64	8	1	0
$f_3(9) = 5$	0	0	0	0	0	0	0	0	729	81	9	1	5
$f_3''(9) = 5$	0	0	0	0	0	0	0	0	54	2	0	0	0

$$f(x) = \begin{cases} -\frac{1}{552}x^3 + \frac{13}{23}x - 6 & ; 0 \le x \le 6 \\ \frac{55}{184}x^3 - \frac{249}{46}x^2 + \frac{760}{23}x - \frac{1632}{23} & ; 6 \le x \le 8 \\ -\frac{27}{46}x^3 + \frac{729}{46}x^2 - \frac{3152}{23}x + \frac{8800}{23} & ; 8 \le x \le 9 \end{cases}$$

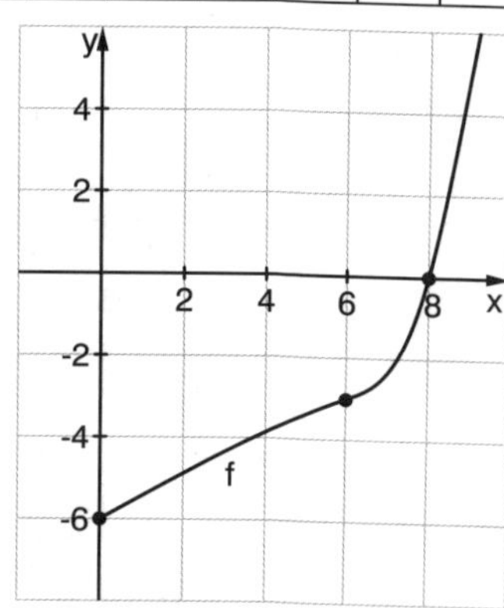

91

5. a) –

b) Mindestens eine Kurve wäre keine Funktion, da einem x-Wert mehrere y-Werte zugeordnet werden.

91

6. Die Ableitung des quadratischen Splines hat Knicke, also abrupte Änderungswechsel. Die Differenz zwischen maximalem und minimalem Änderungswert ist auch größer. Fast ausgeprägter ist dies noch bei den zweiten Ableitungen, wo bei dem quadratischen Spline Sprungstellen auftreten.

$$qu'(x) = \begin{cases} -4x + 4\ ;\ 0 \le x \le 1 \\ -\frac{2}{9}x + \frac{2}{9};\ 1 \le x \le 4 \\ \frac{8}{9}x - \frac{38}{9}\ ;\ 4 \le x \le 7 \end{cases} \qquad q''(x) = \begin{cases} -4\ ;\ 0 \le x \le 1 \\ -\frac{2}{9};\ 1 \le x \le 4 \\ \frac{8}{9}\ ;\ 4 \le x \le 7 \end{cases}$$

$$sp'(x) = \begin{cases} -\frac{31}{29}x^2 + \frac{205}{87}\ ;\ 0 \le x \le 1 \\ \frac{46}{87}x^2 - \frac{278}{87}x + \frac{344}{87}\ ;\ 1 \le x \le 4 \\ -\frac{5}{29}x^2 + \frac{70}{29}x - \frac{632}{87};\ 4 \le x \le 7 \end{cases} \qquad sp''(x) = \begin{cases} -\frac{62}{29}x\ ;\ 0 \le x \le 1 \\ \frac{92}{87}x - \frac{278}{87};\ 1 \le x \le 4 \\ -\frac{10}{29}x + \frac{70}{29};\ 4 \le x \le 7 \end{cases}$$

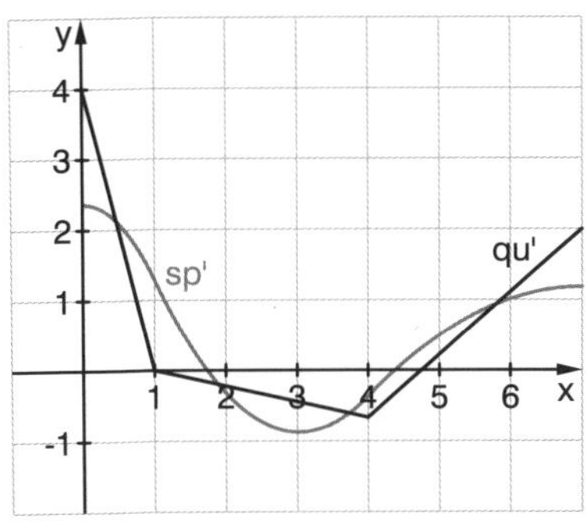

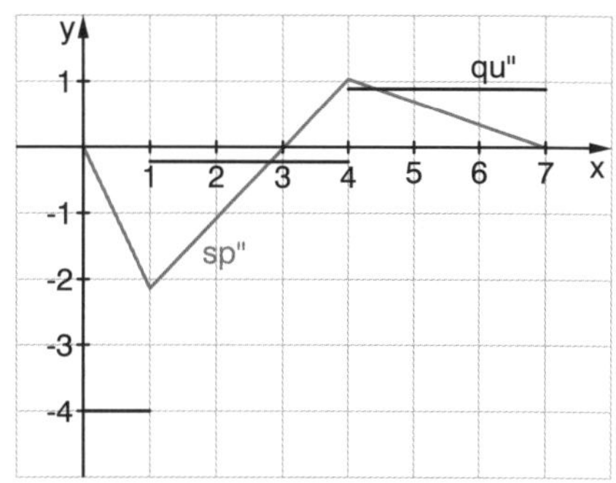

92

7. $P_1(-26|10,5)$; $P_2(-11|1,4)$; $P_3(0|0)$; $P_4(7|0,5)$; $P_5(18|10,5)$

	a_1	b_1	c_1	d_1	a_2	b_2	c_2	d_2	a_3	b_3	c_3	d_3	a_4	b_4	c_4	d_4	
$f_1(-26) = 10,5$	–17 576	676	–26	1	0	0	0	0	0	0	0	0	0	0	0	0	10,5
$f_1(-11) = 1,4$	–1331	121	–11	1	0	0	0	0	0	0	0	0	0	0	0	0	1,4
$f_1''(-26) = 0$	–156	2	0	0	0	0	0	0	0	0	0	0	0	0	0	0	0
$f_1'(-11) = f_2'(-11)$	363	–22	1	0	–363	22	–1	0	0	0	0	0	0	0	0	0	0
$f_1''(-11) = f_2''(-11)$	–66	2	0	0	66	–2	0	0	0	0	0	0	0	0	0	0	0
$f_2(-11) = 1,4$	0	0	0	0	–1331	121	–11	1	0	0	0	0	0	0	0	0	1,4
$f_2(0) = 0$	0	0	0	0	0	0	0	1	0	0	0	0	0	0	0	0	0
$f_2'(0) = f_3'(0)$	0	0	0	0	0	0	1	0	0	0	–1	0	0	0	0	0	0
$f_2''(0) = f_3''(0)$	0	0	0	0	0	2	0	0	0	–2	0	0	0	0	0	0	0
$f_3(0) = 0$	0	0	0	0	0	0	0	0	0	0	0	1	0	0	0	0	0
$f_3(7) = 0,5$	0	0	0	0	0	0	0	0	343	49	7	1	0	0	0	0	0,5
$f_3'(7) = f_4'(7)$	0	0	0	0	0	0	0	0	147	14	1	0	–147	–14	–1	0	0
$f_3''(7) = f_4''(7)$	0	0	0	0	0	0	0	0	42	2	0	0	–42	–2	0	0	0
$f_4(7) = 0,5$	0	0	0	0	0	0	0	0	0	0	0	0	343	49	7	1	0,5
$f_4(18) = 10,5$	0	0	0	0	0	0	0	0	0	0	0	0	5832	324	18	1	10,5
$f_4''(18) = 0$	0	0	0	0	0	0	0	0	0	0	0	0	108	2	0	0	0

92 **7.** Fortsetzung

$$sp(x) = \begin{cases} 0{,}000643x^3 + 0{,}05x^2 + 0{,}5531x + 2{,}27; & -26 \le x \le -11 \\ -0{,}00106x^3 - 0{,}0061x^2 - 0{,}0658x; & -11 \le x \le 0 \\ 0{,}00367x^3 - 0{,}0061x^2 - 0{,}0658x; & 0 \le x \le 7 \\ -0{,}00215x^3 + 0{,}1162x^2 - 0{,}9216x + 1{,}9968; & 7 \le x \le 18 \end{cases}$$

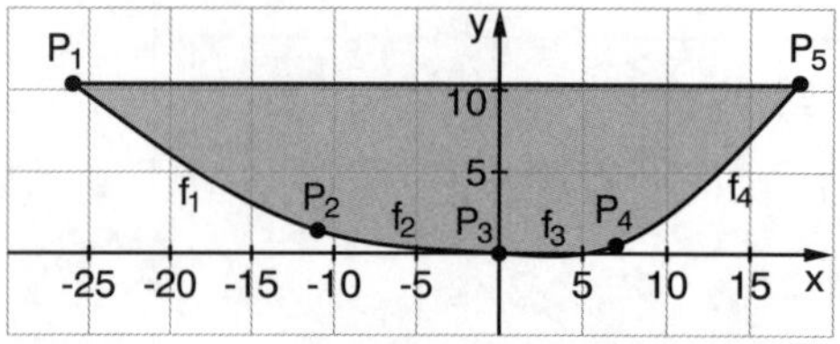

Anmerkung:
Zwischen P_3 und P_4 passt der Spline nicht optimal, weil die Kurve hier teilweise unterhalb der x-Achse liegt. Das Koordinatensystem ist aber so gewählt, dass eigentlich (0|0) der tiefste Punkt sein müsste. Für eine bessere Anpassung müsste noch ein weiterer Punkt zwischen P_3 und P_4 eingefügt werden oder der Punkt P_4 näher an P_3 gewählt werden. Im letzten Fall könnte dann aber die Passung zwischen P_4 und P_5 wieder schlechter werden.
Insgesamt passt der Spline aber deutlich besser als das Interpolationspolynom
$f(x) = 0{,}0000329x^4 + 0{,}000763x^3 + 0{,}011x^2 - 0{,}0545x$.

8. a) • Spline mit A, B, C, D:

Bedingungen	1. Funktion				2. Funktion				3. Funktion				z
$f_1(-7) = 2{,}1$	–343	49	–7	1	0	0	0	0	0	0	0	0	2,1
$f_1(-5) = 1{,}8$	–125	25	–5	1	0	0	0	0	0	0	0	0	1,8
$f_1''(-7) = 0$	–42	2	0	0	0	0	0	0	0	0	0	0	0
$f_1'(-5) - f_2'(-5) = 0$	75	–10	1	0	–75	10	–1	0	0	0	0	0	0
$f_1''(-5) - f_2''(-5) = 0$	–30	2	0	0	30	–2	0	0	0	0	0	0	0
$f_2(-5) = 1{,}8$	0	0	0	0	–125	25	–5	1	0	0	0	0	1,8
$f_2(-3) = 1{,}2$	0	0	0	0	–27	9	–3	1	0	0	0	0	1,2
$f_2'(-3) - f_3'(-3) = 0$	0	0	0	0	27	–6	1	0	–27	6	–1	0	0
$f_2''(-3) - f_3''(-3) = 0$	0	0	0	0	–18	2	0	0	18	–2	0	0	0
$f_3(-3) = 1{,}2$	0	0	0	0	0	0	0	0	–27	9	–3	1	1,2
$f_3(-1) = 0{,}4$	0	0	0	0	0	0	0	0	–1	1	–1	1	0,4
$f_3''(-1) = 0$	0	0	0	0	0	0	0	0	–6	2	0	0	0

$f_1(x) = -0{,}0083x^3 - 0{,}175x^2 - 1{,}3417x - 1{,}575;\ -7 \le x \le -5$
$f_2(x) = 0{,}0042x^3 + 0{,}0125x^2 - 0{,}4042x - 0{,}0125;\ -5 \le x \le -3$
$f_3(x) = f_2(x);\ -3 \le x \le -1$

92 **8.** Fortsetzung

a) • Spline mit D, E, F, G:

Weil an der linken Verbindung eine kubische Funktion vorhanden ist, also keine Gerade, ist hier eine knickfreie Verbindung, also die Übereinstimmung der 1. Ableitung sinnvoller: $f_3'(-1) = -0{,}42$

Bedingungen	1. Funktion				2. Funktion				3. Funktion				z
$f_4(-1) = 0{,}4$	–1	1	–1	1	0	0	0	0	0	0	0	0	0,4
$f_4(0) = 0$	0	0	0	1	0	0	0	0	0	0	0	0	0
$f_4'(-1) = -0{,}42$	3	–2	1	0	0	0	0	0	0	0	0	0	–0,42
$f_4''(-1) = 0$	–6	2	0	0	0	0	0	0	0	0	0	0	0
$f_4'(0) - f_5'(0) = 0$	0	0	1	0	0	0	–1	0	0	0	0	0	0
$f_4''(0) - f_5''(0) = 0$	0	2	0	0	0	–2	0	0	0	0	0	0	0
$f_5(0) = 0$	0	0	0	0	0	0	0	1	0	0	0	0	0
$f_5(1) = 0{,}6$	0	0	0	0	1	1	1	1	0	0	0	0	0,6
$f_5'(1) - f_6'(1) = 0$	0	0	0	0	3	2	1	0	–3	–2	–1	0	0
$f_5''(1) - f_6''(1) = 0$	0	0	0	0	6	2	0	0	–6	–2	0	0	0
$f_6(1) = 0{,}6$	0	0	0	0	0	0	0	0	1	1	1	1	0,6
$f_6(2) = 1{,}6$	0	0	0	0	0	0	0	0	8	4	2	1	1,6
$f_6''(2) = 0$	0	0	0	0	0	0	0	0	12	2	0	0	0

$f_4(x) = 0{,}4008x^3 + 0{,}8215x^2 + 0{,}0208x;\ -1 \le x \le 0$

$f_5(x) = -0{,}2423x^3 + 0{,}8215x^2 + 0{,}0208x;\ 0 \le x \le 1$

$f_6(x) = -0{,}0315x^3 + 0{,}1892x^2 + 0{,}6531x - 0{,}2108;\ 1 \le x \le 2$

• Spline mit G, H, I, J:

$f_6'(2) = 1{,}02$

Bedingungen	1. Funktion				2. Funktion				3. Funktion				z
$f_7(2) = 1{,}6$	8	4	2	1	0	0	0	0	0	0	0	0	1,6
$f_7(2{,}5) = 2{,}5$	15,625	6,25	2,5	1	0	0	0	0	0	0	0	0	2,5
$f_7'(2) = 1{,}02$	12	4	1	0	0	0	0	0	0	0	0	0	1,02
$f_7'(2{,}5) - f_8'(2{,}5) = 0$	18,75	5	1	0	–18,75	–5	–1	0	0	0	0	0	0
$f_7''(2{,}5) - f_8''(2{,}5) = 0$	15	2	0	0	–15	–2	0	0	0	0	0	0	0
$f_8(2{,}5) = 2{,}5$	0	0	0	0	15,625	6,25	2,5	1	0	0	0	0	2,5
$f_8(3) = 3{,}5$	0	0	0	0	27	9	3	1	0	0	0	0	3,5
$f_8'(3) - f_9'(3) = 0$	0	0	0	0	27	6	1	0	–27	–6	–1	0	0
$f_8''(3) - f_9''(3) = 0$	0	0	0	0	18	2	0	0	–18	–2	0	0	0
$f_9(3) = 3{,}5$	0	0	0	0	0	0	0	0	27	9	3	1	3,5
$f_9(3{,}3) = 4{,}7$	0	0	0	0	0	0	0	0	35,94	10,89	3,3	1	4,7
$f_9''(3{,}3) = 0$	0	0	0	0	0	0	0	0	19,8	2	0	0	0

$f_7(x) = -3{,}0941x^3 + 21{,}67x^2 - 48{,}54x + 36{,}74;\ 2 \le x \le 2{,}5$

$f_8(x) = 3{,}8423x^3 - 30{,}35x^2 + 81{,}52x - 71{,}6412;\ 2{,}5 \le x \le 3$

$f_9(x) = -4{,}9288x^3 + 48{,}7954x^2 - 156{,}5318x + 167{,}0154;\ 3 \le x \le 3{,}3$

92

8. Fortsetzung

a)

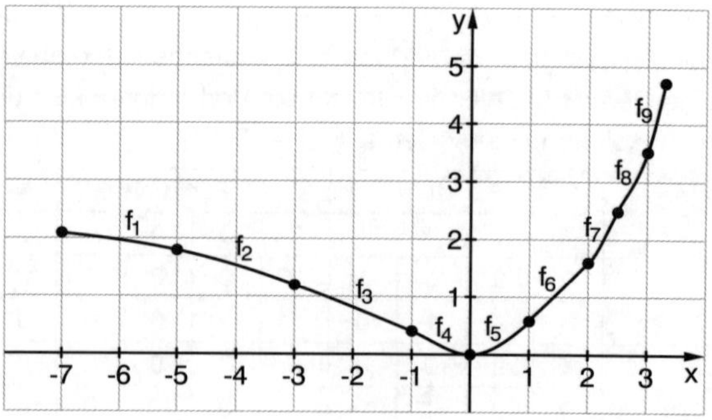

b) –

Kapitel 3
Folgen – Reihen – Grenzwerte

Didaktische Hinweise

Prozesse, die aus der Aufeinanderfolge von einzelnen Schritten bestehen, lassen sich gut durch Folgen beschreiben. Wenn der nachfolgende Schritt vom Vorgänger abhängt, geschieht dies iterativ. In diesem Kapitel werden Folgen beschrieben und untersucht, ein Schwerpunkt liegt auf iterativen Prozessen. Da die Inhalte weitgehend kein Pflichtstoff mehr sind, ist das Kapitel so aufgebaut, dass die einzelnen Lernabschnitte weitgehend unabhängig voneinander sind. Sie eignen sich deswegen besonders gut für binnendifferenzierendes Unterrichten, Referate und auch Facharbeiten.
In 3.1 prägen unterschiedliche Muster aus verschiedenen Situationen die Aufgaben und geben einen entsprechend vielfältigen Einblick in Anwendungsfelder von Folgen. Dadurch werden notwendige Grundvorstellungen erzeugt und gefördert. In 3.2 wird der bislang intuitiv verwendete Grenzwertbegriff präzisiert, in 3.3 wird dies auf Funktionen übertragen. Neben begrifflichen Präzisierungen stehen aber auch hier immer Einsicht fördernde Visualisierungen und möglichst weitgehende inhaltliche Formulierungen im Vordergrund. Mithilfe von GTR und Funktionenplotter können Schüler Gleichungen nicht nur algebraisch lösen, sondern auch mit wesentlich universelleren Methoden grafisch-tabellarisch. Mithilfe von iterativen Folgen lassen sich solche numerischen Näherungsverfahren systematisieren und effektiver durchführen. Ein bedeutsames Verfahren dazu ist das Newtonverfahren, das den zentralen Inhalt von 3.4 bildet.

Zu **3.1**
In den einführenden Aufgaben wird, wie schon in anderen Kapiteln, einerseits zunächst ein innermathematisches Muster untersucht, anderseits bietet eine Anwendungssituation die Möglichkeit der inhaltlichen Anbindung an frühere Inhalte und stellt die beiden archetypischen Folgen (arithmetische und geometrische) bereit. In einer weiteren Aufgabe wird mit dem Spinnwebdiagramm ein zwar komplexes, aber stark Einsicht förderndes und produktives neues Diagramm zur Visualisierung iterativ definierter Folgen vorgestellt. In für NEUE WEGE typischer Weise werden verschiedene Darstellungen von Folgen parallel im Basiswissen dargestellt und an Beispielen erläutert, um durch die so gestaltete Vernetzung besseres Verständnis zu erzeugen und Folgen zu einem flexibel einsetzbaren Werkzeug zu machen. In den Übungen erfahren Schüler dann unterschiedliches Langzeitverhalten von Folgen, um vor allem auch eine differenzierte Sicht für Divergenz zu ermöglichen. Sie trainieren das Erkennen und Formalisieren von Mustern und klassifizieren einfache iterativ definierte Folgen. Natürlich sind auch klassische Probleme wie „Reiskörner auf dem Schachbrett“ und die „Gaußsche Summenformel“ vorhanden, bei denen exemplarisch auch Reihen eingeführt werden. Den Abschluss bilden zwei klassische Fraktale, die Koch-Schneeflocke und das Sierpinski-Dreieck. Durchgehend dominieren iterative Folgen die Übungen, weil sie einerseits in ihrer Struktur dem Alltagsdenken häufig näher sind als explizite, anderseits aber auch iterative Zugänge möglich sind, wo es explizite gar nicht oder nur in aufwändiger Weise gibt.

Zu **3.2**

Der zentrale Grundbegriff der Analysis als „Mathematik des Unendlichen“, der Grenzwert, wird an zwei klassischen, paradoxen Situationen exploriert: „Achilles und die Schildkröte“ und „$0,\overline{9} = 1$“. Der Sache angemessen wird durch Diskursivität schon in der Aufgabenformulierung die Komplexität der Problematik ins Zentrum der Begriffsbildung gestellt, ehe eine Kalkülisierung vorgenommen wird. Im Basiswissen wird dann eine Sequenz von Definitionen mit zunehmendem Exaktheitsgrad von rein sprachlicher zu halbformaler Darstellung an einem hinreichend komplexen Beispiel angegeben, so dass der Weg zur Kalkülisierung erlebbar und nachvollziehbar wird. Aufgrund der Schwierigkeit des Kalküls wird dies in einem Beispiel vorgeführt und visuell unterstützt. In einem zweiten Beispiel wird mit dem Nachweis der Eindeutigkeit des Grenzwertes ein klassischer Widerspruchsbeweis vorgestellt.

Neben konkreten Bestimmungen von Grenzwerten wird auch in den Übungen das Begriffsverständnis durch Fehlersuche, Angabe anderer Definitionen und Bewertungen von Aussagen gestärkt. Die Grenzwertsätze, geometrische Folgen und Reihen sind in Übungen integriert und durch gelbe Kästen kenntlich gemacht. Weil in 3.1 schon iterativ definierte Folgen im Mittelpunkt stehen, wird konsequenterweise in diesem Lernabschnitt auch das mächtige Fixpunktverfahren mit der zugehörigen Visualisierung im Spinnwebdiagramm am Beispiel der geometrischen Reihe eingeführt und geübt (A20, A23). Die harmonische Reihe und ein Exkurs zu Paradoxien des Unendlichen runden diesen Lernabschnitt ab.

Zu **3.3**

Der Grenzwertbegriff bei Folgen wird auf reelle Funktionen übertragen. Als Ausgangspunkt dienen phänomenologische Untersuchungen an Graphen zu unterrichtlich bisher nicht behandelten Funktionstypen. In zwei Basiswissen werden Grenzwerte für $x \to \infty$ und Grenzwerte einer Stelle definiert. Innerhalb der Übungen werden in einem Lesetext intuitive Vorstellungen zur Stetigkeit und Differenzierbarkeit mithilfe des Grenzwertbegriffs präzisiert.

Zu **3.4**

Mithilfe von Iterationen lassen sich sehr effektiv Näherungswerte für Lösungen von Gleichungen ermitteln. Aus dem Sek1-Unterricht ist vielleicht das Heron-Verfahren zur näherungsweisen Bestimmung von Quadratwurzeln bekannt. Dies wird hier zum Ausgangspunkt in Aufgabe 1 genommen, um dann als Iterationsverfahren (Fixpunktverfahren) zur näherungsweisen Bestimmung einer Lösung der Gleichung $x^2 - a = 0$ interpretiert zu werden. Die Idee der lokalen Ersetzung einer Funktion durch ihre Tangente führt in einem nächsten Schritt zum Newtonverfahren (A2), das im Basiswissen in allgemeiner Form dokumentiert ist. Aufgabe 2 ist damit verpflichtender Kern in diesem Lernabschnitt. In den Übungen wird neben der festigenden Durchführung des Verfahrens auch die zunächst offen bleibende Ermittlung der Anzahl von Lösungen ebenso thematisiert wie die Spezialfälle, bei denen das Newtonverfahren versagt. Eine mögliche Weitung ist die Bestimmung von Einzugsbereichen für die Startwerte zu den einzelnen Lösungen (A10) mit einem darauf aufbauenden Exkurs zu damit zusammenhängenden Fraktalen. Eine historische Anmerkung zur originalen Formulierung des Verfahrens bei Newton schließt den Lernabschnitt mit einer zugehörigen Aufgabe ab.

Lösungen

3.1 Folgen beschreiben iterative Prozesse

102 **1.** a)

Stufe n	1	2	3	4	5	6	7	8
Umfang u	4	**6**	8	**10**	12	**14**	**16**	**18**
Flächeninhalt A	1	$\frac{4}{3}$	**$\frac{13}{9}$**	**$\frac{40}{27}$**	$\frac{121}{81}$	**$\frac{364}{243}$**	**$\frac{1093}{729}$**	**$\frac{3280}{2187}$**

b) Einsetzen der Tabellenwerte in die beiden Rekursionsformeln u(n) und A(n) bestätigt die Vorschriften.

c) Die Folge der Umfänge wächst ohne Grenze. Die Folge der Flächeninhalte strebt gegen den Wert 1,5.

103 **2.** a_1) Es ist der linke Graph, denn die abgebaute Menge ist nicht konstant, sondern wird kleiner.

a_2) Nach 4 Stunden ist über die Hälfte abgebaut. Die Restdosis nach 24 Stunden beträgt rund 1,9 mg.

b_1) Dosis nach Einnahme der 3. Tablette: $(0{,}5^4)^2 \cdot 500 + 0{,}5^4 \cdot 500 + 500$

Einnahme n-te Tablette	1	2	3	4	5	6
Dosis u(n) in mg	500	531,25	**533,20**	**533,33**	**533,33**	**533,33**

b_2) Nach der Einnahme nimmt die Dosis bis zur nächsten Einnahme ab. Die maximale Dosis überschreitet nicht den Wert 533,33 mg.

b_3) Der Wert 31,25 mg wird nicht unterschritten.

104 **3.** a) Die Werte nähern sich dem Wert 1, unabhängig vom Startwert.

b) Der „Zickzackweg" läuft auf (1 | 1) zu. Die Folgenwerte ändern sich umso weniger, je näher man dem Punkt kommt.

c) –

106 **4.** a) 11, 16, 22 b) 25, 36, 49 c) –4, –7, –10 d) 80, 160, 320 e) $\frac{1}{5}, \frac{1}{6}, \frac{1}{7}$ f) 9, 19, 11

5. Im nächsten Bild sind es 25, im 10. Bild 100 Schnittpunkte.
Umfang: 3; 1,5; 0,75; …; im 10. Schritt: $0{,}5^9 \cdot 3 \approx 0{,}0059$
Flächeninhalt: $\frac{1}{4}\sqrt{3}$; $\left(\frac{1}{4}\right)^2\sqrt{3}$; $\left(\frac{1}{4}\right)^3\sqrt{3}$; …; im 10. Schritt: $\left(\frac{1}{4}\right)^{10}\sqrt{3} \approx 0{,}0000017$

6. a) (a_n): 17; 22; 27 (b_n): $\frac{1}{8}; \frac{1}{16}; \frac{1}{32}$ (c_n): 17; 26; 37 (d_n): 115,763; 121,551; 127,628

b) $a_n = a_{n-1} + 5$; $a_1 = 2$ bzw. $a_n = 2 + (n-1) \cdot 5$; $a_{20} = 97$
$b_n = \frac{1}{2} \cdot b_{n-1}$; $b_1 = 1$ bzw. $b_n = \left(\frac{1}{2}\right)^{n-1}$; $b_{20} = \frac{1}{524\,288}$
$c_n = c_{n-1} + 2n - 3$; $c_1 = 1$ bzw. $c_n = (n-1)^2 + 1$; $c_{20} = 362$
$d_n = d_{n-1} \cdot 1{,}05$; $d_1 = 100$ bzw. $d_n = 1{,}05^{n-1} \cdot 100$; $d_{20} \approx 252{,}70$

c) Folge (d_n)

106

7. (1) → (c) → (B), $a_1 = 1$ (2) → (d) → (A), $a_1 = 100$ (3) → (a) → (D), $a_1 = 1$
(4) → (e) → (C), $a_1 = 1$ (5) → (b) → (E), $a_1 = 1$

8. a) (I) → (2) (II) → (3) (III) → (1)
b) (I): Folgenglieder streben gegen 2 (II): Folgenglieder streben gegen 0
(III): Folgenglieder streben gegen $33,\overline{3}$

107

9. a) (1) wächst über alle Grenzen, (2) hat einen Grenzwert, (3) wechselt zwischen zwei Werten hin und her.
b) –

10. $a_n = 0,6 \cdot a_{n-1} + 5$, $a_1 = 5$

Tag nach Einnahme	1	2	3	4	5	6
Dosis in mg	5	8	9,8	10,88	11,528	11,9168

Die Folgenglieder streben gegen 12,5, d. h. es sind nach einiger Zeit unmittelbar nach der Einnahme immer 12,5 mg des Medikamentes im Körper.

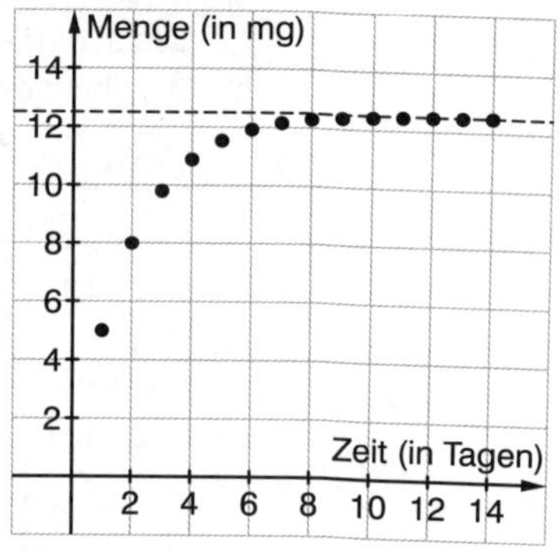

11.

Anzahl Jahre seit Einzahlung	1	2	3	4	5	6	7
Kapital in € bei Variante A	1000	1080	1164	1252,20	1344,81	1442,05	1544,15
Kapital in € bei Variante B	1000	1130	1263,90	1401,82	1543,87	1690,19	1840,89

Bei kurzfristiger Anlage ist Variante B günstiger, erst nach 41 Jahren wird Variante A günstiger.

108

12. $a_n = 0,8 \cdot a_{n-1} + 150$, $a_1 = 1200$
Der Bestand wird sich dem Wert 750 Bäume annähern.

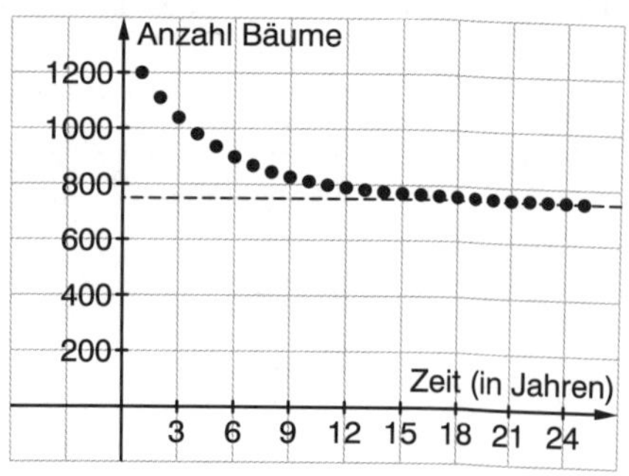

108 **13.** a) arithmetisch: 1, 5, 9, 13, 17, 21, 25, 29, 33, 37, … $a_n = 1 + (n-1) \cdot 4$
geometrisch: 1, 2, 4, 8, 16, 32, 64, 128, 256, 512, … $a_n = 2^{n-1}$
b) arithmetische Folge: $a_1, a_1 + d, a_1 + 2d, a_1 + 3d, \ldots$ $a_n = a_{n-1} + d$ $a_n = a_1 + (n-1) \cdot d$
geometrische Folge: $a_1, a_1 \cdot q, a_1 \cdot q^2, a_1 \cdot q^3, \ldots$ $a_n = a_{n-1} \cdot q$ $a_n = a_1 \cdot q^{n-1}$

14. a) $a_n = 29$ $a_n = a_{n-1} + 5, a_1 = 4$ $a_n = 4 + (n-1) \cdot 5$
b) $a_1 = 3$ $a_n = a_{n-1} + 8, a_1 = 3$ $a_n = 3 + (n-1) \cdot 8$
c) $n = 12$ $a_n = a_{n-1} + 5, a_1 = 16$ $a_n = 16 + (n-1) \cdot 5$
d) $d = 3$ $a_n = a_{n-1} + 3, a_1 = 9$ $a_n = 9 + (n-1) \cdot 3$
e) $a_n = 24$ $a_n = a_{n-1} \cdot 2, a_1 = 3$ $a_n = 3 \cdot 2^{n-1}$
f) $a_1 = 7$ $a_n = a_{n-1} \cdot 3, a_1 = 7$ $a_n = 7 \cdot 3^{n-1}$
g) $n = 3$ $a_n = a_{n-1} \cdot 7, a_1 = 5$ $a_n = 5 \cdot 7^{n-1}$
h) $q = 0{,}5$ $a_n = a_{n-1} \cdot 0{,}5, a_1 = 100$ $a_n = 100 \cdot 0{,}5^{n-1}$

15. linker Graph: Die Folge (b_n) wächst über alle Grenzen.
mittlerer Graph: Die Folge (a_n) hat den Grenzwert 0.
rechter Graph: Die Folge (c_n) hat den Grenzwert 0.

109 **16.** Die x-Koordinate des Schnittpunktes ist der Grenzwert der Folge.

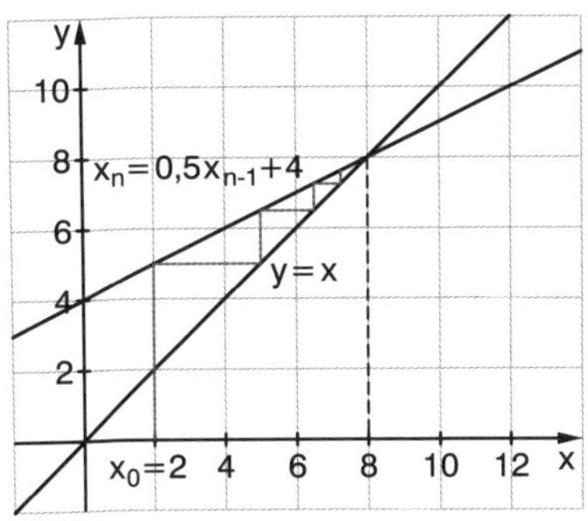

$a = 0{,}5;\ b = 4$

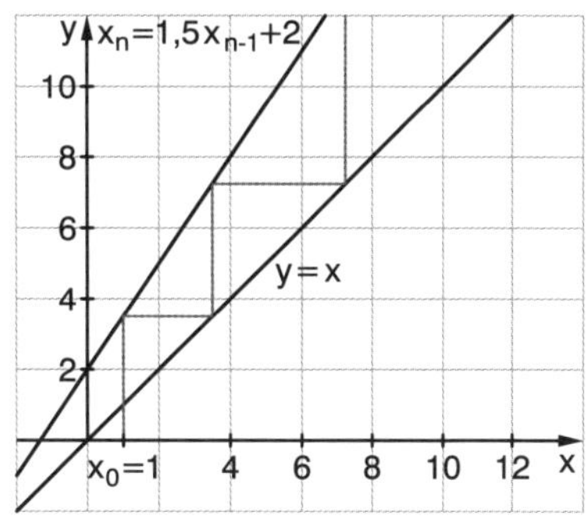

$a = 1{,}5;\ b = 2$

17. a) 1, 3, 6, 10, 15, 21, 28, 36, 45, 55, …
$S_{50} = 50 \cdot 51 : 2 = 1275$ $S_{200} = 200 \cdot 201 : 2 = 20100$
b) n Summanden werden zweimal untereinander geschrieben, die jeweilige Summe untereinander stehender Paare ist n + 1. Die doppelte Summe S_n ist $n \cdot (n+1)$, also $S_n = \frac{1}{2}n(n+1)$.

18. a) (q_n): 1, 4, 9, 16, 25, 36, 49, 64, 81, 100, …
(r_n): 2, 6, 12, 20, 30, 42, 56, 72, 90, 110, …
b) $S_n = n^2$ beschreibt (q_n) und ist die Reihe zur Folge der ungeraden Zahlen 1, 3, 5, 7, … Nach der Gauß-Methode erhält man für die Teilsumme $S_n = \frac{1}{2}n \cdot 2n = n^2$.
$S_n = n(n+1)$ beschreibt (r_n) und ist die Reihe zur Folge der geraden Zahlen 2, 4, 6, 8, … Nach der Gauß-Methode erhält man für die Teilsumme
$S_n = \frac{1}{2}n \cdot (2n+2) = n(n+1)$.
c) Das Muster besteht allgemein bei den Quadratzahlen aus n Reihen zu n Punkten, also aus $n \cdot n = n^2$ Punkten, bei den Rechteckzahlen aus n Reihen zu n + 1 Punkten, also aus $n \cdot (n+1)$ Punkten.

110

19. a) $S_{64} = 2^{64} - 1 \approx 1{,}84467 \cdot 10^{19}$

b)
$$\begin{array}{rl} S_n = & 1 + q + q^2 + q^3 + \ldots + q^{n-1} \\ - \quad q \cdot S_n = & \quad\; q + q^2 + q^3 + \ldots + q^{n-1} + q^n \\ \hline S_n - q \cdot S_n = & 1 - q^n \quad \Rightarrow \quad S_n = \frac{1-q^n}{1-q} \end{array}$$

20. a) Höhe nach 20 Schritten:

$h(20) = 10 + 0{,}9 \cdot 10 + 0{,}9^2 \cdot 10 + \ldots + 0{,}9^{19} \cdot 10 = 10 \cdot (1 + 0{,}9 + 0{,}9^2 + \ldots + 0{,}9^{19})$

$= 10 \cdot \frac{1 - 0{,}9^{20}}{1 - 0{,}9} \approx 10 \cdot 8{,}784 = 87{,}84$ (in cm)

Volumen nach 20 Schritten:

$V(20) = 10^3 + (0{,}9 \cdot 10)^3 + (0{,}9^2 \cdot 10)^3 + (0{,}9^3 \cdot 10)^3 + (0{,}9^{19} \cdot 10)^3$

$= 1000 \cdot (1 + 0{,}9^3 + (0{,}9^3)^2 + (0{,}9^3)^3 + \ldots + (0{,}9^3)^{19}) = 1000 \cdot \frac{1 - (0{,}9^3)^{20}}{1 - 0{,}9^3}$

$\approx 1000 \cdot 3{,}6834 = 3683{,}4$ (in cm^3)

b) $h(n) = 10 \cdot \frac{1 - 0{,}9^n}{1 - 0{,}9} \underset{n \to \infty}{\longrightarrow} 100$

111

21.
$$\begin{array}{rl} S_n = & a + a \cdot q + a \cdot q^2 + a \cdot q^3 + \ldots + a \cdot q^{n-1} \\ - \quad q \cdot S_n = & \quad\; a \cdot q + a \cdot q^2 + a \cdot q^3 + \ldots + a \cdot q^{n-1} + a \cdot q^n \\ \hline S_n - q \cdot S_n = & a - a \cdot q^n \quad \Rightarrow \quad S_n = a \cdot \frac{1-q^n}{1-q} \end{array}$$

22. a) $A(7) = 1 + \frac{1}{2} + \frac{1}{4} + \frac{1}{8} + \frac{1}{16} + \frac{1}{32} + \frac{1}{64} = \frac{1 - \left(\frac{1}{2}\right)^7}{1 - \frac{1}{2}} = \frac{127}{64} \approx 1{,}98$

b) $A(1000) = 1 + \frac{1}{2} + \left(\frac{1}{2}\right)^2 + \left(\frac{1}{2}\right)^3 + \ldots + \left(\frac{1}{2}\right)^{999} = \frac{1 - \left(\frac{1}{2}\right)^{1000}}{1 - \frac{1}{2}} \approx 2$ (zwei Einheitsquadrate)

23. a) $K_1 = 1000 \qquad K_2 = 1{,}0625 \cdot 1000 + 1000 = 2062{,}50$

$K_3 = 1{,}0625^2 \cdot 1000 + 1{,}0625 \cdot 1000 + 1000 = 3191{,}41$

$K_{10} = 1000 \cdot (1 + 1{,}0625 + 1{,}0625^2 + \ldots + 1{,}0625^9) = 1000 \cdot \frac{1 - 1{,}0625^{10}}{1 - 1{,}0625} \approx 13\,336{,}57$

$K_{20} = 1000 \cdot (1 + 1{,}0625 + 1{,}0625^2 + \ldots + 1{,}0625^{19}) = 1000 \cdot \frac{1 - 1{,}0625^{20}}{1 - 1{,}0625} \approx 37\,789{,}65$

b) Sparrate 500 €, Zinssatz 7,25 %: $K_{20} = 500 \cdot \frac{1 - 1{,}0725^{20}}{1 - 1{,}0725} \approx 21\,066{,}08$

Sparrate 2000 €, Zinssatz 5,25 %: $K_{20} = 2000 \cdot \frac{1 - 1{,}0525^{20}}{1 - 1{,}0525} \approx 67\,906{,}45$

24. a) (I): $S_n = 3 \cdot \frac{1 - \left(\frac{4}{5}\right)^n}{1 - \frac{4}{5}} = 15 - 15 \cdot \left(\frac{4}{5}\right)^n$ (II): $S_n = 2 \cdot \frac{1 - \left(\frac{5}{4}\right)^n}{1 - \frac{5}{4}} = -8 + 8 \cdot \left(\frac{5}{4}\right)^n$

In (I) hat die Folge (S_n) den Grenzwert 15, in (II) wächst sie über alle Grenzen.

(S_n) hat einen Grenzwert, wenn $0 < q < 1$; für $q > 1$ wächst S_n über alle Grenzen.

b) $q \cdot S_n + a = q \cdot a \cdot \frac{1 - q^n}{1 - q} + a = a \cdot \left(\frac{q(1 - q^n)}{1 - q} + 1\right) = a \cdot \frac{q - q^{n+1} + 1 - q}{1 - q} = a \cdot \frac{1 - q^{n+1}}{1 - q} = S_{n+1}$

c) Wenn sich die Geraden im Verlauf der Treppe schneiden, hat die Teilsummenfolge (S_n) einen Grenzwert, nämlich die x-Koordinate des Schnittpunktes. Wenn sich die Geraden im Verlauf der Treppe nicht schneiden, wächst (S_n) über alle Grenzen.

112

25. a) –

b) $U_0 = 3 \quad U_1 = 3 \cdot \frac{4}{3} \quad U_2 = 3 \cdot \left(\frac{4}{3}\right)^2 \quad \ldots \quad U_n = 3 \cdot \left(\frac{4}{3}\right)^n$

Die Folge wächst über alle Grenzen.

c) Der Flächeninhalt wird einen Grenzwert haben.

112 **26.** a) Stufe 6

b) Der Flächeninhalt wird von Stufe zu Stufe mit dem Faktor $\frac{3}{4}$ multipliziert.

$A_n = A_{n-1} \cdot \frac{3}{4}$ bzw. $A_n = \left(\frac{3}{4}\right)^n \cdot A_0$ mit $A_0 = \frac{1}{2} \cdot 1 \cdot \frac{1}{2}\sqrt{3} = \frac{1}{4}\sqrt{3} \approx 0{,}433$ (in dm³)

c) $A_{10} = \left(\frac{3}{4}\right)^{10} \cdot A_0 \approx 0{,}024$ (in dm³)

d) Der Flächeninhalt hat den Grenzwert 0, wird also irgendwann kleiner als jeder Wert.
Begründung: Die Glieder der geometrischen Folge werden beliebig klein bzw. die verbleibende Fläche wird durch das Herausschneiden beliebig klein.

3.2 Grenzwerte

113 **1.** –

114 **2.** –

3. a, b) Der Grenzwert ist $6{,}\overline{6}$. Er lässt sich in der Tabelle für große n und im Zeitgraphen näherungsweise ablesen. Im Spinnwebdiagramm ergibt er sich als Schnittstelle der Geraden g_1: $y = x$ und g_2: $x = 0{,}7x + 2$, also $x = 6{,}\overline{6}$.

c) $b_n = \frac{2+n}{n} = \frac{2}{n} + 1$ hat für $n \to \infty$ den Grenzwert 1, da $\frac{2}{n}$ gegen 0 strebt.
$c_n = 8 \cdot 0{,}4^{n-1}$ hat den Grenzwert 0.
Grenzwert von (d_n) durch Schnitt der Geraden $y = x$ und $y = 0{,}7 + 0{,}5x$:
Grenzwert 1,4

116 **4.** Eine Folge (a_n) ist eine Nullfolge, wenn es zu jedem $\varepsilon > 0$ ein $n_0(\varepsilon)$ gibt, sodass für alle $n > n_0(\varepsilon)$ dann $|a_n| < \varepsilon$ gilt.
Für $a_n = \frac{3}{n}$ ist $n_0(\varepsilon) = \frac{3}{\varepsilon}$, denn für alle $n > n_0(\varepsilon)$ gilt $\left|\frac{3}{n}\right| = \frac{3}{n} < \frac{3}{\frac{3}{\varepsilon}} = \varepsilon$.

5. a) $\lim\limits_{n \to \infty} a_n = 1$ $\quad \lim\limits_{n \to \infty} b_n = 0$ $\quad \lim\limits_{n \to \infty} d_n = 0$ $\quad \lim\limits_{n \to \infty} f_n = 0$

b) (a_n): $n_0 = 100$ $\quad (b_n)$: $n_0 = 3$ $\quad (d_n)$: $n_0 = 500$ $\quad (f_n)$: $n_0 = 44$

6. Die Definition ist verträglich mit der Definition im Basiswissen.

7. a) $a = 0$; $b = 0{,}5$

b) $\lim\limits_{n \to \infty} \frac{(-1)^n}{2n} = 0$; $\lim\limits_{n \to \infty} \frac{n}{2n+1} = \frac{1}{2}$

c) (a_n): $n_0 = 50\,000$ $\quad (b_n)$: $n_0 = 25\,000$

d) Z. B. für $\varepsilon = 0{,}01$ liegt von (a_n) nur das 2. Folgenglied und von (b_n) kein Folgenglied im ε-Streifen um 0,25.

8. a) Die Bedingung muss für alle $\varepsilon > 0$ gelten und nicht nur für ein spezielles ε.

b) Es liegen aber auch unendlich viele Folgenglieder außerhalb dieses Streifens.

117

9. Für $q = 1$ ist die Folge konstant $a_n = a_1$ und somit konvergent mit dem Grenzwert a_1; für $q = -1$ ist die Folge alternierend zwischen $-a_1$ und a_1 und somit divergent.

10. Für $d \neq 0$ kann eine arithmetische Folge nicht konvergent sein, da sie über alle Grenzen wächst.

11. Rangfolge: b) – d) – a) – c)

12. a) $\lim\limits_{n \to \infty} a_n = 0$ $\lim\limits_{n \to \infty} b_n = 0$ $\lim\limits_{n \to \infty} d_n = 3$ $\lim\limits_{n \to \infty} e_n = 0$ (c_n) und (f_n) sind divergent

b) Summen-/Differenzregel, Quotientenregel

c) $\lim\limits_{n \to \infty} a_n = \lim\limits_{n \to \infty} \frac{1 - \frac{2}{n} + \frac{1}{n^2}}{2 + \frac{1}{n^2}} = \frac{1}{2}$ $\lim\limits_{n \to \infty} b_n = \lim\limits_{n \to \infty} \frac{\frac{4}{n} - \frac{2}{n^2}}{0{,}5 - \frac{1}{n^2} + \frac{3}{n^3}} = 0$

$\lim\limits_{n \to \infty} c_n = \lim\limits_{n \to \infty} \frac{\frac{1}{n}}{1 + \frac{1}{n^2}} = 0$ $\lim\limits_{n \to \infty} d_n = \lim\limits_{n \to \infty} \frac{1 + \frac{2}{n} + \frac{1}{n^2}}{5} = \frac{1}{5}$

13. (1) Produktregel und $\lim\limits_{n \to \infty} c = c$ (2) Produktregel
Die Folge (a_n) muss konvergent sein.

118

14. $\lim\limits_{n \to \infty} a_n = \lim\limits_{n \to \infty} \frac{1}{\sqrt{n}} = 0$ $\lim\limits_{n \to \infty} b_n = 5$ $\lim\limits_{n \to \infty} c_n = 3 \cdot \frac{1 + 0}{1 - 0{,}2} = 3{,}75$

15. Für $-1 < q < 1$ gilt $\lim\limits_{n \to \infty} q^n = 0$ und somit $\lim\limits_{n \to \infty} S_n = \lim\limits_{n \to \infty} \left(a \cdot \frac{1 - q^n}{1 - q}\right) = a \cdot \frac{1 - 0}{1 - q} = \frac{a}{1 - q}$.

16. geometrische Reihe mit $a = 0{,}9$ und $q = 0{,}1$ $\Rightarrow$ Grenzwert: $\frac{0{,}9}{1 - 0{,}1} = \frac{0{,}9}{0{,}9} = 1$

17. (a_n): geometrische Reihe mit $a = 10$, $q = 0{,}1$ $\Rightarrow$ Grenzwert: $\frac{10}{1 - 0{,}1} = \frac{10}{0{,}9} = 11{,}\overline{1}$

(b_n): geometrische Reihe mit $a = 100$, $q = 0{,}1$ $\Rightarrow$ Grenzwert: $\frac{100}{1 - 0{,}1} = \frac{100}{0{,}9} = 111{,}\overline{1}$

Die Zeitabschnitte streben gegen den Grenzwert $11{,}\overline{1}$ s, der von der Schildkröte zurückgelegte Weg strebt gegen den Grenzwert $111{,}\overline{1}$ m, d. h. nach dieser Zeit und diesem Weg wird die Schildkröte von Achilles eingeholt.

18. Grenzwert der geometrischen Reihe mit $a = 2$ und $q = \frac{1}{3}$ ist $\frac{2}{1 - \frac{1}{3}} = 3$.
Für $n \geq 8$ gilt:

$$|S_n - 3| = \left|2 \cdot \frac{1 - \left(\frac{1}{3}\right)^n}{1 - \frac{1}{3}} - 3\right| = \left|3 \cdot \left(1 - \left(\frac{1}{3}\right)^n\right) - 3\right| = 3 \cdot \frac{1}{3^n} = \frac{1}{3^{n-1}} \leq \frac{1}{3^{8-1}} \approx 0{,}00046 < 0{,}01$$

19. Halbkreisschlangenlänge: $\pi \cdot r + \pi \cdot \frac{1}{2} r + \pi \cdot \left(\frac{1}{2}\right)^2 r + \ldots$ strebt gegen $\frac{\pi \cdot r}{1 - \frac{1}{2}} = 2\pi r$, also gegen den doppelten Umfang des Ausgangshalbkreises.

Quadrattreppenfläche: $a^2 + \left(\frac{1}{2} a\right)^2 + \left(\frac{1}{4} a\right)^2 + \ldots = a^2 + \frac{1}{4} a^2 + \left(\frac{1}{4}\right)^2 a^2 + \ldots$ strebt gegen $\frac{a^2}{1 - \frac{1}{4}} = \frac{4}{3} a^2$, also gegen den $\frac{4}{3}$-fachen Flächeninhalt des Ausgangsquadrates.

Dreieckstreppenfläche: $\frac{\sqrt{3}}{4} a^2 + \frac{\sqrt{3}}{4}\left(\frac{2}{3} a\right)^2 + \frac{\sqrt{3}}{4}\left(\left(\frac{2}{3}\right)^2 a\right)^2 + \ldots = \frac{\sqrt{3}}{4} a^2 + \frac{4}{9}\frac{\sqrt{3}}{4} a^2 + \left(\frac{4}{9}\right)^2 \frac{\sqrt{3}}{4} a^2 + \ldots$ strebt gegen $\frac{\frac{\sqrt{3}}{4} a^2}{1 - \frac{4}{9}} = \frac{9}{5}\frac{\sqrt{3}}{4} a^2$, also gegen den 1,8-fachen Flächeninhalt des Ausgangsdreiecks.

119 **20.** a) geometrische Reihe mit $a = 1$, $q = \frac{1}{2}$ $\Rightarrow$ $S_n = 1 \cdot \frac{1-\left(\frac{1}{2}\right)^n}{1-\frac{1}{2}} = 2 \cdot \left(1 - \left(\frac{1}{2}\right)^n\right) = 2 - \frac{1}{2^{n-1}}$

und $S_{n-1} = 2 - \frac{1}{2^{n-2}}$, also: $\frac{1}{2} S_{n-1} + 1 = \frac{1}{2} \cdot \left(2 - \frac{1}{2^{n-2}}\right) + 1 = 2 - \frac{1}{2^{n-1}} = S_n$

b) $x = 0{,}5x + 1 \Rightarrow x = 2$

c) $x = 0{,}1x + 0{,}9 \Rightarrow x = 1$

21. Allgemein gilt für die Teilsummenfolge $S_n = q \cdot S_{n-1} + a$. Also ist der Grenzwert die Lösung der Gleichung $x = q \cdot x + a \Rightarrow x = \frac{a}{1-q}$.

22. Grenzwert des Flächeninhalts:

1. Möglichkeit: Schnitt der Geraden $y = x$ und $y = \frac{1}{3}x + 1$: $x = \frac{1}{3}x + 1 \Rightarrow x = 1{,}5$
2. Möglichkeit: Summenformel für eine geometrische Reihe mit $a = 1$, $q = \frac{1}{3}$:

$\frac{1}{1-\frac{1}{3}} = \frac{3}{2} = 1{,}5$

23. Grenzwert von (a_n): $x = \sqrt{x} \Rightarrow x = 1$

Grenzwert von (b_n): $x = \frac{1}{1+x} \Rightarrow x^2 + x = 1 \Rightarrow x = -\frac{1}{2} \pm \frac{1}{2}\sqrt{5}$

Mit dem Startwert 1,2 ergibt sich der Grenzwert $-\frac{1}{2} + \frac{1}{2}\sqrt{5} \approx 0{,}62$.

Grenzwert von (c_n): $x = \frac{1}{2}\left(x + \frac{3}{x}\right) \Rightarrow \frac{1}{2}x = \frac{3}{2x} \Rightarrow x^2 = 3 \Rightarrow x = \pm\sqrt{3}$

Mit dem Startwert 8 ergibt sich der Grenzwert $\sqrt{3} \approx 1{,}73$.

120 **24.** a) Die Frage lässt sich mithilfe der Tabelle und des Graphen nicht beantworten, da der weitere Verlauf unklar ist.

b) 2. Klammerausdruck: $\frac{1}{5}, \frac{1}{6}$ und $\frac{1}{7}$ sind jeweils größer $\frac{1}{8}$ und damit gilt:

$\frac{1}{5} + \frac{1}{6} + \frac{1}{7} + \frac{1}{8} > 4 \cdot \frac{1}{8} = \frac{1}{2}$

3. Klammerausdruck: Alle Summanden bis auf $\frac{1}{16}$ sind größer $\frac{1}{16}$, also ist die Summe größer $8 \cdot \frac{1}{16} = \frac{1}{2}$.

4. Klammerausdruck: $\frac{1}{17} + \frac{1}{18} + \ldots + \frac{1}{32} > 16 \cdot \frac{1}{32} = \frac{1}{2}$

c) Die einzelnen Summanden sind bis auf 1 alle größer $\frac{1}{2}$. Somit ist die Summe für jedes n größer als $1 + (n-1) \cdot \frac{1}{2}$ und wächst damit für $n \to \infty$ über alle Grenzen.

3.3 Grenzwerte bei Funktionen

121 **1.** a) $\lim_{x \to \infty} f_1(x) = \lim_{x \to -\infty} f_1(x) = 1$ $\qquad$ $\lim_{x \to \infty} f_2(x) = \lim_{x \to -\infty} f_2(x) = 0$

$\lim_{x \to \infty} f_3(x) = \lim_{x \to -\infty} f_3(x) = 2$ $\qquad$ $f_4(x)$ wächst für $x \to \pm\infty$ über alle Grenzen

b) ja

c) –

122 **2.** a) $f_1(x)$: grüner Graph, $f_2(x)$: brauner Graph, $f_3(x)$: blauer Graph, $f_4(x)$: roter Graph

b) Jede Funktion ist an der Stelle nicht definiert, an der der Nenner 0 wird: $f_1(x)$ an der Stelle 2, $f_2(x)$ an der Stelle –1, $f_3(x)$ an der Stelle 0, $f_4(x)$ an der Stelle 2.

122

2. c) $f_1(x)$ und $f_3(x)$ haben an der Stelle 2 bzw. 0 einen Grenzwert, nämlich 4 bzw. 1.

$$f_1\left(2 \pm \frac{1}{n}\right) = \frac{\left(2 \pm \frac{1}{n}\right)^2 - 4}{2 \pm \frac{1}{n} - 2} = \frac{4 \pm \frac{4}{n} + \frac{1}{n^2} - 4}{\pm \frac{1}{n}} = \frac{\frac{\pm 4n + 1}{n^2}}{\pm \frac{1}{n}} = \frac{(\pm 4n + 1) \cdot (\pm n)}{n^2} = \frac{n\left(4 \pm \frac{1}{n}\right)}{n} = 4 \pm \frac{1}{n} \underset{n \to \infty}{\longrightarrow} 4$$

3. Die Zahl 3 ist Grenzwert der Funktion $f(x) = \frac{3x + 1}{x}$ für $x \to -\infty$, da es für jeden noch so schmalen ε-Streifen um 3 ein x_0 gibt, sodass für alle $x < x_0$ die Funktionswerte $f(x)$ innerhalb dieses ε-Streifens liegen.

123

4. Weil eine Funktion nicht nur „einzelne" (diskrete) Werte hat, sondern außerhalb des Streifens immer unendlich viele Funktionswerte liegen.

5. f_1 und f_3 haben den Grenzwert 0, f_4 hat den Grenzwert 1, f_2 hat keinen Grenzwert.

6. a) Der Satz ist gültig, da zu den Funktionswerten, die innerhalb des ε-Streifens liegen müssen, auch alle Folgenglieder a_n ab einem gewissen n_0 gehören.
b) Es gilt $f(a_n) = \sin((4n + 1) \cdot \pi) = 0$ für alle Folgenglieder a_n, also ist $\lim\limits_{n \to \infty} f(a_n) = 0$. Aber die Funktion $f(x) = \sin(x)$ besitzt keinen Grenzwert für $x \to \infty$.

7. Der Summand $a \cdot x^n$ ($n \geq 1$) bestimmt das Grenzwertverhalten und wächst über ($a > 0$) oder unter ($a < 0$) alle Grenzen. Das gilt auch für $x \to -\infty$.

8. $f(x)$ nähert sich für $x \to 0$ dem Grenzwert 1. $g(x)$ wächst bei Annäherung von rechts über alle Grenzen und fällt bei Annäherung von links unter alle Grenzen, besitzt also keinen Grenzwert.

124

9. • $\lim\limits_{x \to 1} f_1(x)$ existiert nicht: Für die Folgen $a_n = 1 + \frac{1}{n}$ und $b_n = 1 - \frac{1}{n}$, die beide den Grenzwert 1 haben, gilt:

$$\lim_{n \to \infty} f_1(a_n) = \lim_{n \to \infty} \frac{\left|\left(1 + \frac{1}{n}\right)^2 - 1\right|}{1 + \frac{1}{n} - 1} = \lim_{n \to \infty} \frac{\left|\frac{2}{n} + \frac{1}{n^2}\right|}{\frac{1}{n}} = \lim_{n \to \infty} \frac{\frac{1}{n}\left(2 + \frac{1}{n}\right)}{\frac{1}{n}} = \lim_{n \to \infty} \left(2 + \frac{1}{n}\right) = 2,$$

aber $$\lim_{n \to \infty} f_1(b_n) = \lim_{n \to \infty} \frac{\left|\left(1 - \frac{1}{n}\right)^2 - 1\right|}{1 - \frac{1}{n} - 1} = \lim_{n \to \infty} \frac{\left|-\frac{2}{n} + \frac{1}{n^2}\right|}{-\frac{1}{n}} = \lim_{n \to \infty} \frac{\frac{1}{n}\left|-\left(2 - \frac{1}{n}\right)\right|}{-\frac{1}{n}} = \lim_{n \to \infty} \left(-\left(2 - \frac{1}{n}\right)\right) = -2$$

• $\lim\limits_{x \to 2} f_2(x) = 4$: Für eine beliebige Folge (a_n) mit $\lim\limits_{n \to \infty} a_n = 2$ gilt:

$$\lim_{n \to \infty} f_2(a_n) = \lim_{n \to \infty} \frac{a_n^2 - 4}{a_n - 2} = \lim_{n \to \infty} \frac{(a_n - 2)(a_n + 2)}{a_n - 2} = \lim_{n \to \infty} (a_n + 2) = 2 + 2 = 4$$

• $\lim\limits_{x \to 2} f_3(x)$ existiert nicht: Die Folge $a_n = 2 + \frac{1}{n}$ hat den Grenzwert 2, aber $f_3\left(2 + \frac{1}{n}\right) = \frac{1}{2 + \frac{1}{n} - 2} = n$ ist divergent.

10. a) Es entstehen immer wieder ähnliche Bilder: Der Graph oszilliert um den Ursprung.
b) Für $x = \frac{2}{9\pi} \approx 0{,}071$ ist $f(x) = 1$, für $x = \frac{2}{11\pi} \approx 0{,}058$ ist $f(x) = -1$.
c) Für $x = \frac{2}{65\pi} \approx 0{,}0098$ ist $f(x) = 1$, für $x = \frac{2}{67\pi} \approx 0{,}0095$ ist $f(x) = -1$.
d) Wenn man n groß genug wählt, findet man Zahlen $x = \frac{2}{\pi(4n + 1)}$ und $x = \frac{2}{\pi(4n + 3)}$ zwischen 0 und jeder noch so kleinen Zahl, für die $f(x) = 1$ bzw. $f(x) = -1$ ist. Es existiert also kein Grenzwert.

125 **11.** a) Die Gefäßbreite wird sprunghaft kleiner, sodass die Füllgeschwindigkeit ebenfalls einen Sprung macht und die Füllhöhe einen Knick.

b) Der Vorgang wurde an der Knickstelle kurz beschleunigt.

c) Gefäß A

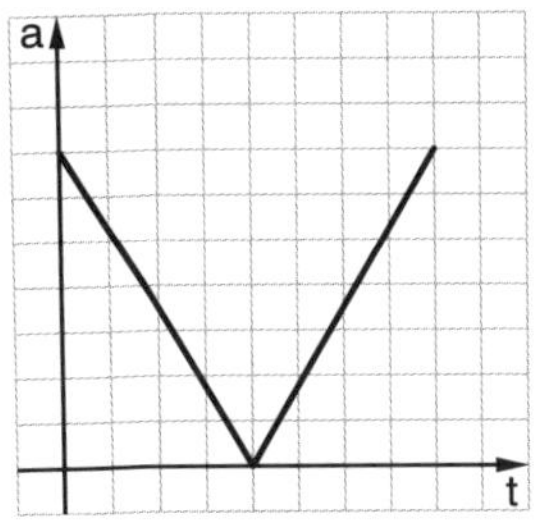

Gefäß B

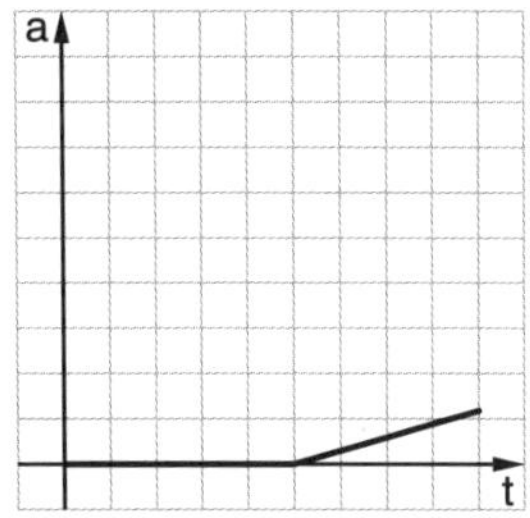

Gefäß C

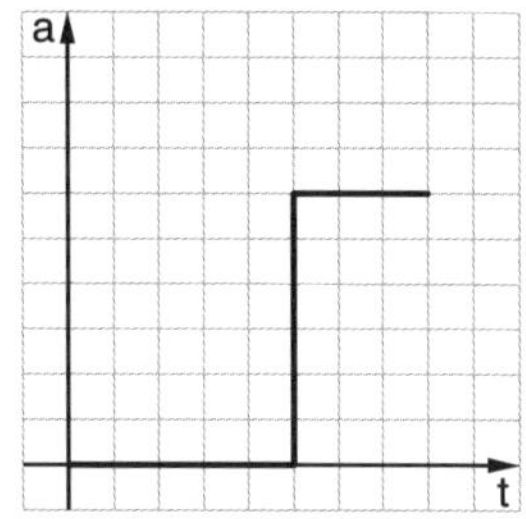

d)

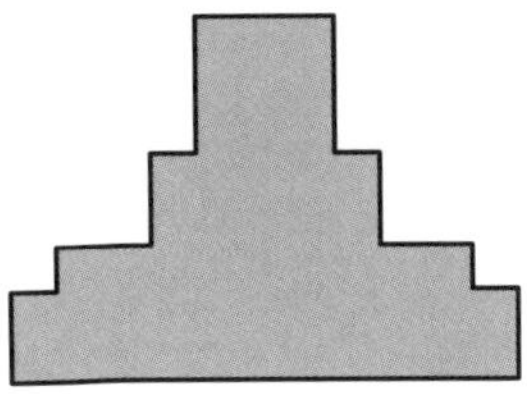

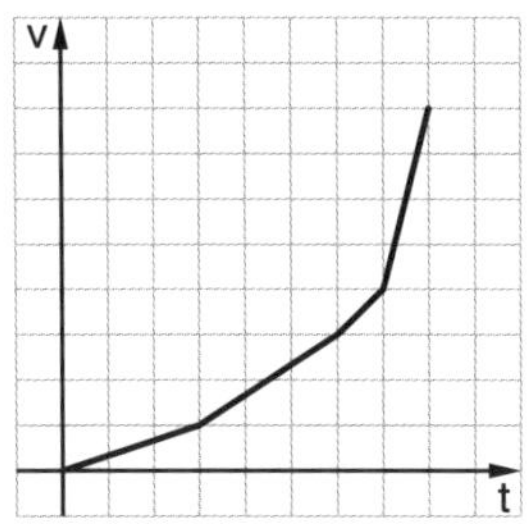

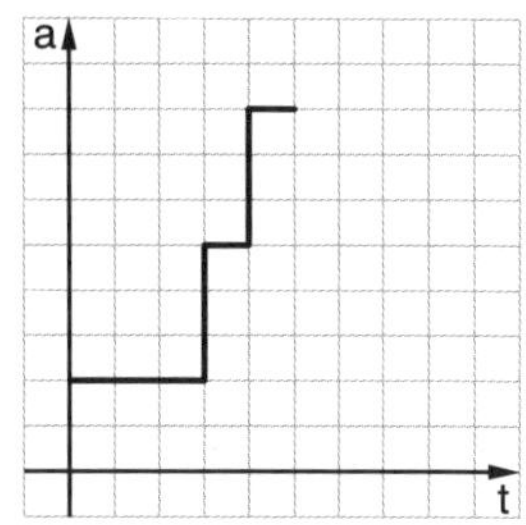

126 **12.**

f_1 ist stetig und differenzierbar.

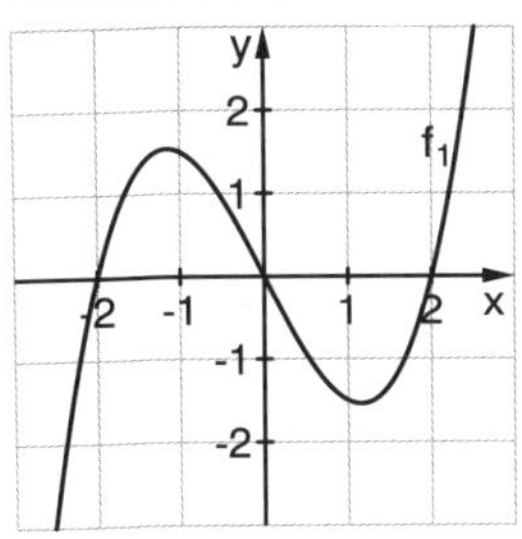

f_2 ist stetig, aber nicht differenzierbar bei 2 (Knick).

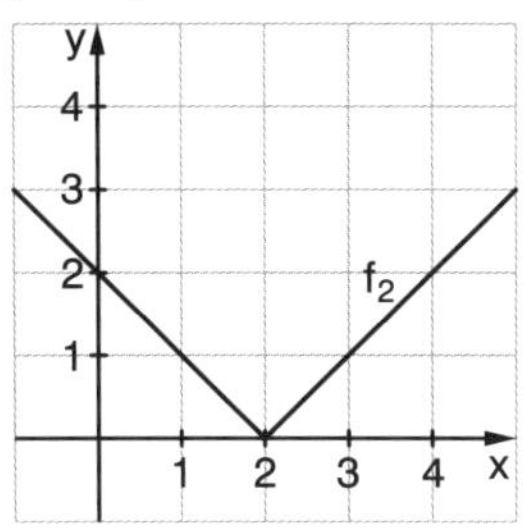

f_3 ist bei 0 nicht stetig und nicht differenzierbar (Sprung).

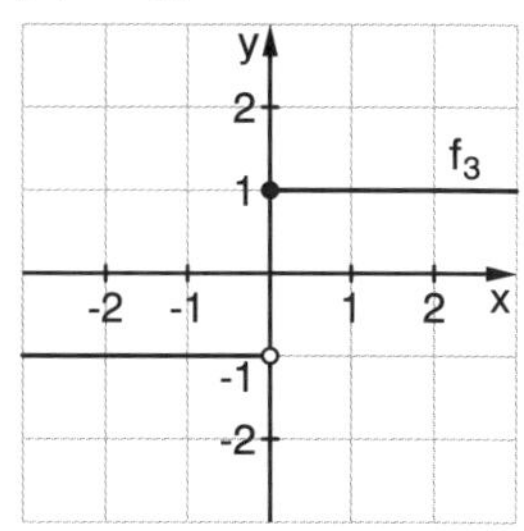

f_4 ist bei 0 nicht stetig und nicht differenzierbar (Sprung).

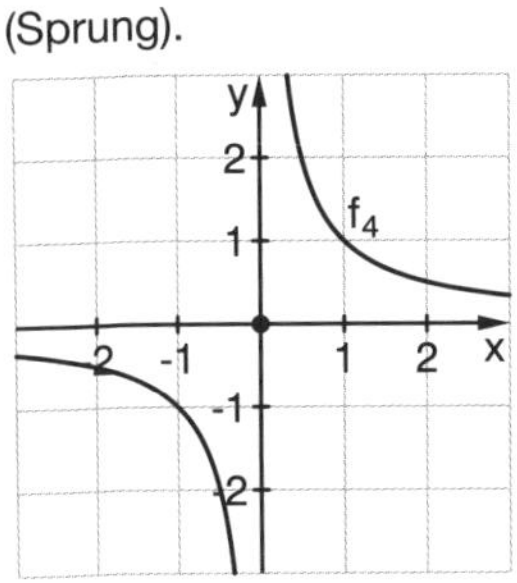

f_5 ist stetig und differenzierbar.

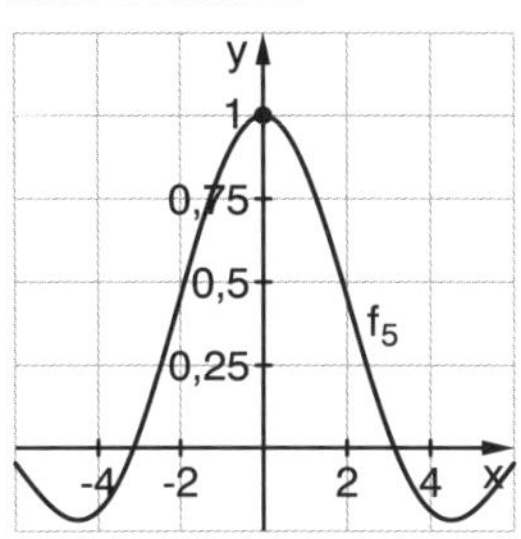

f_6 ist nicht stetig und nicht differenzierbar bei allen $x = \frac{2n+1}{2}$, $n \in \mathbb{Z}$.

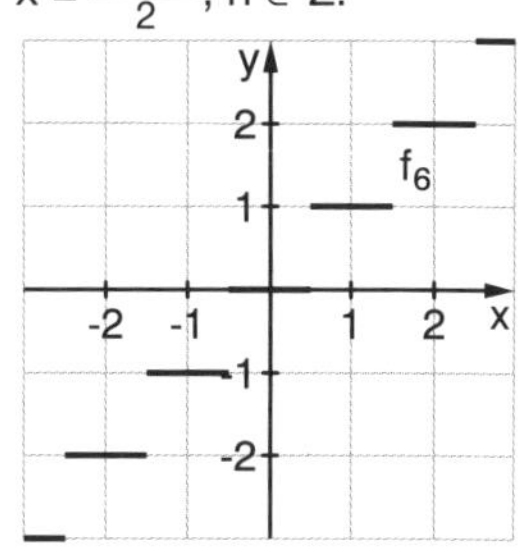

126 **12.** Fortsetzung

f_7 ist stetig und differenzierbar.

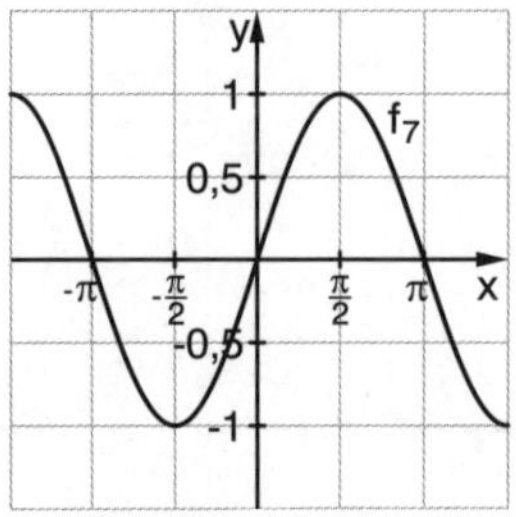

f_8 ist stetig, aber nicht differenzierbar bei –2 und 2 (Knicke).

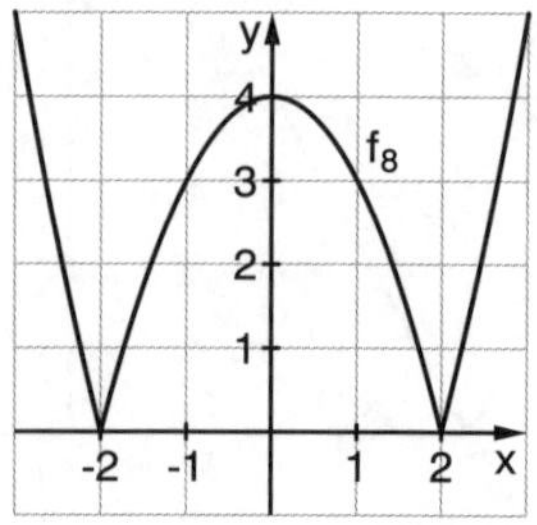

f_9 ist stetig, aber nicht differenzierbar bei allen $x = \frac{(2n+1)\pi}{2}$, $n \in Z$.

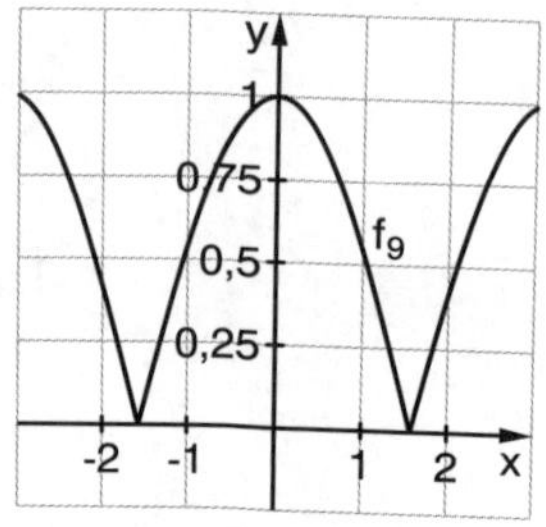

13. Siehe Aufgabe 12: $f_2(x)$ an der Stelle 2, $f_8(x)$ an den Stellen –2 und 2 sowie $f_9(x)$ an den Stellen $x = \frac{(2n+1)\pi}{2}$, $n \in Z$ sind stetig, aber nicht differenzierbar.

14. a) Ohne Stetigkeit kann der Graph einen „Sprung über die x-Achse“ machen.

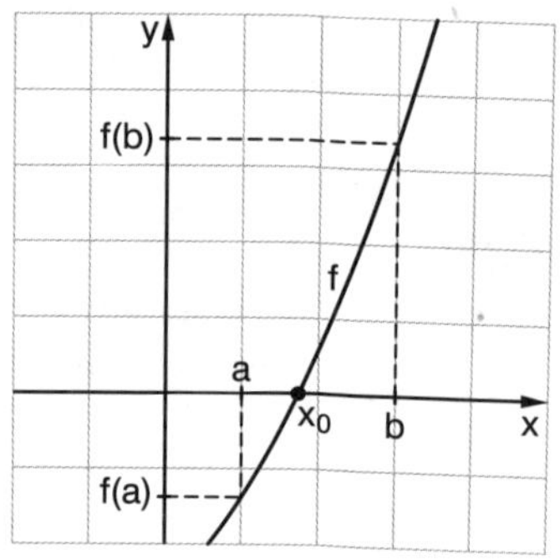

b) Bei einer ganzrationalen Funktion 3. Grades gibt es immer positive und negative Funktionswerte und deshalb dazwischen eine Nullstelle.

15. –

3.4 Folgen und Gleichungen

127 **1.** a)

x_0	6	4	3,5	3,464286	3,46410162003
y_0	2	3	3,428571	3,463918	3,46410161025

b) Es gilt für die zweite Seite des Rechtecks im (n – 1)-ten Schritt: $y_{n-1} = \frac{12}{x_{n-1}}$

Für den Mittelwert im (n – 1)-ten Schritt gilt dann: $\frac{1}{2}(x_{n-1} + y_{n-1}) = \frac{1}{2}\left(x_{n-1} + \frac{12}{x_{n-1}}\right)$

Dieser Wert ist die Seitenlänge x_n des Rechtecks im n-ten Schritt.

127

1. c) $\sqrt{70}$: Startwert 60:

n	u(n)=0.5(u(n-1)+(70/u(n-1)))
1	60,00
2	30,58
3	16,44
4	10,35
5	8,56
6	8,37
7	8,37
8	8,37
9	8,37
10	8,37

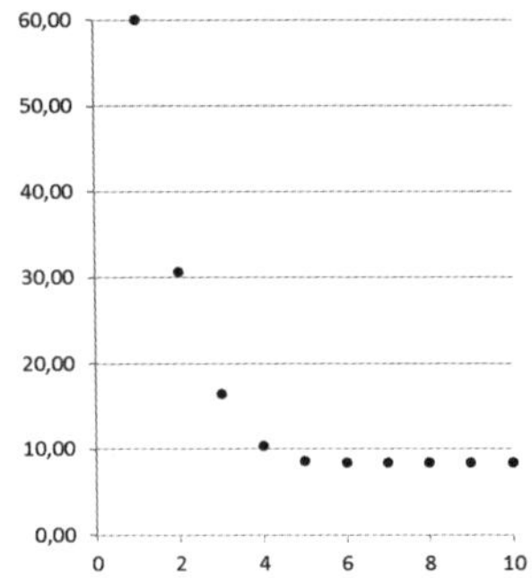

$\sqrt{70}$: Startwert 10:

n	u(n)=0.5(u(n-1)+(70/u(n-1)))
1	10,00
2	8,50
3	8,37
4	8,37
5	8,37
6	8,37
7	8,37
8	8,37
9	8,37
10	8,37

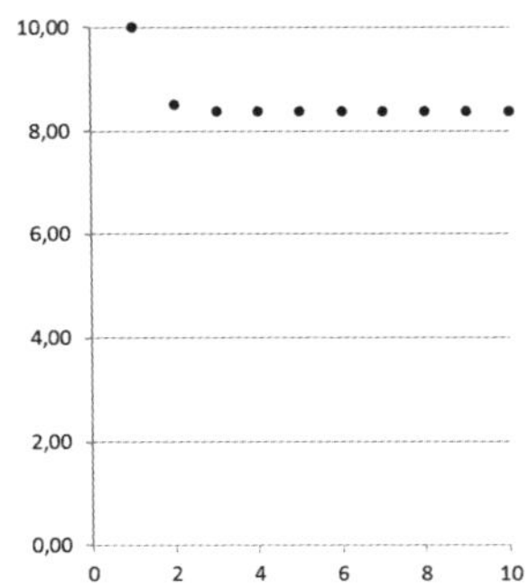

$\sqrt{250}$: Startwert 200:

n	u(n)=0.5(u(n-1)+(250/u(n-1)))
1	200,00
2	100,63
3	51,55
4	28,20
5	18,53
6	16,01
7	15,81
8	15,81
9	15,81
10	15,81

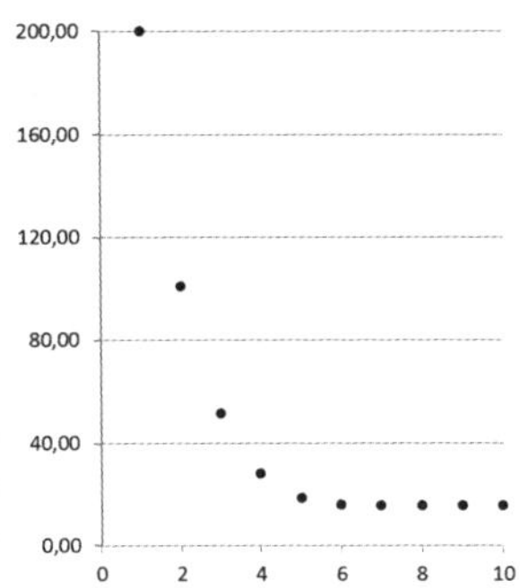

$\sqrt{250}$: Startwert 20:

n	u(n)=0.5(u(n-1)+(250/u(n-1)))
1	20,00
2	16,25
3	15,82
4	15,81
5	15,81
6	15,81
7	15,81
8	15,81
9	15,81
10	15,81

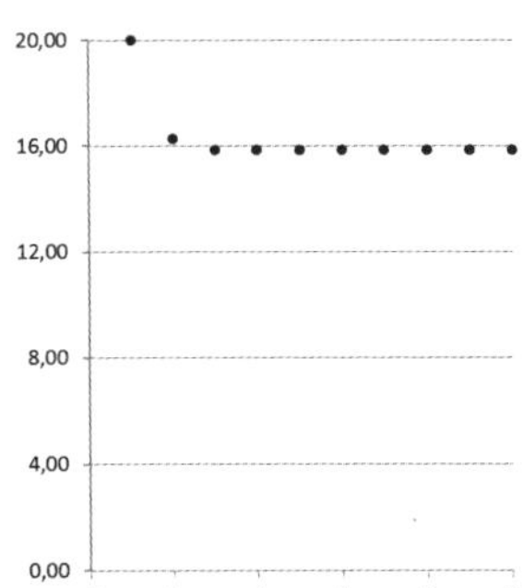

127 **1.** Fortsetzung

c) $\sqrt{2500}$: Startwert 2000:

n	u(n)=0.5(u(n-1)+(2500/u(n-1)))
1	2000,00
2	1000,63
3	501,56
4	253,27
5	131,57
6	75,29
7	54,25
8	50,17
9	50,00
10	50,00

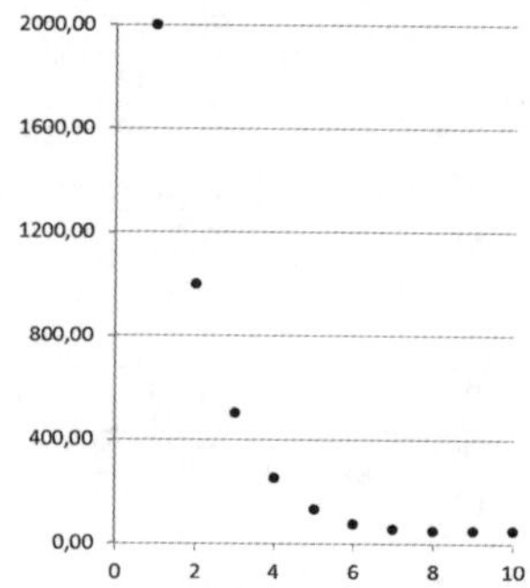

$\sqrt{2500}$: Startwert 60:

n	u(n)=0.5(u(n-1)+(2500/u(n-1)))
1	60,00
2	50,83
3	50,01
4	50,00
5	50,00
6	50,00
7	50,00
8	50,00
9	50,00
10	50,00

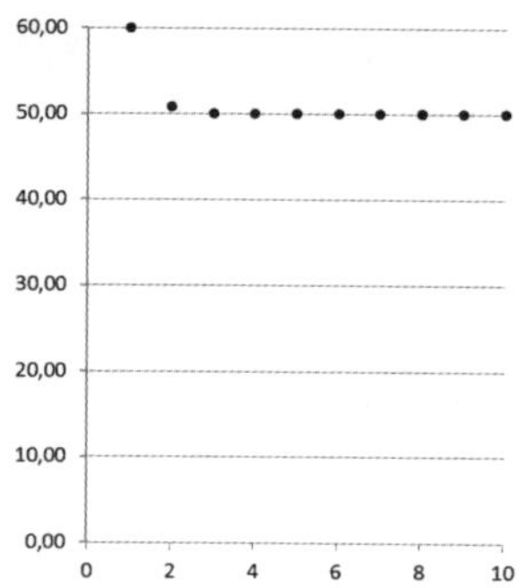

Je näher der Startwert am exakten Wert liegt, desto schneller nähert man sich dem exakten Ergebnis.

128 **2.** a) rund 0,5

b) –

c) Die Steigung des Graphen an der Stelle x_{n-1} ist gleich der Steigung der Tangente an dieser Stelle, also $f'(x_{n-1})$. Andererseits lässt sich die Steigung der Tangente aus dem Steigungsdreieck entnehmen: $\frac{f(x_{n-1})}{x_{n-1} - x_n}$, also ist $f'(x_{n-1}) = \frac{f(x_{n-1})}{x_{n-1} - x_n}$.

Daraus erhält man: $x_{n-1} - x_n = \frac{f(x_{n-1})}{f'(x_{n-1})} \quad \Rightarrow \quad x_n = x_{n-1} - \frac{f(x_{n-1})}{f'(x_{n-1})}$

n	x_{n-1}	$f(x_{n-1})$	$f'(x_{n-1})$	x_n
1	1	1,33333333	3	0,55555555
2	0,55555555	0,16826703	2,30864197	0,48266984
3	0,48266984	0,00282223	2,23297017	0,48140595
4	0,48140595	0,00000077	2,23175168	0,48140560

128 **2.** Fortsetzung

c) Eine Lösung der Gleichung ist rund 0,481406.

n	x_{n-1}	$f(x_{n-1})$	$f'(x_{n-1})$	x_n
1	0	−1	2	0,5
2	0,5	0,41666666	2,25	0,48148148
3	0,48148148	0,00016935	2,23182442	0,48140560
4	0,48140560	0,000000002	2,23175135	0,48140560

130 **3.** a) (1) −4,375206 für jeden Startwert (2) 1 für jeden Startwert
(3) 0,739085 für jeden Startwert (4) 0,337584 für jeden Startwert

b) Die Aussage stimmt, da ein Fehler zu einem neuen Startwert führt, der aber nicht zu einem falschen Ergebnis führt.

4. Das Verfahren führt zu keinem Ergebnis.

5. a) $x_n = \frac{1}{2}\left(x_{n-1} + \frac{3}{x_{n-1}}\right)$ b) $x_n = x_{n-1} - \frac{x_{n-1}^2 - 3}{2x_{n-1}} = \frac{x_{n-1}^2 + 3}{2x_{n-1}}$

Für den Startwert 2 ergeben sich folgende Iterationen:

n	u(n)=0.5(u(n-1)+(3/u(n-1)))
1	2
2	1,75
3	1,7321429
4	1,7320508
5	1,7320508
6	1,7320508
7	1,7320508
8	1,7320508
9	1,7320508
10	1,7320508

n	u(n)=((u(n-1))^2+3)/(2u(n-1))
1	2
2	1,75
3	1,7321429
4	1,7320508
5	1,7320508
6	1,7320508
7	1,7320508
8	1,7320508
9	1,7320508
10	1,7320508

Beide Iterationsverfahren sind gleich gut. Die Iterationsformeln sind äquivalent.

6. a) $x_n = x_{n-1} - \frac{f(x_{n-1})}{f'(x_{n-1})} = x_{n-1} - \frac{x_{n-1}^3 - a}{3x_{n-1}^2} = \frac{2x_{n-1}^3 + a}{3x_{n-1}^2}$

a = 35:

n	u(n)=((2u(n-1))^3+35)/((2u(n-1))^2)
1	3
2	3,2962963
3	3,2712589
4	3,2710663
5	3,2710663
6	3,2710663
7	3,2710663
8	3,2710663
9	3,2710663
10	3,2710663

a = 120:

n	u(n)=((2u(n-1))^3+120)/((2u(n-1))^2)
1	4
2	5,1666667
3	4,9428836
4	4,9324463
5	4,9324241
6	4,9324241
7	4,9324241
8	4,9324241
9	4,9324241
10	4,9324241

a = 2850:

n	u(n)=((2u(n-1))^3+2850)/((2u(n-1))^2)
1	10
2	16,1666667
3	14,4125955
4	14,1817972
5	14,1780004
6	14,1779994
7	14,1779994
8	14,1779994
9	14,1779994
10	14,1779994

130

6. b) $x_n = x_{n-1} - \frac{f(x_{n-1})}{f'(x_{n-1})} = x_{n-1} - \frac{x_{n-1}^k - a}{kx_{n-1}^{k-1}} = \frac{(k-1)x_{n-1}^k + a}{kx_{n-1}^{k-1}}$

Für k = 8 und a = 1000: $x_n = x_{n-1} - \frac{f(x_{n-1})}{f'(x_{n-1})} = x_{n-1} - \frac{x_{n-1}^8 - 1000}{8x_{n-1}^7} = \frac{7x_{n-1}^8 + 1000}{8x_{n-1}^7}$

n	u(n)=(7((u(n-1))^8+1000)/((8u(n-1))^7)
1	2
2	2,7265625
3	2,4973262
4	2,3915003
5	2,3719567
6	2,3713742
7	2,3713737
8	2,3713737
9	2,3713737
10	2,3713737

7. a) $3{,}464 < \sqrt{12} < 3{,}465$; $3{,}4641 < \sqrt{12} < 3{,}4642$; $3{,}46410 < \sqrt{12} < 3{,}46411$

„Genauigkeit" auf 5 Nachkommastellen

b) $x_n = x_{n-1} - \frac{f(x_{n-1})}{f'(x_{n-1})} = x_{n-1} - \frac{x_{n-1}^2 - 12}{2x_{n-1}} = \frac{x_{n-1}^2 + 12}{2x_{n-1}}$

Startwert 3:

n	u(n)=((u(n-1))^2+12)/(2u(n-1))
1	3
2	3,5
3	3,464285714286
4	3,464101620029
5	3,464101615138
6	3,464101615138
7	3,464101615138
8	3,464101615138
9	3,464101615138
10	3,464101615138

Startwert 4:

n	u(n)=((u(n-1))^2+12)/(2u(n-1))
1	4
2	3,5
3	3,464285714286
4	3,464101620029
5	3,464101615138
6	3,464101615138
7	3,464101615138
8	3,464101615138
9	3,464101615138
10	3,464101615138

Schon nach vier Iterationsschritten hat man mit beiden Startwerten eine Genauigkeit von 12 Nachkommastellen erreicht.

8. a) Graph:

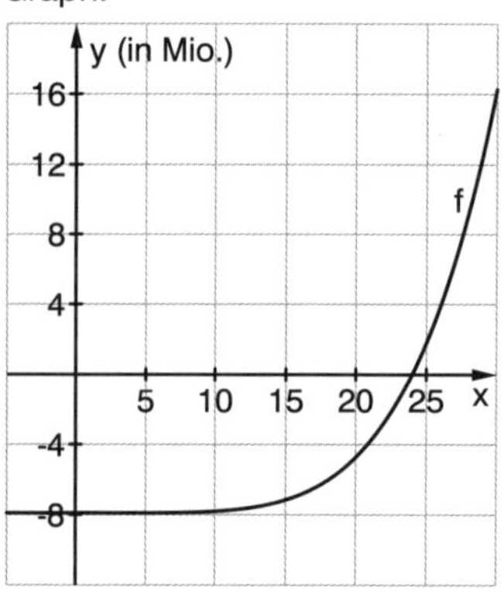

Newton:

n	u(n)=(4((u(n-1))^5-10(u(n-1))^3+7905504)/((5u(n-1))^4-15(u(n-1))^2+500)
1	20
2	25,9603575
3	24,2750627
4	24,0061771
5	24,0000032
6	24
7	24
8	24
9	24
10	24

$x_n = x_{n-1} - \frac{f(x_{n-1})}{f'(x_{n-1})} = x_{n-1} - \frac{x_{n-1}^5 - 5x_{n-1}^3 + 500x_{n-1} - 7\,905\,504}{5x_{n-1}^4 - 15x_{n-1}^2 + 500}$

$= \frac{4x_{n-1}^5 - 10x_{n-1}^3 + 7\,905\,504}{5x_{n-1}^4 - 15x_{n-1}^2 + 500}$

Lösung: 24

b) –

131

9.

<table>
<tr><th>(1) $x^3 - x = 0;\ x_0 = \frac{1}{\sqrt{5}}$</th><th>(2) $\frac{1}{3}x^3 - 4x + 1 = 0;\ x_0 = 2$</th><th>(3) $x^3 - x + 3 = 0;\ x_0 = 0$</th></tr>
<tr><td>
<table>
<tr><th>n</th><th>u(n)=(2(u(n-1))^3)/(3(u(n-1))^2-1)</th></tr>
<tr><td>0</td><td>0,447214</td></tr>
<tr><td>1</td><td>-0,447214</td></tr>
<tr><td>2</td><td>0,447214</td></tr>
<tr><td>3</td><td>-0,447214</td></tr>
<tr><td>4</td><td>0,447214</td></tr>
<tr><td>5</td><td>-0,447214</td></tr>
<tr><td>6</td><td>0,447214</td></tr>
<tr><td>7</td><td>-0,447214</td></tr>
<tr><td>8</td><td>0,447214</td></tr>
<tr><td>9</td><td>-0,447214</td></tr>
</table>
</td><td>■</td><td>
<table>
<tr><th>n</th><th>u(n)=(2(u(n-1))^3-3)/(3(u(n-1))^2-1)</th></tr>
<tr><td>0</td><td>0</td></tr>
<tr><td>1</td><td>3</td></tr>
<tr><td>2</td><td>1,961538</td></tr>
<tr><td>3</td><td>1,147176</td></tr>
<tr><td>4</td><td>0,006579</td></tr>
<tr><td>5</td><td>3,000389</td></tr>
<tr><td>6</td><td>1,961818</td></tr>
<tr><td>7</td><td>1,147430</td></tr>
<tr><td>8</td><td>0,007256</td></tr>
<tr><td>9</td><td>3,000473</td></tr>
</table>
</td></tr>
<tr><td>■</td><td>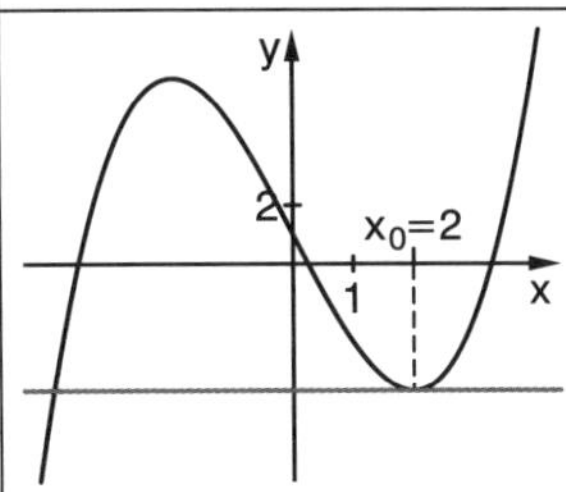
</td><td>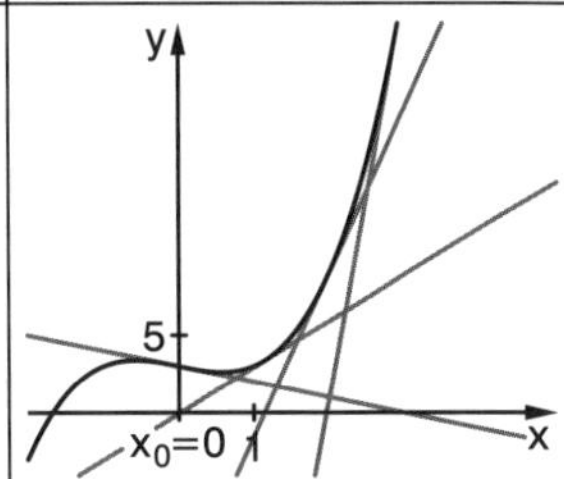
</td></tr>
<tr><td>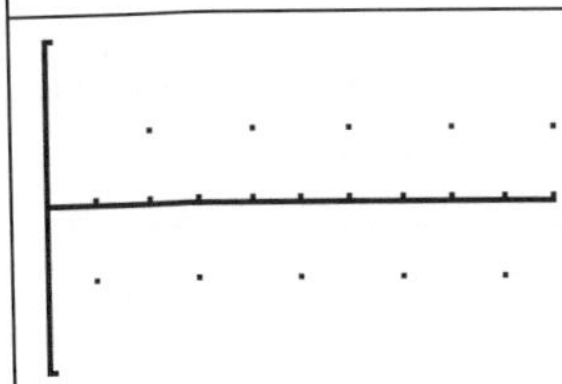</td><td>Hier ist das Erstellen eines Graphen nicht möglich aufgrund der obigen Fehlermeldung.</td><td>■</td></tr>
</table>

10. –

132

11. a) Kugeltank: $\frac{4}{3}\pi \cdot r^3 = 10\ \text{m}^3 \quad\Rightarrow\quad r = \sqrt[3]{\frac{30}{4\pi}}\ \text{m} \approx 1{,}337\ \text{m}$

Zylindertank: $\pi \cdot r^2 \cdot h = 10\ \text{m}^3 \quad\Rightarrow\quad r = \sqrt{\frac{10\ \text{m}^3}{\pi \cdot 5\ \text{m}}} = \sqrt{\frac{2}{\pi}} \approx 0{,}798\ \text{m}$

b) Kugeltank: Mit $r = 1{,}337$ m und $V = 1\ \text{m}^3$ gilt $1 = \frac{\pi}{3}h^2(3 \cdot 1{,}337 - h) = \frac{\pi}{3}h^2(4{,}01 - h)$.

Zylindertank: Mit $r = \sqrt{\frac{2}{\pi}}$ m und $V = 1\ \text{m}^3$ gilt: $\frac{\pi}{5} = \alpha - \sin\alpha \Rightarrow 1 = 5 \cdot \frac{\frac{2}{\pi}}{2} \cdot (\alpha - \sin\alpha)$

$\Rightarrow\quad 1 = \frac{5}{\pi}(\alpha - \sin\alpha) \quad\Rightarrow\quad \frac{\pi}{5} = \alpha - \sin\alpha \quad\Rightarrow\quad \alpha - \sin\alpha - \frac{\pi}{5} = 0$

c) Kugeltank: Nullstelle von $f(h) = -\frac{\pi}{3} \cdot h^3 + \frac{\pi}{3} \cdot 4{,}01 \cdot h^2 - 1 \approx -1{,}047\ h^3 + 4{,}199\ h^2 - 1$:

Newton-Formel: $x_n = x_{n-1} - \frac{-1{,}047x_{n-1}^3 + 4{,}199x_{n-1}^2 - 1}{-3{,}141x_{n-1}^2 + 8{,}398x_{n-1}} = \frac{-2{,}094x_{n-1}^3 + 4{,}199x_{n-1}^2 + 1}{-3{,}141_{n-1}^2 + 8{,}398x_{n-1}}$

132 **11.** Fortsetzung

c)

n	u(n)=(-2,094(u(n-1))^3+...
1	1
2	0,590641050029
3	0,526177335588
4	0,523354093196
5	0,523348344890
6	0,523348344866
7	0,523348344866
8	0,523348344866

Höhe für die Kontakte: rund 52,3 cm

Zylindertank: Nullstelle von $f(\alpha) = \alpha - \sin\alpha - \frac{\pi}{5}$:

Newton-Formel: $x_n = x_{n-1} - \frac{x_{n-1} - \sin(x_{n-1}) - \frac{\pi}{5}}{1 - \cos(x_{n-1})} = \frac{-x_{n-1}\cos(x_{n-1}) + \sin(x_{n-1}) + \frac{\pi}{5}}{1 - \cos(x_{n-1})}$

n	u(n)=(-u(n-1) cos(...
1	1
2	2,021912858830
3	1,678137048541
4	1,627924067331
5	1,626736462647
6	1,626735795860
7	1,626735795860
8	1,626735795860

Höhe für die Kontakte:
$h = 0{,}8\left(1 - \cos\left(\frac{1{,}627}{2}\right)\right) \approx 0{,}25\text{ m} = 25\text{ cm}$

12. a) 1. Näherungswert: 2,1

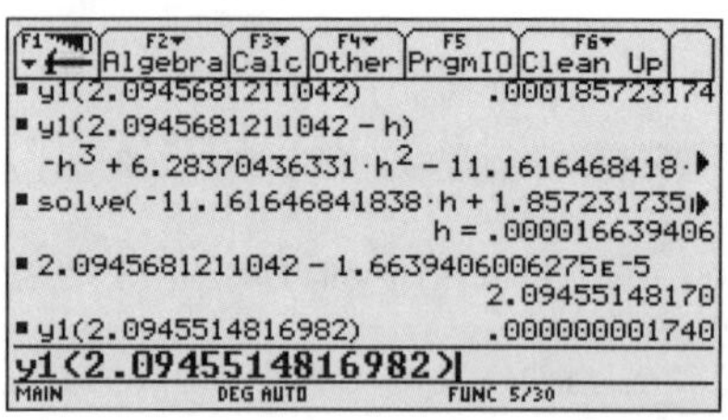

3. Näherungswert: 2,0945514816982

2. Näherungswert: 2,0945681211042

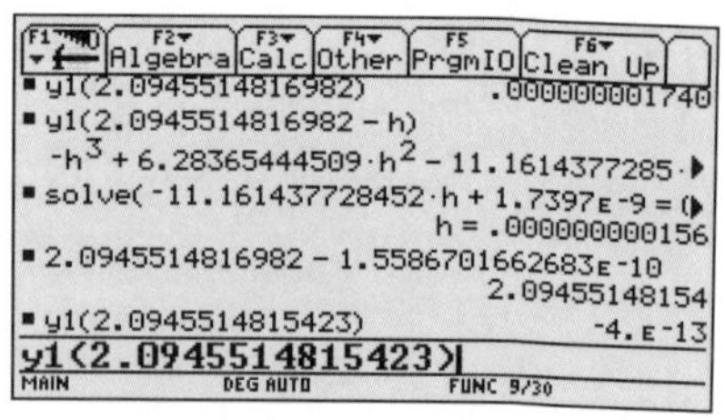

4. Näherungswert: 2,0945514815423

b) Newton-Verfahren: $x_n = x_{n-1} - \frac{x_{n-1}^3 - 2x_{n-1} - 5}{3x_{n-1}^2 - 2} = \frac{2x_{n-1}^3 + 5}{3x_{n-1}^2 - 2}$

1. Näherungswert: $\frac{2 \cdot 2^3 + 5}{3 \cdot 2^2 - 2} = 2{,}1$

2. Näherungswert: $\frac{2 \cdot 2{,}1^3 + 5}{3 \cdot 2{,}1^2 - 2} = 2{,}0945681211042$

3. Näherungswert: $\frac{2 \cdot 2{,}0945681211042^3 + 5}{3 \cdot 2{,}0945681211042^2 - 2} = 2{,}0945514816982$

4. Näherungswert: $\frac{2 \cdot 2{,}0945514816982^3 + 5}{3 \cdot 2{,}0945514816982^2 - 2} = 2{,}0945514815423$

Kapitel 4
Integralrechnung

Didaktische Hinweise

Die Leitfrage innerhalb der Differenzialrechnung ist in NEUE WEGE die Frage nach der Änderung bei gegebenem Bestand. Geometrisch bedeutet dies dann die Steigung von Funktionsgraphen. Konsequent und analog dazu nimmt die Integralrechnung ihren Ausgang von der Frage nach dem Bestand, wenn das Änderungsverhalten gegeben ist (Rekonstruktion aus Änderung). Zentral ist dann die Erkenntnis, dass dies geometrisch auf die Bestimmung von Flächeninhalten unter dem Änderungsgraphen führt, Bestände also als „Summation unendlich vieler momentaner Änderungen" aufgefasst werden können. Charakteristisch für dieses Konzept ist damit die fast parallele Einführung der beiden Grundkonzepte zur Integralrechnung, Flächenbestimmung (Gesamtbilanz) und Rekonstruktion. Dies erfolgt auch analog zur Einführung der Differenzialrechnung. Es steht zunächst der Aufbau adäquater Grundvorstellungen im Mittelpunkt, ehe Kalküle entwickelt werden. Der Verzicht auf die frühzeitige Einführung komplexerer Theorieelemente und Begriffsfestlegungen ermöglicht es, dass von Beginn an in qualitativer Weise substanzreiche Probleme behandelt werden können. Der Integralbegriff wird also nicht nach einer vorgängigen Durststrecke über Unter- und Obersummen eingeführt, ehe er in Anwendungen kalkülorientiert genutzt wird, sondern es wird ein qualitativer Weg zum Hauptsatz mit dessen frühzeitiger, auf Einsicht fußender Einführung, aufgezeigt, der es ermöglicht, alle klassischen Anwendungen zu behandeln. Das Konzept „Rekonstruktion aus Änderung" begünstigt das frühe Erfassen der Kernaussage des Hauptsatzes.
In 4.1 geht es um qualitative Einsichten und Erfahrungen in vielfältigen Sachzusammenhängen analog zum einführenden Lernabschnitt in der Differenzialrechnung. In 4.2 stehen dann die Begriffsbildungen und innermathematischen Zusammenhänge im Mittelpunkt bis hin zur Präzisierung des Integralbegriffs über Ober- und Untersummen. Der schon in 4.1 intuitiv erfasste Hauptsatz wird formuliert, plausibel begründet und das daraus abgeleitete Kalkül entwickelt. In 4.3 werden dann alle kanonischen Anwendungen thematisiert (krummlinig berandete Flächen, Volumina, uneigentliche Integrale, Bogenlänge). Der Aufbau ist themenorientiert modular, so dass in einfacher Weise inhaltliche Unterschiede in Kursen auf erhöhtem und grundlegendem Niveau zugeordnet werden können sowie Binnendifferenzierung erleichtert wird.

Zu **4.1**
In drei vereinfachten Sachsituationen aus unterschiedlichen Gebieten (Füllvorgang, Bewegungen, Gewinnentwicklung) erarbeiten Schüler das Entwickeln von Bestandsgraphen aus gegebenem Wissen über das Änderungsverhalten. Im Mittelpunkt steht hier das Erfassen des Zusammenhanges mit einer Flächenbestimmung. Dieser wird in einem ersten Basiswissen qualitativ und an einem archetypischen Beispiel erläutert. Innerhalb der Übungsphase wird zunächst der erarbeitete Zusammenhang in vielfältigen Kontexten variierend durchgearbeitet, indem immer wieder die inhaltliche Bedeutung der Rekonstruktion eingefordert wird und grafisch umgesetzt werden soll. Es werden

Exkurse zu Anwendungssituationen (Gewinn in Wirtschaft, „Elefantenrennen") ebenso angeboten, wie eine effektive Möglichkeit, Näherungswerte für krummlinig berandete Flächen zu bestimmen (Trapezformel), ohne dass eine dahinterliegende Begriffsbildung (Integralbegriff) in den Blick genommen wird. Im zweiten Teil der Übungen wird der vermutlich schon vorher ‚in der Luft liegende' Zusammenhang zum Ableiten (Aufleiten, 1. Teil des Hauptsatzes) in einem weiteren Basiswissen dokumentiert und erste Übungen dazu und ein Bezug zur Physik angeboten.

Zu **4.2**
Nachdem Schüler in 4.1 angemessene Grundvorstellungen aufgebaut und dazu auch gewisse Routinen durch operatives Üben entwickelt haben, werden nun die notwendigen Begriffe eingeführt. Dieser Lernabschnitt ist damit im Wesentlichen innermathematisch motiviert und orientiert. Im Kern geht der Weg dabei von der Integralfunktion als verallgemeinerte Bestandsfunktion über die explizite Formulierung des 1. Teils des Hauptsatzes zur vollständigen Formulierung des Hauptsatzes. Während also das Basiswissen begriffs- und verstehensorientiert formuliert ist, werden die wichtigen Kalküle zu Stammfunktionen, sowie Formeln und Regeln zu ihrer Bestimmung in gelben Kästen zwecks einfacher Erkennung integriert. Es werden gestufte Möglichkeiten für innermathematische Präzisierungen angeboten. So werden eine anschauliche Begründung für den Hauptsatz in einem Lesetext, eine analytische Herleitung des Integralbegriffs mit Ober- und Untersummen ohne Rückgriff auf Stammfunktionen in einem gesonderten Abschnitt am Ende der Übungsphase angeboten und in einem weiteren Lesetext dokumentiert (A27–A29). Im Sinne von Vernetzungen und kumulierendem Lernen wird auch Bekanntes mit den neuen Kenntnissen erweiternd bearbeitet (A22–A24).

Zu **4.3**
In diesem recht umfangreichen Lernabschnitt wird Übersicht und leichter Zugang dadurch erreicht, dass die unterschiedlichen Themen modular und seitenweise geordnet behandelt werden, sodass eine schnelle Zuordnung nach Kurstyp und gewünschten Inhalten möglich ist und Übersicht sicher stellt. In den einführenden Aufgaben wird der zentrale Anwendungsaspekt, die Berechnung von Inhalten krummlinig berandeter Flächen, erarbeitet und im Basiswissen gesichert. In vielfältigen Übungen wird dies dann durchgearbeitet, dabei werden immer wieder Bezüge zu bekannten Inhalten hergestellt, um Vernetzungen und festigendes Üben zu sichern. Dazu gehört auch eine Wiederaufnahme der „Rekonstruktion aus Änderungen" (A25–A27).
Auf Themenseiten folgen dann, unabhängig voneinander

(1) die Bestimmung der Volumina von Rotationskörpern,
(2) die Berechnung von Bogenlängen,
(3) die Untersuchung uneigentlicher Integrale,
(4) die dritte Grundvorstellung zum Integral (Integral als Mittelwert).

Jedes Mal werden verstehensorientierte, auf Plausibilitätsargumenten fußende Hinführungen gegeben. Mit Einkommensverteilungen und Fragen im Zusammenhang von Angebot und Nachfrage stehen am Ende zwei projektartig angelegte Aufgabenserien aus den Wirtschafts- und Sozialwissenschaften im Mittelpunkt, bei denen Modellierungskompetenzen gestärkt und ausgebaut werden können.

Lösungen

4.1 Von der Änderungs- zur Bestandsfunktion

140

1. a)

Zeitintervall (in min)	Aktion
t ∈ [0; 25]	Konstanter Zufluss: 10 l/min
t ∈ [25; 30]	Konstanter Abfluss: –16 l/min
t ∈ [30; 35]	Konstanter Zufluss: 14 l/min
t ∈ [35; 55]	Keine Aktion
t ∈ [55; 70]	Konstanter Abfluss: –16 l/min

Der Zufluss bzw. Abfluss ist die Änderungsrate des Wasserbestandes in der Badewanne.

b)

Zeitpunkt t (in min)	Füllmenge (in Liter)
5	50
10	100
15	150
20	200
25	250
30	170
35	240
...	240
55	240
60	160
65	80
70	0

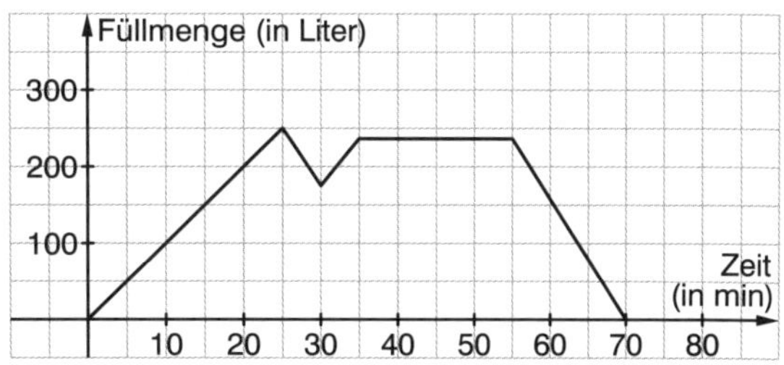

Der Graph Zeit → Füllmenge beschreibt Inhalte der Flächen, die im Intervall [0; t] zwischen dem Zuflussgraphen und der Zeitachse eingeschlossen sind. Die Flächeninhalte oberhalb der Zeitachse im Zuflussdiagramm vergrößern und die unterhalb der Zeitachse verkleinern die Füllmenge.

c)

Zeitpunkt t (in min)	Füllmenge (in Liter)
20	$20 \cdot 10 = 200$ Inhalt des Rechtecks
25	$25 \cdot 10 = 250$ Inhalt des Rechtecks
30	$25 \cdot 10 - 5 \cdot 16 = 170$ Inhalt des Rechtecks oberhalb der Zeitachse minus Inhalt des Rechtecks unterhalb der Zeitachse
70	$25 \cdot 10 - 5 \cdot 16 + 5 \cdot 14 + 20 \cdot 0 - 15 \cdot 16 = 0$ Inhalte der Rechtecke oberhalb der Zeitachse gehen mit positivem Vorzeichen und die Inhalte der Rechtecke unterhalb der Zeitachse gehen mit negativem Vorzeichen in die Bilanz ein.

141 **2.** a) In den ersten 20 Sekunden beschleunigt das Auto von 0 $\frac{m}{s}$ auf 30 $\frac{m}{s}$ und fährt mit erreichter Geschwindigkeit weitere 12 Sekunden.

b) Wegstrecke: 10s · 30 $\frac{m}{s}$ = 300 m (Geometrisch: Flächeninhalt des gefärbten Rechtecks)

c) Problem: Die Fläche ist von einem krummlinigen Graphen begrenzt.
Schätzung: ca. 400 m

d) Die Aussage passt. Bildsequenz: Die Fläche unter der Kurve lässt sich durch immer schmaler werdende Rechtecke immer besser annähern.

e)

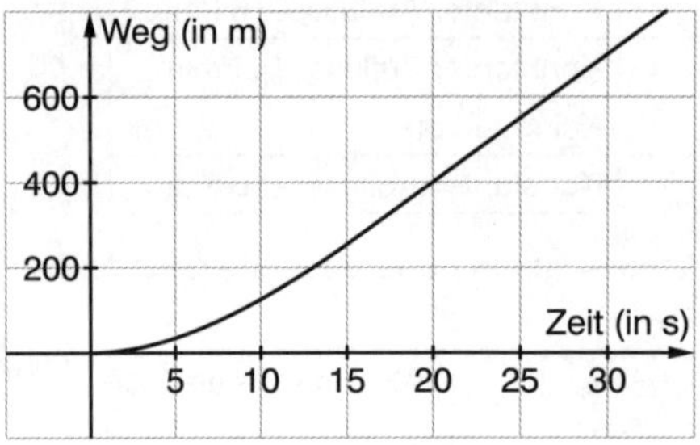

3. a) Gewinn in Zeitintervallen [0; 9] und [14; 18] , Verlust im Zeitintervall [9; 14].
(Die Zeitangabe bedeutet das Ende eines Monats.)

b) Gesamter Gewinn beträgt ca. 1575 – 350 + 600 = 1825 (in Tausend €).

144 **4.**

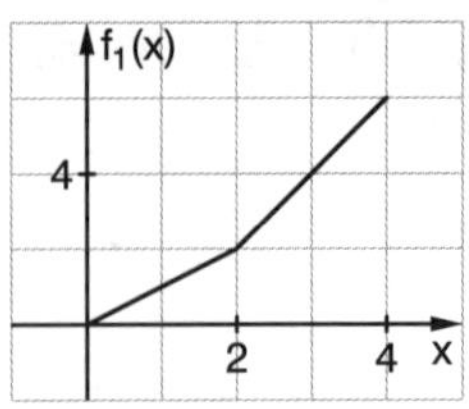

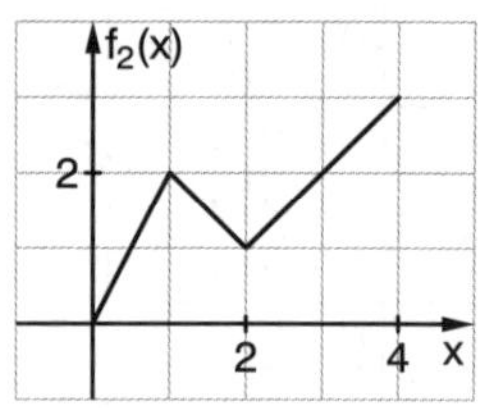

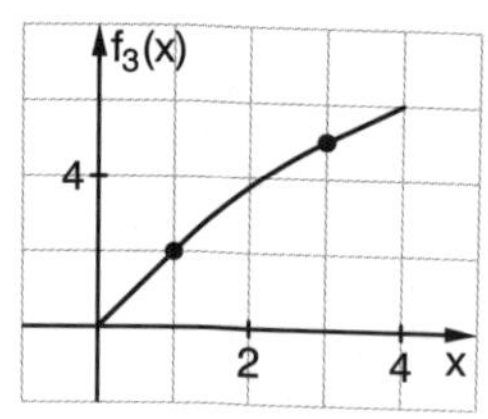

5. a) Der Ball wird immer schneller und seine Beschleunigung (d. h. momentane Steigung im Geschwindigkeitsgraphen) wird immer größer. Danach rollt er mit erreichter Geschwindigkeit und wird plötzlich, z. B. durch ein Hindernis, abgebremst.

b) Der Inhalt der Fläche unter dem Graphen entspricht dem Weg, den der Ball zurückgelegt hat.

c) Die Bestandsfunktion der Geschwindigkeit ist die im Intervall [0; t] zurückgelegte Wegstrecke.

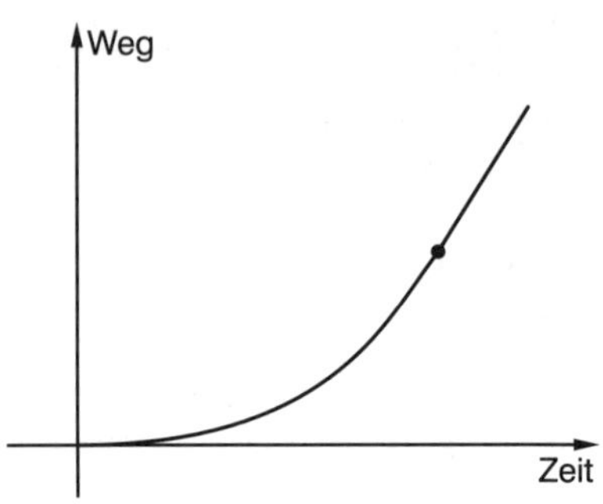

144

6. a)

Graph oberhalb der Zeitachse	Graph unterhalb der Zeitachse
Das Wasser fließt in den Speichersee. Je höher der Graph der Zuflussrate, desto schneller fließt das Wasser in den See.	Das Wasser fließt aus dem Speichersee. Je tiefer der Graph der Zuflussrate, desto schneller fließt das Wasser aus dem See.

b) Schätzung: Die Wassermenge hat sich um ca. 200 m^3 bis 230 m^3 verringert.

c) Graph Zeit → zugeflossene Wassermenge:

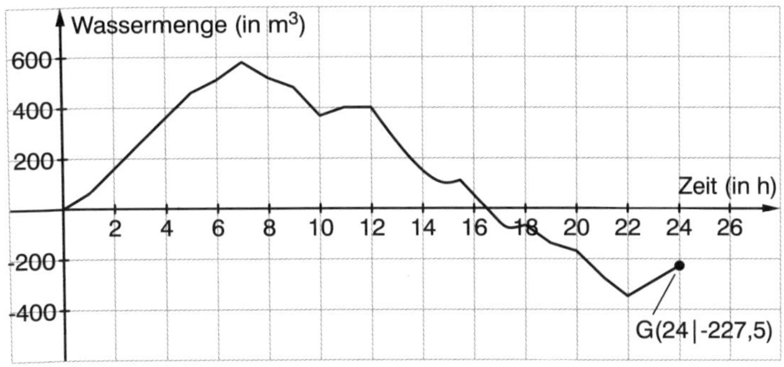

145

7. Mögliches Geschwindigkeit-Zeit-Diagramm (Modell Streckenzug):

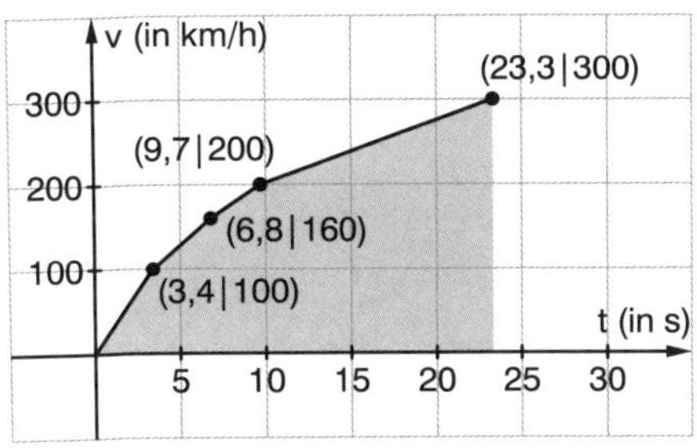

Bis der Wagen 300 $\frac{km}{h}$ schnell ist, legt er nach dem oben gewählten Modell ca. 1,26 km zurück. Lösungsweg: Die zurückgelegte Wegstrecke entspricht dem Flächeninhalt unter dem Graphen der Geschwindigkeit. Dieser Inhalt beträgt ca. 4534 Einheiten, wobei 1 Einheit = 1s · 1 $\frac{km}{h} = \frac{1}{3600}$ km gilt.

Die Wegstrecke beträgt also 4534 · $\frac{1}{3600}$ km ≈ 1,26 km.

8. a) Der Lkw 1 fährt mit gleichmäßiger Beschleunigung von 10 $\frac{km}{h}$ pro Minute und überholt so den Lkw 2, der in der ersten Minute mit 40 $\frac{km}{h}$ fährt. Der Lkw 2 beschleunigt dann aber seinerseits in den folgenden 3 Minuten und ist ab dem Zeitpunkt t_2 schneller als Lkw 1. Die Bestandsfunktion der Geschwindigkeit ist die im Zeitintervall [0; t] zurückgelegte Strecke.

145 **8.** a) Fortsetzung

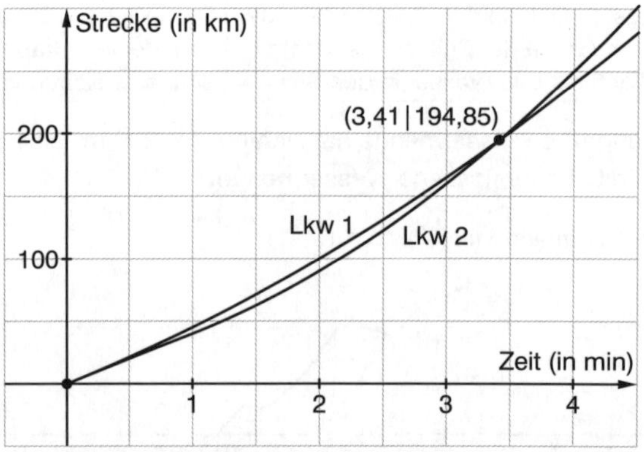

b)

Begründung im Kontext der Sachsituation:	Begründung anhand des Geschwindigkeit-Zeit-Diagramms
Der Lkw 1 war zu jedem Zeitpunkt in [0; t_1] schneller als der Lkw 2 und hat deshalb im selben Zeitintervall eine größere Strecke zurückgelegt.	Der zurückgelegten Strecke entspricht der orientierte Flächeninhalt unter dem Graphen der Geschwindigkeit. Dieser orientierte Flächeninhalt in [0; t_1] ist bei Lkw 1 größer als bei Lkw 2.

c) Der Lkw 2 überholt den Lkw 1 zum Zeitpunkt $t \approx 3{,}4$ min.

9. Die Aussagen stimmen. Das überholende Fahrzeug muss laut Text innerhalb von 45 s eine um mindestens 50 m + 25 m + 50 m = 125 m größere Strecke zurücklegen als das überholte Fahrzeug. Diese Bedingung wird bei 70 $\frac{km}{h}$ bzw. 80 $\frac{km}{h}$ eingehalten:

Der Streckenunterschied nach 45 s ist die Differenz der orientierten Flächeninhalte der beiden Fahrzeuge im Geschwindigkeit-Zeit-Diagramm.

Sie beträgt $10\,\frac{km}{h} \cdot 45\,s = \frac{10000}{3600}\,\frac{m}{s} \cdot 45\,s = 125\,m$.

146 **10.** Die Fläche unter dem krummlinigen Graphen lässt sich durch immer schmaler werdende Rechtecke immer besser annähern. Die Fläche eines Rechtecks ist gleich „Gewinnzufluss mal Zeitspanne“, und das ist der Gewinn in dieser Zeitspanne. Aus einzelnen Gewinnen setzt sich der Gesamtgewinn zusammen.

11. a) Entwicklung des Gewinnzuflusses:

Zeit in Tagen	Gewinnzufluss in €/Tag
0	–300
300	0
900	600
1200	600

In [0; 300] tägliche Verluste, die gleichmäßig geringer werden;
in [300; 900] täglicher Gewinnzufluss, der gleichmäßig größer wird;
in [900; …] konstanter täglicher Gewinnzufluss.

146 **11.** b)

Zeit in Tagen	Gesamtgewinn in €
0	0
150	–33750
300	–45000
450	–33750
600	0
750	56250
900	135000
1050	225000
1200	315000

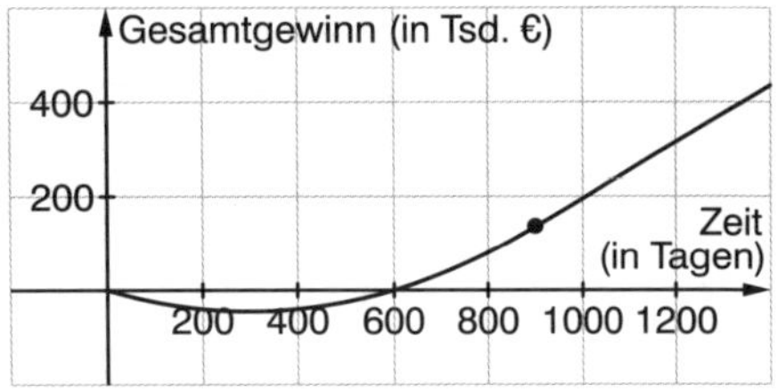

Zur Kontrolle mit Integral:

$$\text{Gesamtgewinn}(x) = \begin{cases} \frac{x^2}{x} - 300x, & 0 \leq x < 900 \\ 600x - 405000, & 900 \leq x \end{cases}$$

12. Das Verfahren soll zum Ziel haben, den orientierten Flächeninhalt unter dem Graphen zu schätzen. Dafür existieren verschiedene Möglichkeiten, z. B. das Annähern mit Rechtecken. (Zur Kontrolle mit Integral: Es sind ca. 988 Netzteile herzustellen.)

147 **13.** a) Die Fläche beträgt ca. 1031,25 (Näherungswert mit 4 Trapezen) bzw. 1075 (Näherungswert mit 10 Trapezen). (Zur Kontrolle mit Integral: $1083,\overline{3}$)

b) Genauer gesagt, fehlt der Faktor $\frac{1}{2}$ bei den übrigen Werten von f in der Trapezformel, weil sie jeweils doppelt in die Rechnung eingehen.
Hier ein Beispiel mit 2 Trapezen:

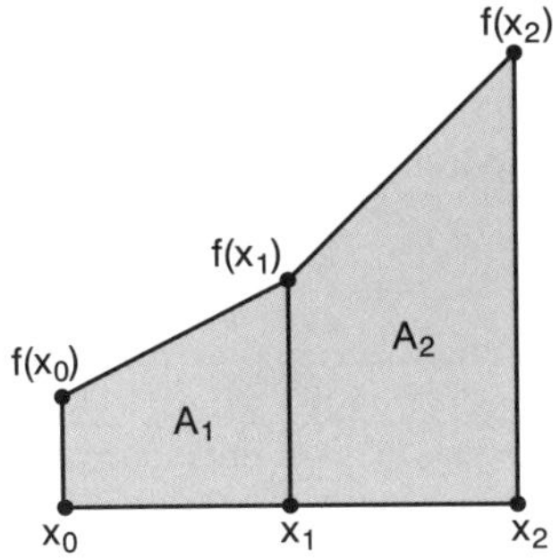

$$A = A_1 + A_2 = \Delta x \cdot \frac{1}{2}(f(x_0 + f(x_1)) + \Delta x \cdot \frac{1}{2}(f(x_1 + f(x_2))$$
$$= \Delta x \cdot \left(\frac{1}{2} f(x_0) + f(x_1) + \frac{1}{2} f(x_2)\right)$$

14. Es sind ca. 14040 m^3 Wasser geflossen (Anwenden der Trapezformel mit $\Delta t = 3\,h = 180$ min).

15. Die mit der Trapezformel berechnete Gasmenge beträgt 9,57 Millionen m^3. (Zur Kontrolle mit Integral: ca. 9,95 Millionen m^3)

148 **16.** a) Die passenden Paare: (1)–(D), (2)–(C), (3)–(B), (4)–(A)

b) Gesucht ist jeweils die Funktion f, sodass ihre Ableitung mit f′ übereinstimmt.

148

16. b) Fortsetzung

(1)	$f'(x) = 2$	$f(x) = 2x$	(D)
(2)	$f'(x) = -1{,}5 + 0{,}5x$	$f(x) = -1{,}5\,x + 0{,}25\,x^2$	(C)
(3)	$f'(x) = 0{,}25\,(x-4)^2$ $= 0{,}25\,x^2 - 2x + 4$	$f(x) = \frac{1}{12}x^3 - x^2 + 4x$	(B)
(4)	$f'(x) = 3 - x$	$f(x) = 3x - 0{,}5\,x^2$	(A)

17. a) $f(t) = 20t + 6t^2$

b) Nach 4 Minuten sind $f(4) = 176$ Liter Wasser geflossen. Die 250 Liter sind nach 5 Minuten geflossen: $f(t) = 250 \Leftrightarrow t = 5$ oder $t = -\frac{25}{3}$ (Letzterer Wert ist irrelevant, da dieser nicht im Beobachtungszeitraum liegt.)

18. a) $f_1(x) = x + 0{,}25x^2$, $f_2(x) = -\frac{1}{6}x^3 + 3x$, $f_3(x) = \frac{1}{40}x^4 + 0{,}25x^2$

b) Schüleraktivität

149

19.

	Fallzeit t (Gesucht ist t mit $1{,}4 = s(t) = \frac{1}{2}gt^2$)	Aufprallgeschwindigkeit $v(t)=gt$ mit der Fallzeit t
Mond $g = 1{,}67\ \frac{m}{s^2}$	ca. 1,29 s	ca. 2,16 $\frac{m}{s}$
Erde $g = 9{,}81\ \frac{m}{s^2}$	ca. 0,53 s	ca. 5,24 $\frac{m}{s}$

20. Das Fahrzeug hat 25 m zurückgelegt.
Lösungsweg: $v(t) = 0{,}6t^2 \Rightarrow s(t) = 0{,}2t^3 \Rightarrow s(5) = 25$ m

4.2 Integralfunktion, Stammfunktion und Hauptsatz der Differenzialrechnung

150

1. a)

Gemeinsamkeiten	Unterschiede
Die Bestandsfunktion und die Integralfunktion geben den Wert des orientierten Flächeninhalts unter dem Graphen einer Funktion an. Die linke Intervallgrenze ist fest, die rechte variabel.	Die Berandungsfunktion muss nicht die Änderungsrate eines Bestandes darstellen. Bei der Bestandsfunktion ist die linke Intervallgrenze oftmals gleich Null (z. B. als Beginn der Beobachtung), bei der Integralfunktion ist sie eine beliebige (fest gewählte) reelle Zahl.

b) Nur g kann der Graph von $I_1(x)$ sein, denn:

(i) Die im Intervall [1;1] eingeschlossene Fläche hat die Breite Null.

$\Rightarrow$ Der orientierte Flächeninhalt hat in [1;1] den Wert Null.

$\Rightarrow$ Es muss $I_1(1) = 0$ gelten. Der Graph von h kommt nicht infrage.

150 **1.** b) Fortsetzung

(ii) f schließt in [1; 2] einen negativ orientierten Flächeninhalt ein und wechselt an der Stelle $x = 2$ in den positiven Wertebereich.

$\Rightarrow$ Der orientierte Flächeninhalt muss an der Stelle $x = 2$ einen Tiefpunkt besitzen. Der Graph von k kommt nicht infrage.

151 **2.** a) (1) Vermutung: Es gelten $I_0(x) = I_{-1}(x) + 3$ und $I_1(x) = I_0(x) + 5$. Die drei Integralfunktionen mit unterschiedlichen linken Grenzen unterscheiden sich jeweils um eine Konstante und ihre Graphen nur um eine Verschiebung entlang der y-Achse.

(2) $I_a(x)$ und $I_b(x)$ unterscheiden sich um den Wert c des orientierten Flächeninhalts in [a; b].
Geometrische Bedeutung: $I_b(x)$ ist um die Konstante c auf der y-Achse verschoben.

b) (1) Vermutung: Die Berandungsfunktion könnte die Ableitung von $I_a(x)$ sein.

(2) Es gelten $f(x) = 3 - 2x$, $I_0(x) = 3x - x^2$ und $I_1(x) = 3x - x^2 - 2$. Tatsächlich ist f(x) die Ableitung von $I_a(x)$. Die Konstante c ist in Abhängigkeit von a so zu wählen, dass $I_a(a) = 0$ gilt.

(3) Schüleraktivität

153 **3.** a) Roter Graph: $f(x) = 2 - 0{,}5x$; Blauer Graph: $I_2(x) = 2x - \frac{1}{4}x^2 - 3$

b) Der blaue Graph geht aus dem Graphen von $I_0(x) = 2x - \frac{1}{4}x^2$ durch eine Verschiebung um 3 LE nach unten hervor.

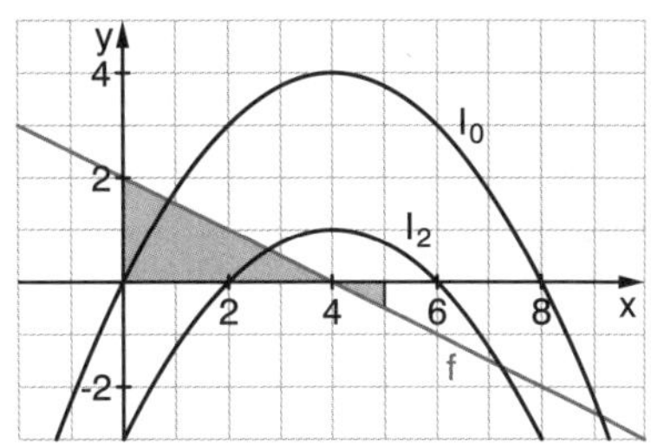

4. a) Wahr, denn es gelten $(I_0(x))' = f(x)$ und $I_0(0) = 0$.

b) $I_{-2}(x) = \frac{1}{3}x^3 - 2x^2 + \frac{32}{3}$; $I_3(x) = \frac{1}{3}x^3 - 2x^2 + 9$

c) Der orientierte Flächeninhalt hat den Wert –9.
Lösungsansatz z. B.: $I_0(4) - I_0(1) = -9$

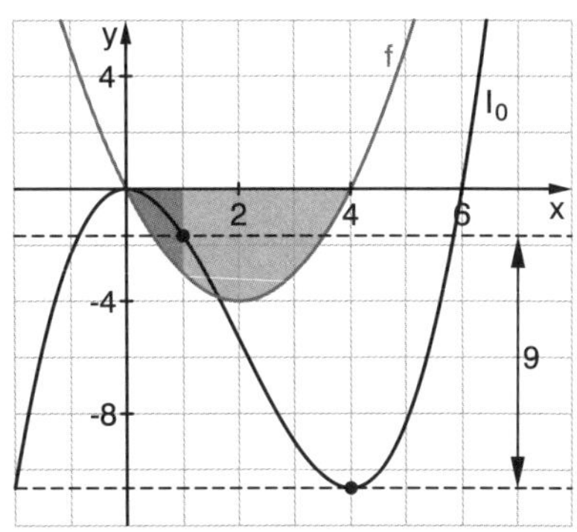

153

5. a) (1) $\int_a^a f = 0$ (2) –

(3) Für $a < b < c$ gilt $\int_a^c f = \int_a^b f + \int_b^c f$.

b)

(1)	Die eingeschlossene Fläche hat die Breite 0 und somit den orientierten Flächeninhalt mit dem Wert 0.
(2)	Der orientierte Flächeninhalt in [a; x] setzt sich zusammen aus dem orientierten Flächeninhalt in [b; x] und dem konstanten Wert k des orientierten Flächeninhalts in [a; b].
(3)	Der orientierte Flächeninhalt in [a; c] setzt sich aus dem orientierten Flächeninhalt in [a; b] und dem orientierten Flächeninhalt in [b; c] zusammen.

6.

Aussage	Wahrheitswert	Begründung
a)	richtig	Anfangsbedingung
b)	richtig	Anfangsbedingung
c)	falsch	Gegenbeispiel: $x = 2$
d)	falsch	Gegenbeispiele: $x = a$ oder $x \approx 8$
e)	richtig	$d = \int_0^1 f$
f)	falsch	$I_a(b)$ beschreibt stets den orientierten Flächeninhalt; dieser setzt sich aus den orientierten Inhalten der Teilflächen zusammen. Zu dem Flächenstück S_1 gehört der orientierte Flächeninhalt $-S_1$.
g)	richtig	Siehe Begründung zu f)

154

7. Schüleraktivität

8. Die Integralfunktion I_0 ist an der Stelle x_0, an welcher der Graph von f unstetig ist, nicht differenzierbar, denn:

- Der Graph von I_0 hat an der Stelle x_0 einen Knick.
- Die Sekantensteigungen des Graphen von I_0 haben links und rechts der Stelle x_0 für $x \to x_0$ unterschiedliche Grenzwerte; der Grenzwert der Sekantensteigung von I_0 existiert dort also nicht.

Skizze der zugehörigen Integralfunktion zu

$$f(x) = \begin{cases} 2 \text{ für } 0 \le x < 2 \\ 1 \text{ für } 2 \le x \le 4 \end{cases}$$

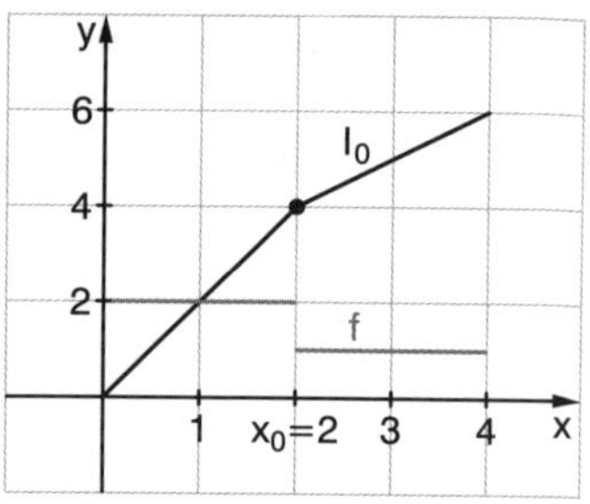

9. In allen drei Fällen a)–c) ist f(x) stetig. Für eine Integralfunktion müssen die folgenden Bedingungen gelten:

1) $I_a(a) = 0$ (Anfangsbedingung)
2) $(I_a(x))' = f(x)$ (Integralfunktion ist Stammfunktion von f)

154 **9.** Fortsetzung

a) Beide Integralfunktionen sind richtig angegeben.

b) Nur $I_{-3}(x)$ ist richtig angegeben. Der Term für $I_0(x)$ erfüllt die Anfangsbedingung nicht.

c) Nur $I_0(x) = 3x$ ist richtig angegeben. Der Term für $I_0(x) = 3$ ist keine Stammfunktion zu f. Der Term für $I_2(x) = 3x$ erfüllt die Anfangsbedingung nicht.

10.

a)	b)	c)	d)
$I_0(x) = 1{,}5x^2 - x$	$I_0(x) = -\cos(x) + 1$	$I_0(x) = x^4 + 0{,}5x^2 - 2x$	$I_2(x) = \frac{1}{x} - 0{,}5$
$I_3(x) = 1{,}5x^2 - x - 10{,}5$	$I_\pi(x) = -\cos(x) - 1$	$I_{-2}(x) = x^4 + 0{,}5x^2 - 2x - 22$	(für $x > 0$)

11.

a) $I_1(4) = 6$

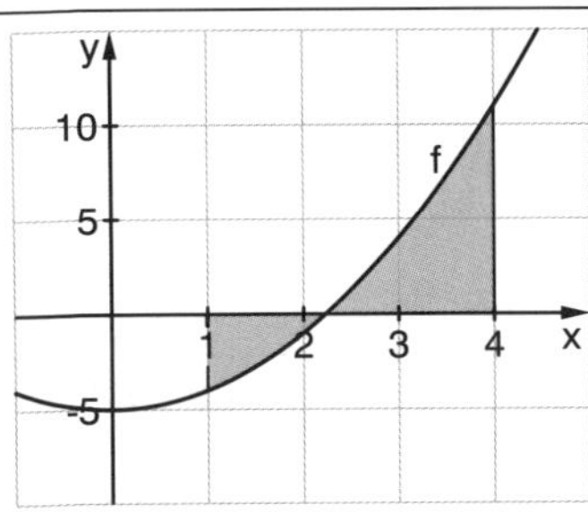

b) $I_0(3) = -\frac{27}{4} = -6{,}75$

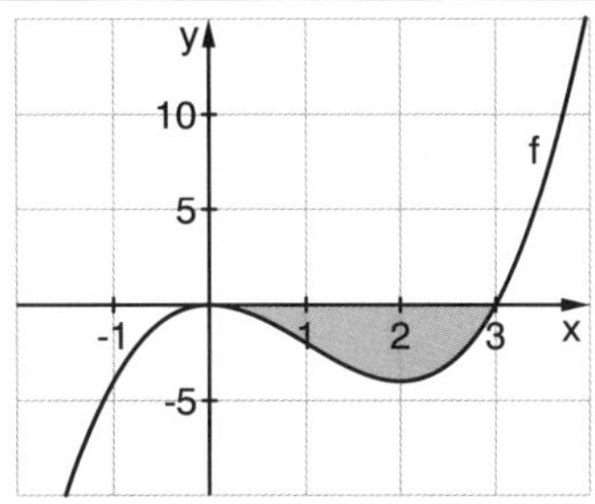

c) $I_2(4) = 4$

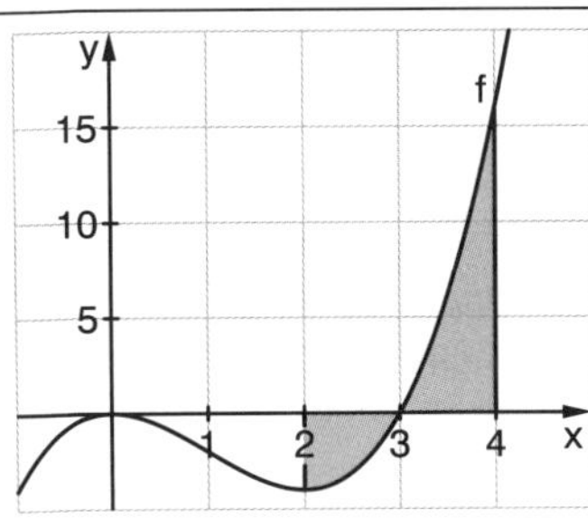

d) $I_1(3) = 6$

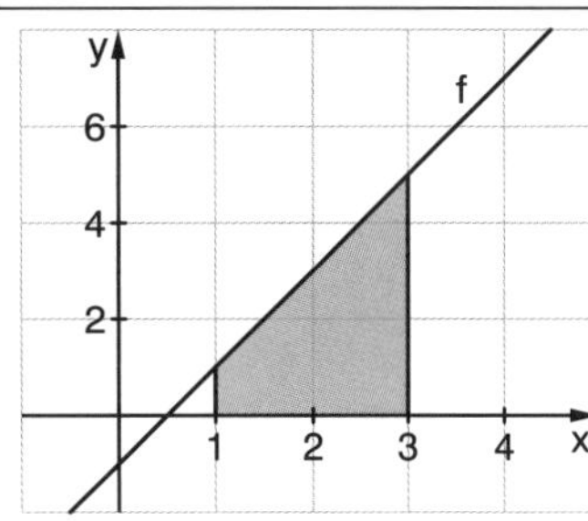

155 **12.** a) F_1, F_2, F_4 und F_5 sind Stammfunktionen zu f(x), F_3 dagegen nicht. Dabei gilt nach dem Hauptsatz: $(F_4(x))' = (I_0(x))' = f(x)$; $(F_5(x))' = (I_2(x))' = f(x)$

b) Beweis mithilfe der Summenregel der Ableitung und der Definition der Stammfunktion:
$(F(x) + c)' = F'(x) + c' = f(x)$ $(c \in \mathbb{R})$

156 **13.** Probe: $(F(x))' = f(x)$, falls F(x) Stammfunktion zu f ist.

a) Wahr

b) Wahr

c) Wahr

d) Falsch

156

14.

a)	$F(x) = 0{,}25x^4 - x^2 + x$
b)	$F(x) = 0{,}5x^2 - \cos(x)$
c)	$F(x) = 2x^{\frac{3}{2}}$
d)	$F(x) = \frac{4}{7}x^7$
e)	$F(x) = -3a \cdot \cos(x)$
f)	$F(x) = 2\sqrt{x}$

15.

a)	$F(x) = \frac{2}{3}x^{\frac{3}{2}} + \frac{1}{2}x^2$
b)	$F(x) = \frac{1}{3}x^3 - 2x^2 + 3x$ zu $f(x) = x^2 - 4x + 3$
c)	$F(x) = x^3 - 2x^2 + 5x$
d)	$F(x) = \frac{1}{3}x^3 + 2x^2 + 4x$ zu $f(x) = x^2 + 4x + 4$
e)	$F(x) = \frac{4}{3}ax^3 - ax^2$ zu $f(x) = 4ax^2 - 2ax$
f)	$F(x) = \frac{1}{3}x^3 - ax^2 + a^2x$ zu $f(x) = x^2 - 2ax + a^2$

16. a)

Regel	„Konstanter Faktor“	„Summenregel“
Voraussetzung	Sei F Stammfunktion zu f, $a \in \mathbb{R}$ und $g = a \cdot f$.	Sei F Stammfunktion zu f und G Stammfunktion zu g.
Behauptung	$a \cdot F$ ist Stammfunktion zu g.	$F+G$ ist Stammfunktion zu $f+g$.
Begründung	$(a \cdot F)' = a \cdot F' = a \cdot f = g$ Die erste Gleichung ist die Regel „konstanter Faktor“ der Differenzialrechnung.	$(F + G)' = F' + G' = f + g$ Die erste Gleichung ist die Summenregel der Differenzialrechnung.

b)
- Durch die Vervielfachung aller Werte einer Funktion vervielfacht sich im gleichen Maße der orientierte Inhalt der Fläche, die zwischen dem Graphen der Funktion und der x-Achse in einem Intervall eingeschlossen ist.
- Der orientierte Inhalt der Fläche unter dem Graphen einer Summenfunktion setzt sich zusammen aus den orientierten Inhalten der Flächen unter den Summandenfunktionen.

17. Hauptsatz: $\int_a^b f(x)dx = [F(x)]_a^b = F(b) - F(a)$ mit einer Stammfunktion F zu f

a)	b)	c)	d)	e)	f)
15	4	1	$\frac{2}{3} = 0{,}\overline{6}$	$\frac{40}{3} = 13{,}\overline{3}$	8

157

18. Unterscheidet sich eine Funktion von einer anderen nur um das Vorzeichen, so gilt dasselbe auch für ihre Integralwerte im Intervall [a; b].
Geometrische Begründung:
Entsteht der Graph einer neuen Funktion g durch Spiegelung des Graphen der gegebenen Funktion f an der x-Achse, so sind die jeweils in [a; b] eingeschlossenen Flächen kongruent, aber entgegengesetzt orientiert. Die Integralwerte, die diesen Flächeninhalten entsprechen, unterscheiden sich nur um das Vorzeichen.

157

19. Für positive Zahlen a und b gilt

$$\int_0^a b = [b \cdot x]_0^a = b \cdot a - b \cdot 0 = b \cdot a.$$

Der Flächeninhalt eines Rechtecks mit den Seitenlängen a und b ist gleich Breite · Höhe = a · b.

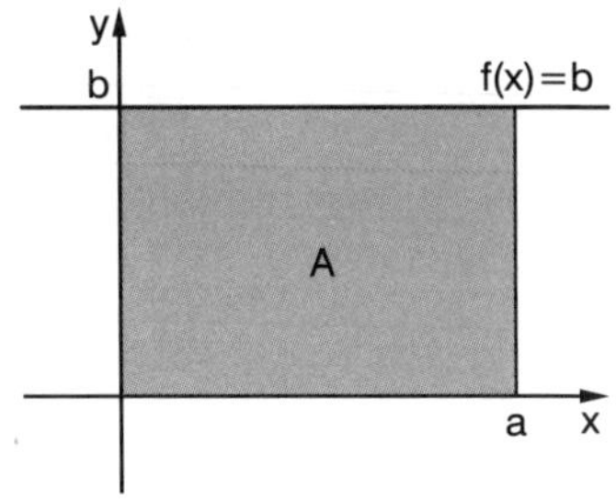

20. a) Es gelte $f(x) \geq 0$ für alle $x \in [a; b]$. Seien $m = f_{min}$ das Minimum bzw. $M = f_{max}$ das Maximum der Funktion f in [a; b]. Der (orientierte) Inhalt der Fläche unter dem Graphen von f in [a; b] lässt sich nach unten und nach oben durch Inhalte von zwei Rechtecken jeweils der Breite b – a abschätzen. Die Rechtecke haben die Höhe m bzw. M.

b)

	(1)	(2)	(3)
b – a	2	3	1
$m = f_{min}$	1	1	2
$M = f_{max}$	3	5	4
Abschätzung des Integralwerts	$2 \leq \int_2^4 f \leq 6$	$3 \leq \int_{1,5}^{4,5} f \leq 15$	$2 \leq \int_1^2 f \leq 4$
exakter Wert	$\int_2^4 f = 4$	$\int_{1,5}^{4,5} f = 9$	noch unbekannt $\left(\frac{2}{\ln(2)} \approx 2{,}885\right)$
Skizze	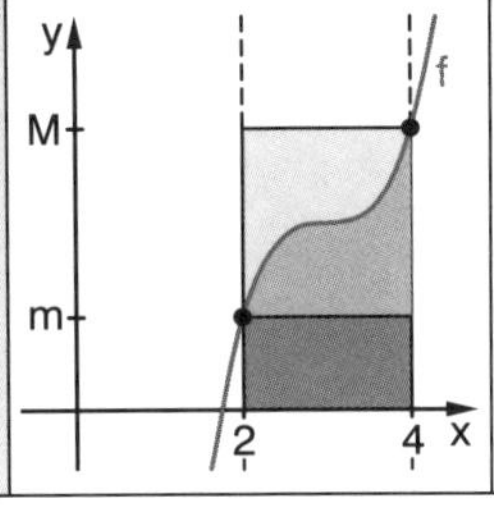	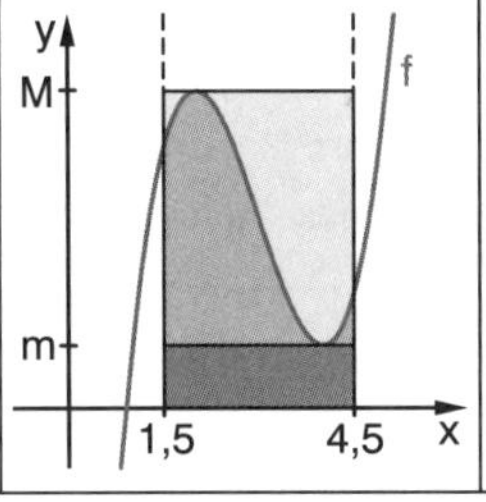	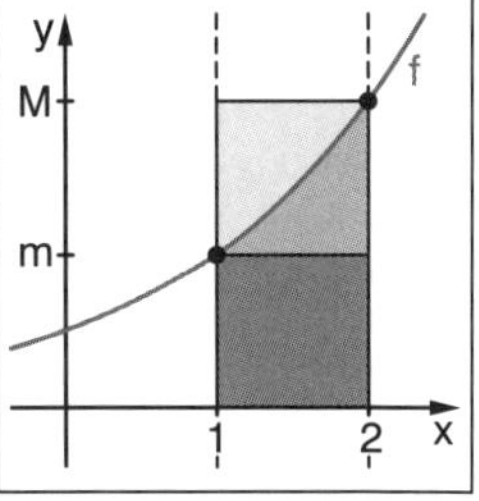

21. a) Integrale aus dem Lehrbuch:

$$\int_1^2 4x^3\,dx = 15$$

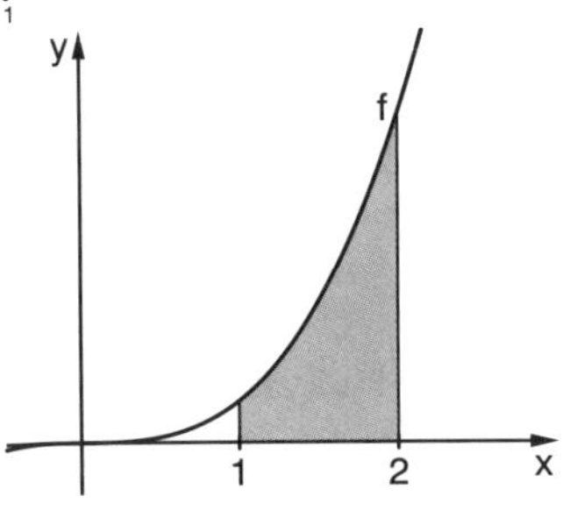

$$\int_{-1}^1 (5x^2 - 1)dx = 1{,}\overline{3}$$

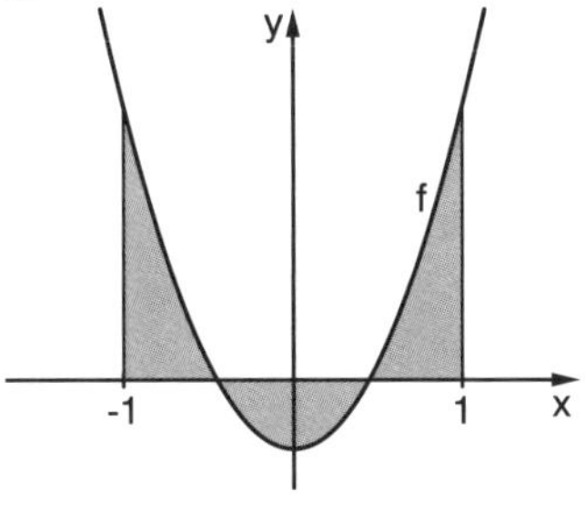

157 **21.** a) Fortsetzung

$$\int_0^5 (10t + 3)dt = 140$$

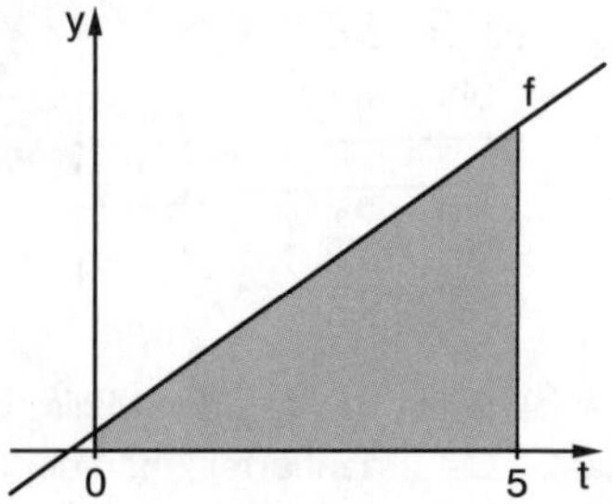

$$\int_0^{\frac{\pi}{2}} \sin(u)du = 1$$

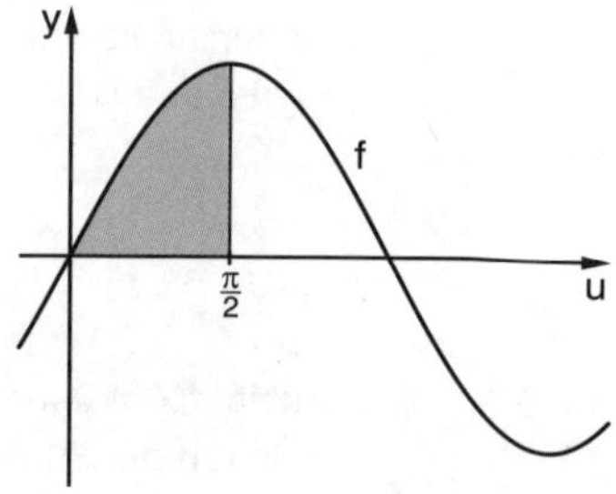

Integralbestimmung mit einem CAS: Die Integrationsvariablen sind x, t oder u.

$$\int_{-2}^{0} (2x^3 - x)dx = -6$$

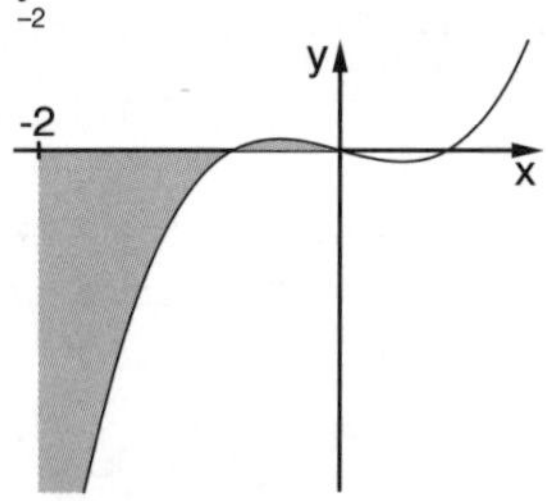

$$\int_1^7 \frac{1}{2}t^2\,dt = 57$$

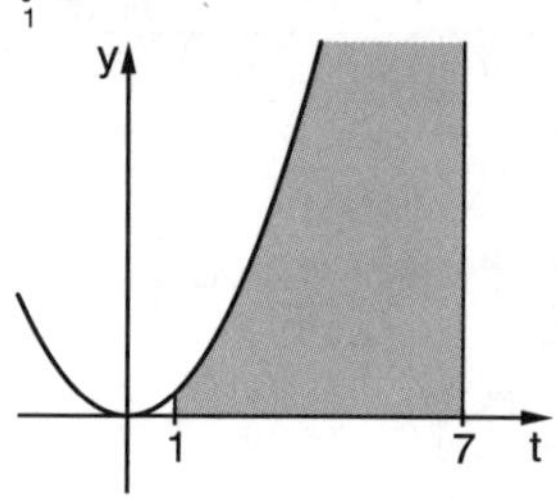

$$\int_{-3}^{1} (2u + u^2)du = \frac{4}{3}$$

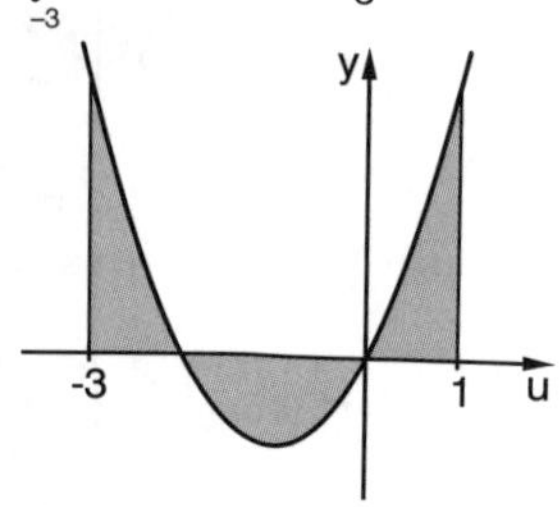

b)

(1)	$\int_0^1 (tx^2 + 2)dx = \frac{t}{3} + 2$
(2)	$\int_0^1 (tx^2 + 2)dt = \frac{x^2}{2} + 2$
(3)	$\int_{-1}^1 (ax - a)dx = -2a$
(4)	$\int_{-1}^1 (ax - a)da = 0$

c) Herleitung:

- $\int_0^a (x^2)dx = \left[\frac{x^3}{3}\right]_0^a = \frac{a^3}{3}$
- Der Term $\int_0^a x^2\,da$ enthält einen Fehler: Die Integrationsvariable a „läuft" von 0 bis a.
- $\int_0^a (a^2)dx = [a^2x]_{x=0}^{x=a} = a^2 \cdot a - a^2 \cdot 0 = a^3$

158 **22.** a) Die Zuflussgeschwindigkeit ist zu Beginn gleich Null und steigt erst schnell, dann immer langsamer, bis sie ihr Maximum nach t = 2,5 h erreicht. Im Zeitintervall [2,5; 5] nimmt die Zuflussgeschwindigkeit erst langsam, dann immer schneller ab und sinkt auf Null nach t = 5 h.

b) Die in der Zeitspanne zwischen 0 und t zugeflossene Wassermenge (in m^3):

$$I_0(t) = \int_0^t v(x)dx = 2{,}5\,t^2 - \frac{1}{3}t^3$$

158

22. c) In den ersten 4 Stunden sind ca. 18,7 m^3 Wasser zugeflossen: $I_0(4) = \frac{56}{3} = 18,\overline{6}$

23. a) Am Ende des 0-ten Monats beträgt der Verlust 1200 €/Woche. Bis Mitte des 3. Monats werden die Verluste geringer, daraufhin und bis zur Mitte des 12. Monats werden wöchentlich Gewinne erzielt; der maximale wöchentliche Gewinn ist am Ende des 8. Monats zu verzeichnen. Kurz vor Ablauf des Jahres endet die Zeitspanne der wöchentlichen Gewinne.

b) In den ersten 4 Monaten spricht man besser von einem Gesamtverlust von $\int_0^4 f = -960$ € (Einheit: $\frac{1\,€}{1\text{ Woche}} \cdot 1\text{ Monat} \approx \frac{1\,€}{7\text{ Tage}} \cdot \frac{365\text{ Tage}}{12} \approx 4{,}345$ €).

Der Gesamtverlust beträgt – 960 · 4,345 € = 4171 €.

Der Gesamtgewinn von Beginn des 2. Monats (d. h. vom Ende des 1. Monats) bis zum Ende des 10. Monats beträgt $\int_1^{10} f = 19125$ €, wobei eine Einheit 4,345 € beträgt. Das ergibt den Gesamtgewinn von 19125 · 4,345 € ≈ 83098 €.

24.

Abschnitt	Bestandsfunktion	Stetigkeitsbedingung für den Bestand (Bestand ändert sich nicht abrupt)
$0 \le x < 4$	$f_1(x) = 10x$	$f_1(4) = 40 = f_2(4)$
$4 \le x < 7$	$f_2(x) = -2{,}5x^2 + 30x - 40$	$f_2(7) = 47{,}5 = f_3(7)$
$7 \le x \le 10$	$f_3(x) = -5x + 82{,}5$	

Die Steigungen der Bestandsfunktionen an den Übergangsstellen x = 4 und x = 7 stimmen überein: $f_1'(4) = 10 = f_2'(4)$ und $f_2'(7) = -5 = f_3'(7)$.
Der Graph der Bestandsfunktion ist im Intervall [0; 10] knickfrei, die Bestandsfunktion ist dort differenzierbar.
Zum Vergleich: Die Funktion f′ ist im Intervall [0; 10] stetig, aber nicht differenzierbar.
⇒ „Integration glättet“

25. Beide Aussagen sind wahr.

	a)	b)
Voraussetzungen	$f(-x) = -f(x)$ für alle $x \in \mathbb{R}$, f ist stetig	$f(-x) = f(x)$ für alle $x \in \mathbb{R}$, f ist stetig
Behauptung	$\int_{-a}^{a} f = 0$ (a > 0)	$\int_{-a}^{a} f = 2 \cdot \int_0^a f$ (a > 0)
Begründung	Der Graph von f schließt mit dem positiven Teil der x-Achse und mit dem negativen Teil der x-Achse kongruente Flächen ein (Kongruenzabbildung: Drehung). Beim Addieren heben sich die beiden unterschiedlich orientierten Flächeninhalte auf. $\int_{-a}^{a} f = \int_{-a}^{0} f + \int_0^a (-f) + \int_0^a f = 0$	Der Graph von f schließt mit dem positiven Teil der x-Achse und mit dem negativen Teil der x-Achse kongruente Flächen ein (Kongruenzabbildung: Spiegelung). Die Summe der beiden gleichsinnig orientierten Flächeninhalte ist das Doppelte eines dieser Inhalte. $\int_{-a}^{a} f = \int_{-a}^{0} f + \int_0^a f = \int_0^a f + \int_0^a f = 2 \cdot \int_0^a f$

158 **25.** Fortsetzung

	a)	b)
Beispiel	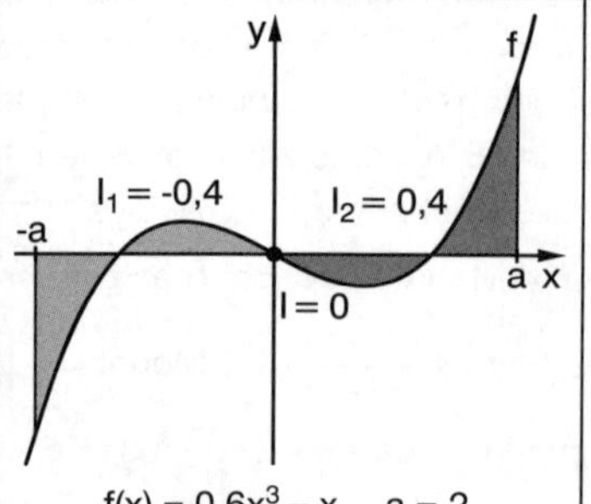 $f(x) = 0.6x^3 - x, \quad a = 2$	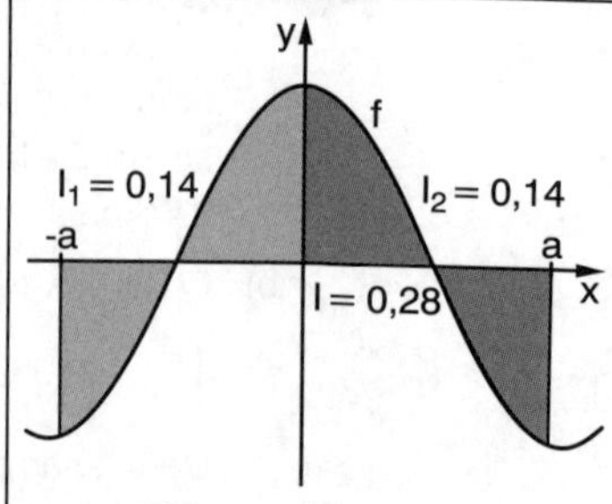 $f(x) = \cos(x), \quad a = 3$

26.

	Veranschaulichung am Graphen von f	Veranschaulichung am Graphen von F
(1) und (3)	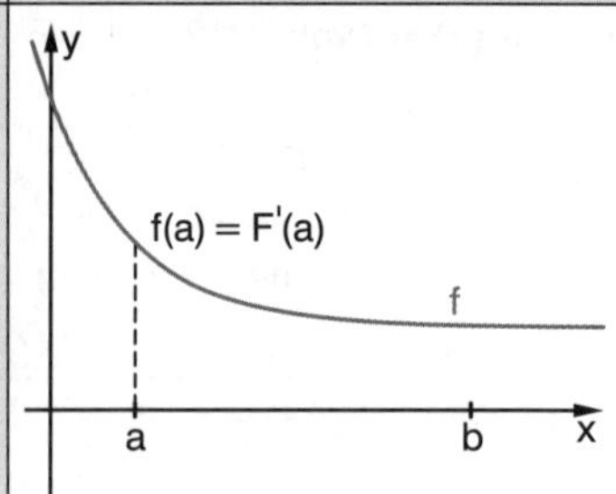 Der Term steht für den Wert der Funktion f an der Stelle a.	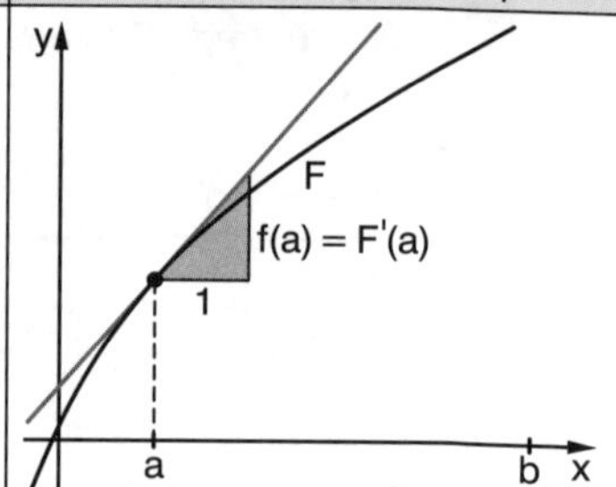 Der Term steht für die Steigung der Funktion F an der Stelle a.
(2) und (4)	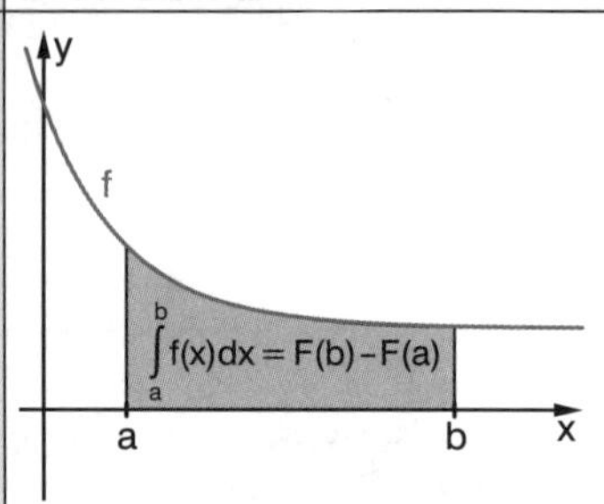 Der Term steht für den orientierten Flächeninhalt zwischen f und der x-Achse in [a; b].	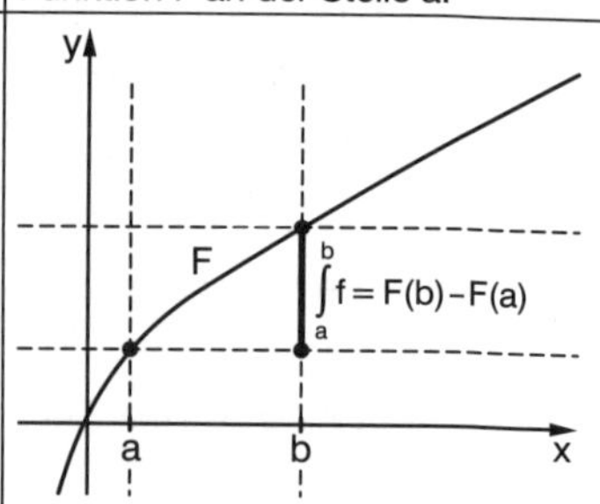 Der Term steht für den Zuwachs von F in [a; b].
(5)	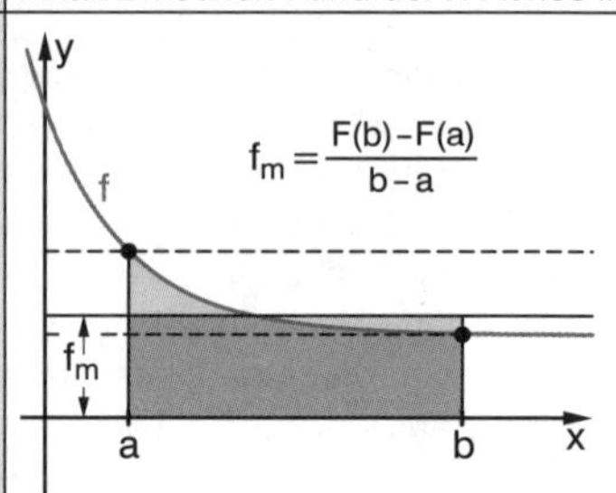 Der Term steht für den Mittelwert der Funktion f in [a; b].	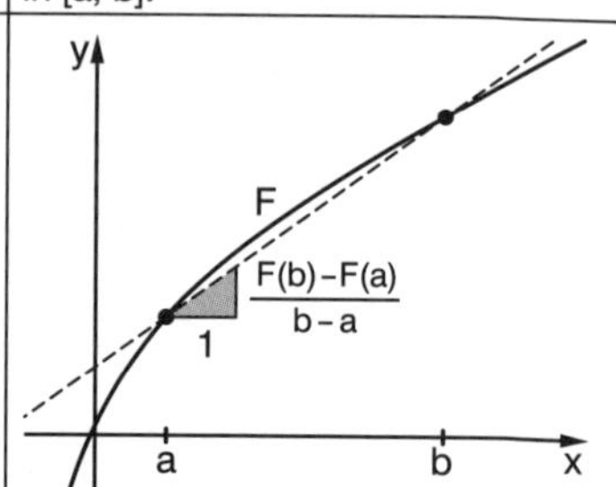 Der Term gibt die Steigung der Sekante durch die Punkte (a|F(a)) und (b|F(b)) an.

159

27. a) Das Intervall [0;1] wird in n = 2 (n = 4, n = 8) gleiche Abschnitte geteilt. Jeder Abschnitt $[x_i; x_{i+1}]$ bildet die Grundseite eines kleinen Rechtecks der Höhe $f(x_i)$ und eines großen Rechtecks der Höhe $f(x_{i+1})$ (f ist in [0;1] monoton steigend). Je kleiner die Abschnitte $[x_i; x_{i+1}]$ (d. h. je höher n ist), desto besser ist die Näherung an den Inhalt der Fläche A durch O_n und U_n.

O_2 = Breite mal Höhe des 1. großen Rechtecks + Breite mal Höhe des 2. großen Rechtecks

U_2 = Breite mal Höhe des 1. kleinen Rechtecks + Breite mal Höhe des 2. kleinen Rechtecks, analog für die anderen Ober- und Untersummen

$O_2 = \frac{5}{8} = 0{,}625$; $U_2 = \frac{1}{8} = 0{,}125$

$O_4 = \frac{15}{32} \approx 0{,}47$; $U_4 = \frac{7}{32} \approx 0{,}22$

$O_8 = \frac{51}{128} \approx 0{,}40$; $U_8 = \frac{35}{128} \approx 0{,}27$

Begründung für $U_n < A < O_n$:

f ist in [0;1] monoton steigend und positiv. U_n setzt sich aus n Inhalten der Rechtecke zusammen, denen jeweils ein Stück bis zur Fläche unter f in $[x_i; x_{i+1}]$ fehlt. O_n setzt sich aus n Inhalten der Rechtecke zusammen, die jeweils um ein Flächenstück größer sind als die Fläche unter f in $[x_i; x_{i+1}]$. Damit ist A als Summe der Flächen unter f in $[x_i; x_{i+1}]$ (i = 1, …, n) nach unten durch U_n und nach oben durch O_n begrenzt.

b) Begründung für die Formeln:

Der 1. Faktor bei allen Summanden ist die Breite der Rechtecke $x_{i+1} - x_i = \frac{1}{n}$. Der 2. Faktor („Höhe") bei den Summanden in der Formel für O_n (bzw. U_n) ist der Wert von f an der rechten (bzw. linken) Grenze des i-ten Rechtecks. Der Wert von f an der linken Grenze des i-ten Rechtecks ist zugleich der Wert von f an der rechten Grenze des (i-1)-ten Rechtecks.

$O_{100} = \frac{6767}{20000} = 0{,}33835$; $U_{100} = \frac{6567}{20000} = 0{,}32835$

$O_{1000} = \frac{667667}{2000000} = 0{,}3338335$; $U_{1000} = \frac{665667}{2000000} = 0{,}3328335$

160

28. $U_n = \frac{1}{n^3} \cdot (0^2 + 1^2 + \ldots + (n-1)^2) = \frac{1}{n^3} \cdot \frac{(n-1) \cdot n \cdot (2(n-1)+1)}{6}$

$= \frac{1}{n^3} \cdot \frac{(n-1) \cdot n \cdot (2n-1)}{6} = \frac{1}{6} \cdot \left(1 - \frac{1}{n}\right) \cdot 1 \cdot \left(2 - \frac{1}{n}\right) \xrightarrow[n\to\infty]{} \frac{1}{3}$

29. Schüleraktivität

161

30. a) Näherungswert bei der Zerlegung in 4 Scheiben:

$V_4 = \pi \cdot \sum_{k=1}^{4} \left(\sqrt{x_k}\right)^2 \cdot \Delta x = \pi \cdot \Delta x \cdot \sum_{k=1}^{4} x_k = \pi \cdot \Delta x \cdot (1 + 2 + 3 + 4) = 10\pi$ (mit $\Delta x = 1$)

Näherungswert bei der Zerlegung in 8 Scheiben:

$V_8 = \pi \cdot \sum_{k=1}^{8} \left(\sqrt{x_k}\right)^2 \cdot \Delta x = \pi \cdot \Delta x \cdot \sum_{k=1}^{8} x_k = \pi \cdot \Delta x \cdot \left(\frac{1}{2} + 1 + \frac{3}{2} + \ldots + \frac{7}{2} + 4\right)$

$= \pi \cdot \Delta x \cdot 18 = 9\pi$ $\left(\text{mit } \Delta x = \frac{1}{2}\right)$

b) $V = \pi \cdot \int_0^4 (\sqrt{x})^2 dx = 8\pi$

c) Die Integralformel $V = \pi \cdot \int_0^2 x^2 dx = \frac{8}{3}\pi$ und die geometrische Formel $V_{Kegel} = \frac{1}{3}\pi \cdot 2^2 \cdot 2 = \frac{8}{3}\pi$ liefern gleiche Ergebnisse für das Kegelvolumen.

4.3 Anwendungen der Integralrechnung

163

1. Flächeninhalt der gefärbten Fläche (in FE):

(1) $\int_1^3 f = \frac{16}{3} = 5,\overline{3}$ (2) $\left|\int_{-2}^{-1} f\right| + \int_{-1}^{3} f = 13$

(3) $\left|\int_{-2}^{-1} f\right| + \int_{-1}^{3} f + \left|\int_{3}^{3,5} f\right| = 13 + \left|-\frac{13}{24}\right| = \frac{325}{24} \approx 13,54$

Problem: Die Integralfunktion gibt die Bilanz der orientierten Flächeninhalte an. Die geometrischen Inhalte der Flächen müssen daher einzeln berücksichtigt werden und dürfen nicht negativ sein.

Verfahren zur Bestimmung eines geometrischen Flächeninhalts:

- Einzelne Flächenstücke identifizieren.
- Die orientierten Inhalte der Flächenstücke einzeln berechnen.
- Beträge der orientierten Flächeninhalte bilden und addieren.

2. (I) Die gefärbte Fläche entsteht, wenn man von der Fläche zwischen f und der x-Achse die Fläche zwischen g und der x-Achse subtrahiert. Entsprechend gilt für die Flächeninhalte:

$$A = \int_a^b f - \int_a^b g = \int_a^b (f - g)$$

a) (I)→(II): Der Graph von g liegt komplett unterhalb der x-Achse.
Verallgemeinerung: Der Inhalt der gefärbten Fläche hat einen positiv und einen negativ orientierten Anteil.
(II)→(III): Der Graph von g liegt teilweise unterhalb der x-Achse.
Verallgemeinerung: Der positiv und der negativ orientierte Anteil hängen von den Nullstellen des Graphen von g ab.
Mögliche Begründung (durch Rückführung auf Fall (I)): Statt f und g betrachte man f + k bzw. g + k mit einer Konstanten $k \in \mathbb{R}$ so, dass die neuen Graphen in [a; b] beide oberhalb der x-Achse liegen.
Der Inhalt der eingeschlossenen Fläche ändert sich dabei nicht, also folgt:

$$A = \int_a^b (f + k) - \int_a^b (g + k) = \int_a^b (f + k - (g + k)) = \int_a^b (f - g)$$

b) (III)→(IV): Der Graph von g liegt teils oberhalb, teils unterhalb des Graphen von f.
Das Integral $\int_a^b (f - g)$ gibt den Wert von $(-A_1 + A_2)$ an, es wird jedoch der Wert von $(A_1 + A_2)$ gesucht. Strategie: [a; b] wird in Intervalle mit $f(x) \geq g(x)$ und mit $f(x) \leq g(x)$ unterteilt. Auf jedem dieser Teilintervalle tritt der Fall (I) ein.
Also folgt: $A = A_1 + A_2 = \int_a^c (f - g) + \int_c^b (g - f)$

165

3. Alle Flächeninhalte in FE:

a) $A = \left|\int_{-1}^{1} f\right| = \frac{2}{3}$ b) $A = \left|\int_{-1}^{1} f\right| = \frac{4}{3}$ c) $A = \left|\int_{0}^{1} f\right| = \frac{2}{3}$

d) Nullstellen von f: $-\sqrt{2}$, $\sqrt{2}$; $A = \left|\int_{-2}^{-\sqrt{2}} f\right| + \left|\int_{-\sqrt{2}}^{\sqrt{2}} f\right| + \left|\int_{\sqrt{2}}^{2} f\right| = \frac{8\sqrt{2} - 4}{3} \approx 2,44$

165 **3.** e) $A = \left|\int_0^{\pi} f\right| = 2$ f) $A = \left|\int_0^{\frac{\pi}{2}} f\right| + \left|\int_{\frac{\pi}{2}}^{\frac{3\pi}{2}} f\right| = 3$

166 **4.** Alle Flächeninhalte in FE:

a) Nullstellen von f: –2, 1; $A = \left|\int_{-1}^{1} f\right| + \left|\int_{1}^{3} f\right| = 12$

b) Nullstellen von f: –2, 2; $A = \left|\int_{-4}^{-2} f\right| + \left|\int_{-2}^{2} f\right| + \left|\int_{2}^{4} f\right| = 32$

c) Nullstellen von f: $\frac{\pi}{2}, \frac{3\pi}{2}$; $A = \left|\int_0^{\frac{\pi}{2}} f\right| + \left|\int_{\frac{\pi}{2}}^{\frac{3\pi}{2}} f\right| + \left|\int_{\frac{3\pi}{2}}^{2\pi} f\right| = 4$

d) f hat keine Nullstellen; $A = \left|\int_1^4 f\right| = \frac{3}{4}$

e) Einzige Nullstelle von f: 0; $A = \left|\int_{-2}^{0} f\right| + \left|\int_0^2 f\right| = 12$

f) Nullstellen von f: $-\pi$, 0, π; $A = \left|\int_{-\pi}^{0} f\right| + \left|\int_0^{\pi} f\right| = 4$

5. Die Nullstellen von f sind $-\frac{2}{\sqrt{3}} \approx -1{,}15$; $\frac{2}{\sqrt{3}} \approx 1{,}15$. Der Inhalt der gefärbten Fläche sei mit A bezeichnet.

a)

	Wert des Integrals	Inhalt A der gefärbten Fläche in FE	Vergleich
(I)	$I_0(-2{,}5) = \frac{45}{8} = 5{,}625$	$A = \left|\int_{-2{,}5}^{\frac{-2}{\sqrt{3}}} f\right| + \left|\int_{\frac{-2}{\sqrt{3}}}^{0} f\right| = \frac{32}{3\sqrt{3}} + \frac{45}{8} \approx 11{,}78$	$A > I_0(-2{,}5)$
(II)	$I_0(-0{,}7) = -2{,}457$	$A = \left|\int_{-0{,}7}^{0} f\right| = 2{,}457$	$A = \lvert I_0(-0{,}7)\rvert > I_0(-0{,}7)$
(III)	$I_0(1{,}15) \approx 3{,}079$	$A = \left|\int_0^{1{,}15} f\right| \approx 3{,}079$	$A = I_0(1{,}15)$
(IV)	$I_0(1{,}8) = \frac{171}{125} \approx 1{,}368$	$A = \left|\int_0^{\frac{2}{\sqrt{3}}} f\right| + \left|\int_{\frac{2}{\sqrt{3}}}^{1{,}8} f\right| = \frac{16}{3\sqrt{3}} + \left|\frac{171}{125} - \frac{16}{3\sqrt{3}}\right| \approx 4{,}790$	$A > I_0(1{,}8)$

b) $I_0(k) = 0 \Leftrightarrow k = -2$, $k = 0$ oder $k = 2$

Dem Wert k = 0 entspricht eine Fläche der Breite 0 („keine Fläche"). In den Fällen k = –2 und k = 2 besteht die eingeschlossene Fläche aus 2 gleichgroßen Flächenstücken, von denen das eine oberhalb und das andere unterhalb der x-Achse liegt.

Jedes dieser Flächenstücke hat den Inhalt $A = \left|\int_0^{\frac{2}{\sqrt{3}}} f\right| = \frac{16\sqrt{3}}{9}$ FE.

Die eingeschlossene Fläche ist doppelt so groß, also $A = \frac{32\sqrt{3}}{9}$ FE $\approx 6{,}16$ FE.

166 **5.** b) Fortsetzung

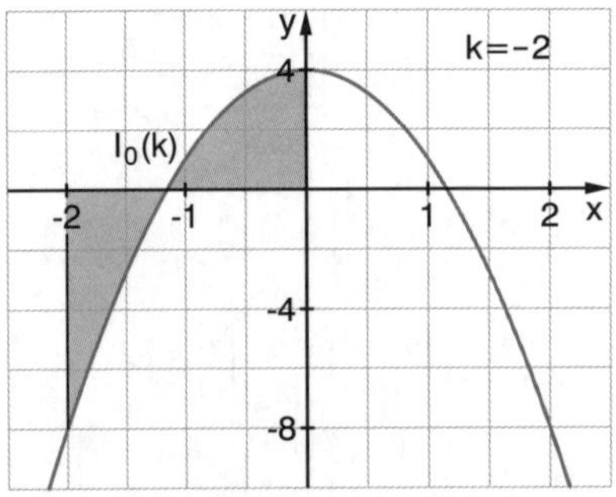

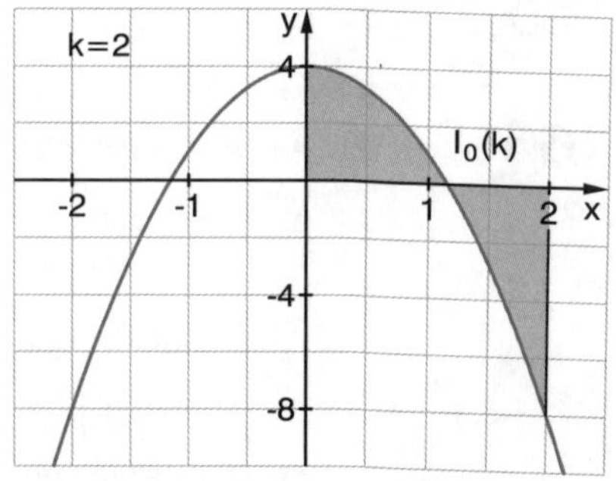

6.

	Nullstellen $x_1; \ldots; x_n$	$\int_a^b f$	$A = \left\lvert\int_a^{x_1} f\right\rvert + \ldots + \left\lvert\int_{x_n}^b f\right\rvert$	Vergleich zwischen $\int_a^b f$ und A
a)	–1; 1	$\frac{4}{3}$	4	$\int_a^b f < A$
b)	0	3,75	4,25	$\int_a^b f < A$
c)	$-\sqrt{5}$; 0; $\sqrt{5}$	$\frac{18}{25} \approx 0{,}72$	$\frac{4\sqrt{5}}{3} + \frac{18}{25} \approx 3{,}7$	$\int_a^b f < A$
d)	–1; 0; 1	0	$\frac{1}{2}$	$\int_a^b f < A$
e)	1	$\frac{28}{3} \approx 9{,}\overline{3}$	$\frac{28}{3} \approx 9{,}\overline{3}$	$\int_a^b f = A$ (alle Flächeninhalte sind positiv orientiert)

7. Nullstellen von f: a = –2; b = 0; c = 3

$\int_a^c f = -\frac{125}{24} \approx -5{,}21$

Inhalt der Fläche zwischen f und der x-Achse: $A = \left\lvert\int_a^b f\right\rvert = \left\lvert\int_b^c f\right\rvert = \frac{253}{24} \approx 10{,}54$ (in FE)

Interpretation: $\int_a^c f$ ist die Bilanz eines kleinen positiv orientierten und eines großen negativ orientierten Flächeninhalts. A ist die Summe der positiven geometrischen Flächeninhalte. Daher gilt $\int_a^c f < A$.

8. a) Scheitelpunkt: S(0|2)

Die Nullstellen von f_t existieren nur für t<0: $x_1 = -\sqrt{-\frac{2}{t}}$; $x_2 = \sqrt{-\frac{2}{t}}$

b) $I_0(3) = 9t + 6$ für alle $t \in \mathbb{R}$

c) • $I_0(3)$ gibt den Inhalt der Fläche in [0; 3] an, wenn (i) $t \geq 0$ oder wenn (ii) $-\frac{2}{9} \leq t < 0$ gilt, weil es dann in [0; 3] keine negativ orientierten Flächeninhalte gibt. Begründung zu (ii): Man löse die Ungleichung $x_2 \geq 3$.

166 **8.** c) Fortsetzung

- Der Fall $I_0(3) = 0$ tritt ein, wenn die oberhalb und die unterhalb der x-Achse eingeschlossenen Flächeninhalte gleich groß sind: $I_0(3) = 0 \Leftrightarrow t = -\frac{2}{3}$ (siehe b)).
- Für $t = 0$ schließt f_t mit der x-Achse in [0; 3] eine Rechtecksfläche der Höhe 2 und der Breite 3 ein.
- Der Fall $I_0(3) < 0$ bedeutet: Die in [0; 3] eingeschlossene Fläche liegt überwiegend unterhalb der x-Achse.

9. a) Nullstellen von f_k: $x_1 = -\sqrt{k}$; $x_2 = \sqrt{k}$

Inhalt der Fläche zwischen f_k und der x-Achse: $A = \left|\int_{x_1}^{x_2} f_k\right| = \frac{4}{3}k^{\frac{3}{2}}$. Es gilt: $A = \frac{9}{2} \Leftrightarrow k = \frac{9}{4}$

b) Idee: Aufgrund der Achsensymmetrie von f_k gilt bereits $A_1 = A_3$. Man bestimme $k > 0$ so, dass $A_1 = A_2$ gilt. Das ist erreicht, wenn $\int_{-2}^{x_2} f_k = 0$ gilt. Lösung: $k = 1$

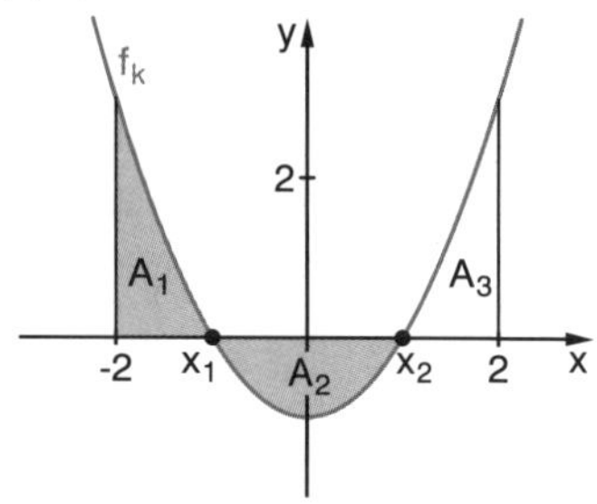

167 **10.** (1) $A = \int_{-1}^{1} ((2x + 4) - (x^2 + 2x + 3))dx = \left[x - \frac{x^3}{3}\right]_{-1}^{1} = \frac{4}{3} = 1,\overline{3}$

(2) $A = \int_{-1}^{1} ((-2x^2 + 2) - (-x^2 + 1))dx = \left[x - \frac{x^3}{3}\right]_{-1}^{1} = \frac{4}{3} = 1,\overline{3}$

(3) Drei Schnittstellen: –1; 0; 3 $\quad A = \int_{-1}^{0} ((x^3 - 3x) - 2x^2)dx + \int_{0}^{3} (2x^2 - (x^3 - 3x))dx$

$= \frac{71}{6} = 11,8\overline{3}$

11. Lösungsmuster: Die Schnittstellen $x_1; \ldots; x_n$ von f und g werden bestimmt. Die eingeschlossene Fläche hat den Inhalt $A = \left|\int_{x_1}^{x_2} (f - g)\right| + \ldots + \left|\int_{x_{n-1}}^{x_n} (f - g)\right|$.

	Schnittstellen	Flächeninhalt A	Grafik
a)	$-2\sqrt{2} \approx -2,83$; $2\sqrt{2} \approx 2,83$	$\frac{32\sqrt{2}}{3} \approx 15,08$	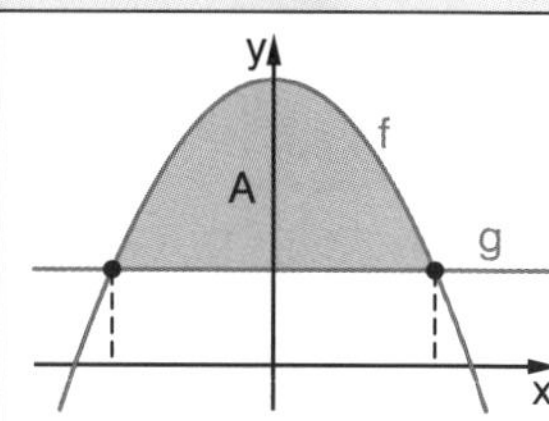
b)	–2; 4	27	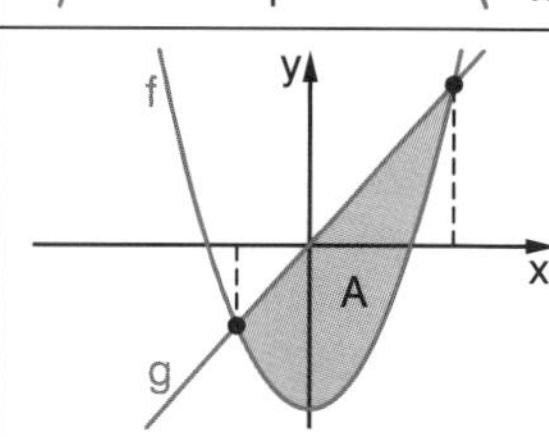

167 **11.** Fortsetzung

	Schnittstellen	Flächeninhalt A	Grafik
c)	−2; 4	18	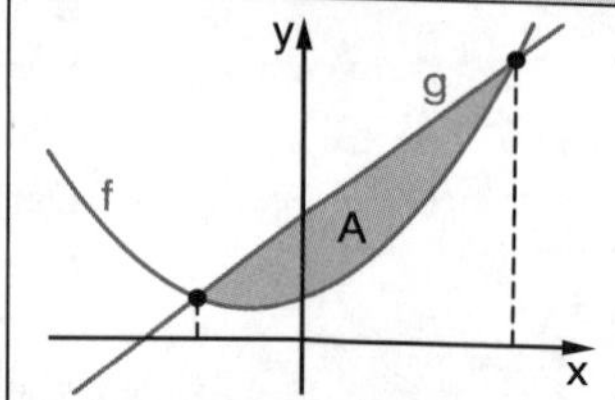
d)	−2; 0; 1	$\frac{37}{12} = 3{,}08\overline{3}$	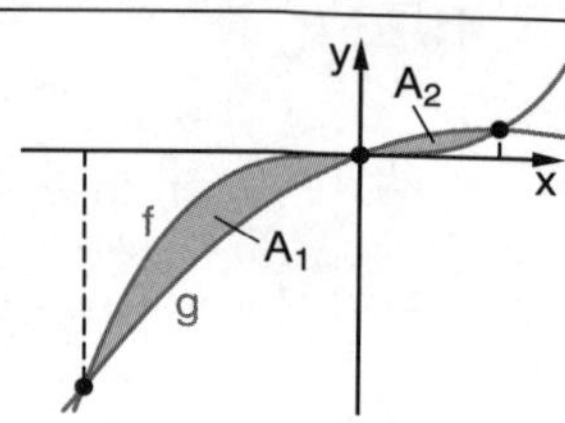
e)	−1; 2	4,5	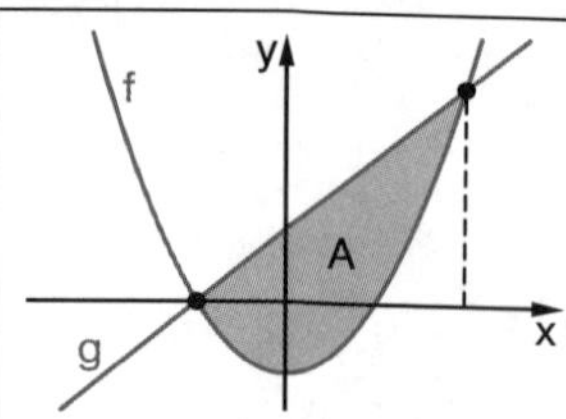
f)	−1; 1; 3	8	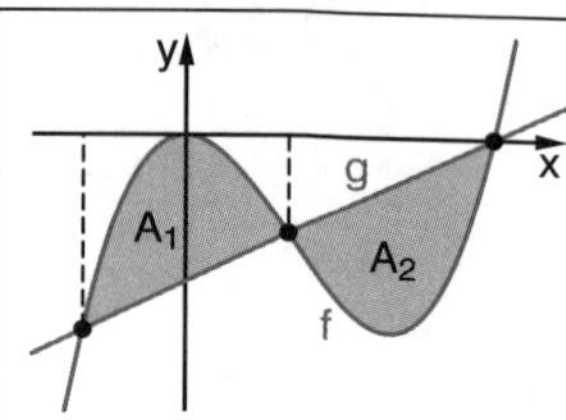

g) Hochpunkt von f ist H(0|4) $\Rightarrow$ k = 4

Schnittstellen:

$x_1 = -\sqrt{8} \approx -2{,}83$; $x_2 = 0$; $x_3 = \sqrt{8} \approx 2{,}83$

Für alle $x \in [x_1; x_3]$ gilt $g(x) \geq f(x)$, daher folgt

$A = \int\limits_{x_1}^{x_3} (g - f) = \frac{128 \cdot \sqrt{2}}{15} \approx 12{,}07.$

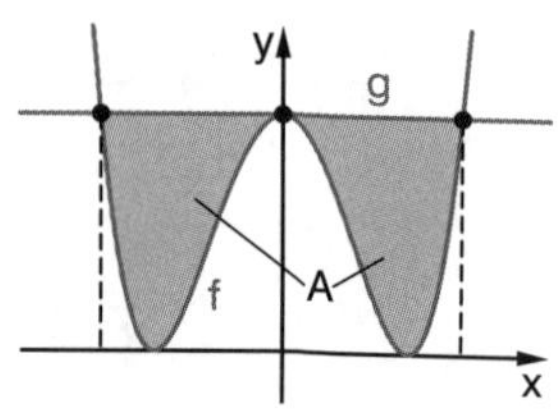

12. a) Idee: Man setze h(x) = f(x) − g(x). Begründung: In den angegebenen Fällen haben die Graphen von f und g jeweils zwei Schnittstellen a und b. Im Intervall [a; b] gilt entweder $f(x) \geq g(x)$ oder $g(x) \geq f(x)$. Der Inhalt der von f und g eingeschlossenen Fläche ist gleich $A_1 = \left|\int\limits_a^b (f - g)\right|$.

Die Nullstellen von h(x) sind a und b. Der Graph von h schließt mit der x-Achse die Fläche mit dem Inhalt $A_2 = \left|\int\limits_a^b h\right|$ ein. Wegen h(x) = f(x) − g(x) folgt $A_1 = A_2$.

(A) $h(x) = -0{,}5x^2 + 4$ (B) $h(x) = -x^2 + 2x$

(C) $h(x) = x^2 - 4$ (D) $h(x) = 2x^2 - 4x$

167

12. b) Nach diesem Satz lassen sich die geometrisch komplizierten Flächenstücke, die zwischen den Graphen von zwei (stetigen) Funktionen eingeschlossen sind, in flächeninhaltsgleiche Flächenstücke mit übersichtlicher Form und Lage umwandeln. Statt Schnittstellen zweier Graphen müssen nun Nullstellen eines Graphen bestimmt werden. Die Integrationsgrenzen bleiben unverändert.
Begründung: Rückführung auf die Begründung in der Teilaufgabe a).

13. a) Nullstellen von f: 0; 3 Inhalt der Fläche: $A = \int_0^3 f = \frac{9}{4} = 2{,}25$ (in FE)

b) $P(1|f(1))$ ist Hochpunkt von f. Die Tangente in P ist somit waagerecht und hat die Gleichung $t(x) = \frac{4}{3}$. Die eingeschlossene Fläche hat den Inhalt
$\int_0^1 \left(\frac{4}{3} - f(x)\right)dx = \frac{5}{12} = 0{,}41\overline{6}$ (in FE).

c) Der Wendepunkt von f ist $W\left(2\middle|\frac{2}{3}\right)$. Die Steigung der Geraden g beträgt $\frac{f(2) - f(0)}{2 - 0} = \frac{1}{3}$.
Also gilt $g(x) = \frac{1}{3}x$. Der Inhalt der zwischen f und g eingeschlossenen Fläche ist gleich
$\int_0^2 (f - g) = \frac{4}{3}$. Den gleichen Inhalt hat die Fläche, die im Intervall [2; 4] zwischen f und g eingeschlossen ist.

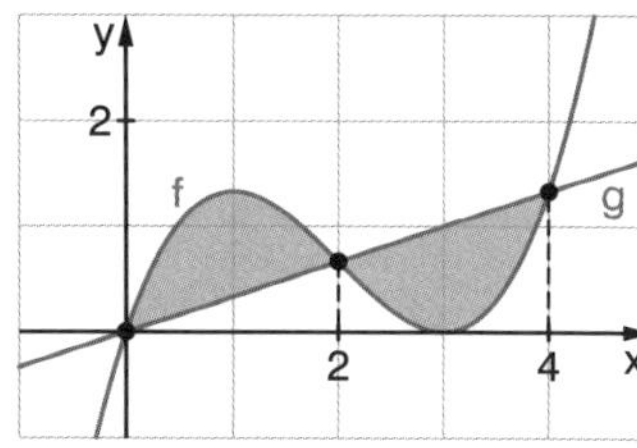

Begründung: $f(x) = g(x) \Leftrightarrow [x = 0 \text{ oder } x = 2 \text{ oder } x = 4] \Rightarrow \left|\int_2^4 (f - g)\right| = \frac{4}{3}$

14. Der Streifen ist so zu legen, dass $k = \frac{\sqrt{13} + 1}{2} \approx 2{,}3$ gilt.
Lösungsbeispiel:
f hat die Nullstellen 0 und 6. Das blaue Flächenstück hat den Inhalt
$A(k) = \int_k^{k+3} f = -\frac{1}{2}k^3 + \frac{3}{4}k^2 + \frac{9}{2}k + \frac{45}{8}$.
An der Stelle $k = \frac{\sqrt{13} + 1}{2} \approx 2{,}3$ ist dieser Flächeninhalt maximal.

168

15. a) f und g haben die gleichen Nullstellen: 0; 2

Der Graph von f schließt mit der x-Achse eine Fläche ein: $\int_0^2 f = \frac{16}{3} = 5{,}\overline{3}$ (in FE)

Der Graph von g schließt mit der x-Achse eine Fläche ein: $\int_0^2 g = \frac{12}{5} = 2{,}4$ (in FE)

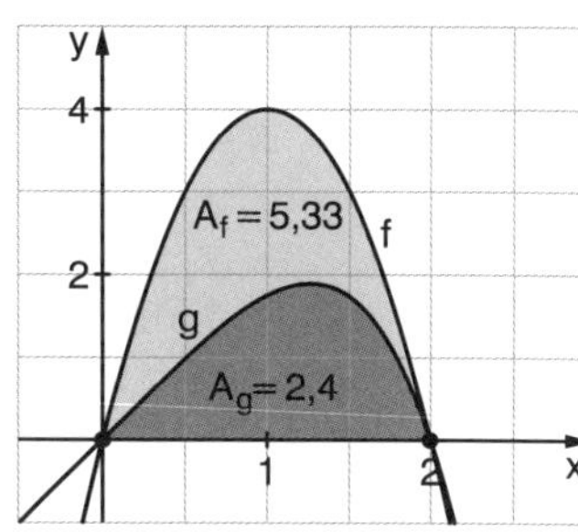

b) Die Graphen von f und g schließen miteinander oberhalb der x-Achse eine Fläche mit folgendem Inhalt ein: $\int_0^2 (f - g) = \frac{44}{15} = 2{,}9\overline{3}$ (in FE)

c) f und g haben folgende Schnittstellen:
$a = 0$; $b = 2$; $c = -1 - \sqrt{13} \approx -4{,}6$; $d = -1 + \sqrt{3} \approx 2{,}6$

168 **15.** c) Fortsetzung

Die Graphen von f und g schließen unterhalb der x-Achse 2 Flächen mit folgendem Inhalt ein:

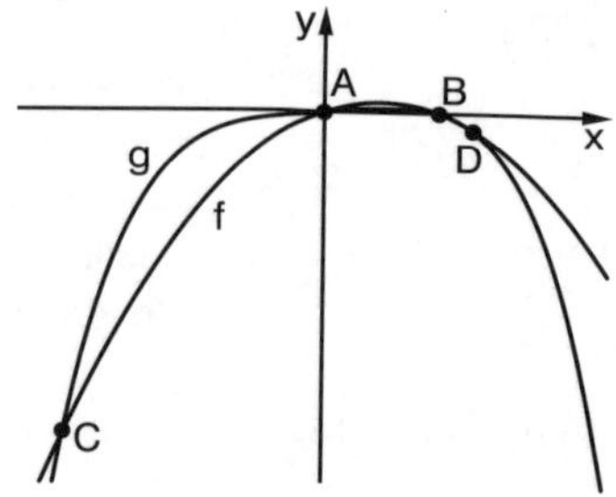

$\left|\int_c^a (f - g)\right| \approx 90{,}28$ (in FE) sowie

$\left|\int_b^d (f - g)\right| \approx 0{,}15$ (in FE)

16. a) Die gesuchte Gerade: $g(x) = 9 - \left(\frac{3}{\sqrt[3]{2}}\right)^2 \approx 3{,}33$

Lösungsbeispiel:

Nullstellen von f: –3; 3

Der Graph von f schließt mit der x-Achse eine Fläche ein: $A = \int_{-3}^{3} f(x)dx = 36$ (in FE).

Schnittstellen der gesuchten Geraden g mit dem Graphen von f seien –k und k.

$\Rightarrow g(x) = 9 - k^2$ (g ist konstante Funktion)

f und g schließen miteinander die Fläche mit Inhalt $\int_{-k}^{k} (f(x) - g(x))dx = \frac{4}{3}k^3$ ein.

Dieser Flächeninhalt soll halb so groß wie A sein: $\frac{4}{3}k^3 = \frac{1}{2}A \quad \Rightarrow \quad k = \frac{3}{\sqrt[3]{2}} \approx 2{,}38$

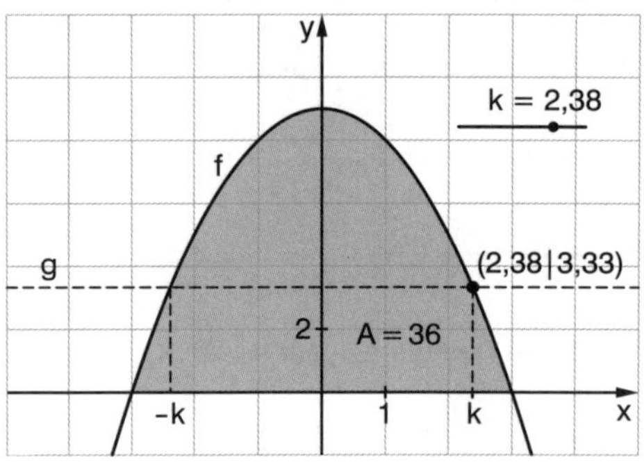

b) Die gesuchte Gerade: $g(x) = \left(3 - \frac{3}{\sqrt[3]{2}}\right)x \approx 0{,}62x$

Lösungsbeispiel:

Nullstellen von f: 0; 6

Der Graph von f schließt mit der x-Achse eine Fläche ein: $A = \int_0^6 f(x)dx = 18$ (in FE)

Die gesuchte Gerade schneidet den Graphen von f in den Punkten (0|0) und $P(a|f(a))$ mit $0 < a < 6$; sie hat also die Steigung $\frac{f(a)}{a} = 3 - 0{,}5a$.

$\Rightarrow g(x) = (3 - 0{,}5a)x$

f und g schließen miteinander eine Fläche mit Inhalt $\int_0^a (f(x) - g(x))dx = \frac{a^3}{12}$ ein.

Dieser Flächeninhalt soll halb so groß wie A sein: $\frac{a^3}{12} = \frac{1}{2}A \quad \Rightarrow \quad a = 3 \cdot 2^{\frac{2}{3}} \approx 4{,}76$

168 **16.** b) Fortsetzung

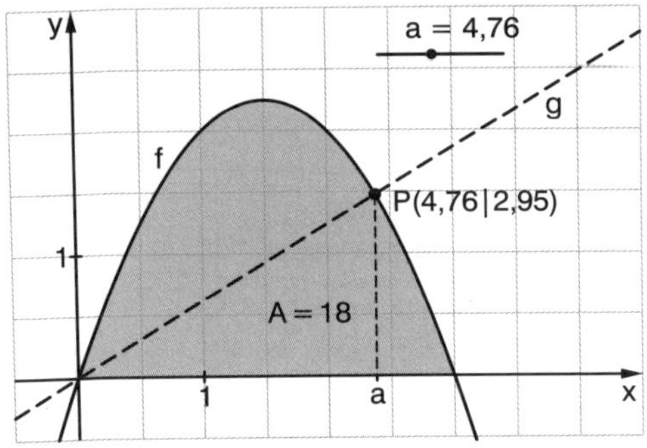

17. a) Die gesuchte Funktionsgleichung: $g(x) = \frac{1}{4}$

Rechnung: $A_1 = A_2 \Leftrightarrow A_1 + (-A_2) = 0 \Leftrightarrow \int_0^1 (t^3 - x^3)dx = 0 \Leftrightarrow t = \left(\frac{1}{4}\right)^{\frac{1}{3}}$

Probe: $A_1 = A_2 = \frac{3}{32} \cdot 2^{\frac{1}{3}} \approx 0{,}118$ (in FE)

b) Die gesuchte Funktionsgleichung: $g(x) = \frac{1}{8}$

Rechnung: $A_1(t) + A_2(t) = \int_0^t (t^3 - x^3)dx + \int_t^1 (x^3 - t^3)dx = 1{,}5t^4 - t^3 + 0{,}25;$

Minimum für $t = \frac{1}{2}$

Dann gilt: $A_1 + A_2 = \frac{7}{32} = 0{,}21875$ (in FE)

18. Lösungsbeispiel: Die Graphen von f und g schneiden sich an den Stellen $-\sqrt{3}$ und $\sqrt{3}$. Sie schließen die Fläche mit dem Inhalt $8\sqrt{3} \approx 13{,}86$ (in FE) ein. Die beiden unteren und die beiden oberen Eckpunkte des Rechtecks sind jeweils symmetrisch bezüglich der y-Achse, da f und g achsensymmetrisch sind. Seien $-a$ und a die x-Koordinaten der Eckpunkte des Rechtecks, dabei gelte $0 < a < \sqrt{3}$. Sein Flächeninhalt beträgt Breite · Höhe $= 2a \cdot (g(a) - f(a)) = -4a^3 + 12a$. Dieser Flächeninhalt ist für $a = 1$ am größten und beträgt 8 FE. Die Koordinaten der Eckpunkte sind P(1|5), Q(1|1), P'(−1|5), Q'(−1|1). Die von f und g umschlossene Fläche ist um den Faktor $\sqrt{3}$ größer.

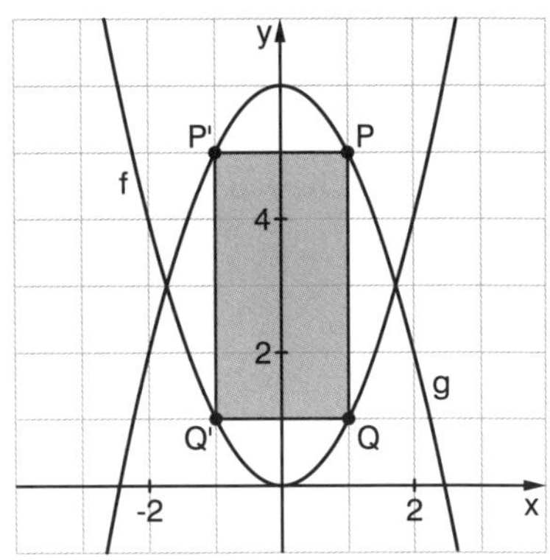

19. Schnittpunkte: A(1|2), B(2|1), C(4|4); Überschlag: 3FE; Beispiele für Strategien:

Strategie 1	Strategie 2
Eine Gerade durch B parallel zur y-Achse teilt die gefärbte Fläche in zwei Stücke. $A = \int_1^2 (h - g) + \int_2^4 (h - f) = \frac{17}{6} = 2{,}8\overline{3}$ (in FE)	Man berechnet die Inhalte der Flächen, die von h in [1; 4], von g in [1; 2] und von f in [2; 4] mit der x-Achse eingeschlossen werden. $A = \int_1^4 h - \int_1^2 g - \int_2^4 f = \frac{17}{6} = 2{,}8\overline{3}$ (in FE)

168

20. a) Beispiel für eine Beschreibung: Wenn der Streifen von links nach rechts wandert, nimmt der Umfang solange ab, bis die Symmetrieachsen des Streifens und der Parabel übereinstimmen. Danach nimmt der Umfang immer mehr zu.

b)

Funktionen	Schnittstellen	Streifenbreite	Flächeninhalt $A = \int_{x_1}^{x_2}(g - f)$
f und g_1	–2; 2	4	$\frac{32}{3} = 10{,}\overline{6}$
f und g_2	–1; 3	4	$\frac{32}{3} = 10{,}\overline{6}$
f und g_3	0; 4	4	$\frac{32}{3} = 10{,}\overline{6}$

Vermutung: Der Flächeninhalt bleibt konstant.
Für die Konstruktion der Segmente (mit $P(a \mid a^2)$, $Q(a + 4 \mid (a + 4)^2)$) gilt allgemein $g(x) = (2a + 4)(x - a) + a^2$ und damit $A = \int_a^b (g - f) = \frac{32}{3} = 10{,}\overline{6}$. Das bestätigt die Vermutung für $f(x) = x^2$ und die Streifenbreite 4.

c) Sei b die Breite des Streifens und g(x) die Gerade, die die Parabel zu f_k in den Punkten $P(a \mid ka^2)$ und $Q(a + b \mid k(a + b)^2)$ schneidet. Für g(x) gilt die Funktionsgleichung $g(x) = (2a + b) \cdot k \cdot (x - a) + ka^2$. Der Flächeninhalt des Segments beträgt stets $\int_a^{a+b} (g - f) = \frac{b^3 \cdot k}{6}$, er hängt also nicht von der Stelle a des Punktes P ab.

169

21. a)

Funktion	Nullstellen x_1; x_2	Breite	Höhe	Integralformel $A = \int_{x_1}^{x_2} f$	Formel des Archimedes $A = \frac{2}{3} \cdot$ Breite · Höhe
f(x)	–2; 2	4	8	$\frac{64}{3}$	$\frac{64}{3}$
g(x)	–3; 2	5	$\frac{25}{4}$	$\frac{125}{6}$	$\frac{125}{6}$

Bemerkung: Die Höhe entspricht dem Wert der Funktion im Hochpunkt der Parabel.
Beobachtung: Die Formel des Archimedes wird durch die Integralrechnung für f und g bestätigt.

b) Nullstellen: $x_1 = -\sqrt{\frac{h}{a}}$; $x_2 = \sqrt{\frac{h}{a}}$ (mit $a \neq 0$, $\frac{h}{a} > 0$); Breite: $x_2 - x_1 = 2\sqrt{\frac{h}{a}}$
Hochpunkt: (0|h) → Höhe: h
Beweis der Archimedesformel:

$$\int_{x_1}^{x_2} f = \left[hx - \tfrac{1}{3}ax^3\right]_{x_1}^{x_2} = h(x_2 - x_1) - \tfrac{1}{3}a(x_2^3 - x_1^3) = (x_2 - x_1) \cdot \left(h - \tfrac{1}{3}a \cdot (x_2^2 + x_2x_1 + x_1^2)\right)$$
$$= \text{Breite} \cdot \left(h - \tfrac{1}{3}a \cdot \left(\tfrac{h}{a} - \tfrac{h}{a} + \tfrac{h}{a}\right)\right) = \text{Breite} \cdot \left(h - \tfrac{1}{3}h\right) = \tfrac{2}{3} \cdot \text{Breite} \cdot \text{Höhe}$$

169 **22.** a) Beispiele:

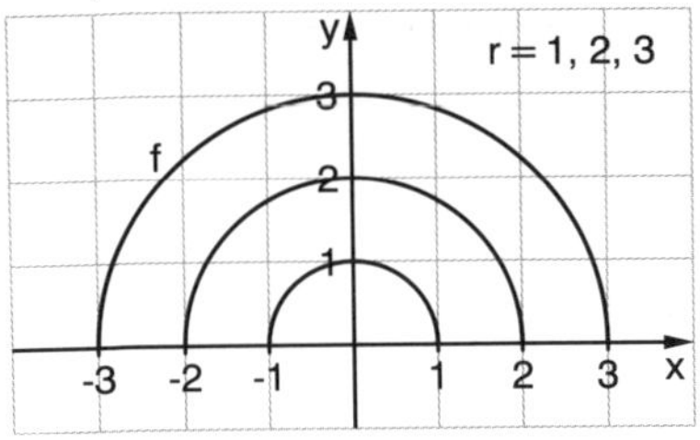

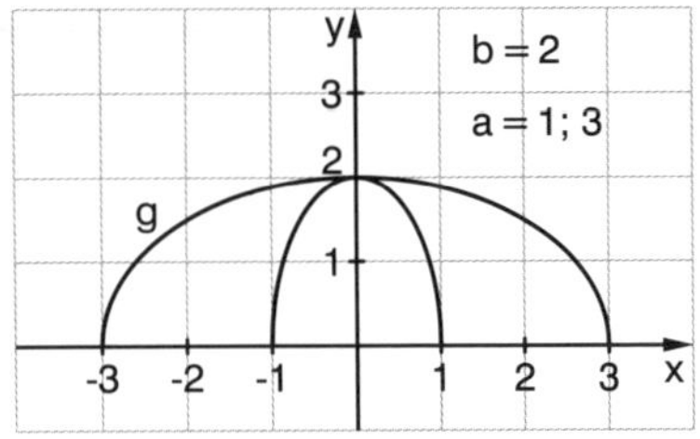

b)

Radius des Kreises	Nullstellen $x_1; x_2$	Flächeninhalt $A = 2 \cdot \int_{x_1}^{x_2} f(x)$	Flächeninhalt $A = \pi \cdot r^2$
1	−1; 1	π	π
2	−2; 2	4π	4π
4	−4; 4	16π	16π

Halbachsen der Ellipse		Nullstellen $x_1; x_2$	Flächeninhalt $A = 2 \cdot \int_{x_1}^{x_2} f(x)$	Flächeninhalt $A = \pi \cdot a \cdot b$
a	b			
3	2	−3; 3	6π	6π
1	2	−1; 1	2π	2π
4	1	−4; 4	4π	4π

Die nach der Integralmethode und die nach der Flächenformel berechneten Werte stimmen überein.

c) Die Fläche ist begrenzt:
von oben durch $f(x) = \sqrt{4 - x^2}$ (Halbkreis mit Radius 2 und Mittelpunkt in (0|0));
von unten durch $g(x) = \sqrt{3}$ (konstant gleich f(1)).
Der Flächeninhalt beträgt ca. 0,36 FE (Rechnung z. B.
$A = \int_{-1}^{1} (f - g) = \int_{-1}^{1} \left(\sqrt{4 - x^2} - \sqrt{3}\right)dx \approx 0{,}36$).

23. Seien A_1, A_2, A_3 die Flächeninhalte der Schmuckstücke entsprechend den Abbildungen 1, 2 und 3. Das 1. Schmuckstück hat die größten Materialkosten, denn es gilt $A_1 > A_2 = A_3$.
Begründung: Um jeweils die gleichen Flächeneinheiten zu verwenden, ist die Wahl eines einheitlichen Koordinatensystems sinnvoll, z. B.: Das dargestellte Quadrat entspreche dem Fensterausschnitt $-1 \leq x \leq 1$; $-1 \leq y \leq 1$.
Bild 1: Geschickte Zerlegung und Verschiebung ergeben ein flächengleiches Rechteck, $A_1 = 2$ FE.
Bild 2 und Bild 3, einige alternative Begründungen (mit unterschiedlichen Modellierungen) anhand von Symmetrieüberlegungen:

Die Gesamtfläche des Schmuckstücks ist jeweils 4-mal so groß wie die Fläche zwischen $f(x) = \sqrt{x}$ und $g(x) = x^2$ in [0;1]: $A_2 = A_3 = 4 \cdot \int_0^1 (f - g) = \frac{4}{3}$ FE Analog wie oben: $f(x) = 1 - x^2$ und $g(x) = (x - 1)^2$ für A_3	Die Gesamtfläche des Schmuckstücks ist jeweils 8-mal so groß wie die Fläche zwischen $f(x) = x$ und $g(x) = x^2$ in [0;1]: $A_2 = A_3 = 8 \cdot \int_0^1 (f - g) = \frac{4}{3}$ FE

169

24. a) Der Rand des Flügels kann durch 2 Funktionen modelliert werden. Beim Drehen muss man jeweils auf die Eindeutigkeit der Funktionswerte achten.

b) Z. B. mit Regression:
$f(x) = -0{,}006x^4 - 0{,}018x^3 - 0{,}110x^2 + 0{,}294x + 3{,}392$
$g(x) = 0{,}024x^4 + 0{,}555x^3 - 0{,}015x^2 - 0{,}886x - 6$

c) $A = \int_{-4}^{4} (f - g) \approx 58{,}8$ FE $= 2{,}35$ cm^2; 1FE $\triangleq (2\text{ mm})^2 = 0{,}04$ cm^2
Der Flächeninhalt des Flügels ist etwa so groß wie eine kleine Briefmarke oder eine Münze.

170

25. a) Am 1. Tag liefert die Quelle ca. 576 m^3 Wasser:
$400\,\frac{l}{min} \cdot 1\text{ Tag} = 400\,\frac{l}{min} \cdot 24 \cdot 60\text{ min} = 576\,000$ l
Für die ersten 10 Tage können unterschiedliche Modelle gut passen. Bei der Prognose für den 15. Tag muss ein Modell gewählt werden, das ein Versiegen der Quelle berücksichtigt.

Modell	Prognose für die Wassermenge am 15. Tag
1. $f_1(x) = -17{,}2x + 406{,}9$ (lineare Regression)	$f_1(15) \cdot 1\text{ Tag} = 148{,}9\,\frac{l}{min} \cdot 24 \cdot 60\text{ min} = 214\,416$ l ≈ 214 m^3
2. $f_2(x) = 414{,}3 \cdot 0{,}95^x$ (exponentielle Regression)	$f_2(15) \cdot 1\text{ Tag} = 191{,}9\,\frac{l}{min} \cdot 24 \cdot 60\text{ min} = 276\,300$ l ≈ 276 m^3

b) In den ersten 10 Tagen wird $\int_0^{10} f(x)dx \left(\text{in } \frac{l}{min} \cdot \text{Tag}\right)$ Wasser geliefert; nach dem 1. Modell sind es 4621 m^3 und nach dem 2. Modell 4667 m^3.

Wie viel Wasser die Quelle bis zum Versiegen liefert, entspricht dem positiv orientierten Flächeninhalt zwischen f und der x-Achse für $x \geq 10$.
Nach dem 1. Modell versiegt die Quelle zum Zeitpunkt $x = 23{,}66$ Tage. Bis dahin liefert die Quelle 2310 m^3.
$\int_{10}^{23{,}66} f_1(x)dx \approx 1604\,\frac{l}{min} \cdot 24 \cdot 60\text{ min} = 2309760\text{ l} \approx 2310$ m^3
Nach dem 2. Modell versiegt die Quelle nie ganz, z. B. im Zeitraum [10; 365] liefert sie $\int_{10}^{365} f_2(x)dx \approx 4836\,\frac{l}{min} \cdot 24 \cdot 60\text{ min} = 6963840\text{ l} \approx 6964$ m^3.
Spätere Liefermengen sind verschwindend gering.

26. a) Der Bestand nimmt in den ersten 12 Jahren zu (die Zuwachsrate ist dann positiv) und in den folgenden 8 Jahren ab (die Zuwachsrate ist dann negativ).

b) Der maximale Bestand ist am Ende der Wachstumsphase, d. h. nach 12 Jahren, erreicht.

c) Der maximale Bestand beträgt $100 + \int_0^{12} f(x)dx \approx 140$ Pflanzen.
Der minimale Bestand ist nicht am Ende der Abnahmephase, d.h. nach 20 Jahren, erreicht, sondern zu Beginn der Beobachtung ($x = 0$), denn zu jedem Zeitpunkt $x > 0$ wird die Gesamtänderung (Zuwachs) $\int_0^x f(t)dt$ positiv sein. Bestandswerte zum Vergleich: $F(0) = 100$; $F(20) = 126{,}\overline{6}$; für $0 \leq x \leq \frac{20}{3}$ gilt $100 \leq F(x) \leq 126{,}\overline{6}$

170

27. a) (A) $\triangleq f_1$; (B) $\triangleq f_2$; (C) $\triangleq f_3$. Man betrachte jeweils die 2. Nullstelle:
(A) Der Helikopter steigt 20 s lang und sinkt 40 s lang.
(B) Der Helikopter steigt und sinkt jeweils 30 s lang.
(C) Der Helikopter steigt 40 s lang und sinkt 20 s lang.
Bedeutung der Nullstellen: Zu diesen Zeitpunkten setzt sich der Helikopter in Bewegung (t = 0 s) oder er ändert seine Bewegungsrichtung (Steigen ↔ Sinken).
Bedeutung der Extremstellen: Zu diesen Zeitpunkten steigt bzw. sinkt der Helikopter am schnellsten.

Gemeinsamkeiten von f_1, f_2, f_3	Unterschiede von f_1, f_2, f_3
Eine Steigphase am Anfang und eine Sinkphase zum Schluss.	Unterschiedliches Größenverhältnis der beiden Phasen, unterschiedliche Landehöhe.
Erst eine Rechtskurve, dann eine Linkskurve.	Unterschiedliche Extremwerte der Geschwindigkeit: (A) ist der schnellste auf dem Weg nach unten, (B) ist der schnellste auf dem Weg nach oben.

Der Helikopter (B) landet in der Ausgangshöhe (Gesamtänderung der Höhe beträgt Null).

b) Eine Minute nach dem Start erreichen die Helikopter die Höhe von $\int_0^1 f(t)dt$ über der Starthöhe:
(A) ca. 0,29 m (B) ca. 0,44 m (C) ca. 0,58 m
Die maximale Höhe wird am Ende der Steigphase erreicht.
Sie beträgt bei (A) ca. 33,33 m; bei (B) ca. 101,25 m; bei (C) ca. 213,33 m.

171

28. a) Die Phasen b und d stellen 2 Leistungsstufen der Wasserpumpe dar. In den Phasen a, c und e wird an-, um- bzw. ausgeschaltet. Zeitintervalle (in min):

a	b	c	d	e
[0; 0,5]	[0,5; 1,5]	[1,5; 2]	[2; 4]	[4; ca. 6,08]

b) Die Menge des bis zum Zeitpunkt x abgepumpten Wassers entspricht dem orientierten Flächeninhalt zwischen dem Graphen und der Zeitachse im Intervall [0; x].

c) Grafischer Verlauf ist ähnlich der Darstellung im Bild. In den „Stoßpunkten" stimmen die Funktionswerte überein. An den Stellen 0,5; 2 und 4 stimmen die Steigungen überein (jeweils gleich Null). Die Gesamtmenge des abgepumpten Wassers beträgt ca. 44,42 Liter:

$$\int_0^{0,5} a(x) + \int_{0,5}^{1,5} b(x) + \int_{1,5}^{2} c(x) + \int_2^4 d(x) + \int_4^{6,08} e(x) \approx 44,42$$

29. a) Die Flächen oberhalb der Zeitachse entsprechen der Gewichtszunahme in kg; die Flächen unterhalb der Zeitachse entsprechen dem Gewichtsverlust in kg im Zeitraum [5;17] (in Tagen). Bei dem behandelten Ferkel B ist die Gewichtszunahme größer und der Gewichtsverlust kleiner als bei dem unbehandelten Ferkel A.

171 **29.** b)

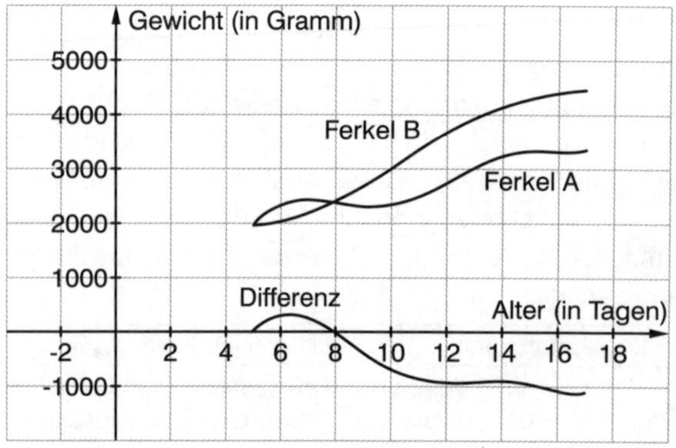

c) Das Integral $\int_5^x f_A(t)dt$ gibt die Gesamtänderung des Gewichts des Ferkels A vom 5. bis zum x-ten Lebenstag an. Entsprechende Bedeutung hat $\int_5^x f_B(t)dt$ für das Ferkel B. Die Differenz der beiden Integrale bedeutet den Unterschied bei der Gesamtänderung des Gewichts der beiden Ferkel im Zeitraum [5; x]. Ist diese Differenz negativ, so hat die Behandlung zu besserem Wachstum geführt.

172 **30.** a) $r_1 = f(3) = 1{,}5$; $r_2 = f(1) = 0{,}5$; $h = 2$ (alle Angaben in LE)

b) Summe der Volumina der beiden roten Scheiben:
$\pi \cdot (f(1))^2 \cdot 1 + \pi \cdot (f(2))^2 \cdot 1 = \frac{5}{4} \cdot \pi \approx 3{,}93$ (in VE)
Summe der Volumina der beiden blauen Scheiben:
$\pi \cdot (f(2))^2 \cdot 1 + \pi \cdot (f(3))^2 \cdot 1 = \frac{13}{4} \cdot \pi \approx 10{,}21$ (in VE)
Volumen des Kegelstumpfes, Schätzwert: ca. 7 VE
Volumen des Kegelstumpfes, Formelwert: $\frac{13}{6} \cdot \pi \approx 6{,}81$ (in VE)

c) Je größer n ist, desto näher schmiegen sich die Zylinderscheiben von innen und von außen an den Kegel.

173 **31.**

a)	b)	c)
$V = \frac{31}{20} \cdot \pi \approx 4{,}87$ (in VE)	$V = 16 \cdot \pi \approx 50{,}27$ (in VE)	$V = \frac{827}{1680} \cdot \pi \approx 1{,}55$ (in VE) (Der Wert hängt nicht von der Nullstelle in [a; b] ab.)
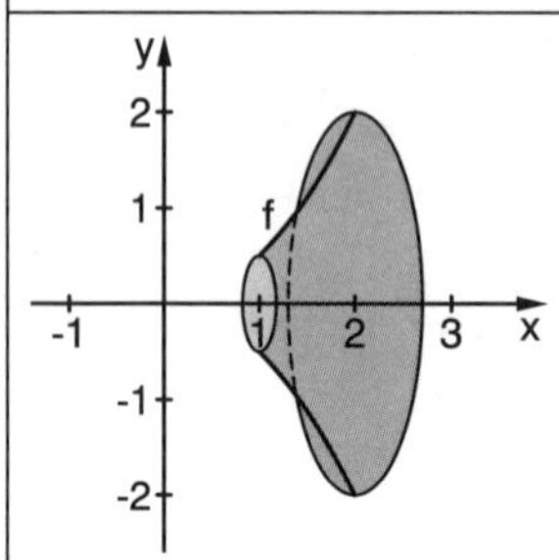	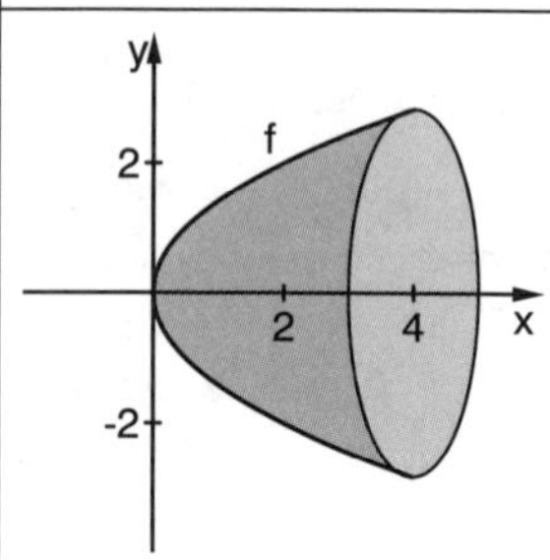	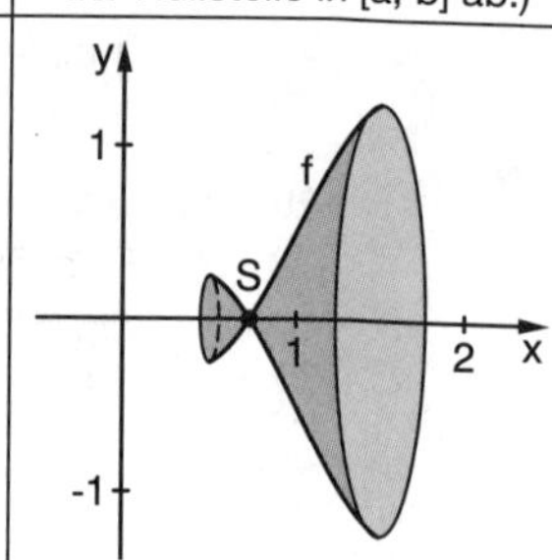

173

32. a) Volumina (in VE): $V_1 = \frac{\pi}{3} \approx 1{,}05$; $V_2 = \frac{\pi}{5} \approx 0{,}63$; $V_3 = \frac{\pi}{7} \approx 0{,}45$

b) Für $n \to \infty$ streben sowohl die Volumina V_n, als auch die Flächeninhalte A_n gegen Null, denn:

$$V_n = \pi \cdot \int_0^1 (x^n)^2 dx = \pi \cdot \left[\frac{x^{2n+1}}{2n+1}\right]_0^1 = \frac{\pi}{2n+1} \quad (n \neq -\tfrac{1}{2})$$

$$A_n = \pi \cdot \int_0^1 x^n dx = \left[\frac{x^{n+1}}{n+1}\right]_0^1 = \frac{1}{n+1} \quad (n \neq -1)$$

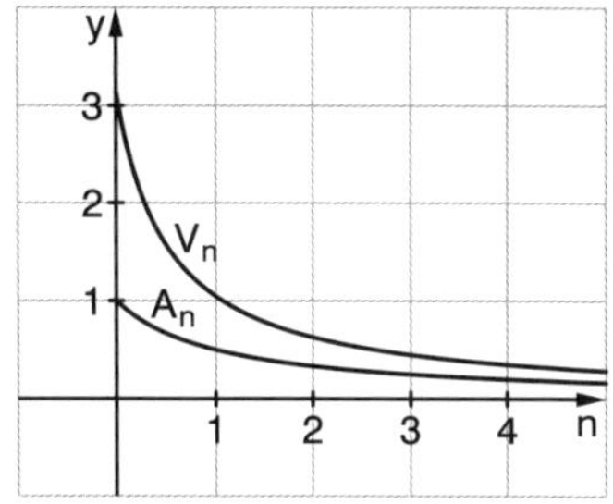

33. Sei A_1 die Fläche, die zwischen dem Graphen von f und der x-Achse eingeschlossen ist. Sei V_1 das Volumen des Rotationskörpers, der bei der Rotation von A_1 um die x-Achse entsteht. Entsprechendes gelte für g und V_2. Das gesuchte Volumen ist dann gleich $V_2 - V_1$.

$$V_2 - V_1 = \pi \cdot \int_0^4 (f(x))^2 dx - \pi \cdot \int_0^4 (g(x))^2 dx = \pi \int_0^4 ((f(x))^2 - (g(x))^2) dx = \pi \int_0^4 x dx = 8\pi \approx 25{,}13 \text{ (in VE)}$$

Wenn $\pi \cdot \int_0^4 (f(x) - g(x))^2 dx$ das richtige Ergebnis liefern würde, wäre es mit dem richtigen Ergebnis von oben gleich. Dann würde gelten (in Kurzform notiert):

$$\pi \cdot \int_0^4 (f - g)^2 dx = \pi \cdot \int_0^4 f^2 dx - \pi \cdot \int_0^4 g^2 dx$$

Nach Äquivalenzumformungen würde folgen: $\int_0^4 g \cdot (f - g) dx = 0$

Unter der plausiblen Annahme, dass $0 \leq g(x) \leq f(x)$ für alle $x \in [0; 4]$ gilt, folgt $g(x) = 0$ oder $f(x) = g(x)$ für alle $x \in [0; 4]$. Im 1. Fall handelt es sich um einen Vollkörper und im 2. Fall um einen „Becher" mit unendlich dünnen Wänden. Bei den gegebenen Funktionen handelt es sich nicht um diese beiden Sonderfälle.

34. $V = \pi \cdot \int_0^1 (f(x))^2 dx - \pi \cdot \int_0^1 (g(x))^2 dx$

a) $V = \frac{79}{20}\pi \approx 12{,}41$ b) $V = \frac{45}{2}\pi \approx 70{,}69$ (alle Angaben in VE)

35. Gleichung der Randparabel: $y = 0{,}5x^2 + 2$; Gleichung der Umkehrfunktion: $g(x) = \sqrt{2(x-2)}$

Gleichung für die innere Glaswand: $f(x) = 4$

Das Volumen der Flüssigkeit beträgt $V = \pi \cdot \int_0^{10} f^2 - \pi \cdot \int_2^{10} g^2 = 96\pi \approx 301{,}6$ (in cm³).

Im Ruhezustand nimmt die Flüssigkeit die Form des Zylinders (hier mit Radius r = 4 cm) an. Aus $V = \pi \cdot r^2 \cdot h$ folgt für die Höhe des Zylinders $h = \frac{V}{\pi \cdot r^2} = \frac{96\pi}{\pi \cdot 4^2} = \frac{96}{16} = 6$ (in cm).

(Bild: Der Flüssigkeitspegel befindet sich im Ruhezustand ungefähr auf der Höhe von y = 4.)

174

36. a) Das Volumen einer Zylinderscheibe mit Radius r und Höhe h beträgt $V = \pi r^2 h$.
Bemerkung zu der untenstehenden Tabelle: Ob eine Scheibe eine Innen- oder eine Außenscheibe ist, ergibt sich aus dem Vergleich der Werte der beiden Radien.

Nr.	Volumen der Innenscheibe	Volumen der Außenscheibe
1	$\pi \cdot 2^2 \cdot 1 = 4\pi$	$\pi \cdot 3^2 \cdot 1 = 9\pi$
2	$\pi \cdot 3^2 \cdot 1 = 9\pi$	$\pi \cdot 3{,}3^2 \cdot 1 = 10{,}89\pi$
3	$\pi \cdot 3{,}2^2 \cdot 1 = 10{,}24\pi$	$\pi \cdot 3{,}3^2 \cdot 1 = 10{,}89\pi$
4	$\pi \cdot 3^2 \cdot 1 = 9\pi$	$\pi \cdot 3{,}2^2 \cdot 1 = 10{,}24\pi$
5	$\pi \cdot 2{,}7^2 \cdot 1 = 7{,}29\pi$	$\pi \cdot 3^2 \cdot 1 = 9\pi$
6	$\pi \cdot 2{,}6^2 \cdot 1 = 6{,}76\pi$	$\pi \cdot 2{,}7^2 \cdot 1 = 7{,}29\pi$
7	$\pi \cdot 2{,}6^2 \cdot 1 = 6{,}76\pi$	$\pi \cdot 2{,}6^2 \cdot 1 = 6{,}76\pi$
8	$\pi \cdot 2{,}6^2 \cdot 1 = 6{,}76\pi$	$\pi \cdot 2{,}7^2 \cdot 1 = 7{,}29\pi$
Gesamt	$59{,}81\pi$	$71{,}36\pi$

Als Schätzwert für das Fassungsvermögen kann man z. B. den Mittelwert der Gesamtvolumina wählen: $V \approx 65{,}6\pi \approx 206{,}0$ (in cm³)

b) Modellierung der Funktionsgleichung z. B. mit kubischer Regression:
$f(x) = 0{,}022x^3 - 0{,}304x^2 + 1{,}111x + 2{,}068$

Entsprechendes Volumen: $V = \pi \int_0^8 (f(x))^2 dx \approx 65{,}4\pi \approx 205{,}5$ (in cm³)

Dieser Wert stimmt recht gut mit dem Schätzwert überein (Unterschied: 0,2 %).

c) Schüleraktivität

37. a) Gleichung der Parabel durch die Punkte Q(0|5) und P(6|4): $f(x) = -\frac{1}{36}x^2 + 5$

Volumen (Integralformel): $V = \pi \cdot \int_{-6}^{6} (f(x))^2 = \pi \cdot 262{,}4 \approx 824{,}4$ (in dm³ bzw. Liter)

Volumen (Keplersche Formel): $V = 262{,}4\pi \approx 824{,}4$ (in dm³ bzw. Liter).
Die Werte sind gleich.

b) Die Gleichung der Parabel durch die Punkte Q(0|R) und $P\left(\frac{h}{2}\middle|r\right)$:

$f(x) = -ax^2 + R$ mit $a = \frac{4}{h^2} \cdot (R - r)$ $(\Rightarrow a \geq 0)$

Damit gilt: $V = \pi \cdot \int_{-\frac{h}{2}}^{\frac{h}{2}} (f(x))^2 dx = 2\pi \cdot \int_0^{\frac{h}{2}} (a^2 \cdot x^4 - 2aR \cdot x^2 + R^2) dx$

Nach einer Reihe von Termumformungen erhält man die Keplersche Formel.

175

38. a) Begründung: Der Streckenzug setzt sich aus Strecken zusammen, die jeweils die Hypotenuse im zugehörigen Steigungsdreieck darstellen und mit dem Satz des Pythagoras berechnet werden.
Wertetabelle zu f:

x	0	2	4	6	8
f(x)	0	1	4	9	16

Länge des Streckenzuges: $L = \sqrt{5} + \sqrt{13} + \sqrt{29} + \sqrt{53} \approx 18{,}51$ (in LE)

175 **38.** b) Bei feinerer Unterteilung entstehen zusätzliche Stützpunkte auf dem Graphen von f. So wird in der Skizze statt $\overline{AB}$ die Länge $\overline{AC} + \overline{CB}$ berücksichtigt, die die Krümmung des Graphen besser wiedergibt (Hinweis: Dreiecksungleichung). Diese Überlegung kann nun für $\overline{AC}$ und $\overline{CB}$ fortgesetzt werden. Der Streckenzug wird immer länger, hat aber die Kurvenlänge als Grenzwert.

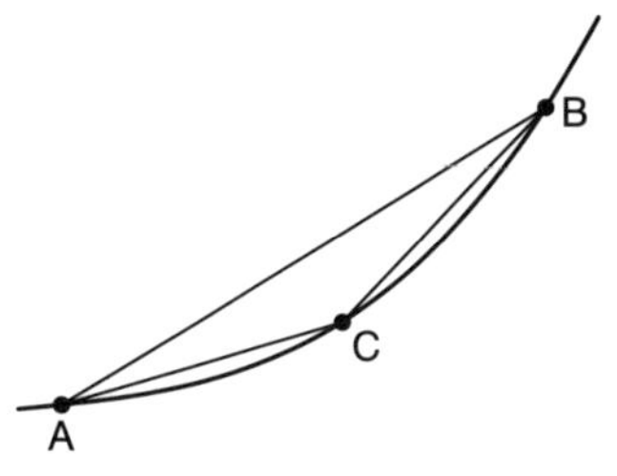

39. a) $L \approx 5{,}916$ (in LE) b) $L \approx 9{,}153$ (in LE) c) $L \approx 1{,}440$ (in LE)

40. Gleichung der Parabel: $f(x) = ax^2 + 5$ mit $a = \frac{30}{64^2} \approx 0{,}007$

Länge des Hauptkabels: $L = \int_{-64}^{64} \sqrt{1 + (f'(x))^2}\,dx \approx 144{,}83$ m

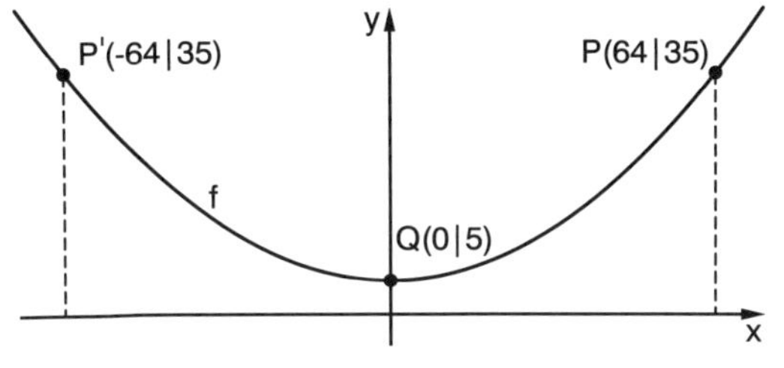

176 **41.** a)

k	5	10	50	100	1000
$\int_1^k f(x)dx$	0,8	0,9	0,98	0,99	0,999
$\int_1^k g(x)dx$	$2\sqrt{5} - 2 \approx 2{,}47$	$2\sqrt{10} - 2 \approx 4{,}32$	$10\sqrt{2} - 2 \approx 12{,}14$	18	$20\sqrt{10} - 2 \approx 61{,}25$

Vermutung: Für beide Funktionen f, g werden die Flächeninhalte mit $k \to \infty$ monoton wachsen. Während für f dieser Flächeninhalt nie größer als 1 sein wird, wächst für g der Flächeninhalt über alle Grenzen.

b)

f(x)	$I_1(k) = \int_1^k f(x)dx = 1 - \frac{1}{k} \xrightarrow[k\to\infty]{} 1$	Der Graph links in (A)
g(x)	$I_1(k) = \int_1^k g(x)dx = 2\sqrt{k} - 2 \xrightarrow[k\to\infty]{} \infty$	Der Graph rechts in (B)

Die Untersuchung bestätigt die Vermutung in a).

176 **42.**

a)	Das Integral in [2; ∞] existiert nicht: $\int_2^c f(x)dx$ $= 4(\sqrt{c}-\sqrt{2}) \xrightarrow[c\to\infty]{} \infty$	Das Integral in [1; 0] existiert: $\int_1^c f(x)dx$ $= 4(\sqrt{c}-1) \xrightarrow[c\to 0]{} -4$	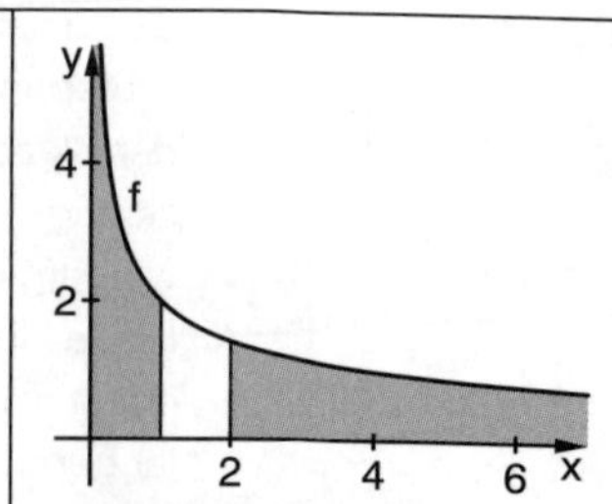
b)	Das Integral in [2; ∞] existiert: $\int_2^c f(x)dx$ $= \frac{1}{8} - \frac{1}{2c^2} \xrightarrow[c\to\infty]{} \frac{1}{8}$	Das Integral in [1; 0] existiert nicht: $\int_1^c f(x)dx$ $= \frac{1}{2} - \frac{1}{2c^2} \xrightarrow[c\to 0]{} -\infty$	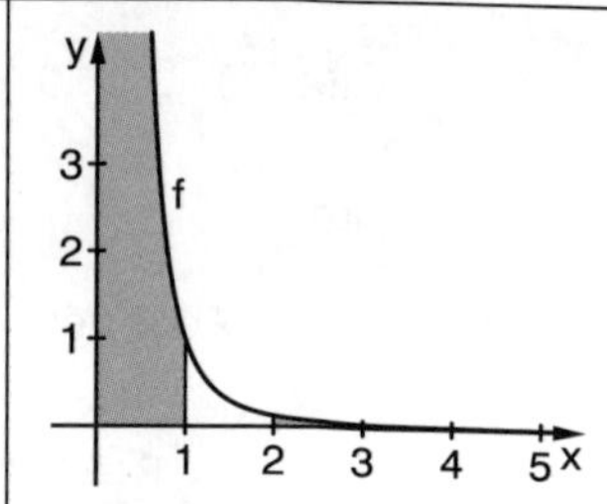
c)	Das Integral in [2; ∞] existiert: $\int_2^c f(x)dx = \left[\frac{-8}{\sqrt{x}}\right]_2^c$ $= -\frac{8}{\sqrt{c}} + \frac{8}{\sqrt{2}} \xrightarrow[c\to\infty]{} \frac{8}{\sqrt{2}}$ $\approx 5{,}66$	Das Integral in [1; 0] existiert nicht: $\int_1^c f(x)dx$ $= -\frac{8}{\sqrt{c}} + 8 \xrightarrow[c\to 0]{} -\infty$	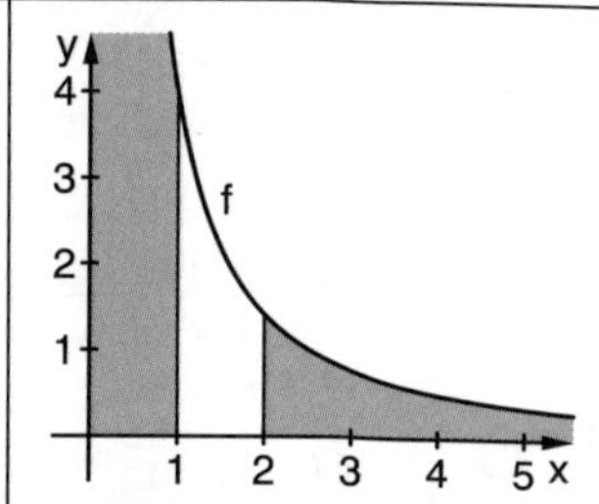
d)	Das Integral in [2; ∞] existiert nicht: $\int_2^c f(x)dx = \left[x - \frac{3}{x}\right]_2^c$ $= c - \frac{1}{c} - \frac{1}{2} \xrightarrow[c\to\infty]{} \infty$	Das Integral in [1; 0] existiert nicht: $\int_1^c f(x)dx$ $= c - \frac{3}{c} + 2 \xrightarrow[c\to 0]{} -\infty$	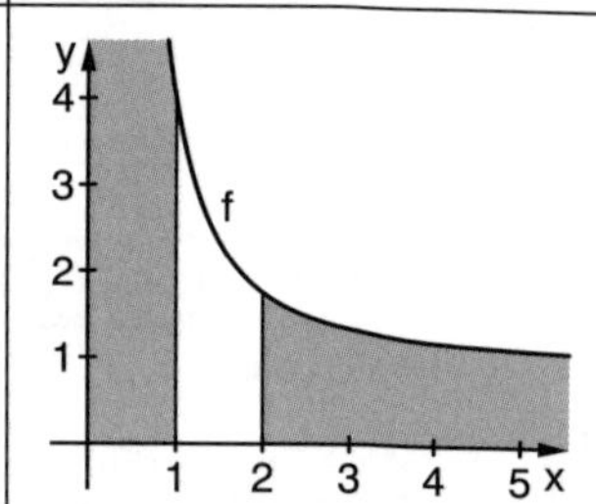

177 **43.** Es gilt $\int_1^k x^{-a}dx = \left[\frac{x^{-a+1}}{-a+1}\right]_1^k = \frac{k^{-a+1}}{-a+1} - \frac{1}{-a+1} = \frac{1}{a-1} - \frac{k^{1-a}}{a-1}$.

Sei a mit $a \neq 1$ angenommen; der Sonderfall $a = 1$ soll hier nicht betrachtet werden.

Für $k \to \infty$ ist der Term $\frac{1}{a-1}$ konstant.

Weiter gilt: $\frac{k^{1-a}}{a-1} \xrightarrow[k\to\infty]{} \begin{cases} 0, \text{ wenn } 1-a<0, \text{ d.h. } a>1 \\ \infty, \text{ wenn } 1-a>0, \text{ d.h. } a<1 \end{cases}$

Mit der Vorgabe $\frac{1}{2} < a < 2$ folgt nun: Für $1 < a < 2$ hat der Flächeninhalt einen endlichen Wert, für $\frac{1}{2} < a < 1$ wächst der Flächeninhalt über alle Grenzen.

177

44. Der Hauptsatz der Differenzialrechnung darf für $f(x) = \frac{1}{x^2}$ im Intervall [–1;1] nicht angewendet werden, weil die Funktion f an der Stelle $x = 0 \in [-1;1]$ nicht stetig ist.

Alternative Begründung:

Die Integrale $\int_{-1}^{0} f(x)dx$ und $\int_{1}^{0} f(x)dx$ existieren beide nicht, da die entsprechenden Grenzwerte $\lim_{c \to 0} \int_{-1}^{c} f(x)dx$ und $\lim_{c \to 0} \int_{1}^{c} f(x)dx$ nicht existieren.

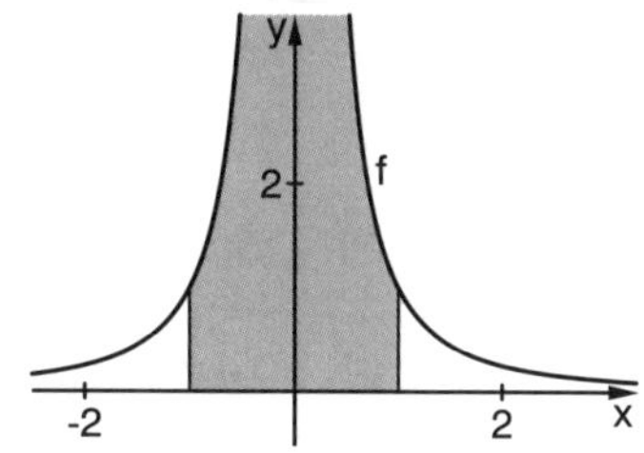

45. Es wird der Grenzwert des Integrals $\int_{1}^{c} \frac{1}{x^2}dx$ (bzw. des entsprechenden Flächeninhalts) für $c \to \infty$ untersucht.

Dieser Grenzwert ist 1, denn f(x) ist stetig im Intervall [1; c], c > 1;

es gilt $\int_{1}^{c} \frac{1}{x^2}dx = 1 - \frac{1}{c} \to 1$ für $c \to \infty$.

Für $c = 10^8$ muss $\int_{1}^{c} \frac{1}{x^2}dx$ einen größeren Wert besitzen als für $c = 10^7$, denn der Graph von $f(x) = \frac{1}{x^2}$ liegt oberhalb der x-Achse und schließt mit ihr für $c = 10^8$ eine größere Fläche als für $c = 10^7$ ein. Der GTR liefert aber für $c = 10^8$ einen viel kleineren Wert als für $c = 10^7$, das kann nicht stimmen.

46. a) Der Platz zum Weiden ist die Fläche zwischen dem Graphen von f und der x-Achse im Intervall [1; ∞]. Der Inhalt dieser Fläche wird durch das Integral gegeben. Im Fall $f(x) = \frac{1}{x^{\frac{3}{2}}}$ beträgt die Fläche nur 2 m²; im Fall $f(x) = \frac{1}{x^{\frac{2}{3}}}$ ist sie unendlich groß, hier passen unendlich viele Schafe auf die Weide. In beiden Fällen wird ein unendlich langer Zaun nötig sein, um die Fläche einzuzäunen, weil die Fläche nach rechts hin offen ist (es gibt keine Stelle, sodass der Graph von f die x-Achse berührt).

b) Es gilt $V = \pi \cdot \int_{1}^{\infty} \left(\frac{1}{x}\right)^2 dx = \pi \cdot \lim_{c \to \infty} \left[-\frac{1}{x}\right]_1^c = \pi \cdot \lim_{c \to \infty} \left(1 - \frac{1}{c}\right) = \pi$ (in VE).

Beispiel für einen paradoxen Satz: Obwohl das Gefäß nicht mehr als 3,2 Liter Flüssigkeit fassen kann, reicht kein Metall der Welt aus, um dieses Gefäß herzustellen.

178

47. Durchschnittliche Temperatur: (A) ca. 19,5236 °C (B) ca. 19,5242 °C
Der prozentuale Unterschied der beiden Werte ist gering und beträgt ca. 0,003 %. Die Methode (B) entspricht der gewählten Modellierung am genauesten. Die Methode (A) nähert sich der Methode (B) bei steigender Anzahl der Ablesepunkte immer mehr.

179

48. Lösung: $f_m = \frac{1}{1-0} \cdot \int_{0}^{1} f(x)dx$

a) $\frac{1}{3}$ b) $\frac{2}{3}$ c) $1 - \cos(1) \approx 0{,}46$

d) $\sin(1) \approx 0{,}84$ e) $\approx 1{,}44$ f) $\approx 0{,}79$

179

49. a) Höhe der Rechtecke, von links nach rechts entsprechend: $1; \frac{1}{2}; \frac{1}{3}; \frac{1}{4}; \frac{1}{5}$

b) Es gilt $h_n = \int_0^1 f_n(x)dx = \left[\frac{x^{n+1}}{n+1}\right]_0^1 = \frac{1}{n+1}$.

Weiter gilt $h_n = \frac{1}{n+1} < \frac{1}{1000} \Leftrightarrow n > 999$. Ab n = 1000 ist die Höhe kleiner als ein Tausendstel.

50. Mittlere Temperatur: $\frac{1}{12} \cdot \int_0^{12} f(x)dx = 12{,}53\ °C$.

51. Die mittleren täglichen Lagerkosten betragen 140 €. Begründung:

Pro Tag werden durchschnittlich $L_M = \frac{1}{30} \cdot \int_0^{30} L(x)dx = 400$ Stück gelagert.

$400\ \text{Stück} \cdot 0{,}35\ \frac{€}{\text{Stück}} = 140\ €$

52. a) Zu Beginn wird mehr als doppelt so schnell getippt als am Ende:

$v(0) = 324 > 144 = v(4)$ $\left(v \text{ in } \frac{1}{\text{min}}\right)$

b) Mittlere Schreibgeschwindigkeit: $v_m = \frac{1}{4} \cdot \int_0^4 v(t)dt \approx 244{,}7\ \frac{1}{\text{min}}$

c) Gesamtanzahl der Anschläge: $\int_0^4 v(t)dt \approx 979$

180

53. a) L(x) = x bedeutet eine Gleichverteilung des Einkommens: x % der Bevölkerung besitzen x % des verfügbaren Einkommens. Das gilt für alle x mit $0 \le x \le 1$.

Gini-Koeffizient: G = 0

b) Größtmögliche Ungerechtigkeitsverteilung: „Einer besitzt alles."

Gini-Koeffizient: G = 1

Lorenzkurve: $L(x) = \begin{cases} 1 \text{ für } x = 1 \\ 0 \text{ für } 0 \le x < 1 \end{cases}$

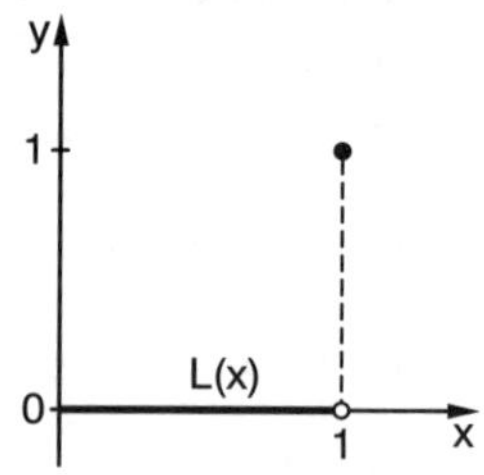

54. a) Der Gini-Koeffizient ist als Quotient zweier Flächeninhalte definiert. Der Zähler hat den Wert des Integrals zu der Funktion x-L(x) im Intervall [0;1]. Der Nenner hat den Wert des Flächeninhalts des Dreiecks mit der Grundseite und der Höhe der Länge 1.

b) Modellierung der Lorenzkurve L(x) mit Polynomfunktionen:

vollzeitbeschäftigte Arbeitnehmer	$L(x) = 0{,}85x^2 + 0{,}09x + 0{,}02$	$G \approx 0{,}3029$
	$L(x) = 0{,}87x^3 - 0{,}59x^2 + 0{,}75x - 0{,}05$	$G \approx 0{,}3122$
	$L(x) = 2{,}18x^4 - 3{,}91x^3 + 2{,}91x^2 - 0{,}21x + 0{,}02$	$G \approx 0{,}3079$
Arbeitnehmer insgesamt	$L(x) = 1{,}25x^2 - 0{,}36x + 0{,}04$	$G \approx 0{,}4482$
	$L(x) = 0{,}53x^3 + 0{,}38x^2 + 0{,}04x - 0{,}01$	$G \approx 0{,}4538$
	$L(x) = 0{,}91x^4 - 1{,}47x^3 + 1{,}85x^2 - 0{,}36x + 0{,}03$	$G \approx 0{,}4520$

Bei den Arbeitnehmern insgesamt ist die Einkommensverteilung „ungerechter" als bei den Vollzeitbeschäftigten, die entsprechenden Gini-Koeffizienten unterscheiden sich um ca. 14 %. Je nach Modell „schwankt" der Gini-Koeffizient um weniger als 1 %.

181

55. Zur Herleitung: Bei dem Dreieck unter dem Graphen der Gleichverteilung $y = x$ betragen die Grundseite 1 und die Höhe 1. Die Fläche unter dem Polygonzug setzt sich aus Trapezen (mit Grundseiten y_i, y_{i+1} und Höhen $x_{i+1} - x_i$, $i = 0, \ldots, n - 1$) zusammen.

vollzeitbeschäftigte Arbeitnehmer: $G \approx 0{,}3057$
Arbeitnehmer insgesamt: $G \approx 0{,}4499$

Der prozentuale Unterschied nach der Polygonzugmethode und der Methode in der Aufgabe 54 beträgt weniger als 1 %.

56.

Anteil der Firmen	Marktanteil	Anteil der Unternehmen	Anteil am Umsatz	Anteil der Angestellten	Anteil des Bruttolohns
0	0	0	0	0	0
0,25	0,1	0,2	0,03	0,15	0,2
0,5	0,3	0,5	0,17	0,35	0,4
0,75	0,6	0,75	0,33	0,55	0,6
1	1	1	1	0,95	0,8
G = 0,25		G = 0,475		1	1
				G = 0	

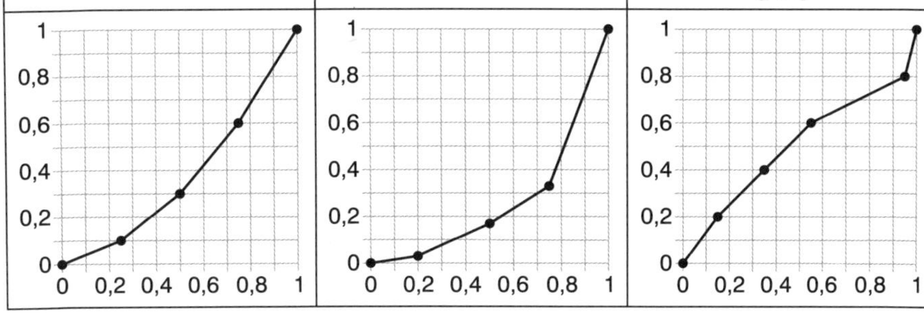

182

57. Begründung anhand der Abbildung zur Konsumentenrente (Seite 181):
Der Wert des Integrals entspricht dem Flächeninhalt zwischen der Nachfragefunktion g(x) und der x-Achse. Von diesem Wert muss noch der Flächeninhalt des Rechtecks der Breite x_0 und der Höhe p_0 subtrahiert werden.

58. Der Produzent verkauft $x_0 = 4$ ME zum Preis von $p_0 = 10\,\frac{€}{ME}$ und erhält $x_0 \cdot p_0 = 40$ €.
Die Konsumentenrente beträgt $K = \frac{64}{3}$ € $= 21{,}\overline{3}$ €.

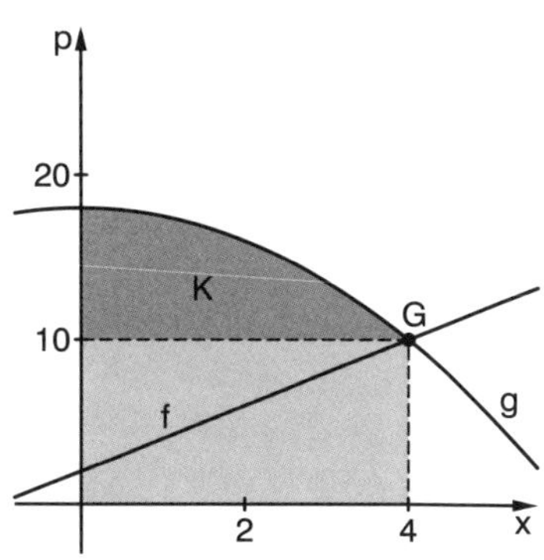

182

59. a) Die Abschöpfung beträgt 2 ME · 6 $\frac{€}{ME}$ = 12 €, ihr Anteil an der Konsumentenrente beträgt 12 € : $\frac{64}{3}$ € = 0,5625, d. h. 56,25 %.

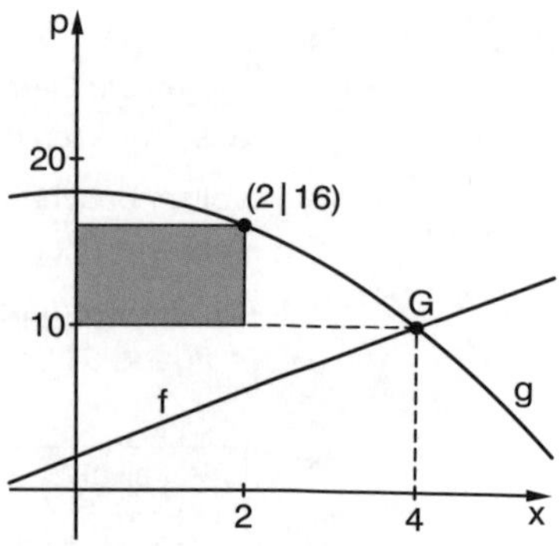

b) Die Abschöpfung beträgt (17,5 – 10) · 1 + (16 – 10) · 1 + (13,5 – 10) · 1 = 17 (in €), ihr Anteil an der Konsumentenrente steigt also auf 17 € : $\frac{64}{3}$ € ≈ 0,7969, d. h. auf ca. 80 %.

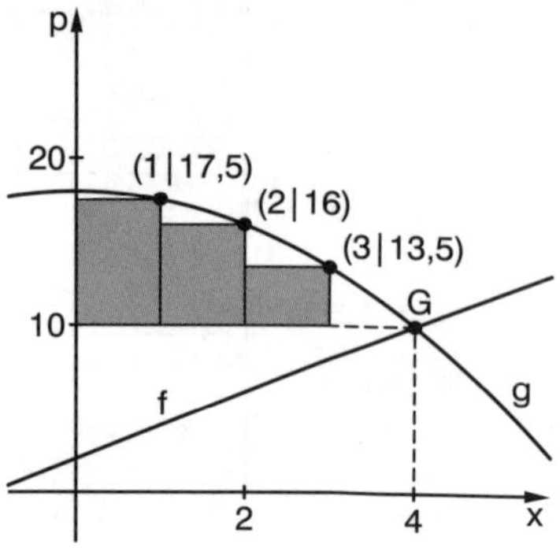

60. a) Der Schnittpunkt von f und g ist G(3|3), $p_0 = 3\ \frac{€}{ME}$ und $x_0 = 3$ ME.

b) Die Abschöpfung entspricht dem Inhalt der blauen Fläche.
$A(x_1) = (p_1 - p_0) \cdot x_1 = (g(x_1) - 3) \cdot x_1 = 9x_1 - x_1^3$. Dieser Flächeninhalt ist maximal für $x_1 = \sqrt{3}$, was dem Preis von $p_1 = g(\sqrt{3}) = 9\ \frac{€}{ME}$ entspricht.
Die Abschöpfung beträgt $A(\sqrt{3}) = 6\sqrt{3}$ €, ihr Anteil an der Konsumentenrente ($K = \int_0^3 g(x)dx - x_0 \cdot p_0 = 18$ €) beträgt ca. 57,74 %.

61. Begründung anhand der Abbildung zur Produzentenrente (Seite 182):
Der Wert des Integrals entspricht dem Flächeninhalt zwischen der Angebotsfunktion f(x) und der x-Achse. Dieser Wert muss von dem Flächeninhalt des Rechtecks der Breite x_0 und der Höhe p_0 subtrahiert werden.
Mit $x_0 = 4$ ME und $p_0 = 10\ \frac{€}{ME}$ folgt P = 16 €.

Kapitel 5
Erweiterung der Differenzialrechnung

Didaktische Hinweise

Dieses Kapitel ist die Fortsetzung und Erweiterung der Analysis 1. Der Lernabschnitt 5.1 bildet dabei die innermathematische Grundlage, weil hier die noch fehlenden Ableitungsregeln bereitgestellt werden. Funktionenscharen tauchen in den bisherigen Kapiteln exemplarisch in unterschiedlichen Kontexten, meist als erweiternder Inhalt in den Übungsphasen, auf. In 5.2 werden solche Funktionenscharen zum eigenständigen Inhalt und im Rahmen ihrer Untersuchung die variantenreiche Bestimmung von Ortskurven charakteristischer Punkte eingeführt. In 5.3 und 5.4 werden nach den ganzrationalen Funktionen in der Analysis 1 mit den rationalen und trigonometrischen Funktionen zwei weitere Funktionsklassen mit ihren Besonderheiten behandelt und in Teilen klassifiziert und untersucht. Hier finden dann die Inhalte aus 5.1 und 5.2 vielfältige Anwendung.

Zu **5.1**
Für ein inhaltliches Verständnis der Ableitungsregeln ist zunächst eine Vertrautheit mit der Verknüpfung von Funktionen, vor allem der ungewohnten und anspruchsvollen Verkettung, notwendig (Funktionen als Objekte). Zu einer Motivation für neue Regeln gehört die Erfahrung, dass die bisherigen Ableitungsregeln nicht ausreichen. Beides wird in den ersten Einführungsaufgaben geleistet. Da das ‚Entdecken' der Ableitungsregeln durch die Schüler kaum möglich erscheint, vor allem in Kursen auf grundlegendem Niveau, und weil die Regeln möglichst parallel (ohne Durststrecke) den Schülern zur Verfügung stehen sollen, werden die weiteren Regeln zunächst mehr oder weniger vorgegeben und ein erstes inhaltliches Verständnis durch Anwenden auf ausgewählte Funktionen erzeugt. Zur Produktregel wird eine Schüler aktivierende Herleitung mit Hilfen gegeben. Damit können die Regeln zügig, ohne alleinige Instruktion durch den Lehrer, eingeführt und dann zusammen und kompakt im Basiswissen dargestellt werden, das konsequent im Sinne von NEUE WEGE und auch den curricularen Vorgaben, algebraische, grafische und tabellarische Darstellungen nebeneinander stellt. Für Kurse auf erhöhtem Niveau werden formale Beweise und tiefere Einsicht gebende Zusammenhänge unter den einzelnen Ableitungsregeln im hinteren Teil des Übungsteils als Themenseite angeboten (A25–A29). Nach einer algorithmisch orientierten ersten Übungsphase mit zusätzlichen Merkregeln und Hilfen (A7–A12) und einem variantenreichen Durcharbeiten zum besseren Verständnis vor allem der Verkettung (A13–A17), werden in unterschiedlichen Kontexten mit bekannten Aufgabentypen (Optimieren) und Inhalten (Symmetrien) Vernetzungen aktiv herbeigeführt und geübt. Exemplarisch werden auf Themenseiten die Verkettung auf das Integrieren übertragen und die Ableitung der Umkehrfunktion thematisiert. Den Abschluss bilden zwei historische Exkurse, in denen auf Leibniz zurückgehende Notationen und der Prioritätsstreit von Leibniz mit Newton im Mittelpunkt stehen.

Zu **5.2**

Um sich auf die neuen Aspekte konzentrieren zu können, werden in den Einführungsaufgaben nur hinlänglich bekannte quadratische Funktionen (Parabeln) benutzt. Dabei wird wieder sowohl ein innermathematischer Zugang als auch ein Sachzusammenhang aus dem Bereich des Optimierens angeboten. In beiden Aufgaben werden vielfältige Muster aus den bekannten Graphen untersucht, Ortskurven besonderer Punkte phänomenologisch entdeckt und ihre Bestimmung eingeführt. Ein Punkt, bei dem in den Koordinaten ein Parameter t auftritt, definiert automatisch eine Kurve [x (t), y (t)] in Parameterdarstellung. Grafikfähige Taschenrechner und Funktionenplotter können solche Kurven direkt zeichnen. Damit erhalten Schüler neben der üblichen Parameterelimination eine weitere, sehr leistungsfähige Möglichkeit, Ortskurven zu bestimmen. Da auch an anderen Stellen (z. B. Kapitel 2.1, A13/A14) schon auf solche Darstellungen hingewiesen wird, bieten sich hier Einsicht fördernde Vernetzungen an, auch zur Analytischen Geometrie. Diese werden in einem gesonderten Kasten („Anwendungen der Parameterdarstellung von Kurven“) dargelegt und damit zum expliziten Inhalt gemacht. In den Übungen werden bekannte Aufgabentypen (Bestimmung charakteristischer Punkte, Optimieren) so verallgemeinert, dass Funktionenscharen entstehen (A3–A6). Der zweite Teil der Übungen (A7–A10) widmet sich explizit den Parameterdarstellungen und dem Zusammenhang mit den Funktionsdarstellungen sowie besonderen Mustern, die Graphen von Scharen erzeugen können. Zum Abschluss wird exemplarisch ein Ausblick auf klassische, geometrisch konstruierte, Kurven gegeben.

Zu **5.3**

Durch Analyse von Graphen und Herstellen von Bezügen zu Funktionstermen einer neuen Funktionsklasse schulen Schüler auf der einen Seite das wichtige Konzept Term – Grafik und erweitern ihr Wissen durch die Entdeckung neuartiger Phänomene (Asymptoten, Polstellen), die dann wieder an den Funktionstermen erläutert werden sollen. Damit wird Verständnis gefördert, das Kalkül ist zunächst nachgeordnet. Das Basiswissen verschafft dann Übersicht über alle grundlegend auftretenden Typen und ordnet sie. Hebbare Unstetigkeiten werden innerhalb der Übungsphase gesondert eingeführt und dokumentiert. Ein zweiter Einstieg erfolgt über das klassische Problem der Optimierung einer Konservendose mit variablem Inhalt. Im ersten Teil der Übungen stehen die neuen Begriffe (Pol, Asymptote) im Mittelpunkt, im zweiten werden dann bekannte Aspekte wie z. B. Symmetrieverhalten untersucht, Bezüge zu Bekanntem hergestellt (Antiproportionalität), das asymptotische Verhalten auf krummlinige „Asymptoten“ übertragen und auch die Polynomdivision eingeführt. Ein klassisches Problem (‚Fahrzeugdurchsatz') stellt Modellierungsaktivitäten in den Vordergrund, die Untersuchung zweier historischer Kurven betont den geschichtlichen Aspekt.

Zu **5.4**

Zunächst werden die aus dem Sek1-Unterricht bekannten Winkelfunktionen wieder aufgenommen und Muster, die durch Verknüpfungen und geometrische Transformationen entstehen, untersucht. Außerdem wird die Modellierung eines periodischen Prozesses bearbeitet. In den Übungen werden die Untersuchungen zunächst um Aspekte der Differenzial- und Integralrechnung erweitert. In drei weiteren Themenblöcken werden Angebote zu einer vertiefenden Auseinandersetzung gemacht. Dabei kommen sowohl anwendungsbezogene Fragestellungen vor („Modellieren mit Winkelfunktionen“, A16–A19) als auch innermathematische, wenn es um ‚pathologische‘ Gegenbeispiele zu den anschaulichen Vorstellungen zur Differenzierbarkeit und Stetigkeit geht. Hier wird also eine Notwendigkeit zur Präzisierung durch entsprechende Beispiele augenscheinlich, die Sache wird in einem Informationskasten dokumentiert (A22/A23). In einer dritten Aufgabengruppe werden auch ästhetisch reizvolle Mustererzeugungen durch Scharen von trigonometrischen Funktionen betrachtet. Zum Abschluss wird in einem Lesetext ein in vielen Alltagssituationen beobachtbares Phänomen erläutert.

Lösungen

5.1 Neue Ableitungsregeln – Produkt-, Quotienten-, Kettenregel

194

1. a) I $\Leftrightarrow$ q(x) $\Rightarrow$ Polstelle für h(x) = 0, also bei x = –2
III $\Leftrightarrow$ p(x) $\Rightarrow$ Verhalten bei x = 0
II $\Leftrightarrow$ s(x) $\Rightarrow$ punktweise Addition der Graphen

b) $s(x) = 0{,}5x + 1 + \sin(x) = h(x) + g(x)$
$s'(x) = h'(x) + g'(x) = 0{,}5 + \cos(x)$

$p(x) = (0{,}5x + 1) \cdot \sin(x) = 0{,}5x \cdot \sin(x) + \sin(x) = h(x) \cdot g(x)$
$p'(x) = h'(x) \cdot g(x) + h(x) \cdot g'(x) \neq h'(x) \cdot g'(x)$
$p'(x) = 0{,}5 \cdot \sin(x) + (0{,}5x + 1) \cdot \cos(x)$

$q(x) = \frac{g(x)}{h(x)} = \frac{\sin(x)}{0{,}5x + 1},\ x \in \mathbb{R} \setminus \{-2\}$

$q'(x) = \frac{g'(x) \cdot h(x) - g(x) \cdot h'(x)}{(h(x))^2} \neq \frac{g'(x)}{h'(x)}$

$q'(x) = \frac{\cos(x) \cdot (0{,}5x + 1) - \sin(x) \cdot 0{,}5}{(0{,}5x + 1)^2}$

195

2. a)

x	f(x)	g(f(x))	g(x)	f(g(x))
–3	9	10	–2	4
–1	1	2	0	0
0	0	1	1	1
2	4	5	3	9
4	16	17	5	25
a	a^2	$a^2 + 1$	a + 1	$(a + 1)^2 = a^2 + 2a + 1$

$g(f(x)) = x^2 + 1$

$f(g(x)) = (x + 1)^2$

Graphen:

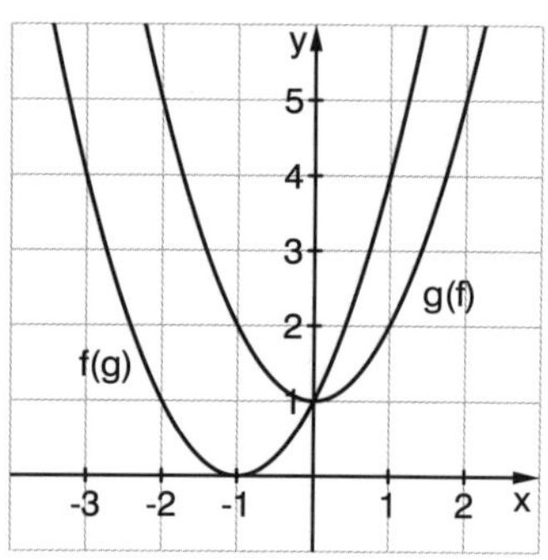

195

2. b) $f_1(f_2(x)) = 2\sin(x) + 1$

$f_2(f_1(x)) = \sin(2x + 1)$

$f_1(f_3(x)) = 2x^2 + 1$

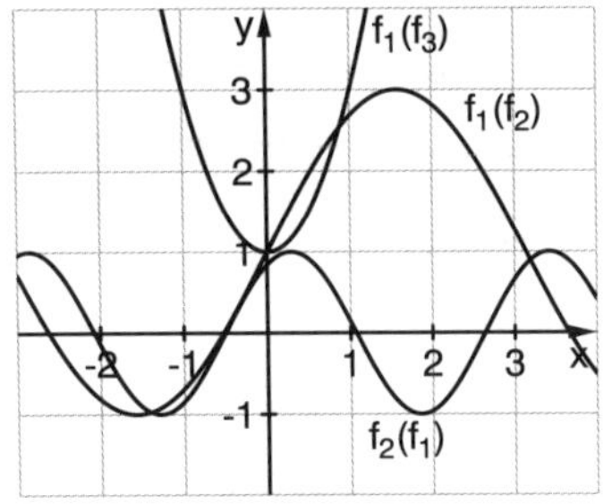

$f_3(f_1(x)) = (2x + 1)^2$

$f_2(f_3(x)) = \sin(x^2)$

$f_3(f_2(x)) = (\sin(x))^2 = \sin^2(x)$

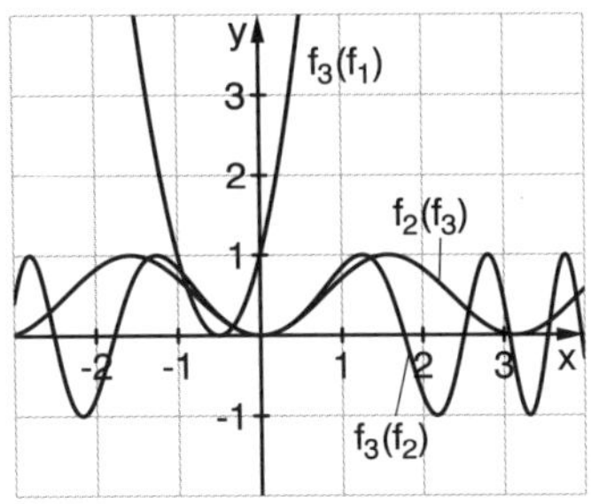

3. a) Graphenvergleich:
Man sieht, dass sich die Ableitung von p(x) nicht so nach der Regel $p'(x) = f'(x) \cdot g'(x)$ berechnen lässt.

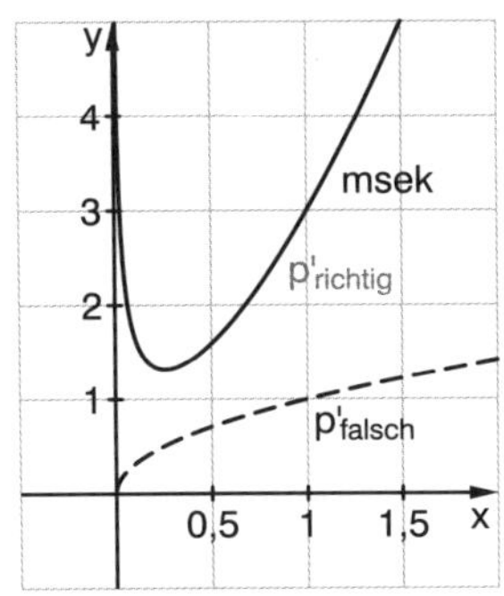

b)

x	f(x)	g(x)	f′(x)	g′(x)	msek(x)
1	1	2	$\frac{1}{2}$	2	3
4	2	17	$\frac{1}{4}$	8	$20\frac{1}{4}$
9	3	82	$\frac{1}{6}$	18	$67\frac{2}{3}$

Als Ableitungsregel ergibt sich damit:
$p'(x) = f'(x) \cdot g(x) + f(x) \cdot g'(x)$

196

4. a) $p(x) = f(x) \cdot g(x)$
Produktregel: $p'(x) = f'(x) \cdot g(x) + f(x) \cdot g'(x)$

$q(x) = \frac{f(x)}{g(x)}$

Quotientenregel: $q'(x) = \frac{f'(x) \cdot g(x) - f(x) \cdot g'(x)}{(g(x))^2}$

196

4. b) i) $f(x) = (x^2 - 2x) \cdot (5x - 4)$

$f'(x) = (2x - 2) \cdot (5x - 4) + (x^2 - 2x) \cdot 5$

$= 10x^2 - 8x - 10x + 8 + 5x^2 - 10x$

$= 15x^2 - 28x + 8$

alternativ: $f(x) = 5x^3 - 4x^2 - 10x^2 + 8x$

$= 5x^3 - 14x^2 + 8x$

$f'(x) = 15x^2 - 28x + 8$

ii) $g(x) = \frac{x^2}{x+1}$

$g'(x) = \frac{2x \cdot (x+1) - x^2 \cdot 1}{(x+1)^2} = \frac{x^2 + 2x}{(x+1)^2}$

iii) $h(x) = x \cdot \sin(x)$

$h'(x) = 1 \cdot \sin(x) + x \cdot \cos(x)$

iv) $i(x) = \frac{x^3 - 3x}{x}$

$i'(x) = \frac{(3x^2 - 3) \cdot x - (x^3 - 3x) \cdot 1}{x^2} = \frac{3x^3 - 3x - x^3 + 3x}{x^2} = \frac{2x^3}{x^2} = 2x$

alternativ: $i(x) = \frac{x^2 - 3}{1} = x^2 - 3$

$i'(x) = 2x$

c) $f(x) \overset{i)}{=} \frac{x^4}{x} \overset{ii)}{=} x^4 \cdot \frac{1}{x} \overset{iii)}{=} x^3$

i) Quotientenregel: $f'(x) = \frac{4x^3 \cdot x - x^4 \cdot 1}{x^2} = \frac{4x^4 - x^4}{x^2} = \frac{3x^4}{x^2} = 3x^2$

ii) Produktregel: $f'(x) = 4x^3 \cdot \frac{1}{x} + x^4 \cdot \left(-\frac{1}{x^2}\right) = 4x^2 - x^2 = 3x^2$

iii) ohne: $f'(x) = 3x^2$

5. a) $f(g(x))' = f'(g(x)) \cdot g'(x)$

b) $f(x) = \cos(x^2)$

$f'(x) = -\sin(x^2) \cdot 2x$

$g(x) = (x^3 - 2x)^4$

$g'(x) = 4(x^3 - 2x)^3 \cdot (3x^2 - 2)$

$h(x) = \sqrt{4x^2}$

$h'(x) = \frac{1}{\sqrt{4x^2}} \cdot 4x = \begin{cases} -2 \text{ für } x < 0 \\ 2 \text{ für } x > 0 \end{cases}$

6. a) Ⓐ $\rightarrow \frac{g(x+h) - g(x)}{h}$

Ⓑ $\rightarrow \frac{f(g(x+h)) - f(g(x))}{g(x+h) - g(x)}$

Ⓒ $\rightarrow \frac{f(g(x+h)) - f(g(x))}{h}$

b) $f(g(x))' = f'(g(x)) \cdot g'(x)$

Bsp.: $k(x) = (x^2 + 1)^3$

$k'(x) = 3 \cdot (x^2 + 1)^2 \cdot 2x$

$= 3 \cdot (x^4 + 2x^2 + 1) \cdot 2x$

$= 6x^5 + 12x^3 + 6x$

$k(x) = x^6 + 3x^4 + 3x^2 + 1$

$k'(x) = 6x^5 + 12x^3 + 6x$

198 **7.** $f(x) = u(x) \cdot v(x)$

$\Rightarrow f'(x) = u'(x) \cdot v(x) + u(x) \cdot v'(x)$

$u(x) = a \quad \Rightarrow \quad u'(x) = 0$

$\Rightarrow f'(x) = u(x) \cdot v'(x) = a \cdot v'(x)$

8. a) $y = x^3 \cdot (x^2 - 1)$

Produktregel: $y' = 3x^2 \cdot (x^2 - 1) + x^3 \cdot 2x$

b) $y = (4 - 3x)^4$

Kettenregel: $y' = 4 \cdot (4 - 3x)^3 \cdot (-3)$

c) $y = \frac{(5x^3 + 2x^2)}{x^2} = 5x + 2$

$y' = 5$

d) $y = \frac{x^2 + 1}{x}$

Quotientenregel: $y' = \frac{2x \cdot x - (x^2 + 1) \cdot 1}{x^2} = \frac{2x^2 - x^2 - 1}{x^2} = \frac{x^2 - 1}{x^2}$

e) $y = \frac{2x - 1}{x^2}$

Quotientenregel: $y' = \frac{2x^2 - (2x - 1) \cdot 2x}{x^4} = \frac{2x^2 - 4x^2 + 2x}{x^4} = \frac{-2x + 2}{x^3}$

f) $y = \frac{x^2}{2x - 1}$

Quotientenregel: $y' = \frac{2x \cdot (2x - 1) - x^2 \cdot 2}{(2x - 1)^2} = \frac{4x^2 - 2x - 2x^2}{(2x - 1)^2} = \frac{2x^2 - 2x}{(2x - 1)^2}$

g) $y = x^2 \cdot \sqrt{x} = x^{\frac{5}{2}}$

$y' = \frac{5}{2}x^{\frac{3}{2}} = \frac{5}{2}x \cdot \sqrt{x}$

h) $y = \sqrt{1 + x^2}$

Kettenregel: $y' = \frac{1}{2\sqrt{1 + x^2}} \cdot 2x = \frac{x}{\sqrt{1 + x^2}}$

i) $y = \sin(2x)$

Kettenregel: $y' = \cos(2x) \cdot 2$

j) $y = \sin(x) \cdot 2x$

Produktregel: $y' = \cos(x) \cdot 2x + \sin(x) \cdot 2$

k) $y = \sin(x) \cdot \cos(x)$

Produktregel: $y' = \cos^2(x) - \sin^2(x)$

l) $y = \sin(2x^2 + 1)$

Kettenregel: $y' = \cos(2x^2 + 1) \cdot 4x$

199 **9.** a) Kettenregel

b) Produktregel: Bilde die Summe aus dem Produkt der Ableitung des ersten Faktors mit dem zweiten Faktor und dem Produkt des ersten Faktors mit der Ableitung des zweiten Faktors.

Quotientenregel: Bilde den Quotienten aus der Differenz aus dem Produkt der Ableitung des Zählers mit dem Nenner und dem Produkt des Zählers mit der Ableitung des Nenners, und dem Quadrat des Nenners.

199

10. $k_1'(x) \rightarrow$ grün: $k_1'(x) = f(g(x))' = 6(2x-1)^2$
$p'(x) \rightarrow$ rot: $p'(x) = f'(x) \cdot g(x) + f(x) \cdot g'(x) = 2x^3 + 3x^2(2x-1) = 8x^3 - 3x^2$
$k_2'(x) \rightarrow$ blau: $k_2'(x) = g(f(x))' = 6x^2$

11. a) $y = 3x \cdot \sqrt{x}$
$y' = 3 \cdot \sqrt{x} + 3x \cdot \frac{1}{2\sqrt{x}}$ hier war ein Fehler

b) $y = \frac{x-2}{x}$
$y' = \frac{1 \cdot x - (x-2) \cdot 1}{x^2}$ hier war ein Fehler

c) $y = \sqrt{x^2+2}$
$y' = \frac{1}{2\sqrt{x^2+2}} \cdot 2x$ hier war ein Fehler

d) $y = x^2 \cdot \sin(x)$
$y' = 2x \cdot \sin(x) + x^2 \cdot \cos(x)$ korrekt

e) $y = (x^2+3)^5$
$y' = 5(x^2+3)^4 \cdot 2x$ hier war ein Fehler

f) $y = \frac{x^3}{2x+1}$
$y' = \frac{3x^2 \cdot (2x+1) - 2x^3}{(2x+1)^2}$ korrekt

12. i) $f(g(x))$: $x \xrightarrow[g]{\text{quadriere und addiere 4}} x^2 + 4 \xrightarrow[f]{\text{ziehe die Wurzel}} \sqrt{x^2+4}$
$g(f(x))$: $x \xrightarrow[f]{\text{ziehe die Wurzel}} \sqrt{x} \xrightarrow[g]{\text{quadriere und addiere 4}} x + 4$

$f(g(x))' = \frac{1}{2\sqrt{x^2+4}} \cdot 2x$
$g(f(x))' = 1$

ii) $f(g(x))$: $x \xrightarrow[g]{\text{quadriere}} x^2 \xrightarrow[f]{\text{subtrahiere 5}} x^2 - 5$
$g(f(x))$: $x \xrightarrow[f]{\text{subtrahiere 5}} x - 5 \xrightarrow[g]{\text{quadriere}} (x-5)^2$

$f(g(x))' = 2x$
$g(f(x))' = 2(x-5) = 2x - 10$

iii) $f(g(x))$: $x \xrightarrow[g]{\text{verdreifache}} 3x \xrightarrow[f]{\text{bilde den Sinus}} \sin(3x)$
$g(f(x))$: $x \xrightarrow[f]{\text{bilde den Sinus}} \sin(x) \xrightarrow[g]{\text{verdreifache}} 3 \cdot \sin(x)$
$f(g(x))' = \cos(3x) \cdot 3$
$g(f(x))' = 3 \cdot \cos(x)$

iv) $f(g(x))$: $x \xrightarrow[g]{\text{hoch 4}} x^4 \xrightarrow[f]{\text{multipliziere mit a und addiere b}} ax^4 + b$
$g(f(x))$: $x \xrightarrow[f]{\text{multipliziere mit a und addiere b}} ax + b \xrightarrow[g]{\text{hoch 4}} (ax+b)^4$
$f(g(x))' = 4ax^3$
$g(f(x))' = 4(ax+b)^3 \cdot a$

v) $f(g(x))$: $x \xrightarrow[g]{\text{ziehe die Wurzel}} \sqrt{x} \xrightarrow[f]{\text{addiere 2 und quadriere}} (\sqrt{x}+2)^2$
$g(f(x))$: $x \xrightarrow[f]{\text{addiere 2 und quadriere}} (x+2)^2 \xrightarrow[g]{\text{ziehe die Wurzel}} |(x+2)|$
$f(g(x))' = 2 \cdot (\sqrt{x}+2) \cdot \frac{1}{2\sqrt{x}}$
$g(f(x))' = \begin{cases} 1, & x > -2 \\ -1, & x < -2 \end{cases}, \quad x \in \mathbb{R} \setminus \{-2\}$

200

13. i) $f_1(x) = g(x) + h(x) \Rightarrow f_1(-1) = 3 + 2 = 5;\ f_1(0) = 4 + 1 = 5;\ f_1(2) = 0 + 0 = 0$

$f_1'(x) = g'(x) + h'(x) \Rightarrow f_1'(-1) = 4 + 5 = 9;\ f_1'(0) = -3 + 3 = 0;\ f_1'(2) = 2 - 1 = 1$

ii) $f_2(x) = g(x) \cdot h(x) \Rightarrow f_2(-1) = 3 \cdot 2 = 6;\ f_2(0) = 4 \cdot 1 = 4;\ f_2(2) = 0 \cdot 0 = 0$

$f_2'(x) = g'(x) \cdot h(x) + g(x) \cdot h'(x)$

$\Rightarrow f_2'(-1) = 4 \cdot 2 + 3 \cdot 5 = 23;\ f_2'(0) = -3 \cdot 1 + 4 \cdot 3 = 9,\ f_2'(2) = 2 \cdot 0 + 0 \cdot (-1) = 0$

iii) $f_3(x) = g(h(x)) \Rightarrow f_3(-1) = g(h(-1)) = g(2) = 0$

$f_3(0) = g(h(0)) = g(1) = ?$

$f_3(2) = g(h(2) = g(0) = 4$

$f_3' = g'(h(x)) \cdot h'(x) \Rightarrow f_3'(-1) = g'(h(-1)) \cdot h'(-1)$

$= g'(2) \cdot 5$

$= 2 \cdot 5 = 10$

$f_3'(0) = g'(h(0)) \cdot h'(0)$

$= g'(1) \cdot 3$

$= ?$

$f_3'(2) = g'(h(2)) \cdot h'(2)$

$= g'(0) \cdot (-1)$

$= -3 \cdot (-1) = 3$

iv) $f_4(x) = h(g(x)) \Rightarrow f_4(-1) = h(g(-1)) = h(3) = ?$

$f_4(0) = h(g(0)) = h(4) = ?$

$f_4(2) = h(g(2)) = h(0) = 1$

$f_4'(x) = h'(g(x)) \cdot g'(x) \Rightarrow f_4'(-1) = h'(g(-1)) \cdot g'(-1)$

$= h'(3) \cdot 4$

$= ?$

$f_4'(0) = h'(g(0)) \cdot g'(0)$

$= h'(4) \cdot (-3)$

$= ?$

$f_4'(2) = h'(g(2)) \cdot g'(2)$

$= h'(0) \cdot 2$

$= 3 \cdot 2 = 6$

Manche Berechnungen sind nicht möglich, da die dazu notwendigen Werte nicht in der Tabelle enthalten sind.

Zusatz: Durch die Angaben in der Tabelle und die Annahme, dass die Funktionen von g und h durch Funktionen fünfter Ordnung beschrieben werden können, lassen sich für diese folgende Gleichungen aufstellen:

$g(x) = \frac{25}{18}x^5 - \frac{11}{3}x^4 - \frac{3}{2}x^3 + \frac{59}{9}x^2 - 3x + 4$

$h(x) = \frac{121}{108}x^5 - \frac{29}{9}x^4 - \frac{29}{36}x^3 + \frac{299}{54}x^2 + 3x + 1$

Dadurch lassen sich die fehlenden Werte berechnen.

200

14. a)

	$f(x) = 3 \cdot g(x)$	$h(x)$	$f(x) = g(x) + h(x)$	$f(x) = g(x) \cdot h(x)$	$f(x) = g(h(x))$
$f(0)$	9	**1**	**4**	**3**	2,5
$f'(0)$	$-\frac{3}{2}$	**0**	$-\frac{1}{2}$	$-\frac{1}{2}$	**0**
$f(1)$	**7,5**	2	**4,5**	5	**2**
$f'(1)$	$-\frac{3}{2}$	**2**	$\frac{3}{2}$	**4**	**−1**

b) $g(x) = -\frac{1}{2}x + 3$

$h(x) = x^2 + 1$

15. a) $f(x)$ mit $f'(x) = \frac{1}{x}$

$g(x) = x \cdot f(x) - x$

$g'(x) = 1 \cdot f(x) + x \cdot f'(x) - 1 = f(x) + 1 - 1 = f(x)$

b) $f(x)$ mit $f'(x) = \frac{1}{1 + x^2}$

$g(x) = \frac{f(x)}{1 + x^2}$

$g'(x) = \frac{f'(x) \cdot (1 + x^2) - f(x) \cdot 2x}{(1 + x^2)^2} = \frac{1 - f(x) \cdot 2x}{(1 + x^2)^2}$

16. $g(x) = 4 - 2x$; $h(x) = |x|$

a) $g(h(x)) = 4 - 2\,|x|$

$g(h(x))' = \begin{cases} -2 \cdot (+1), & x > 0 \\ -2 \cdot (-1), & x < 0 \end{cases}, \; x \in \mathbb{R} \setminus \{0\} = \begin{cases} -2, & x > 0 \\ 2, & x < 0 \end{cases}, \; x \in \mathbb{R} \setminus \{0\}$

$h(g(x)) = |4 - 2x|$

$h(g(x))' = \begin{cases} -2 \cdot (-1), & x > 2 \\ -2 \cdot (+1), & x < 2 \end{cases}, \; x \in \mathbb{R} \setminus \{2\} = \begin{cases} 2, & x > 2 \\ -2, & x < 2 \end{cases}, \; x \in \mathbb{R} \setminus \{2\}$

$\Rightarrow \; g(h(3))' = -2$; $g(h(-3))' = 2$; $h(g(3))' = 2$; $h(g(-3))' = -2$

b) $h(g(x))$ ist an der Stelle $c = 2$ nicht differenzierbar, da der linksseitige und rechtsseitige Grenzwert für $\lim\limits_{x \to 2} h(g(x))'$ nicht übereinstimmen (siehe a)).

$g(h(c))' = g(h(2))' = -2$; $h(g(d))' = h(g(0))' = -2$

Analoge Begründung für $g(h(x))$ an der Stelle $d = 0$.

17. a) $p(x) = f(x) \cdot g(x) \cdot h(x)$

$p'(x) = f'(x) \cdot g(x) \cdot h(x) + f(x) \cdot g'(x) \cdot h(x) + f(x) \cdot g(x) \cdot h'(x)$

$p(x) = (x^2 - 1) \cdot (x^2 + 1) \cdot x$

$p'(x) = 2x \cdot (x^2 + 1) \cdot x + (x^2 - 1) \cdot 2x \cdot x + (x^2 - 1) \cdot (x^2 + 1) \cdot 1$

$= 2x^4 + 2x^2 + 2x^4 - 2x^2 + x^4 + x^2 - x^2 - 1$

$= 5x^4 - 1$

alternativ: $p(x) = (x^2 - 1) \cdot (x^2 + 1) \cdot x$

$= (x^2 - 1) \cdot (x^3 + x)$

$= x^5 + x^3 - x^3 - x$

$= x^5 - x$

$p'(x) = 5x^4 - 1$

Beide Möglichkeiten der Ableitungsbildung führen zum gleichen Ergebnis. Die aufgestellte Regel ist also richtig.

200 **17.** b) $k(x) = f(g(h(x)))$

$k'(x) = f'(g(h(x))) \cdot g'(h(x)) \cdot h'(x)$

$k(x) = \sqrt{(2x+1)^2}$

$k'(x) = \frac{1}{2\sqrt{(2x+1)^2}} \cdot 2 \cdot (2x+1) \cdot 2$

$= 2 \cdot \frac{2x+1}{|2x+1|} = \begin{cases} 2 \cdot (+1), & x > -\frac{1}{2} \\ 2 \cdot (-1), & x < -\frac{1}{2} \end{cases}, \; x \in \mathbb{R} \setminus \left\{-\frac{1}{2}\right\} = \begin{cases} 2, & x > -\frac{1}{2} \\ -2, & x < -\frac{1}{2} \end{cases}, \; x \in \mathbb{R} \setminus \left\{-\frac{1}{2}\right\}$

alternativ: $k(x) = \sqrt{(2x+1)^2}$

$= |2x+1|$

$k'(x) = \begin{cases} 2, & x > -\frac{1}{2} \\ -2, & x < -\frac{1}{2} \end{cases}, \; x \in \mathbb{R} \setminus \left\{-\frac{1}{2}\right\}$

Die Probe zeigt, dass die aufgestellte Regel anwendbar ist.

201 **18.** a)

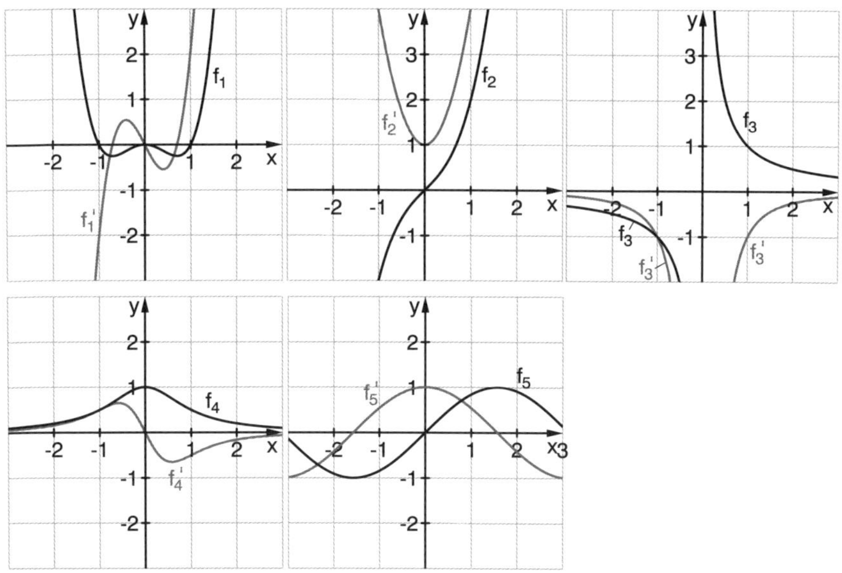

Die abgebildeten Graphen und ihre Ableitungsfunktionen bestätigen die beiden Aussagen.

b) Aufgrund der Symmetrie des Graphen existiert auch dieselbe Symmetrie bei den Tangenten, insbesondere bzgl. der Steigungen, d. h. Vorzeichenumkehr ($m \Leftrightarrow -m$) bei Achsensymmetrie und Identität ($m = m$) bei Punktsymmetrie.

c) $f(x) = f(-x) \Rightarrow f'(x) = f'(-x) \cdot (-1) = -f'(-x)$ (Kettenregel)

$f(x) = -f(-x) \Rightarrow f'(x) = -f'(-x) \cdot (-1) = f'(-x)$ (Kettenregel)

19. $f(x) = \sqrt{25 - x^2}$

a) $m_t = -\frac{1}{m_r}$

$m_r = \frac{\Delta y}{\Delta x} = \frac{f(x)}{x}$

$\Rightarrow \quad m_t = -\frac{x}{f(x)} = -\frac{x}{\sqrt{25 - x^2}}$

b) $f'(x) = \frac{1}{2\sqrt{25 - x^2}} \cdot (-2x) = -\frac{x}{\sqrt{25 - x^2}}$

Die Ergebnisse stimmen überein.

201

20. $g'(a) = 0$

a) $k(x) = (g(x))^2$

$k'(x) = 2 \cdot g(x) \cdot g'(x)$

$\Rightarrow k'(a) = 2 \cdot g(a) \cdot g'(a) = 0$ Die Aussage ist wahr.

b) $k(x) = \sqrt{g(x)}$

$k'(x) = \frac{1}{2\sqrt{g(x)}} \cdot g'(x)$

$\Rightarrow k'(a) = \frac{1}{2 \cdot \sqrt{g(a)}} \cdot g'(a) = 0, \forall a \in \mathbb{R}: g(a) \neq 0$ Die Aussage ist wahr.

c) $k(x) = (x^2 + 1) \cdot g(x)$

$k'(x) = 2x \cdot g(x) + (x^2 + 1) \cdot g'(x)$

$\Rightarrow k'(a) = 2a \cdot g(a) + (a^2 + 1) \cdot g'(a)$

$= 2a \cdot g(a)$

$\Rightarrow k'(a) = 0 \Leftrightarrow a = 0 \vee g(a) = 0$

21. a) $y = 0{,}5x^2$; $Q(6|0)$

$d = \sqrt{(x_p - x_a)^2 + (y_p - y_a)^2}$

$\Rightarrow d(x) = \sqrt{(x-6)^2 + (0{,}5x^2 - 0)^2} = \sqrt{x^2 - 12x + 36 + 0{,}25x^4}$

$\Rightarrow$ Minimum von $d(x)$:

$\Rightarrow d'(x) = \frac{1}{2\sqrt{x^2 - 12x + 36 + 0{,}25x^4}} \cdot (2x - 12 + x^3)$

$d'(x) = 0 \Rightarrow x^3 + 2x - 12 = 0$

$\Rightarrow x = 2$ ist einzige reelle Lösung

$y(2) = 2$

$\Rightarrow P(2|2)$

b) $m_{\overline{PQ}} = \frac{2-0}{2-6} = -\frac{1}{2}$

$m_t = y'(2), y'(x) = x \Rightarrow m_t = 2 \Rightarrow m_t = \frac{-1}{m_{\overline{PQ}}}$

$\Rightarrow m_t \cdot m_{\overline{PQ}} = 2 \cdot \left(-\frac{1}{2}\right) = -1$

$\Rightarrow$ Die Gerade QP ist senkrecht zur Tangente.

202

22. Fehler im Buch: Hier ist natürlich die realistische Änderungsrate für die schmelzende Eiskugel von 0,2 cm/min gemeint.

$V_K = \frac{4}{3}\pi r^3 = V_K(r)$

$r = 5 - 0{,}2t = r(t)$

$\Rightarrow V_K(r) = V_K(r(t))$

$\Rightarrow V_K = \frac{4}{3}\pi(5 - 0{,}2t)^3 = V_K(t)$

$V_K'(t) = \frac{4}{3}\pi \cdot 3(5 - 0{,}2t)^2 \cdot (-0{,}2)$

$= -0{,}8\pi(5 - 0{,}2t)^2$

Das Volumen nimmt demnach mit den folgenden Raten ab:

$V_K'(5) = -\frac{64}{5}\pi \approx -40{,}2$

$V_K'(10) = -\frac{36}{5}\pi \approx -22{,}6$

$V_K'(15) = -\frac{16}{5}\pi \approx -10{,}1$

202

22. Fortsetzung

Zu untersuchen ist:

$|V_K'(t)| < 0{,}001$

$\Rightarrow \quad -0{,}032t^2 + 1{,}6t - 20 - \frac{0{,}001}{\pi} < 0$

Da für t = 25 $V_K(25) = 0$, ist die einzig sinnvolle Lösung $t > 24{,}900 \wedge t < 25$.

23. a) $\left.\begin{array}{l}\overline{AB} = 2\text{ km} \Rightarrow 3\,\frac{\text{km}}{\text{h}} \Rightarrow t = \frac{2}{3}\text{ h} \\ \overline{BC} = 6\text{ km} \Rightarrow 5\,\frac{\text{km}}{\text{h}} \Rightarrow t = \frac{6}{5}\text{ h}\end{array}\right\}\quad \overline{AB} + \overline{BC} \Rightarrow t = \frac{28}{15}\text{ h} \approx 1{,}87\text{ h}$

Pythagoras: $\overline{AB}^2 + \overline{BC}^2 = \overline{AC}^2$

$(4\text{ km})^2 + (36\text{ km})^2 = (40\text{ km})^2 \quad \Rightarrow \quad \overline{AC} = \sqrt{40}\text{ km} \Rightarrow 3\,\frac{\text{km}}{\text{h}} \Rightarrow t = \frac{2\sqrt{10}}{3}\text{ h} \approx 2{,}11\text{ h}$

$\Rightarrow$ Die Strecke $\overline{AC}$ dauert länger als die von $\overline{AB} + \overline{BC}$.

b) Zeit für $\overline{AD} + \overline{DC}$ bestimmen

Dazu: $\overline{AD} = \sqrt{\overline{AB}^2 + x^2}$ mit $3\,\frac{\text{km}}{\text{h}}$

$\overline{DC} = 6 - x$ mit $5\,\frac{\text{km}}{\text{h}}$

$\Rightarrow \quad t(x) = \frac{\sqrt{2^2 + x^2}}{3} + \frac{6 - x}{5}$

$\Rightarrow \quad t'(x) = \frac{x}{3\sqrt{4 + x^2}} - \frac{1}{5}$

$\Rightarrow \quad t'(x) = 0 \quad \Rightarrow \quad x_{1/2} = \pm 1{,}5$

$\Rightarrow$ Aus den geometrischen Überlegungen der Skizze folgt x = 1,5.

$\Rightarrow \quad t(1{,}5) \approx 1{,}73$ h; $\overline{AD} = 2{,}5$; $\overline{DC} = 4{,}5$

c) a) $\overline{AB} + \overline{BC} \Rightarrow t \approx \frac{2}{12}\text{ h} + \frac{6}{20}\text{ h} \approx 0{,}47\text{ h}$

$\overline{AC} \quad \Rightarrow \quad t \approx \frac{\sqrt{40}}{12}\text{ h} \approx 0{,}53\text{ h}$

b) $t(x) = \frac{\sqrt{2^2 + x^2}}{12} + \frac{6 - x}{20}$, $t'(x) = \frac{x}{12\sqrt{4 + x^2}} - \frac{1}{20} \quad \Rightarrow \quad t'(x) = 0 \quad \Rightarrow \quad x = 1{,}5$

$t(1{,}5) \approx 0{,}43$ h

24. a) $K(x) = 0{,}1x^3 - 1{,}2x^2 + 4{,}9x + 4$

$KD(x) = \frac{K(x)}{x} = 0{,}1x^2 - 1{,}2x + 4{,}9 + \frac{4}{x}$

$KD'(x) = 0{,}2x - 1{,}2 - \frac{4}{x^2}$

$\Rightarrow KD'(x) = 0 \Rightarrow 0{,}2x^3 - 1{,}2x^2 - 4 = 0$

$\Rightarrow x \approx 6{,}48 \quad \Rightarrow \quad KD(6{,}48) \approx 1{,}94$

$KG(x) = K'(x) = 0{,}3x^2 - 2{,}4x + 4{,}9 \quad \Rightarrow \quad KG(6{,}48) \approx 1{,}94$

Bei einer Menge von 6,48 ME sind die Produktionskosten minimal und betragen $K(6{,}48) = 12{,}57$.

b) KD(x) minimal:

$\Rightarrow KD'(x) = 0 = \frac{K'(x) \cdot x - K(x)}{x^2} \quad \Rightarrow \quad K'(x) \cdot x = K(x)$

Es gilt also: $KD(x) = \frac{K(x)}{x} = \frac{K'(x) \cdot x}{x}$

$= K'(x) = KG(x)$

203

25. i) Identifizierung:

$$p'(x) = \lim_{h \to 0} \frac{f(x+h)\,g(x+h) - f(x)\,g(x)}{h}$$

$$f'(x) = \lim_{h \to 0} \frac{f(x+h) - f(x)}{h}$$

$$g'(x) = \lim_{h \to 0} \frac{g(x+h) - g(x)}{h}$$

ii) Um den Quotienten „geschickt“ ($\Rightarrow$ passend) auseinanderziehen zu können.

iii) Bei der Durchführung des Grenzüberganges $h \to 0$ am Ende.

iv) Die Stetigkeit wird im abschließenden Schritt benötigt, also bei der Durchführung von $h \to 0$ (1. Summand der letzten Zeile).

26. a) Wenn die Funktion $k(x) = f(g(x))$ mit $g(x)$ differenzierbar für $x \in \mathbb{R}$ und $f(x)$ differenzierbar für $x \in \mathbb{W}_g$, dann ist $k(x)$ differenzierbar und es gilt $k'(x) = f'(g(x)) \cdot g'(x)$.

b) $k'(x) = \frac{f(g(x+h)) - f(g(x))}{h}$

nach Aufgabe 6: $k'(x) = \frac{f(g(x+h)) - f(g(x))}{g(x+h) - g(x)} \cdot \frac{g(x+h) - g(x)}{h} = f'(g(x)) \cdot g'(x)$

27. $f(x) = \frac{1}{g(x)} \quad \Rightarrow \quad f'(x) = -\frac{g'(x)}{(g(x))^2}$

a) Sei $h(x) := \frac{1}{x}$

$\Rightarrow \; f(x) = h(g(x)) = \frac{1}{g(x)}$

$f'(x) = h(g(x))' = h'(g(x)) \cdot g'(x) = -\frac{1}{(g(x))^2} \cdot g'(x) = -\frac{g'(x)}{(g(x))^2}$

b) Quotientenregel:

$f'(x) = \frac{0 \cdot g(x) - 1 \cdot g'(x)}{(g(x))^2} = -\frac{g'(x)}{(g(x))^2}$

28. $f(x) = x^{-n} = \frac{1}{x^n}$

Quotienteregel:

$f'(x) = \frac{0 \cdot x^n - 1 \cdot n \cdot x^{n-1}}{(x^n)^2}$

$= -\frac{n \cdot x^{n-1}}{x^{2n}} = -n \cdot x^{n-1-2n}$

$= -n \cdot x^{-n-1}$

Ableitungsregel für reziproke Funktion:

$f'(x) = -\frac{n \cdot x^{n-1}}{(x^n)^2}$

$= -\frac{n \cdot x^{n-1}}{x^{2n}} = -n \cdot x^{n-1-2n}$

$= -n \cdot x^{n-1}$

29. $k(x) := \frac{f(x)}{g(x)} = f(x) \cdot \frac{1}{g(x)}$

$k'(x) = f'(x) \cdot \frac{1}{g(x)} + f(x) \cdot \left(-\frac{g'(x)}{(g(x))^2}\right)$

$= \frac{f'(x) \cdot g(x)}{(g(x))^2} - \frac{f(x) \cdot g'(x)}{(g(x))^2} = \frac{f'(x) \cdot g(x) - f(x) \cdot g'(x)}{(g(x))^2}$

204

30. a) i) $f(x) = \frac{(3x+2)^5}{15}$

$f'(x) = \frac{1}{15} \cdot 5 \cdot (3x+2)^4 \cdot 3 = (3x+2)^4$

ii) $g(x) = -2\cos\left(\frac{x}{2} - 1\right)$

$g'(x) = -2\left(-\sin\left(\frac{x}{2} - 1\right)\right) \cdot \frac{1}{2} = \sin\left(\frac{x}{2} - 1\right)$

204 **30.** Fortsetzung

a) iii) $h(x) = \frac{2 \cdot \sqrt{5x+1}}{5}$

$h'(x) = \frac{2}{5} \cdot \frac{1}{2 \cdot \sqrt{5x+1}} \cdot 5 = \frac{1}{\sqrt{5x+1}}$

b) i) $h(x) = (3x+2)^4$ $\Rightarrow f(x) = x^4,\ g(x) = 3x+2$

$H(x) = \frac{(3x+2)^5}{15}$ $\Rightarrow f(x) = \frac{x^5}{15},\ g(x) = 3x+2$

ii) $h(x) = \sin\left(\frac{x}{2} - 1\right)$ $\Rightarrow f(x) = \sin(x),\ g(x) = \frac{x}{2} - 1$

$H(x) = -2\cos\left(\frac{x}{2} - 1\right)$ $\Rightarrow f(x) = -2\cos(x),\ g(x) = \frac{x}{2} - 1$

iii) $h(x) = \frac{1}{\sqrt{5x+1}}$ $\Rightarrow f(x) = \frac{1}{x},\ g(x) = \sqrt{5x+1}$

$H(x) = \frac{2 \cdot \sqrt{5x+1}}{5}$ $\Rightarrow f(x) = \frac{2}{5}\sqrt{x},\ g(x) = 5x+1$ oder

$f(x) = \frac{2}{5}x,\ g(x) = \sqrt{5x+1}$

c) $Y_1 = \frac{1}{0{,}2} \cdot \frac{1}{4}(0{,}2x+2)^4$

$Y_2 = \frac{1}{3}\sin(3x)$

$Y_3 = -\frac{1}{x-5}$

$Y_4 = \frac{1}{\frac{3}{2}} \cdot \frac{1}{2}(2x)^{\frac{3}{2}}$

Beschreibung: Die äußere Ableitung umkehren und den Vorfaktor so passend wählen, dass er die innere Ableitung (weg)kürzt.

31. a) $F(x) = \frac{1}{2} \cdot \frac{1}{6}(2x-4)^6$

b) $F(x) = \frac{1}{-2x} \cdot \frac{1}{6}(4-x^2)^6$ abweichend von der Regel

c) $F(x) = \sin(x+\pi)$

d) $F(x) = -\frac{1}{(x+2)}$

e) $F(x) = \frac{1}{2} \cdot \frac{1}{1-2x}$

f) F(x) nicht mit der Regel integrierbar

g) $F(x) = \frac{1}{3} \cdot \frac{1}{\frac{3}{2}}(3x+4)^{\frac{3}{2}}$

h) $F(x) = \frac{1}{3x^2} \cdot \frac{1}{\frac{3}{2}}(x^3+4)^{\frac{3}{2}}$ abweichend von der Regel

205 **32.** $\bar{f}'(x) = \frac{1}{f'(\bar{f}(x))}$

$f(x) = x^2 \Rightarrow f'(x) = 2 \cdot x$

$\bar{f}(x) = \sqrt{x}$

$\Rightarrow \bar{f}'(x) = \frac{1}{2 \cdot \sqrt{x}},\ x > 0$

205

33. a) i) $f_1 \to g_3$

ii) $f_2 \to g_1$

iii) $f_3 \to g_4$

iv) $f_4 \to g_2$

b) i) $f_1'(x) = 2;\ g_3'(x) = 0{,}5$

$$g_3'(x) = \frac{1}{f_1'(g_3(x))} = \frac{1}{2} = 0{,}5$$

$$\Rightarrow\ \overline{f_1}'(x) = g_3'(x)$$

ii) $f_2'(x) = 8x;\ g_1'(x) = \frac{1}{4\sqrt{x}}$

$$g_1'(x) = \frac{1}{f_2'(g_1(x))} = \frac{1}{8 \cdot \frac{1}{2}\sqrt{x}} = \frac{1}{4\sqrt{x}}$$

$$\Rightarrow\ \overline{f_2}'(x) = g_1'(x)$$

iii) $f_3'(x) = -\frac{1}{x^2};\ g_4'(x) = -\frac{1}{x^2}$

$$g_4'(x) = \frac{1}{f_3'(g_4(x))} = \frac{1}{-\frac{1}{\left(\frac{1}{x}\right)^2}} = -\frac{1}{x^2}$$

$$\Rightarrow\ \overline{f_3}'(x) = g_4'(x)$$

iv) $f_4'(x) = \frac{1}{2\sqrt{x+2}};\ g_2'(x) = 2x$

$$g_2'(x) = \frac{1}{f_4'(g_2(x))} = \frac{1}{\frac{1}{2\sqrt{x^2-2+2}}} = \frac{1}{\frac{1}{2x}} = 2x$$

$$\Rightarrow\ \overline{f_4}'(x) = g_2'(x)$$

34. a) $\bar{f}'(x) = \frac{1}{f'(\bar{f}(x))}$

$f(x) = x^n,\ x > 0 \quad \Rightarrow \quad f'(x) = n \cdot x^{n-1}$

$\bar{f}(x) = \sqrt[n]{x}$

$$\Rightarrow\ \bar{f}'(x) = \frac{1}{n \cdot \left(\sqrt[n]{x}\right)^{n-1}}$$

b) $g(x) = x^{\frac{1}{n}} = \sqrt[n]{x}$

$$\Rightarrow\ g'(x) = \frac{1}{n \cdot \left(\sqrt[n]{x}\right)^{n-1}} = \frac{1}{n} \cdot \left(\left(\sqrt[n]{x}\right)^{n-1}\right)^{-1}$$

$$= \frac{1}{n} \cdot \left(x^{\frac{1}{n}}\right)^{1-n} = \frac{1}{n} \cdot x^{\frac{1}{n}-1}$$

35. $f(x) = x^{\frac{m}{n}}$

$$f'(x) = \left(x^{\frac{m}{n}}\right)' = \frac{m \cdot x^{m-1}}{n \cdot \left(x^{\frac{m}{n}}\right)^{n-1}} = \frac{m}{n} \frac{x^{m-1}}{x^{\frac{mn-m}{n}}}$$

$$= \frac{m}{n} \frac{x^{m-1}}{x^{m-\frac{m}{n}}} = \frac{m}{n} x^{m-1-\left(m-\frac{m}{n}\right)}$$

$$= \frac{m}{n} x^{-1+\frac{m}{n}} = \frac{m}{n} x^{\frac{m}{n}-1}$$

206

36. a) $y = f(u)$

$u = g(x)$

$\Rightarrow \frac{dy}{dx} = y' = f(g(x))'$

$\frac{dy}{du} = f'(g(x))$

$\frac{du}{dx} = g'(x)$

b) i) $y = u \cdot v$

$\Rightarrow \frac{dy}{dx} = \frac{du}{dx} \cdot v + u \cdot \frac{dv}{dx}$

ii) $y = \frac{u}{v}$

$\Rightarrow \frac{dy}{dx} = \frac{\frac{du}{dx} \cdot v - u \cdot \frac{dv}{dx}}{v^2}$

37. a) Setze $u = x \quad \Rightarrow \quad y = u \cdot \cos(u)$

$\frac{dy}{dx} = (1 \cdot \cos(u) + u \cdot (-\sin(u)) \cdot 1$

$= \cos(u) - u \cdot \sin(u)$

$= \cos(x) - x \cdot \sin(x)$

b) Setze $u = 3x^2 - 4 \quad \Rightarrow \quad y = \frac{1}{4}$

$\frac{dy}{dx} = -\frac{1}{u^2} \cdot 6x$

$= \frac{-6x}{(3x^2 - 4)^2}$

c) Setze $u = x^3 + 5 \quad \Rightarrow \quad y = \sqrt{4}$

$\frac{dy}{dx} = \frac{1}{2\sqrt{u}} \cdot 3x^2$

$= \frac{3x^2}{2\sqrt{x^3 + 5}}$

d) Setze $u = 2x^2 + 1 \quad \Rightarrow \quad y = \sin(u)$

$\frac{dy}{dx} = \cos(u) \cdot 4x$

$= \cos(2x^2 + 1) \cdot 4x$

38. –

5.2 Funktionenscharen und Ortskurven

208

1. a) (A) $\rightarrow f_a(x)$; (B) $\rightarrow f_b(x)$; (C) $\rightarrow f_c(x)$

b) (A): $f_a(x) = ax^2 + x + 1$

$f_a'(x) = 2ax + 1 = 0$

$\Rightarrow \quad x = -\frac{1}{2a} \quad \Rightarrow \quad fa\left(-\frac{1}{2a}\right) = -\frac{1}{4a} + 1$

$S\left(-\frac{1}{2a}\middle|-\frac{1}{4a} + 1\right)$

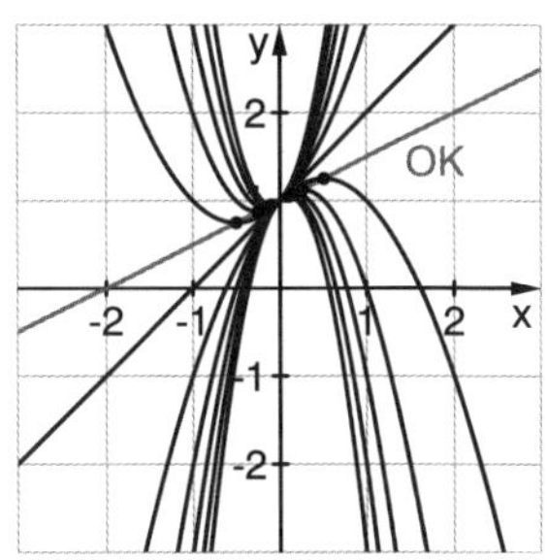

(B): $f_b(x) = x^2 + bx + 1$

$f_b'(x) = 2x + b = 0$

$\Rightarrow \quad x = -\frac{b}{2}$

$\Rightarrow \quad f_b\left(-\frac{b}{2}\right) = \frac{b^2}{4} - \frac{b^2}{2} + 1 = -\frac{b^2}{4} + 1$

$S\left(-\frac{b}{2}\middle|-\frac{b^2}{4} + 1\right)$

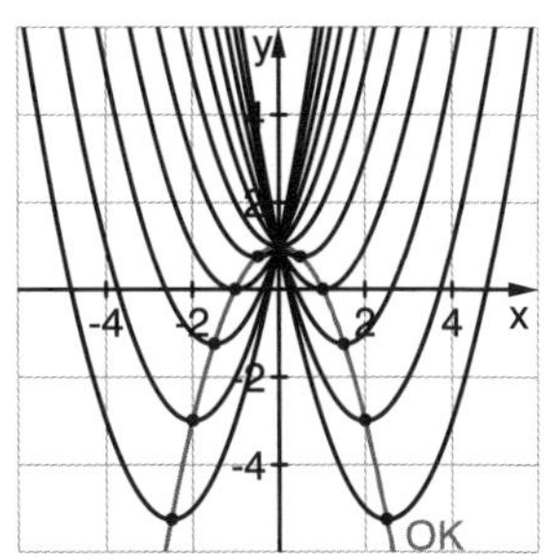

208 **1.** Fortsetzung

b) (C): $f_c(x) = x^2 + x + c$

$f_c'(x) = 2x + 1 = 0$

$\Rightarrow \quad x = -\frac{1}{2} \quad \Rightarrow \quad f_c\left(-\frac{1}{2}\right) = -\frac{1}{4} + c$

$S\left(-\frac{1}{2}\middle|-\frac{1}{4} + c\right)$

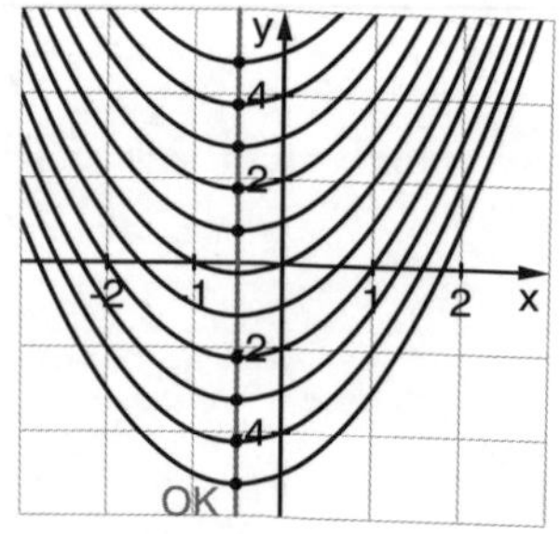

c) (A): $x = -\frac{1}{2a} \quad \Rightarrow \quad a = -\frac{1}{2x}$

$\Rightarrow y = -\frac{1}{4\left(-\frac{1}{2x}\right)} + 1 = \frac{1}{2}x + 1$

(B): $x = -\frac{b}{2} \quad \Rightarrow \quad b = -2x$

$\Rightarrow y = -\frac{(-2x)^2}{4} + 1 = -x^2 + 1$

(C): $x = -\frac{1}{2}$ ist unabhängig vom Parameter c. Alle Scheitelpunkte der Funktionenschar liegen als Ortskurve auf der Senkrechten $x = -\frac{1}{2}$ zur x-Achse.

209 **2.** a) Da der Preis um x Euro verändert werden soll, ergibt sich ein neuer Preis von (6 + x). Das Publikum nimmt pro Euro um 30 Personen von ursprünglich 300 ab $\Rightarrow$ (300 – 30x). Daraus folgt für die Einnahmen die angegebene Gleichung:

$E(x) = (6 + x) \cdot (300 - 30x)$

Für den Preis folgt damit:

$E'(x) = 120 - 60x = 0$

$\Rightarrow \quad x = 2$

Bei einer Preiserhöhung um 2 € erhält man die größten Einnahmen unter den genannten Bedingungen.

b) (1) $E_p(x) = (p + x) \cdot (300 - 30x)$

$\Rightarrow$ y-Achsenschnittpunkte bei $E_p(0) = 300p$

$E_p'(x) = -30p + 300 - 60x = 0$

$\Rightarrow \quad x = 5 - \frac{1}{2}p$

$E_p\left(5 - \frac{1}{2}p\right) = 7{,}5p^2 + 150p + 750$

(2) $E_b(x) = (6 + x) \cdot (300 - bx)$

$\Rightarrow$ x-Achsenschnittpunkte bei $E_b(x) = 0$

$\Rightarrow$ für b = 0: Gerade $E_0(x) = y = 300x + 1800$

$E_b'(x) = -2bx - 6b + 300 = 0$

$\Rightarrow \quad x = -3 + \frac{150}{b}$

$E_b\left(-3 + \frac{150}{b}\right) = 9b + \frac{22\,500}{b} + 900$

209 **2.** Fortsetzung

b) allg.: $E(x) = (p + x) \cdot (300 - bx)$

$E'(x) = -pb + 300 - 2bx = 0$

$\Rightarrow \quad x = \frac{150}{b} - \frac{p}{2}$

$\Rightarrow \quad$ (1), (2): ja, wenn $\frac{p}{2} > \frac{150}{b}$

c)

p	x_{max}	$E_p(x_{max})$
2	**4**	**1080**
4	3	1470
6	2	1920
8	**1**	**2430**

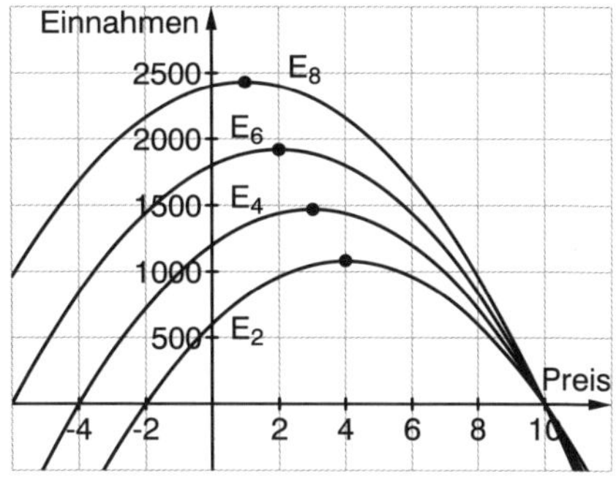

b	x_{max}	$E_b(x_{max})$
20	**4,5**	**2205**
30	2	1920
40	0,75	1822,5
50	**0**	**1800**

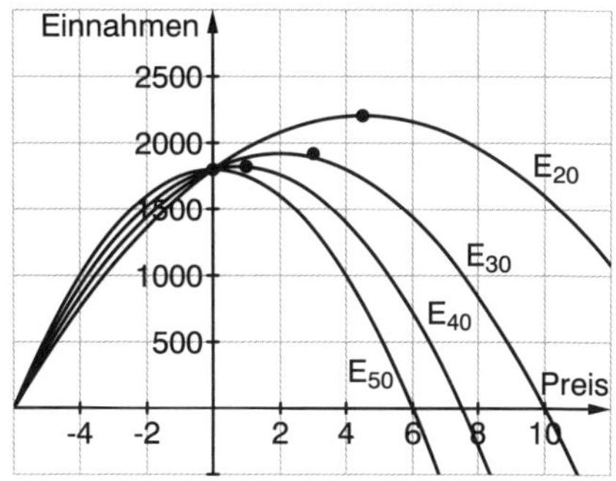

(1) Aus der ersten Tabelle geht hervor, dass mit steigendem Preis auch die maximalen Einnahmen steigen.

(2) Aus der zweiten Tabelle geht hervor, dass mit Abnahme der Besucherzahlen die maximalen Einnahmen fallen.

211 **3.** $f_t(x) = \frac{1}{3}x^3 - 2tx^2$

a) $f_t(1) = 2 \quad \Rightarrow \quad t = -\frac{5}{6} \quad \Rightarrow \quad f_{\frac{5}{6}}(x) = \frac{1}{3}x^3 - \frac{10}{6}x^2$

b) y-Achse: $f_t(0) = 0$

x-Achse: $f_t(x) = 0 \quad \Rightarrow \quad x_1 = 0$

$x_2 = 6t$

c) $f_t'(x) = x^2 - 4tx$

$f_t'(1) = 1 - 4t$

d) $f_t'(x) = 1 \quad \Rightarrow \quad x_{1/2} = 2t \pm \sqrt{4t^2 + 1}$

e) $f_t''(x) = 2x - 4t = 0$

$\Rightarrow \quad x = 2t \quad \Rightarrow \quad t = \frac{1}{2}x$

$f_t(2t) = -\frac{16}{3}t^3 \quad \Rightarrow \quad y = -\frac{16}{3} \cdot \left(\frac{1}{2}x\right)^3 = -\frac{2}{3}x^3$

212 **4.** a) $f_a(x) = x^2 - ax$

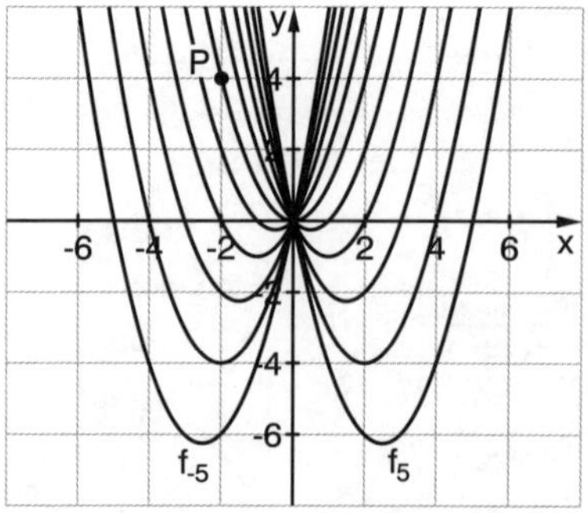

$f_b(x) = \frac{1}{b}x^2 - x$

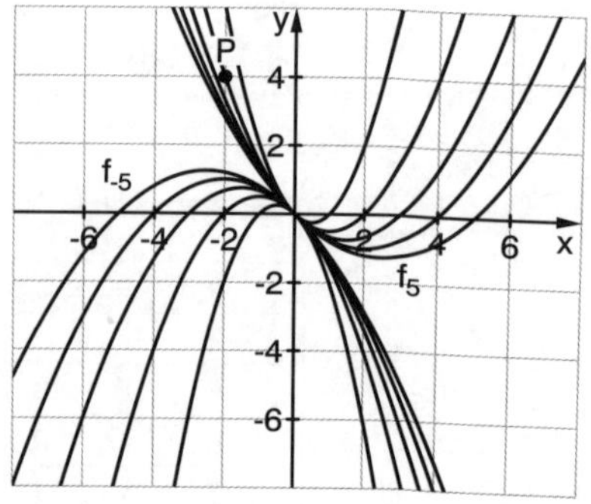

$f_c(x) = x^3 - cx$

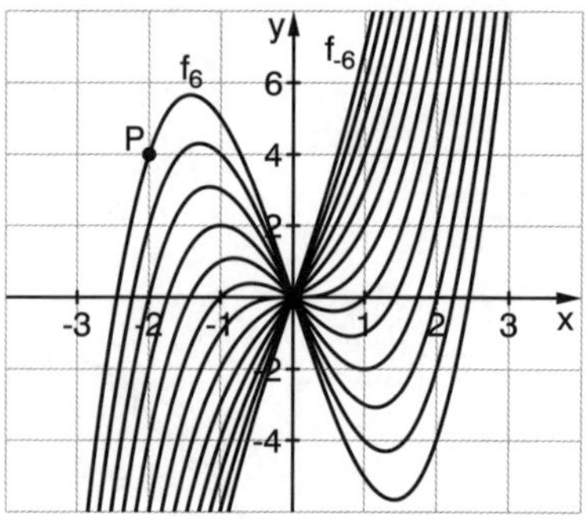

$f_d(x) = \frac{1}{2}x^4 - dx^2$

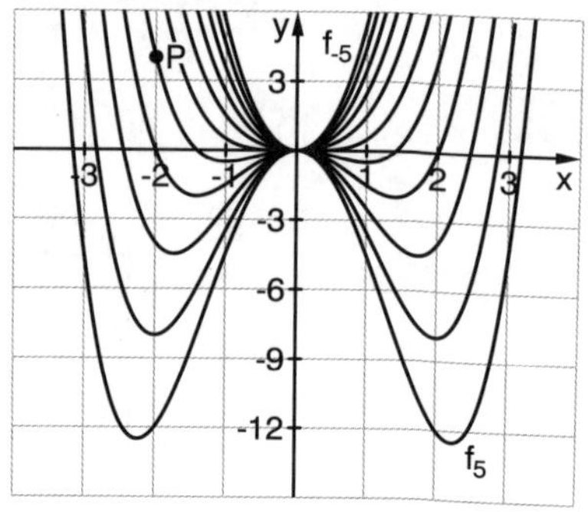

i) $f_a(-2) = (-2)^2 - a(-2) = 4 + 2a = 4 \quad \Rightarrow \quad a = 0$

ii) $f_b(-2) = \frac{1}{b}(-2)^2 - (-2) = \frac{4}{b} + 2 = 4 \quad \Rightarrow \quad b = 2$

iii) $f_c(-2) = (-2)^3 - c(-2) = -8 + 2c = 4 \quad \Rightarrow \quad c = 6$

iv) $f_d(-2) = \frac{1}{2}(-2)^4 - d(-2)^2 = 8 - 4d = 4 \quad \Rightarrow \quad d = 1$

b) (1) $\to f'(0)$:

i) $f_a'(x) = 2x - a \quad \Rightarrow \quad f_a'(0) = -a$

ii) $f_b'(x) = \frac{2}{b}x - 1 \quad \Rightarrow \quad f_b'(0) = -1$

iii) $f_c'(x) = 3x^2 - c \quad \Rightarrow \quad f_c'(0) = -c$

iv) $f_d'(x) = 2x^3 - 2dx \quad \Rightarrow \quad f_d'(0) = 0$

(2) $\to f'(x) = -2$:

i) $f_a'(x) = -2 \quad \Rightarrow \quad x = -1 + \frac{a}{2}$

ii) $f_b'(x) = -2 \quad \Rightarrow \quad x = -\frac{1}{2}b$

iii) $f_c'(x) = -2 \quad \Rightarrow \quad x = \pm\sqrt{\frac{c-2}{3}}$

iv) $f_d'(x) = -2 \quad \Rightarrow \quad x = ?$ kubisch: z. B. für $d = 0$: $x = -1$

212 **4.** Fortsetzung

b) (3) i) $f_a'(x) = 0 \Rightarrow x = \frac{a}{2} \Rightarrow a = 2x$

$f_a\left(\frac{a}{2}\right) = \frac{a^2}{4} - a\frac{a}{2} = -\frac{a^2}{4} \Rightarrow y = -x^2$

ii) $f_b'(x) = 0 \Rightarrow x = \frac{b}{2} \Rightarrow b = 2x$

$f_b\left(\frac{b}{2}\right) = \frac{1}{b}\frac{b^2}{4} - \frac{b}{2} = -\frac{b}{4} \Rightarrow y = -\frac{x}{2}$

iii) $f_c'(x) = 0 \Rightarrow x = \pm\sqrt{\frac{c}{3}} \Rightarrow c = 3x^2$

$f_c\left(\pm\sqrt{\frac{c}{3}}\right) = \pm\frac{c}{3}\sqrt{\frac{c}{3}} \pm \sqrt{\frac{c^3}{3}}$

$\Rightarrow$ Mit $x = -\sqrt{\frac{c}{3}}$ und $y = -\frac{c}{3} \cdot \sqrt{\frac{c}{3}} + \sqrt{\frac{c^3}{3}} = \sqrt{\frac{c}{3}} \cdot \frac{2}{3}c$ folgt $y = -2x^3$.

iv) $f_d'(x) = 0 \Rightarrow x_1 = 0$

$x_{2/3} = \pm\sqrt{d} \Rightarrow d = x^2$

$f_d(0) = 0 \Rightarrow y = 0$

$f_d(\pm\sqrt{d}) = \frac{1}{2}d^2 - d^2 = -\frac{1}{2}d^2 \Rightarrow y = -\frac{1}{2}x^4$

(4) i) $f_a''(x) = 2;\ f_a'''(x) = 0$

ii) $f_b''(x) = \frac{2}{b};\ f_b'''(x) = 0$

iii) $f_c''(x) = 6x;\ f_c'''(x) = 6$

$f_c''(x) = 0 \Rightarrow x = 0$ ($\Rightarrow$ Senkrechte)

$f_c(0) = 0$

iv) $f_d''(x) = 6x^2 - 2d;\ f_d'''(x) = 12x \Rightarrow x \neq 0$

$f_d''(x) = 0 \Rightarrow x = \pm\sqrt{\frac{d}{3}} \Rightarrow d = 3x^2$

$f_d\left(\pm\sqrt{\frac{d}{3}}\right) = \frac{1}{2}\frac{d^2}{9} - d \cdot \frac{d}{3} = \frac{d^2}{18} - \frac{d^2}{3} = -\frac{5}{18}d^2$

$\Rightarrow y = -\frac{5}{2}x^4$

5. a) x: Höhe

k – 2x: Breite und Länge

Damit ergibt sich $V_k(x)$ = Höhe · Breite · Länge = $x \cdot (k - 2x) \cdot (k - 2) = x \cdot (k - 2x)^2$

b) $V_k'(x) = 12x^2 - 8kx + k^2 = 0$

$x_1 = \frac{1}{2}k \Leftarrow V_k = 0$ (Randbedingung: $x < \frac{k}{2}$)

$x_2 > \frac{1}{6}k$

$V_k\left(\frac{1}{6}k\right) = \frac{2}{27}k^3$, dies ist das maximale Volumen.

c)

k	x	$V_{k;\,max}$
5	**$\frac{5}{6}$**	**9,26**
10	**$\frac{5}{3}$**	**74,07**
23,811	**3,969**	**1000**
30	5	2000

212

5. Fortsetzung

c) 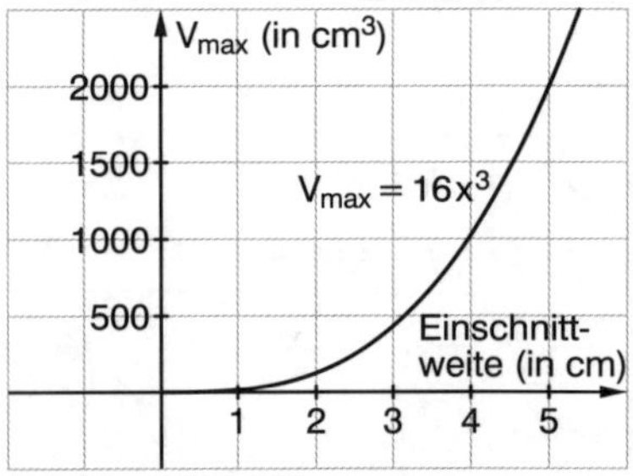

Die Tabelle zeigt, dass für ein Volumen von 1000 cm³ ein Pappkarton mit der Kantenlänge von 23,811 cm benötigt wird. Daraus ergibt sich eine Gesamtpappfläche von etwa 567 cm².

6. a) Parameter a bestimmt die „Breite" der Parabel und ist Öffnungsfaktor.
Parameter b bestimmt die „Höhe" der Parabel und gibt den Schnittpunkt mit der y-Achse an.

b) $A(t) = 2 \cdot t \cdot f(t)$, f(t) ist achsensymmetrisch zur y-Achse

$\Rightarrow \; A_a(t) = 2 \cdot t \cdot f_a(t) = -2at^3 + 24t$

$A_a{}'(t) = -6at^2 + 24 = 0$

$\Rightarrow \; t = \frac{2}{\sqrt{a}} \left(\text{wegen Symmetrie eigentlich} \pm \frac{2}{\sqrt{a}}\right) \;\Rightarrow\; a = \frac{4}{t^2}$

$A_a\left(\frac{2}{\sqrt{a}}\right) = \frac{32}{\sqrt{a}}$

$\Rightarrow \; y = 16t$

$\Rightarrow \; A_b(t) = 2 \cdot t \cdot f_b(t) = -\frac{2}{3}t^3 + 2bt$

$A_b{}'(t) = -2t^2 + 2b = 0$

$\Rightarrow t = \sqrt{b} \left(\text{wegen Symmetrie eigentlich} \pm \sqrt{b}\right) \;\Rightarrow\; b = t^2$

$A_b(\sqrt{b}) = \frac{4}{3} b \sqrt{b}$

$\Rightarrow y = \frac{4}{3}t^3$

213

7. a) $f(x) = (x-1)^2;\; x \in [-1; 4]$

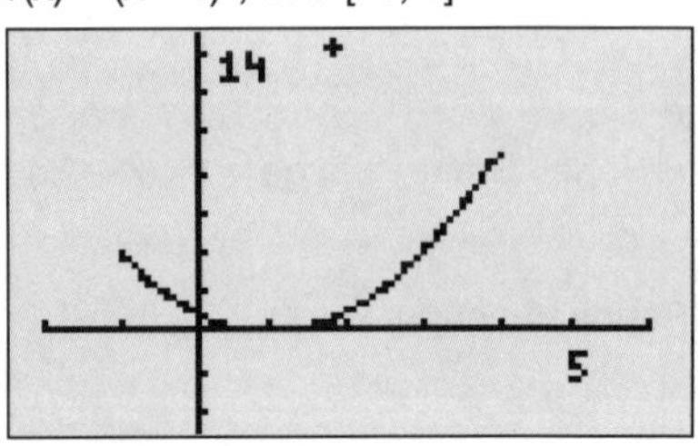

b) $f(x) = 0{,}5x - 3;\; x \geq 2$

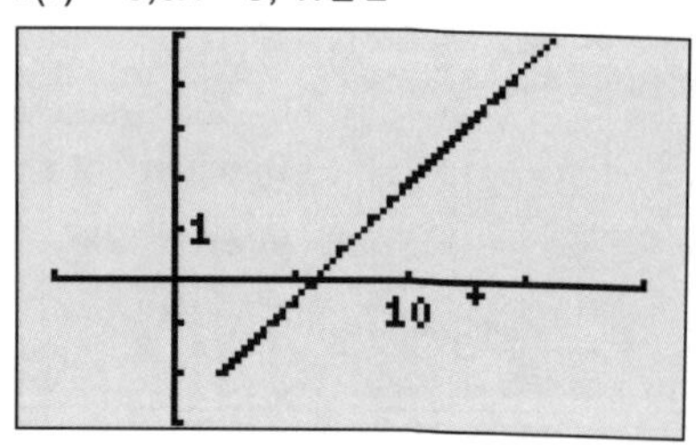

c) $f(x) = \sqrt{1 - x^2};\; x \in [-1; 1]$

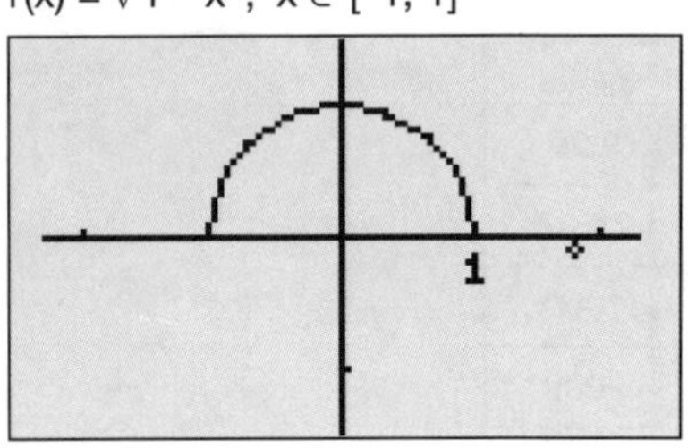

d) $f(x) = (x-1)^2;\; x \in [-2; 4]$

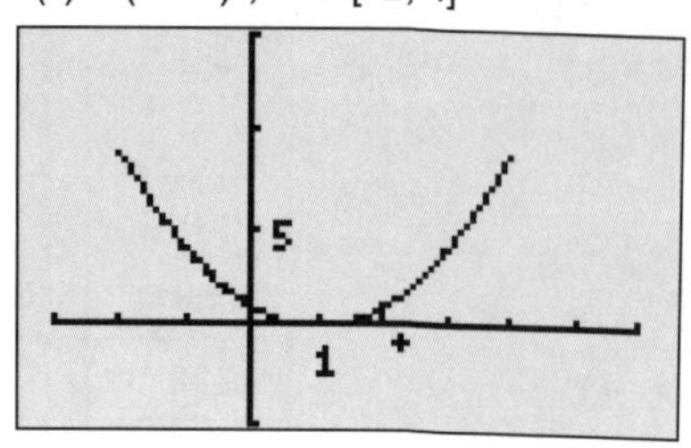

213 **7.** e) Definitionslücke für $t = 0$

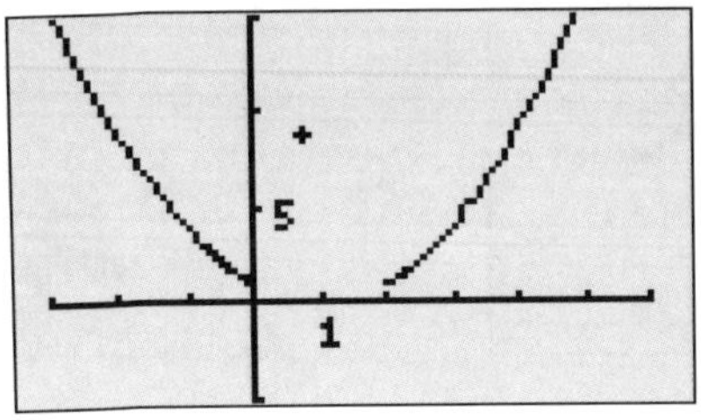

f) $f(x) = \arcsin(x);\ x \in [-1; 1]$

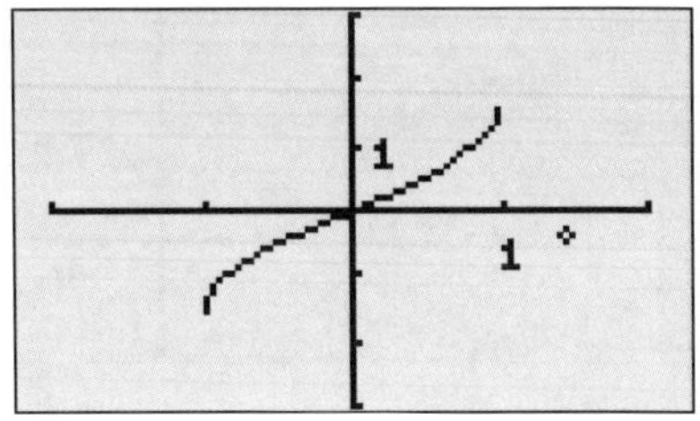

8. a) (1) $\Leftrightarrow$ B $\Rightarrow$ $S(\cos(t)\,|\,\sin(t)) \Rightarrow y = \pm\sqrt{1 - x^2}$

(2) $\Leftrightarrow$ A $\Rightarrow$ $S(k\,|\,k^2)$ $\Rightarrow$ $y = x^2$

b) $f(x) = \frac{1}{2}x^2$

9. a) Für $t < 0$: nach unten geöffnete Parabel
Je größer der Betrag von t ist, umso weiter wird die Parabel; der Hochpunkt im 1. Quadranten wird nach rechts oben verschoben.

Füt $t > 0$: nach oben geöffnete Parabel
Je größer t ist, umso weiter wird die Parabel; der Tiefpunkt im 4. Quadranten wird nach unten rechts verschoben.

b) $f_t'(x) = \frac{x}{t} - t$

$f_t'(0) = -t \Rightarrow$ Tangente n_t: $y = -tx$

c) $f_t(x) = 0 \Rightarrow x_1 = 0;\ x_2 = 2t^2$

$\Rightarrow A(t) = \int_0^{2t^2} f_t(x)\,dx = -\frac{2}{3}t^5$

$A(t) = 162 \Rightarrow t = \pm 3$ (Vorzeichen wegen Flächenorientierung)

d) $f_t(x) = \frac{1}{2t}(x - t^2)^2 - \frac{t^3}{2}$

$\Rightarrow S\left(t^2 \middle| -\frac{t^3}{2}\right)$

$y = -\frac{t^3}{2}$ ($\Leftarrow$ Vorzeichen abhängig vom Vorzeichen von t)

$x = t^2 \Rightarrow t = \pm\sqrt{x},\ x \geq 0$

$\Rightarrow y = \mp\frac{x \cdot \sqrt{x}}{2}$ ($\Leftarrow$ Vorzeichen abhängig vom Vorzeichen von t)

214 **10.** a) • Kreis: K: $x(t) = 3 \cdot \cos(t) + 1$, $y(t) = 3 \cdot \sin(t) + 2$, $0 \leq t \leq 2\pi$

• Ellipse: E: $x(t) = 3 \cdot \cos(t)$, $y(t) = \sin(t)$

b)

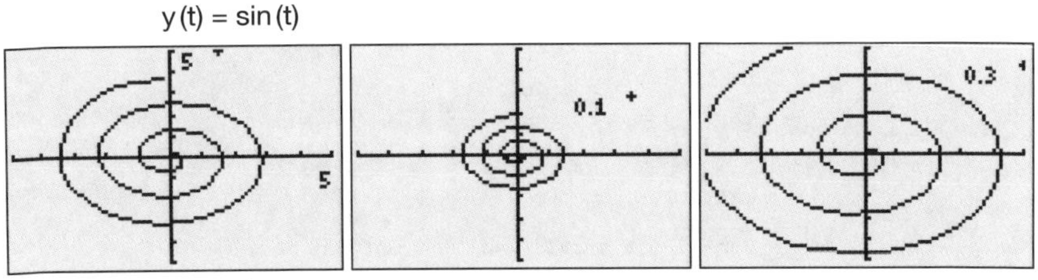

214 11.

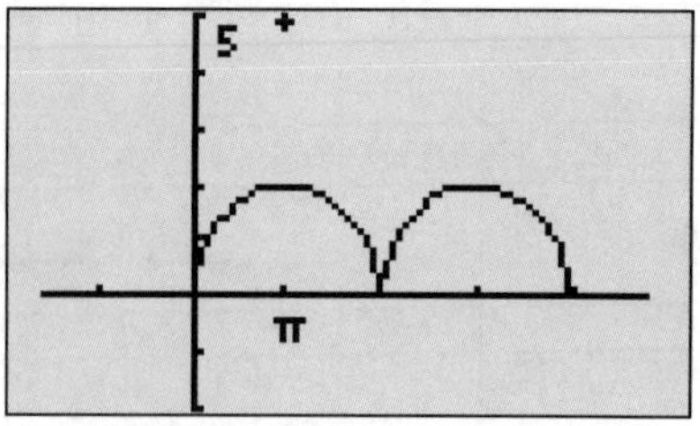

5.3 Rationale Funktionen

215 1. a) (1) ⇔ (C)
(2) ⇔ (A)
(3) ⇔ (D)
(4) ⇔ (F)
(5) ⇔ (B)
(6) ⇔ (E)

b) (7) ⇔ (3) $x \to \pm\infty \Rightarrow f(x) \to 0$
(8) ⇔ (4) $x \to \pm\infty \Rightarrow f(x) \to 0$
(9) ⇔ (1) $x \to \pm\infty \Rightarrow f(x) \to 1$
(10) ⇔ (5) $x \to \pm\infty \Rightarrow f(x) \to x$
(11) ⇔ (2) $x \to \pm\infty \Rightarrow f(x) \to x + 1$
(12) ⇔ (6) $x \to \pm\infty \Rightarrow f(x) \to 0$

216 2. a) $r \to 0 \Rightarrow O(r) \to \infty$ (sehr schnell)
$r \to \infty \Rightarrow O(r) \to \infty$ (asymptotisch gegen $y = 2\pi r^2$, was der roten Parabel entspricht)

b) $O'(r) = 4\pi r - \frac{850}{r^2} = 0$

$\Rightarrow r^3 = \frac{850}{4\pi} \Rightarrow r = \sqrt[3]{\frac{850}{4\pi}}$

$O\left(\sqrt[3]{\frac{850}{4\pi}}\right) \approx 313\ \text{cm}^2$

c) $V = \pi r^2 \cdot h \Rightarrow h = \frac{V}{\pi r^2}$

$\Rightarrow O_V(r) = 2\pi r^2 + 2\pi r\frac{V}{\pi r^2} = 2\pi r^2 + \frac{2V}{r} = \frac{2\pi r^3 + 2V}{r}$

Die Kurve wandert mit größer werdendem Volumen nach oben und ihr Tiefpunkt wandert nach rechts.

Minimalverbrauch:

$O_V'(r) = 4\pi r - \frac{2V}{r^2} = 0 \Rightarrow r_{min} = \sqrt[3]{\frac{2V}{4\pi}} = \sqrt[3]{\frac{V}{2\pi}}$

$O_V(r_{min}) = \frac{2\pi\frac{V}{2\pi} + 2V}{\sqrt[3]{\frac{V}{2\pi}}} = \frac{3V}{\sqrt[3]{\frac{V}{2\pi}}}$

Ortskurve:

$y = \frac{3V}{\sqrt[3]{\frac{V}{2\pi}}};\ V = 2\pi r^3 \Rightarrow y = 6\pi r^2$

218

3. a) Polstelle: $x = -4$
Asymptote: $y = 2$

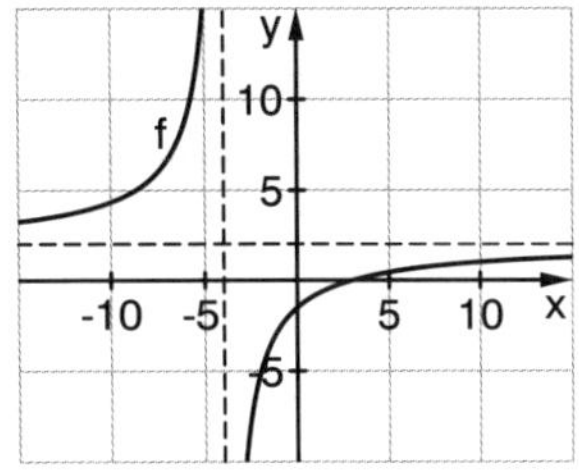

b) Polstelle: $x = -3$
Asymptote: $y = -\frac{1}{2}$

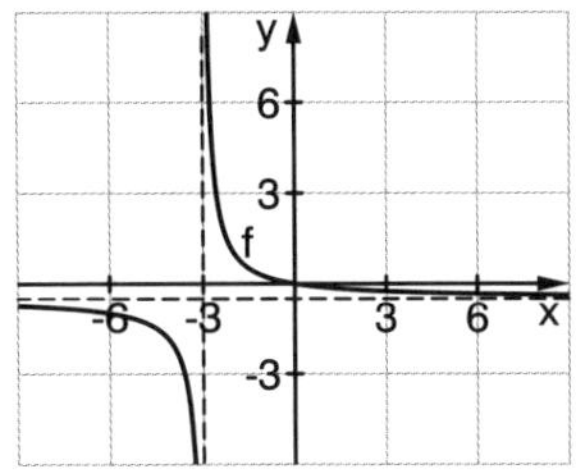

c) Polstelle: $x = 0$
Asymptote: $y = 4$

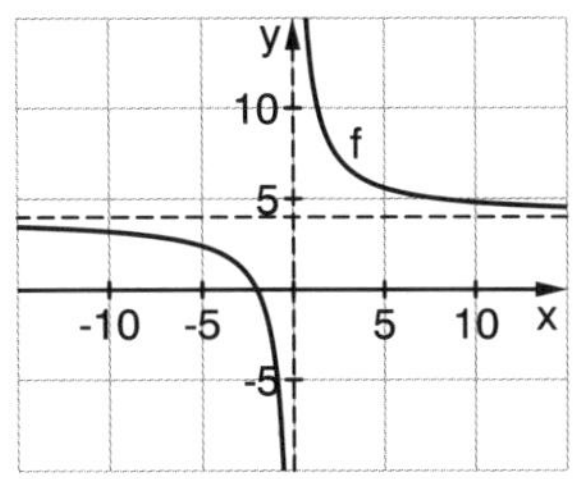

d) Polstelle: $x = \frac{1}{4}$
Asymptote: $y = 3$

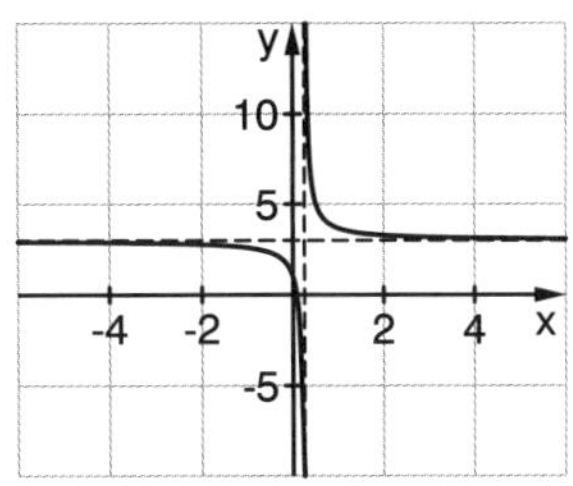

e) Polstelle: $x = \pm 2$
Asymptote: $y = 0$

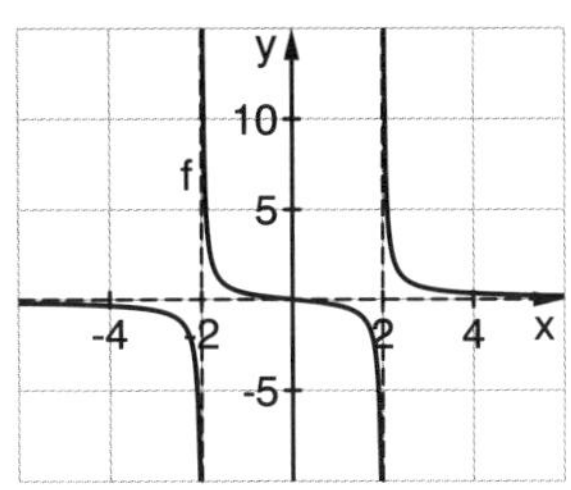

f) Polstelle: –
Asymptote: $y = 0$

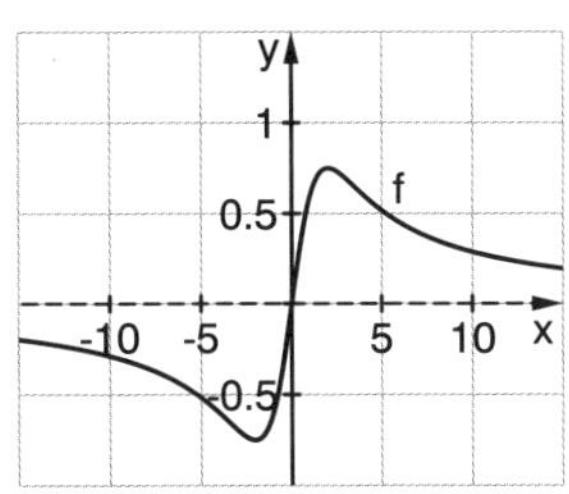

219 **4.** a) (1) Polstelle: $x = 3$
Asymptote: $y = 0$
(2) Polstelle: $x = -2$
Asymptote: $y = 3$
(3) Polstelle: $x = 0$
Asymptote: $y = -2$

b) (1) $\rightarrow g(x)$ (2) $\rightarrow h(x)$ (3) $\rightarrow f(x)$

5. a) $f(x)$: Polstellen: $x = 0$: ohne VZW
$x = -5$: mit VZW
$x = 1$ (dreifach): mit VZW
$g(x)$: Polstellen: $x = -3$: ohne VZW
$x = 4$: mit VZW

b)

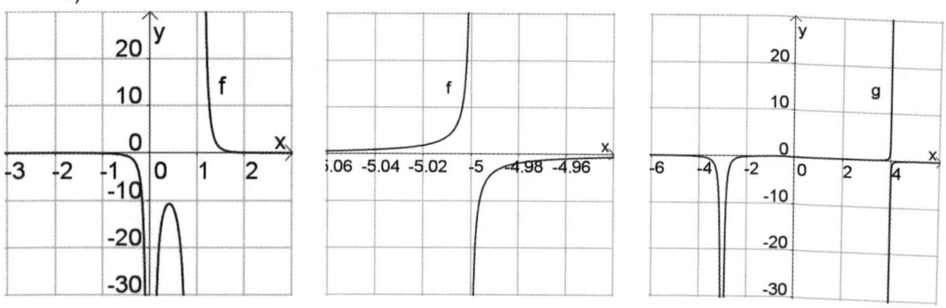

6. a) Ein Funktionsterm mit den geforderten Eigenschaften kann nicht existieren: Wenn wir zwei Polstellen ohne Vorzeichenwechsel haben wollen, müssen die Nullstellen des Nenners jeweils in einer geraden Potenz auftauchen. Das widerspricht aber der anderen Forderung in der Aufgabenstellung, dass das Nennerpolynom insgesamt vom Grad 3 sein soll.

b) Z. B.: $f(x) = \frac{1}{(x-1)^3}$

c) Auch eine solche Funktion kann nicht existieren, denn wenn wir ein Polynom 3. Grades im Nenner haben wollen und eine Polstelle ohne Vorzeichenwechsel, dann müsste die eine Nullstelle des Nennerpolynoms in einer geraden Potenz auftauchen. Bei einem Polynoms 3. Grades ist so etwas aber nicht möglich.

7. a) (1) $f(x) = \frac{-2x+1}{x-4}$ (2) $f(x) = \frac{1}{x+3}$ (3) $f(x) = \frac{1}{(x+3)(x-3)}$

b) (1) $f(x) = \frac{-2x+6}{x-4}$ (2) $f(x) = \frac{8}{x+3}$ (3) $f(x) = \frac{16}{(x+3)(x-3)}$

c) (1) $f(x) = \frac{-2x^2+6}{(x-4)^2}$ (2) $f(x) = \frac{8}{(x+3)^2}$ (3) $f(x) = \frac{256}{(x+3)^2(x-3)^2}$

220 **8.** Tankfüllung = $\frac{\text{Benzinverbrauch}}{100}$ · Reichweite

⇒ aus Tabelle: Tankfüllung = 60 Liter ⇒ $60 = \frac{x}{100} \cdot y$

i)

B	R
5	1200
8	750
$\frac{60}{9}$	900
15	**400**
x	$\frac{6000}{x}$
$\frac{6000}{y}$	y

ii) In den Tank passen 60 Liter.

iii)

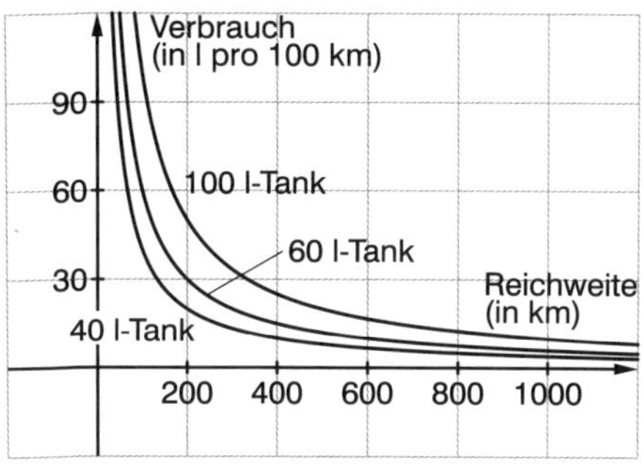

iv) 40 l:

B	R
5	800
8	500
15	267
x	$\frac{4000}{x}$
$\frac{4000}{y}$	y

100 l:

B	R
5	2000
8	1250
15	667
x	$\frac{10\,000}{x}$
$\frac{10\,000}{y}$	y

9. a)

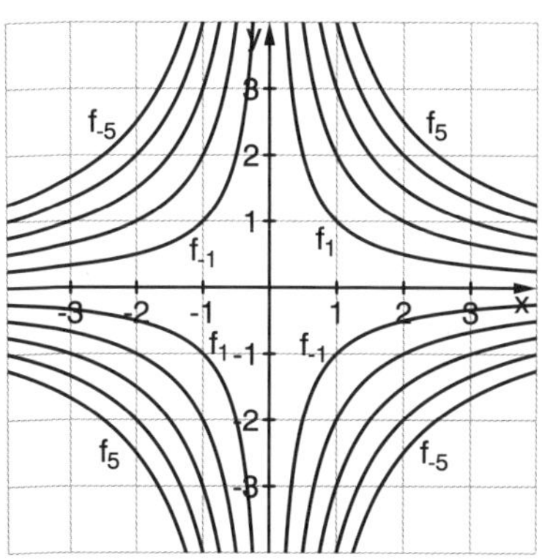

- Polstelle bei x = 0
- $x \to -\infty \Rightarrow f(x) \to 0$
  $x \to \infty \Rightarrow f(x) \to 0$
- keine Extrema

b) (1) c = 2 (2) c = 8 (3) c = –5

220

10.

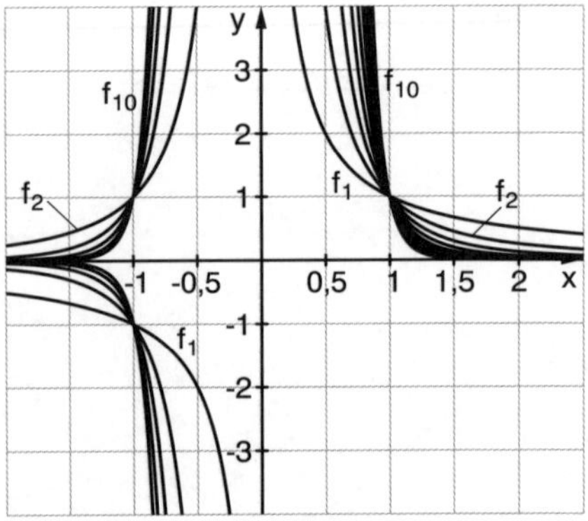

Verhalten für verschiedene n für $f(x) = x^{-n}$:

n ungerade: $f(x) \to 0$ für $x \to \pm\infty$

$f(x) \to -\infty$ für $x \nearrow 0$

$f(x) \to \infty$ für $x \searrow 0$

Vorzeichenwechsel bei Polstelle $x = 0$

n gerade: $f(x) \to 0$ für $x \to \pm\infty$

$f(x) \to \infty$ für $x \nearrow 0$

$f(x) \to \infty$ für $x \searrow 0$

kein Vorzeichenwechsel bei Polstelle $x = 0$

gemeinsam: $S(1\,|\,1)$

Verhalten für verschiedene n für $f(x) = x^n$:

n ungerade: $f(x) \to -\infty$ für $x \to -\infty$

$f(x) \to +\infty$ für $x \to \infty$

n gerade: $f(x) \to \infty$ für $x \to \pm\infty$

gemeinsam: $S(0\,|\,0)$

$\Rightarrow$ waagerechte Tangente für $n \neq 1$ in S

11. Problem der Auflösung und Schrittweite der numerisch ermittelten Werte

12. Hier liegt eine ungenaue Rundung der y-Werte vor, f(x) wird erst im Unendlichen 3.

221

13. a) (1) → (C) achsensymm.

(2) → (A) punktsymm.

(3) → (D) keine Symmetrie

(4) → (E) punktsymm.

(5) → (B) achsensymm.

b) (1) $f(-x) = f(x) \Leftrightarrow \frac{1}{(-x)^2 - 4} = \frac{1}{x^2 - 4}$

(2) $f(-x) = -f(x) \Leftrightarrow \frac{-x}{(-x)^2 - 4} = -\frac{x}{x^2 - 4}$

(3) $f(-x) \neq f(x) \neq -f(x) \Leftrightarrow \frac{-x^3}{-x - 1} \neq \frac{x^3}{x - 1} \neq -\frac{x^3}{x - 1}$

(4) $f(-x) = -f(x) \Leftrightarrow \frac{(-x)^2 - 4}{-x} = -\frac{x^2 - 4}{x}$

(5) $f(-x) = f(x) \Leftrightarrow \frac{(-x)^4 - 4}{(-x)^2} = \frac{x^4 - 4}{x^2}$

14. a)

	p_1 gerade	p_2 ungerade	p_3 gemischt
q_1 gerade	Achsensymmetrie	Punktsymmetrie	–
q_2 ungerade	Punktsymmetrie	Achsensymmetrie	–
q_3 gemischt	–	–	–

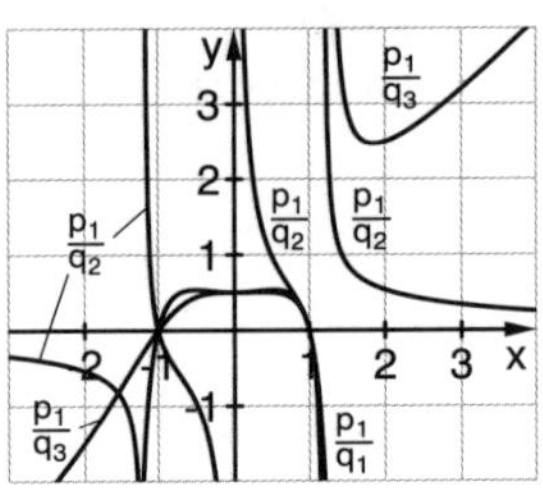

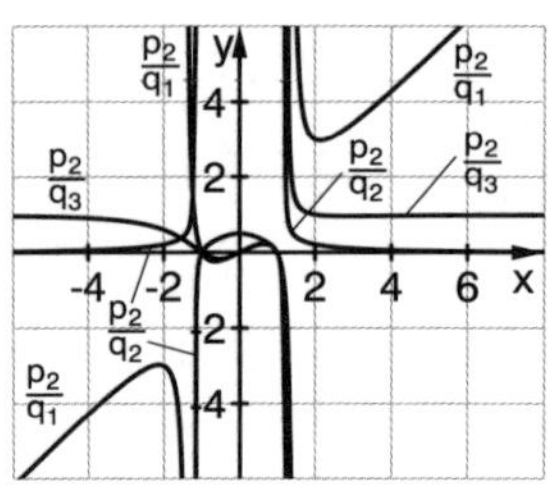

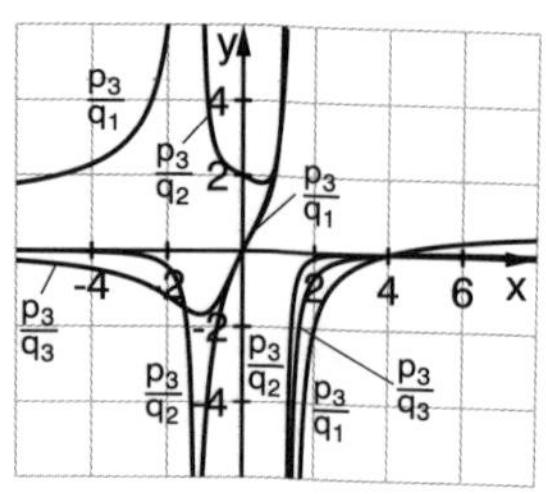

221

14. b)/c) Wenn das Zählerpolynom ungerade ist und das Nennerpolynom gerade, liegt Punktsymmetrie bezüglich (0|0) vor.

$$f(-x) = \frac{p(-x)}{q(-x)} = \frac{-p(x)}{q(x)} = -\frac{p(x)}{q(x)} = -f(x)$$

Wenn Zählerpolynom und Nennerpolynom gerade sind, liegt Achsensymmetrie bezüglich der y-Achse vor.

$$f(-x) = \frac{p(-x)}{q(-x)} = \frac{p(x)}{q(x)} = f(x)$$

Wenn Zählerpolynom und Nennerpolynom ungerade sind, liegt Achsensymmetrie bezüglich der y-Achse vor.

$$f(-x) = \frac{p(-x)}{q(-x)} = \frac{-p(x)}{-q(x)} = \frac{p(x)}{q(x)} = f(x)$$

222

15. a) y_1: lila
y_2: grün
y_3: orange
y_4: gelb
y_5: gelb
y_6: rot

b) y_1: Original
y_2: um 2 nach oben verschoben ⇒ Asymptote: $y = 2$
y_3: um 2 nach rechts verschoben ⇒ Polstelle: $x = 2$
y_4: an der x-Achse gespiegelt
y_5: an der x-Achse gespiegelt
y_6: gestreckt mit Streckzentrum (0|0)

c) $y_7 = x = y_8$
Der Graph beschreibt offensichtlich die Achse, an der verschoben, gespiegelt und gestreckt wird.

16.

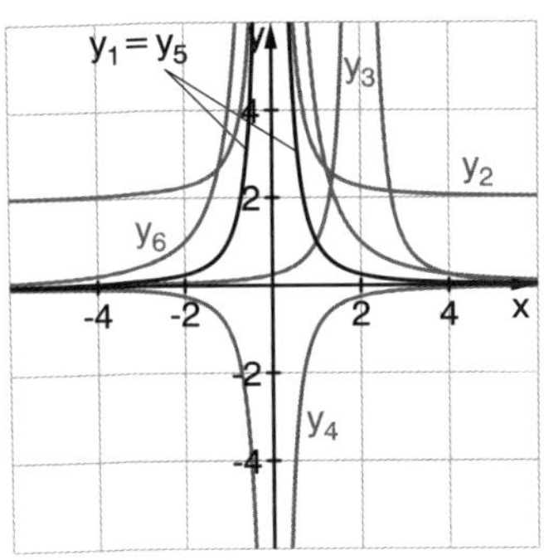

y_2: Verschiebung um 2 nach oben
y_3: Verschiebung um 2 nach rechts
y_4: an der x-Achse gespiegelt
y_5: Original
y_6: gestreckt um den Vorfaktor 4

y_7: $\frac{1}{y_1} = \frac{1}{\frac{1}{x^2}} = x^2$

y_8: $y_1(y_1) = y_1\left(\frac{1}{x^2}\right) = \frac{1}{\left(\frac{1}{x^2}\right)^2} = x^4$

17. Die entsprechende Grafik ist bereits in Aufgabe 10 gezeichnet worden.

a) (1) → $f_2(x)$

(2) → $f_1(x)$

(3) → $f_{2/4/6/8/10}(x)$

(4) → $f_{1/3/5/7/9}(x)$

b) $f(x) = \frac{1}{x^n} = x^{-n}$

$f'(x) = -n \cdot x^{-n-1} = -\frac{n}{x^{n+1}} \neq 0$ ⇒ keine Extrempunkte

$f''(x) = -n \cdot (-n-1) \cdot x^{-n-1-1} = \frac{n^2+n}{x^{n+2}} \neq 0$ ⇒ keine Wendepunkte

222

18. a) $x^2 \geqslant 0 \;\Rightarrow\;$ keine Polstelle

Asymptote: $y = 0$ (Grad Zählerpolynom < Grad Nennerpolynom)

$f(x) = \frac{8}{x^2 + 4}$

$f'(x) = -\frac{16x}{(x^2 + 4)^2} \;\Rightarrow\; f'(2) = -\frac{1}{2}$

$\Rightarrow\; t(x) = -\frac{1}{2}x + b;\; t(2) = 1 \;\Rightarrow\; b = 2$

$\Rightarrow\; t(x) = -\frac{1}{2}x + 2$

b) $x^2 \geqslant 0 \;\Rightarrow\;$ keine Polstelle

Asymptote: $y = 0$ (Grad Zählerpolynom < Grad Nennerpolynom)

$f(x) = \frac{4x}{x^2 + 1}$

$f'(x) = \frac{4(x^2 + 1) - 8x^2}{(x^2 + 1)^2} \;\Rightarrow\; f'(1) = 0$

$\Rightarrow\; t(x) = 2$

223

19. a) • $g(x) = x + 1$

• $f(x) \to 2$ für $x \to 1$

b) $f(x) = \frac{x^2 - 1}{x - 1} = \frac{(x - 1)(x + 1)}{x - 1} = x + 1 = g(x)$

20. a) (1) hebbare Lücke bei $x = 0$

$\to g(x) = \frac{1}{2}x - \frac{1}{2}$

(2) hebbare Lücke bei $x = 2$

Polstelle mit Vorzeichenwechsel bei $x = -3$

$\to g(x) = \frac{x - 3}{x + 3}$

(3) hebbare Lücke bei $x = 2$

Polstelle mit Vorzeichenwechsel bei $x = -2$

$\to g(x) = \frac{x^2 + 2x + 4}{x + 2}$

b) $\Rightarrow\; g(x) = \frac{x + 2}{x - 2} \;\Rightarrow\;$ Polstelle mit Vorzeichenwechsel bei $x = 2$

$\Rightarrow$ Die Umkehrung gilt nicht.

21. a) $f_1(x) \;\Leftrightarrow\; f_5(x) \;\leftrightarrow\;$ (1)

$f_2(x) \;\Leftrightarrow\; f_4(x) \;\leftrightarrow\;$ (2)

$f_3(x) \;\Leftrightarrow\; f_6(x) \;\leftrightarrow\;$ (3)

b) $f_5(x) \to -x^2 + 1$ für $x \to \pm\infty$

$f_4(x) \to x^2$ für $x \to \pm\infty$

$f_3(x) \to x^3 - x$ für $x \to \pm\infty$

c) Das Zählerpolynom muss vom Grad „Grad des Nennerpolynoms + 2“ sein.

Bsp.: $f(x) = \frac{x^6 - 2x}{3x^4 + 1}$

224 **22.** Die Polynomdivision für die jeweiligen Terme ergibt:

a) $x - 3 \quad \Rightarrow \quad x - 3 \to \pm\infty \quad$ für $x \to \pm\infty$

b) $x^3 - 2x^2 - x + 2 \quad \Rightarrow \quad x^3 - 2x^2 - x + 2 \to \pm\infty \quad$ für $x \to \pm\infty$

c) $x^3 + 2x^2 + 4x + 8 \quad \Rightarrow \quad x^3 + 2x^2 + 4x + 8 \to \pm\infty \quad$ für $x \to \pm\infty$

d) $x^2 - 4x + 3 \quad \Rightarrow \quad x^2 - 4x + 3 \to \infty \quad$ für $x \to \pm\infty$

225 **23.** $f_1(x) = \frac{-x^2 - 2x - 1}{x + 2}$

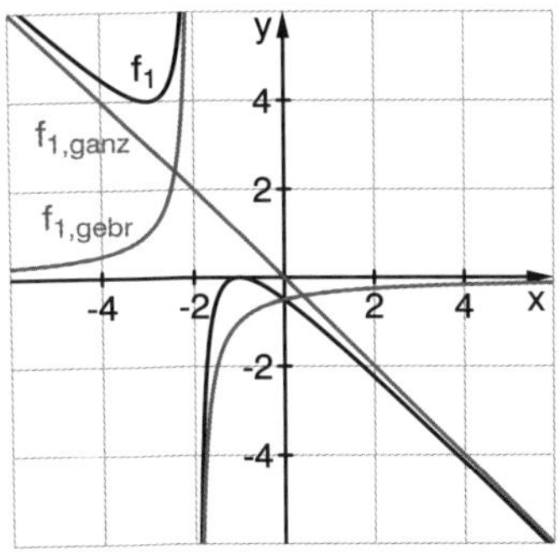

$f_2(x) = \frac{x^3 - 3x^2 + 2}{x - 3}$

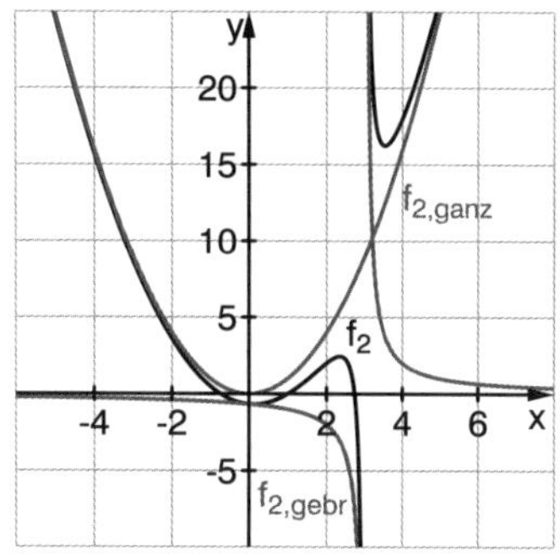

$f_3(x) = \frac{5x - 18}{x - 4}$

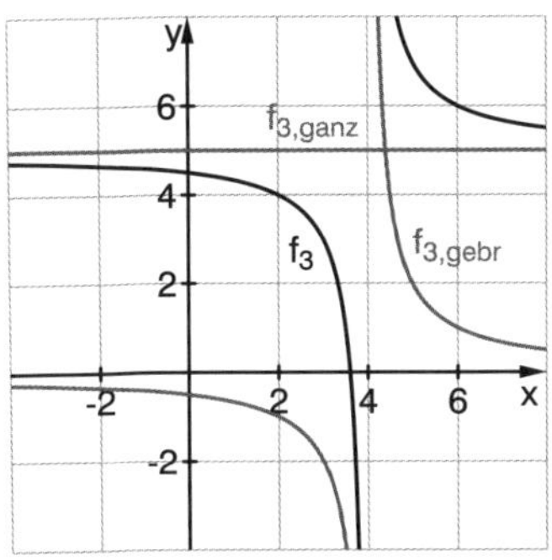

$f_4(x) = \frac{\frac{1}{2}x^5 + 1}{x^2}$

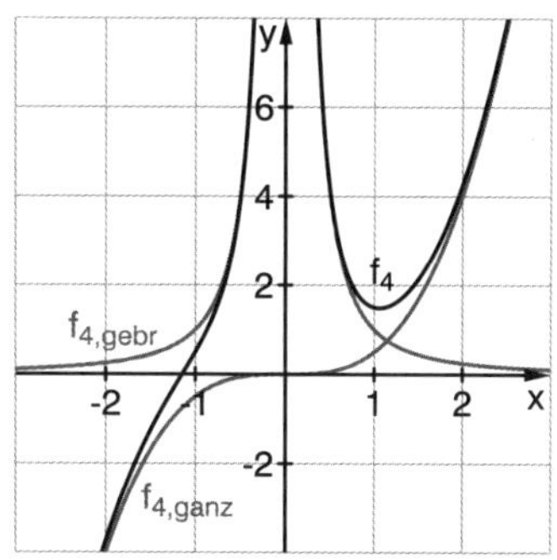

24.

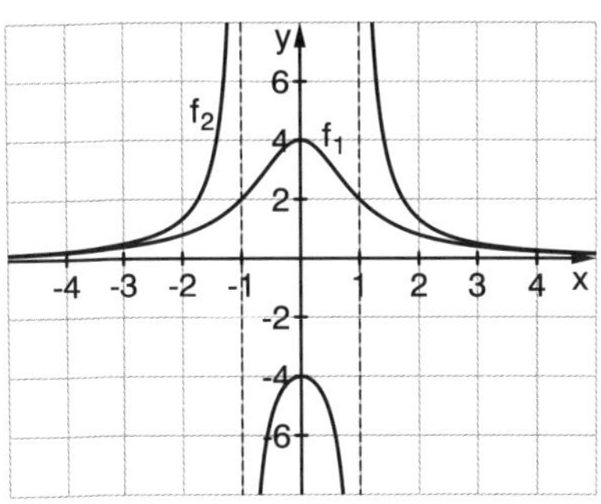

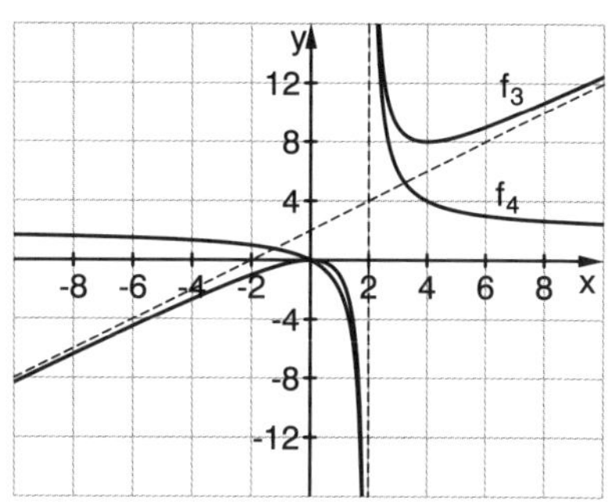

226

25. a) Nullstelle: $x = -\frac{b}{a}$

Polstelle: $x = -\frac{d}{c}$

Asymptote: $y = \frac{a}{c}$

$f'(x) = 0 \;\Rightarrow\;$ keine Extremstellen
$f''(x) = 0 \;\Rightarrow\;$ keine Wendepunkte

b) für $a \cdot d = b \cdot c$ gilt: $d = \frac{b \cdot c}{a}$

$\Rightarrow\; f(x) = \frac{ax + b}{cx + \frac{b \cdot c}{a}} = \frac{a \cdot (x + \frac{b}{a})}{c \cdot (x + \frac{b}{a})} = \frac{a}{c} \;\Rightarrow\;$ hebbare Lücke bei $x = -\frac{b}{a}$

außerdem: Polstelle: $-\frac{\frac{b \cdot c}{a}}{c} = -\frac{b}{a}$: Nullstelle

26. a) $f_2(x) \rightarrow$ linker Graph $\qquad$ $f_3(x) \rightarrow$ rechter Graph

b) $f_1(x) = \frac{1}{x^2 + k}$

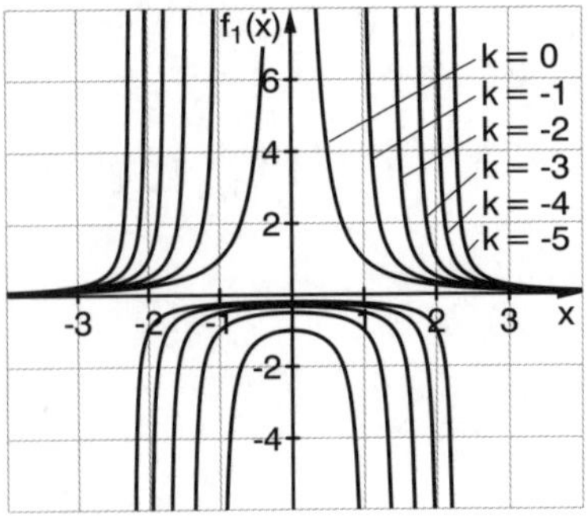

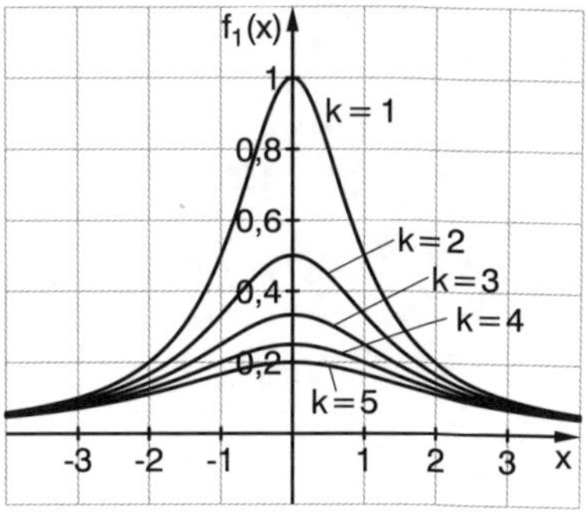

$f_4(x)\ \frac{x^3 - k}{x}$

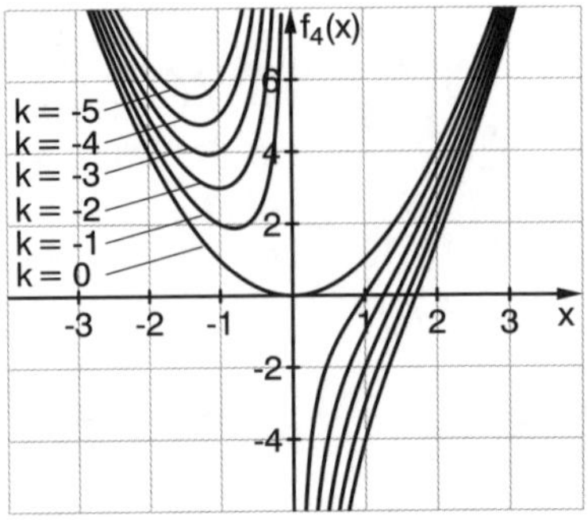

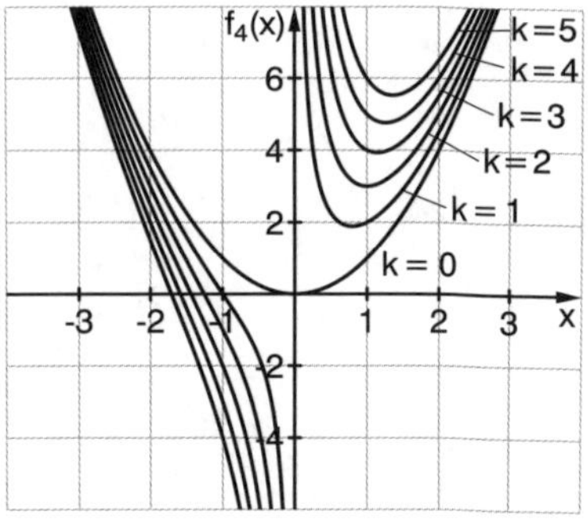

226 **27.** a)/b) $f_1(x) = \frac{1}{x^2 + k}$

Polstellen: $k = 0$: $x = 0$; $k < 0$: $x = \sqrt{k}$ und $x = -\sqrt{k}$; $k > 0$: –

Nullstellen: –

Asymptote: $y = 0$

Extrempunkte: $k = 0$: –

$k \neq 0$: $HP\left(0 \middle| \frac{1}{k}\right)$

Wendepunkte: $k \leqslant 0$: –

$k > 0$: $WP_{1/2}\left(\pm\sqrt{\frac{k}{3}} \middle| \frac{3}{4k}\right)$

Ortskurve der Extrempunkte: $x = 0$

Ortskurve der Wendepunkte: $x = \sqrt{\frac{k}{3}} \Rightarrow k = 3x^2 \Rightarrow y = \frac{1}{4x^2}$

Für $f_2(x) = \frac{x}{x^2 - k}$ ist die Aufgabe bereits im blauen Kasten gelöst worden.

$f_3(x) = \frac{x^2 - k}{x}$

Polstellen: $x = 0$

Nullstellen: $x = \pm\sqrt{k}$

Asymptote: $y = x$

Extrempunkte: $k \geqslant 0$: –

$k < 0$: $HP\left(\sqrt{-k} \middle| \frac{-2k}{\sqrt{-k}}\right)$; $TP\left(-\sqrt{-k} \middle| \frac{-2k}{-\sqrt{-k}}\right)$

Wendepunkte: –

Ortskurve der Extrempunkte: HP: $x = \pm\sqrt{-k} \Rightarrow k = -x^2 \Rightarrow y = \frac{2x^2}{x} = 2x$

$f_4(x) = \frac{x^3 - k}{x}$

Polstellen: $x = 0$ für $k \neq 0$

$k = 0$: hebbare Lücke

Nullstellen: $x = \sqrt[3]{k}$

Asymptote: $y = x^2$

Extrempunkte: $TP\left(\sqrt[3]{-\frac{k}{2}} \middle| \frac{-\frac{3}{2}k}{\sqrt[3]{-\frac{k}{2}}}\right)$

Wendepunkte: $WP\left(\sqrt[3]{k} \middle| 0\right)$

Ortskurve der Extrempunkte: $x = \sqrt[3]{-\frac{k}{2}} \Rightarrow k = -2x^3 \Rightarrow y = 3x^2$

Ortskurve der Wendepunkte: $y = 0$

227 **28.** a) L_2: Aus dem Verhalten $x \to \infty$

$\Rightarrow$ Asymptote bei L_1: $y = a$

Asymptote bei L_2: $y = 0$

Es muss $b > 0$ gelten, da eine Polstelle unsinnig ist.

b) $L_2' = 0 \Rightarrow x_1 = 1$ (HP)

$x_2 = -1$ (TP)

$L_2(1) = 1 \Rightarrow$ Nach einem Jahr werden 100 000 Laptops verkauft.

227 **28.** c) $L_a(x)$: Je größer a, desto höher die Verkaufszahlen. Im zeitlichen Verlauf bleiben höhere Verkaufszahlen über einen recht langen Zeitraum auch höher.
$L_b(x)$: Je größer b, desto höher die Verkaufszahlen. Im zeitlichen Verlauf sorgt ein hohes b für ein hohes Maximum des Graphen, der sich aber in recht kurzer Zeit wieder allen anderen Graphen mit kleinerem b schnell annähert.

29. a) Je höher die Bevölkerungsdichte, desto geringer der jährliche Benzinverbrauch pro Einwohner, wobei es sich um einen erst sehr stark abfallenden Graphen handelt, der sich asymptotisch einem festen Benzinverbrauch annähert.
$\Rightarrow$ In Detroit leben die Menschen recht weit auseinander, während in Monaco eine sehr hohe Bevölkerungsdichte herrscht.
$\Rightarrow$ Erklärung für den Bezinverbrauch:
- hohe Bevölkerungsdichte
  $\Rightarrow$ kurze Wege (für Versorgung u. ä.)
  $\Rightarrow$ geringer Benzinverbrauch

b) Vorstellbar sind Funktionen mit $f(x) \sim \frac{1}{x}$; wobei verwendete Parameter Messpunkte und eine sinnvolle Asymptote/Polstelle beinhalten sollten.

c) Angesichts folgender Werte für die beiden Modelle:
A(x): Polstelle: x = 0
Asymptote: y = 0;
B(x): Polstelle: x = 10
Asymptote: y = 200;
erscheint B(x) des bessere Modell zu sein, da sinnvollere Werte in den Extremfällen für eine menschliche Bevölkerung in Städten erreicht werden.

d) Betrachtungen unterschiedlicher Messpunkte (z. B. Chicago und Singapur) führen ganz automatisch zu unterschiedlichen Modellen bzw. Graphen, da die Werte nicht genau auf einer Kurve liegen, sondern geringfügig streuen.

228 **30.** a) Für alle Modelle gilt, dass bei geringen Geschwindigkeiten eine Geschwindigkeitserhöhung den Fahrzeugdurchsatz stark erhöht. Während bei N_1 und N_2 der Graph immer weniger, aber kontinuierlich bis zu einer Asymptote steigt ($y_1 = 1800$; $y_2 = 2000$), besitzt N_3 ein Maximum und fällt dann asymptotisch gegen $y_3 = 0$. Somit werden von N_3 die empirischen Daten am besten erfüllt.

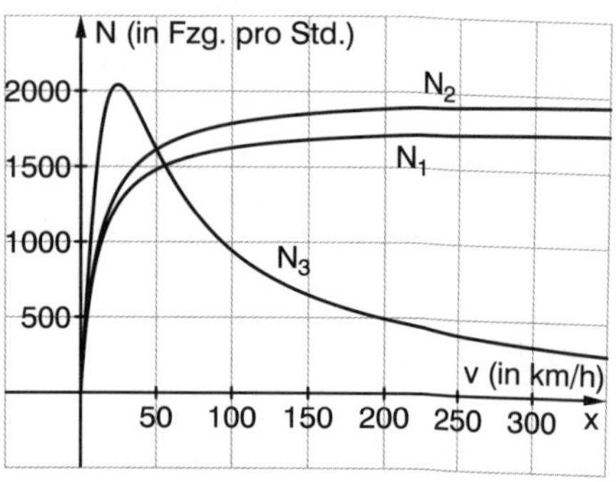

228 **30.** b) (1) $N_{1,k}(v) = \frac{1000v}{k + \frac{v}{1,8}}$

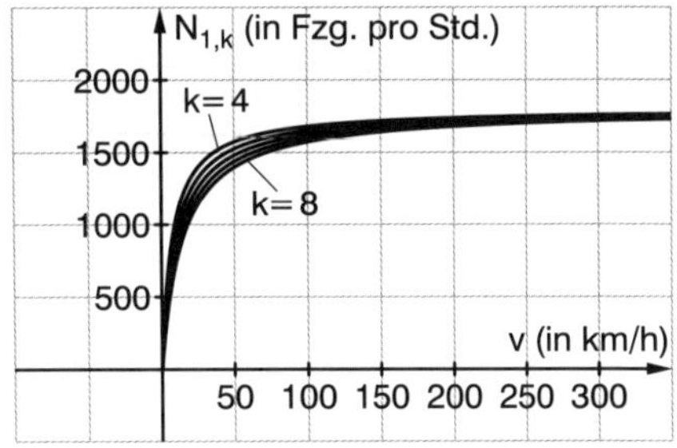

$N_{2,k}(v) = \frac{1000v}{k + \frac{v}{2}}$

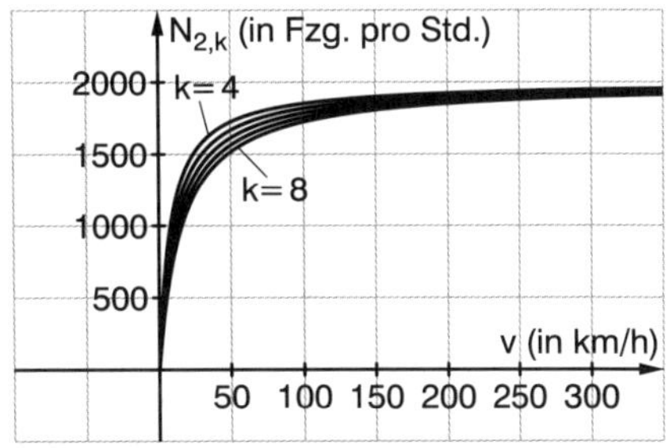

$N_{3,k}(v) = \frac{1000v}{k + \frac{v^2}{100}}$

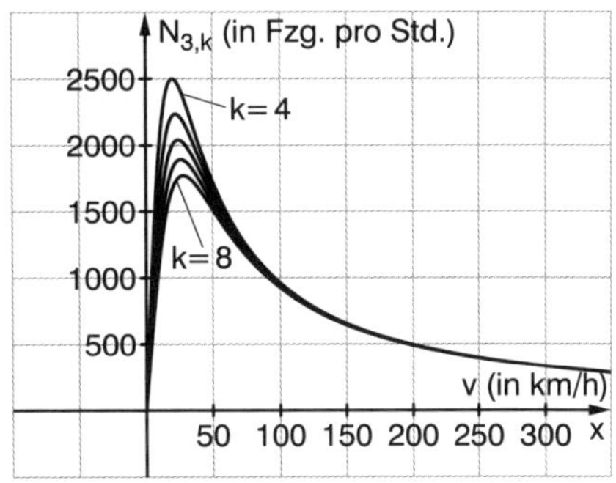

(2) $N_{3,\text{schreck}}(v) = \frac{1000v}{6 + \frac{v^2}{100} + \frac{v}{3,6}}$

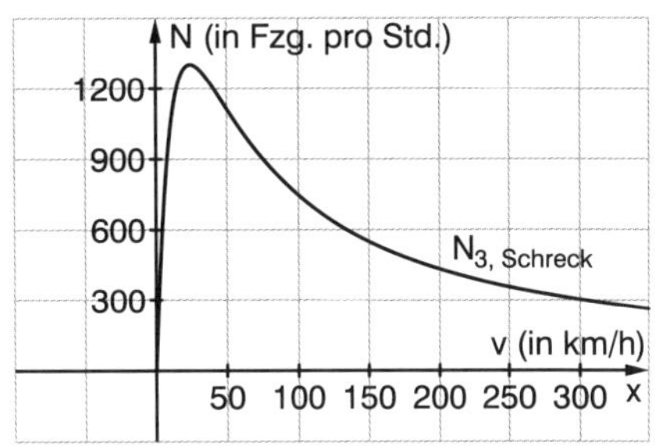

229 **31.** $f_d(x) = \frac{d^3}{x^2 + d^2}$

a) Es sind die Kurven für die Parameter d = 1, …, 5 dargestellt.

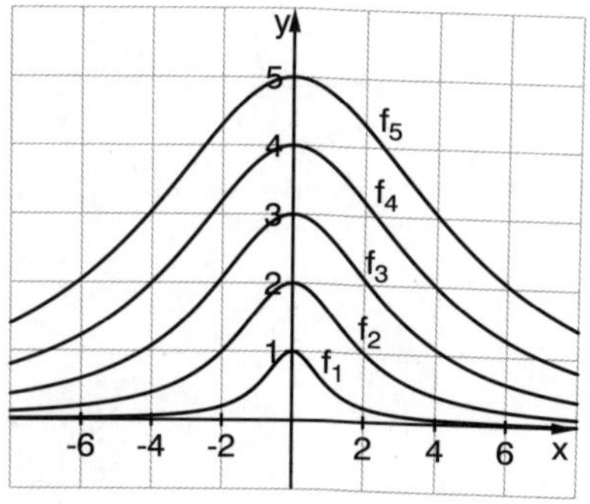

b) $f_2(x) = \frac{8}{x^2 + 4}$

$WP_{1/2}\left(\pm\sqrt{\frac{4}{3}} \middle| \frac{8}{\frac{4}{3} + 4}\right) = \left(\pm\sqrt{\frac{4}{3}} \middle| \frac{3}{2}\right)$

t_+: y = –0,65x + 2,25
t_-: y = 0,65x + 2,25 } Wendetangenten

32. a)

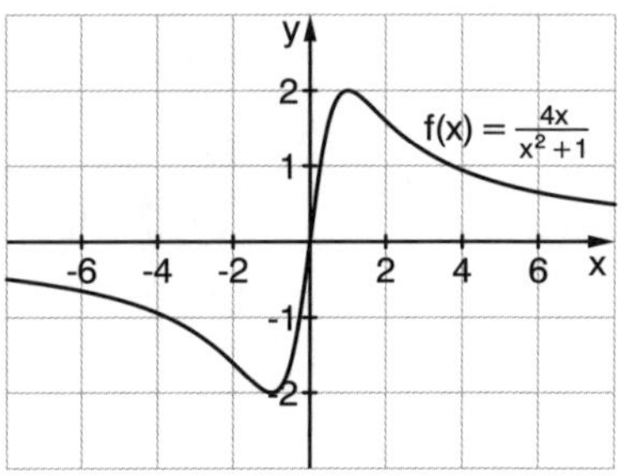

b) –

5.4 Trigonometrische Funktionen

230 **1.** a) $f_4(x) = \sin(x) + 1$: jeder Funktionswert plus 1 (um 1 nach oben verschoben) → Bild 1

$f_3(x) = \sin\left(x - \frac{\pi}{2}\right)$: Phasenverschiebung um $\frac{\pi}{2}$ nach rechts → Bild 2

$f_2(x) = \sin(2x)$: Frequenzverdopplung → Bild 3

$f_1(x) = 2\sin(x)$: jeder Funktionswert mal 2 → Bild 4

b) $f_1'(x) = 2\cos(x)$: maximale Steigung von 2
$f_2'(x) = 2\cos(2x)$: maximale Steigung von 2 } Frequenzverdopplung (Abb. rechts)

$f_3'(x) = \cos(x - \frac{\pi}{2})$: maximale Steigung von 1
$f_4'(x) = \cos(x)$: maximale Steigung von 1 } Phasenverschiebung (Abb. links)

231 **2.** Bild (1): $f_2(x) = \frac{1}{x} \cdot \sin(x)$
Bild (2): $f_1(x) = x \cdot \sin(x)$
Bild (3): $f_3(x) = \sin(x^2)$
Die Graphen entstehen durch Multiplikation, was bei (1) und (2) zur Folge hat, dass die Funktionen $f(x) = \frac{1}{x}$ und $f(x) = x$ die Einhüllenden der Endfunktion darstellen, d. h. Einfluss auf die Amplitude haben. Da bei (3) $f(x) = x^2$ in die Sinusfunktion integriert ist, nimmt sie Einluss auf die Periodenlänge.

Graphen der Ableitungen von:

Bild (1): $f_2'(x) = -\frac{1}{x^2} \cdot \sin(x) + \frac{1}{x} \cdot \cos(x)$

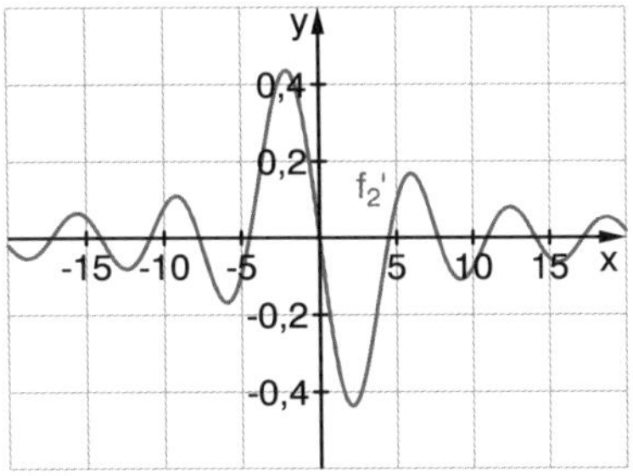

Bild (2): $f_1'(x) = \sin(x) + x \cdot \cos(x)$

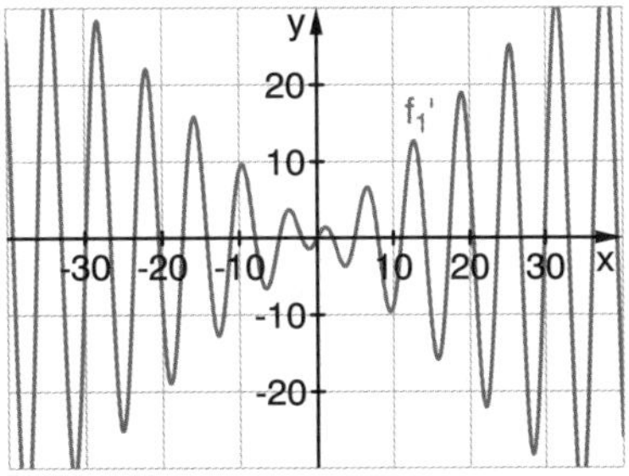

Bild (3): $f_3'(x) = \cos(x^2) \cdot 2x$

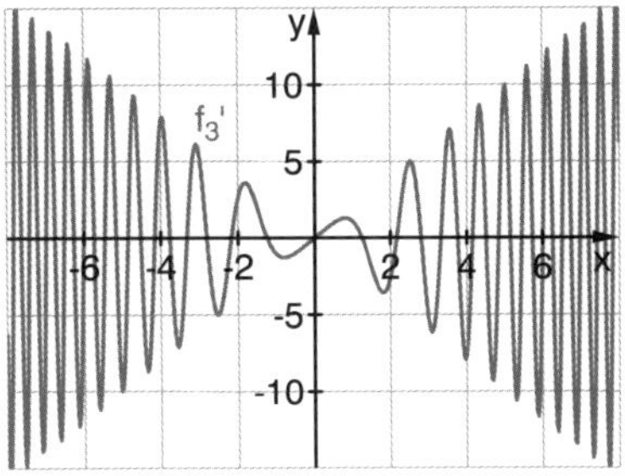

3. a) $f(0) = 8$
$f(1{,}6) = 8$
$f(0{,}8) = 2$
} Punktproben passen

Amplitude: 3
Periode: $\frac{2\pi}{b} = \frac{2\pi}{1{,}25\pi} = 1{,}6$
Phasenverschiebung: $+\frac{\pi}{2}$ (nach links, also cos-Funktion ohne Verschiebung)
Ruhelage: 5

231 **3.** b) $f'(t) = 3{,}75\pi \cdot \cos\left(1{,}25\pi t + \frac{\pi}{2}\right)$

$f''(t) = -4{,}6875\pi^2 \cdot \sin\left(1{,}25\pi t + \frac{\pi}{2}\right)$

$f'''(t) = -5{,}8694\pi^3 \cdot \cos\left(1{,}25\pi t + \frac{\pi}{2}\right)$

i) $f'(1) = 8{,}33$ aufwärts
$f'(1{,}5) = 4{,}51$ aufwärts
$f'(1{,}7) = -4{,}51$ abwärts

ii) $f''(t) = 0 \Rightarrow t = 0{,}4$ (halbperiodisch wiederkehrend)
$f'(0{,}4) = -3{,}75\pi$ ($\approx -11{,}78$)
$f'(t) = 0 \Rightarrow t = 0$ (halbperiodisch wiederkehrend)

iii) $f'''(t) = 0 \Rightarrow t = 0$ (halbperiodisch wiederkehrend)

c) Wenn zum Zeitpunkt t = 0 der Schwinger seine Amplitude erreicht hat, so erreicht er diese halbperiodisch immer wieder, wobei die Amplituden mit gleichen Vorzeichen immer periodisch wiederkehren. Die Geschwindigkeit des Schwingers ist genau zwischen zwei Amplituden maximal (Nulllage).

233 **4.** Ⓐ $f(x) = 0{,}5 \cdot \sin(x) + 2$; $f'(x) = 0{,}5 \cdot \cos(x) \Rightarrow$ (III)

Ⓑ $f(x) = \sin(3x)$; $f'(x) = 3 \cdot \cos(3x) \Rightarrow$ (I)

Ⓒ $f(x) = 2 \cdot \sin\left(x - \frac{\pi}{4}\right)$; $f'(x) = 2 \cdot \cos\left(x - \frac{\pi}{4}\right) \Rightarrow$ (II)

5.

	Amplitude	Periode	Phase
a) $y' = 4\cos(4x)$	$y' = 4y$	$y' = y$	$y' = y + \frac{\pi}{2}$
b) $y' = -3\sin(x)$	$y' = y$	$y' = y$	$y' = y + \frac{\pi}{2}$
c) $y' = 2\cos(2x)$	$y' = 2y$	$y' = y$	$y' = y + \frac{\pi}{2}$
d) $y' = \sin(x)$	$y' = y$	$y' = y$	$y' = y + \frac{\pi}{2}$
e) $y' = 6\cos(3x)$	$y' = 3y$	$y' = y$	$y' = y + \frac{\pi}{2}$
f) $y' = 1{,}5\cos(x)$	$y' = y$	$y' = y$	$y' = y + \frac{\pi}{2}$
g) $y' = -2\cos\left(x - \frac{\pi}{2}\right)$	$y' = y$	$y' = y$	$y' = y + \frac{\pi}{2}$
h) $y' = 2\sin(x)\cos(x)$	$y' = 2y$	$y' = y$	$y' = y + \frac{\pi}{2}$

234 **6.** $f(x) = \sin(2x)$ $f\left(\frac{\pi}{2}\right) = 0 \Rightarrow A\left(\frac{\pi}{2}\middle|0\right)$ ist Schnittpukt mit der x-Achse.

$f'(x) = 2 \cdot \cos(2x)$

$t: y(x) = mx + b$

$= f'\left(\frac{\pi}{2}\right)x + b = -2x + b$

$\Rightarrow 0 = -2 \cdot \frac{\pi}{2} + b \Rightarrow b = \pi \Rightarrow t: y(x) = -2x + \pi$

$g(x) = \sin(4x)$ $g\left(\frac{\pi}{2}\right) = 0 \Rightarrow B\left(\frac{\pi}{2}\middle|0\right)$ ist Schnittpunkt mit der x-Achse.

$g'(x) = 4 \cdot \cos(4x)$

$t: y(x) = g'\left(\frac{\pi}{2}\right)x + b = 4x + b$

$\Rightarrow 0 = 4 \cdot \frac{\pi}{2} + b \Rightarrow b = -2\pi \Rightarrow t: y(x) = 4x - 2\pi$

234 **7.** a) $f(x) = \sin(x)$
$f'(x) = \cos(x)$
$f''(x) = -\sin(x) = 0 \Rightarrow x = 0$
$f'(0) = 1 \Rightarrow$ Die maximale Steigung ist 1.

b) • $f(x) = a \cdot \sin(x)$
$f'(x) = a \cdot \cos(x) \Rightarrow$ Die Steigung wird ebenfalls verdoppelt/halbiert.
• $f(x) = \sin(b \cdot x)$
$f'(x) = b \cdot \cos(b \cdot x) \Rightarrow$ Die Steigung wird ebenfalls halbiert/verdoppelt.

8. a) $-\cos(x)$
b) $\sin(x)$
c) $-\frac{1}{3}\cos(3x)$
d) $-3\cos(x)$
e) $-\cos(x) + 2x$
f) $-\cos(x - \pi)$
g) $-\frac{1}{2}\cos(2x - 2)$
h) $-\frac{1}{2}\cos(2x - 1)$

9. $f(x) = a \cdot \sin(b(x - c)) + d$
$f'(x) = a \cdot b \cdot \cos(b(x - c))$
$F(x) = -a \cdot \frac{1}{b} \cdot \cos(b(x - c)) + dx$

Ableitung: Summen-, Ketten- und Produktregel
Integration: Substitution

10. $A_f = 4$ $A_g = 4$ $A_h = \pi$

11. Ⓐ stimmt
Ⓑ falsch ($-\cos(x)$)
Ⓒ falsch (gilt nur für $b \in \mathbb{Z}$)
Ⓓ falsch (Amplitude ist $a \cdot b$)
Ⓔ stimmt
Ⓕ stimmt

235 **12.** $f(x) = \tan(x) = \frac{\sin(x)}{\cos(x)}$
$x = \pm(2n - 1) \cdot \frac{\pi}{2}$, $n \in \mathbb{N}$ sind die Nullstellen von $\cos(x)$.

b) Anwenden der Quotientenregel

c) $\tan''(x) = 0 \Rightarrow x_W = \pm n \cdot \pi$
$\tan'(x_W) = 1$

13. $f\left(-\frac{\pi}{2}\right) = g\left(-\frac{\pi}{2}\right) = 0 = f\left(\frac{\pi}{2}\right) = g\left(\frac{\pi}{2}\right)$

a) $f'(x) = 0 \Rightarrow x = 0$; $f(0) = g(0) = 1$

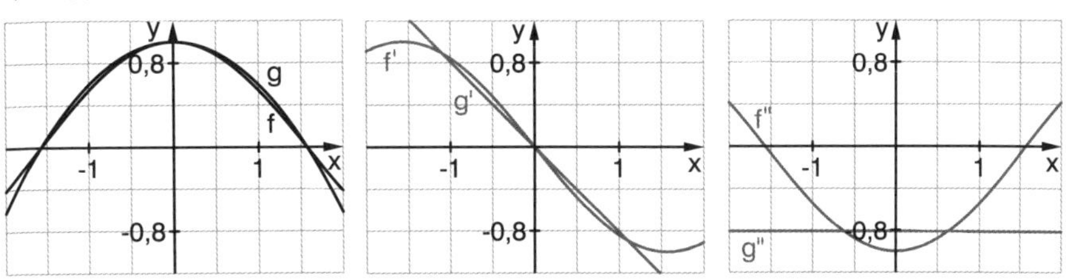

235 **13.**

b) (A) $\int_{-\frac{\pi}{2}}^{\frac{\pi}{2}} f(x)\,dx = 2$

$\int_{-\frac{\pi}{2}}^{\frac{\pi}{2}} g(x)\,dx = \frac{2}{3}\pi = 2{,}09\ldots$

} Abweichung ≈ 0,09 (entspricht etwa 4,7 %)

(B) $O(x) = |f(x) - g(x)|$

$O'(x) = 0 \Rightarrow \frac{\sin(x)}{x} = \frac{8}{\pi^2} \Rightarrow x = 1{,}1$

$O(1{,}1) = 0{,}056$ (maximale Abweichung der Ordinaten)

⇒ Möglichkeit (B) ist besser geeignet, da die maximale Abweichung in jedem Punkt des Intervalls überprüft wird, während der Flächeninhalt stark mit den Intervallgrenzen variieren kann.

14.

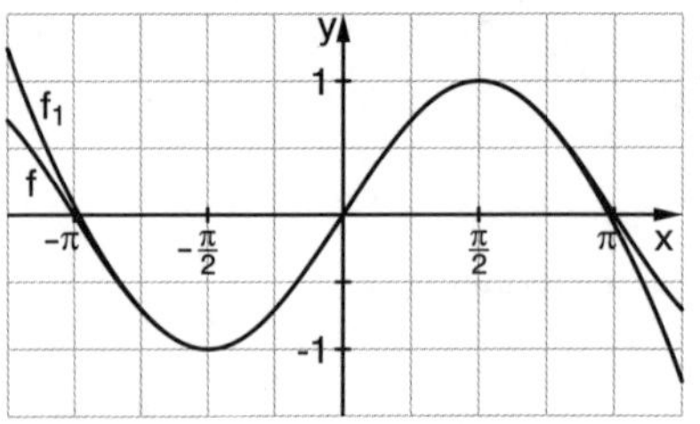

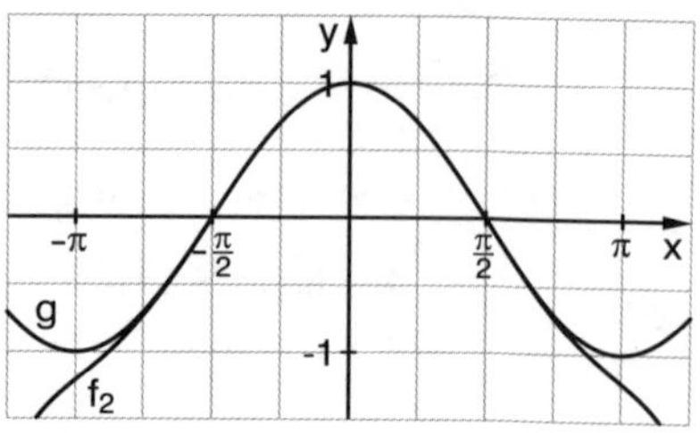

$f_1'(x) = f_2(x)$

⇒ sinnvoll, da gilt: $f'(x) = g(x)$

15. a) Pro Ableitung verlieren die Graphen der Polynome jeweils einen „Bogen", bis schließlich nach der Parabel (ein Bogen) Geraden folgen (zuletzt immer $f(x) = 0$).

b) Die einhüllende Form bleibt erhalten, jedoch ändert sich das Verhalten im Ursprung, z. B.: g (x) sowie jede geradzahlige Ableitung sind achsensymmetrisch zur y-Achse, jede ungeradzahlige Ableitung ist punktsymmetrisch zum Ursprung. Dazu leichte Variationen in Periodenlänge, Amplitude und Nullstellen:

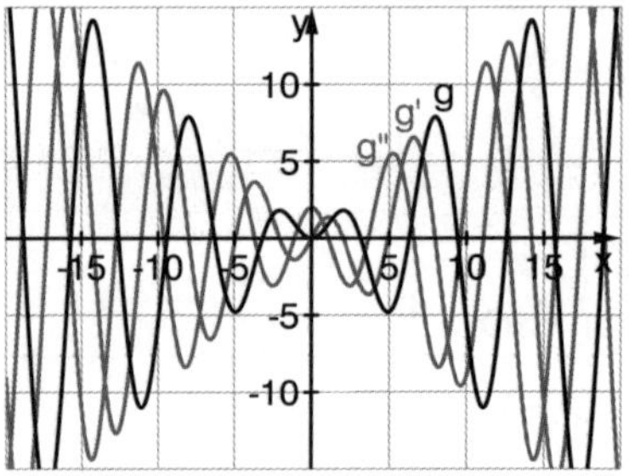

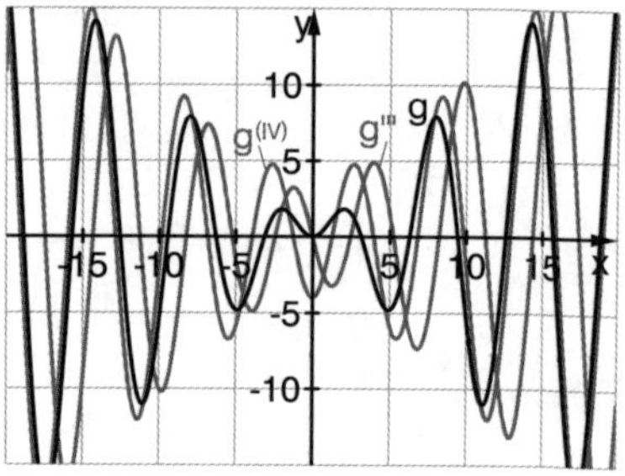

236

16. a)

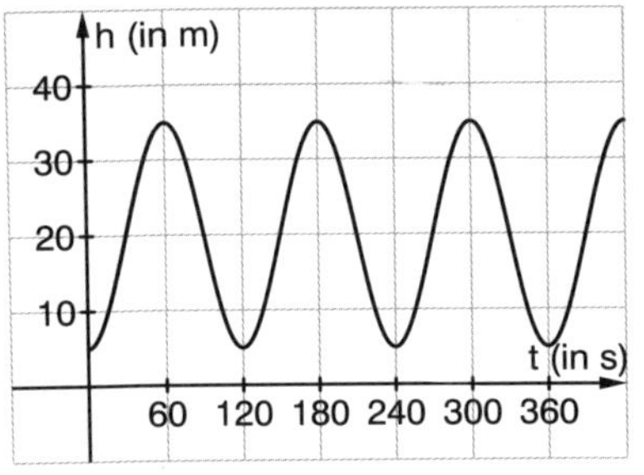

Durchmesser: Radius ≙ Amplitude = $\frac{\text{Max} - \text{Min}}{2}$ = 15 m $\Rightarrow$ d = 30 m
Umdrehung ≙ Periode = 120 s

b) Bei t = 80 s sinkt die Gondel mit $h'(80) = -0{,}68\ \frac{m}{s}$.

c) $h'''(x) = 0 \Rightarrow x = 0$; $h''(0) = 0{,}04\ \frac{m}{s^2}$

17. a)

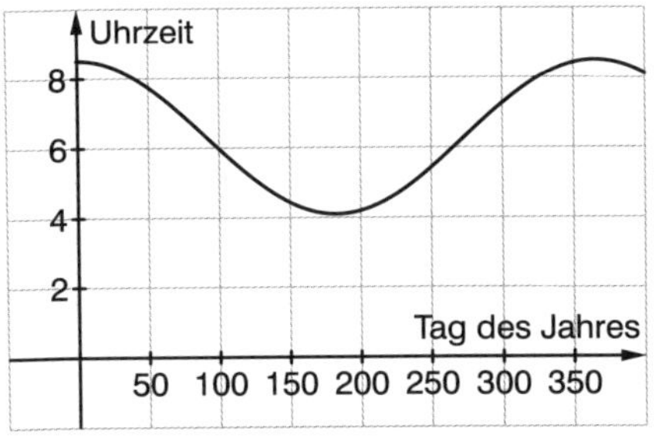

Amplitude ≙ halber Unterschied zwischen dem am frühesten und am spätesten beginnenden Tag

Frequenz: $\frac{2\pi}{365}$ ≙ Periodenlänge von 365 Tagen

vertikale Verschiebung: 6,3 ≙ der Uhrzeit des Sonnenaufgangs des „mittlersten" Tages

b) $a'(x) = 0 \Rightarrow x_1 = 0$ HP(0|8,5) $\Rightarrow$ 8.30 Uhr am 1. Tag des Jahres
$x_2 = 182$ TP(182|4,1) $\Rightarrow$ 4.06 Uhr am 182. Tag des Jahres
$a''(x) = 0 \Rightarrow x_3 = 91$ TP(91|−0,04) $\Rightarrow$ Tagesbeginnzeitänderung von $a'(x)$
$x_4 = 274$ HP(274|0,04)

18. a) „schnell – langsam – schnell" Pause
„schnell – langsam – schnell" Pause usw.

b) Es gilt $\tan(\alpha) = \frac{d}{b}$.
$\Rightarrow d = b \cdot \tan(\alpha)$ mit $\alpha = \frac{2\pi}{30} \cdot t$ und b = 10 km
$\Rightarrow d(t) = 10 \cdot \tan\left(\frac{2\pi}{30} \cdot t\right)$
$\Rightarrow$ Modellierung passt

237

19. a) $f(x) = \sin(x)$ | $h(x) = \cos(x)$

$f'(x) = \cos(x)$ | $h'(x) = -\sin(x)$

$f''(x) = -\sin(x)$ | $h''(x) = -\cos(x)$

$\Rightarrow \quad f(x) + f''(x) = 0$ | $\Rightarrow \quad h(x) + h''(x) = 0$

b) $g(t) = 2\sin(3t - 1)$

$g'(t) = 6\cos(3t - 1)$

$g''(t) = -18\sin(3t - 1)$

$\Rightarrow \quad g(t) + \frac{1}{9} \cdot g''(t) = 0$

20. a) f(x): Frequenzänderung $\Rightarrow$ Graph links unten

g(x): Phasenänderung $\Rightarrow$ Graph rechts unten

h(x): Amplitudenänderung $\Rightarrow$ Graph rechts oben

k(x): Horizontaländerung $\Rightarrow$ Graph links oben

b) $f'(x) = a \cdot \cos(ax)$ ist im Schülerband abgebildet.

$g'(x) = \cos(x - a)$

$h'(x) = a \cdot \cos(x)$

$k'(x) = \cos(x)$ (Hier liegt keine Funktionenschar vor.)

Das Bild der Ableitungsschar gehört zu $f(x) = \sin(ax)$.

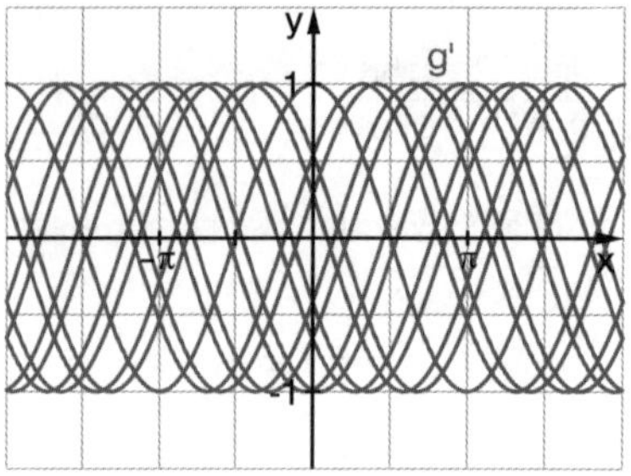

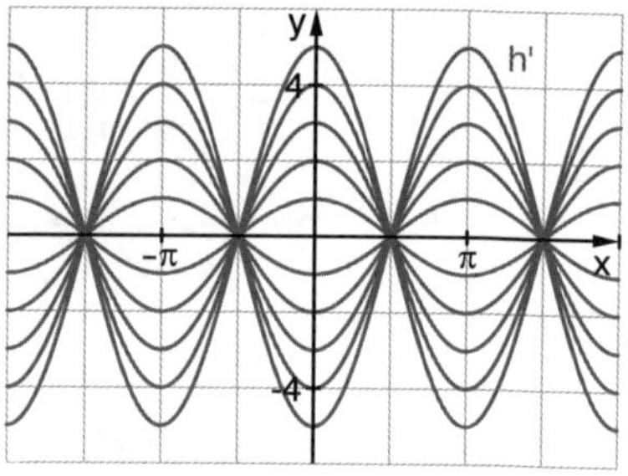

21. $f_a(x)$ rechts | $f_b(x)$ links

$f_a'(x) = a \cdot \sin(x) + ax \cdot \cos(x)$ | $f_b'(x) = b + \cos(x)$

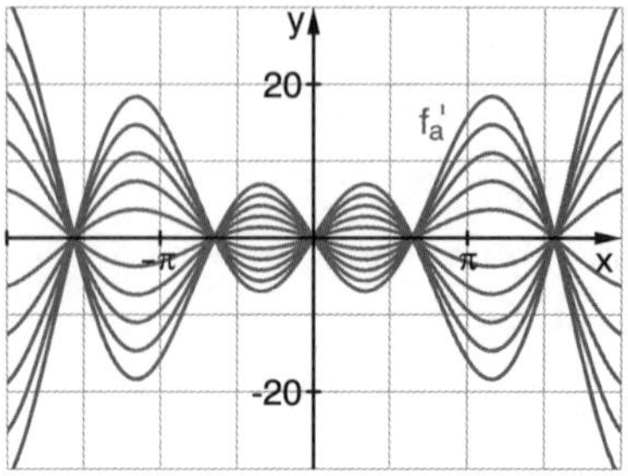

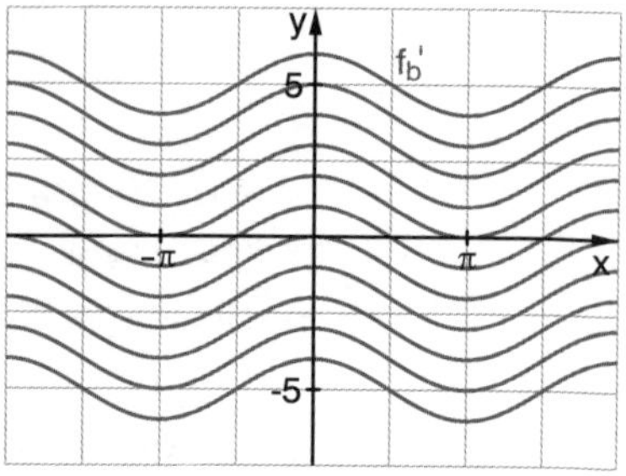

238

22. a) Der rote Graph ist die Ableitung des blauen Graphen.
Funktionsvorschrift des roten Graphen:

$f'(x) = -\frac{1}{x^2} \cdot \sin(x) + \frac{1}{x} \cdot \cos(x)$

b) f(x) ist stetig ergänzbar, denn:

L' Hospital: $f(x) = \frac{\sin(x)}{x} \to \frac{\cos(x)}{1}$ für $x = 0$; also $f(x) \to 1$ für $x \to 0$

$\Rightarrow \quad f_1(0) = 1$

f_1 ist stetig differenzierbar an der Stelle $x = 0$:

$f'(x) = \frac{x\cos(x) - \sin(x)}{x^2}$

$\Rightarrow$ Taylor-Reihen-Entwicklung für cos(x) und sin(x) liefert $f_1'(0) = 0$.

23. a) Der Graph wird bei 0 „unendlich dicht“.

b) Für dieses x_n wird berechnet:

$f(x_n) = \pm 1$,

aber: Für $n \to \infty$ ist $x_n = \frac{1}{(2n-1)\frac{\pi}{2}}$ eine Nullfolge, während für $n \to \infty$

$f(x_n) = \sin\left((2n-1)\frac{\pi}{2}\right)$ alternierend ist.

$\Rightarrow$ nicht stetig ergänzbar

c) Wählen Sie z. B. x_n wie in b) $\Rightarrow$ g(x) ist Kombination aus Nullfolge und alternierender Folge $\Rightarrow$ stetig ergänzbar in $x = 0$

Kapitel 6
Exponentialfunktionen und ihre Anwendungen

Didaktische Hinweise

In diesem und dem nächsten Kapitel stehen die Exponentialfunktionen im Mittelpunkt der Untersuchungen.
6.1 stellt das notwendige Handwerkszeug für 6.2 und Kapitel 7 bereit und hat damit einen innermathematischen Schwerpunkt. Dieser Lernabschnitt bildet den Abschluss der Differenzial- und Integralrechnung, weswegen auch vernetzende Übungen und Lesetexte angeboten werden, die Verständnis sichern und Einsicht und Überblick geben. In 6.2 werden dann keine neuen Theorieelemente mehr erarbeitet, sondern der Umgang mit Exponentialfunktionen in vielfältigen inner- und außermathematischen Zusammenhängen benutzt und trainiert, der Lernabschnitt hat damit mehr einen problemorientierten Schwerpunkt. Es tauchen alle Fragestellungen aus bisher behandelten Inhalten wieder auf, sodass alle für das Abitur relevanten Aspekte berücksichtigt und geübt werden.

Zu **6.1**
In diesem Lernabschnitt werden recht viele Begriffe eingeführt und benutzt. Um Übersichtlichkeit zu erreichen und auch, um lange Erarbeitungsphasen zu vermeiden, sind kompakte Darstellungen mit jeweils direkt ansteuernden hinführenden Aufgaben zu den einzelnen Basiswissen gewählt worden.
In den Einführungsaufgaben werden zunächst Wiederholungen zu den bekannten Wachstumsprozessen und den Exponentialfunktionen angeboten. In unmittelbarem Anschluss erhalten die Schüler zwei Möglichkeiten, die Ableitung von Exponentialfunktionen zu entdecken, einen grafischen Weg und einen mehr algebraischen.
Im Basiswissen wird dann festgehalten, dass die Ableitung wieder eine Exponentialfunktion ist mit dem Streckfaktor f'(0). Bevor dieser genauer bestimmt wird, wird zunächst mit der Motivation, eine Funktion zu finden, deren Ableitung wieder dieselbe Funktion ist ($f'(x) = f(x)$), die Zahl e in plausibler Weise eingeführt. Andere Zugänge mit teilweise höherem Präzisierungsgrad, werden in den weiteren Übungen angeboten (A10, A47). Damit steht die im weiteren Verlauf der Kapitel 6 und 7 allein benutzte e-Funktion frühzeitig zur Verfügung. Über das Lösen von Exponentialgleichungen wird der natürliche Logarithmus eingeführt und die Ableitung einer beliebigen Exponentialfunktion und der wichtige Zusammenhang mit der e-Funktion ($b^x = e^{\ln(b) \cdot x}$) in einem weiteren Basiswissen festgehalten, ehe die natürliche Logarithmusfunktion mit ihrer Ableitung den inhaltlichen Abschluss bildet. Damit dieser Lernabschnitt nicht rein technisch bleibt, sind in den Übungen immer wieder kleine Wiederholungen bekannter Inhalte aus der Differenzial- und Integralrechnung eingebaut, es gibt eine Themenseite zu Wachstum und Zerfall und die Möglichkeit des Staunens über das Wachstumsverhalten der Logarithmusfunktion.

Zu **6.2**

In zwei unterschiedlichen Sachkontexten und einem innermathematischen Zusammenhang können Schüler unterschiedliche Erfahrungen im Umgang mit Exponentialfunktionen sammeln. Hier treten verschiedene, in anderen Kapiteln erarbeitete, Inhalte und Fragestellungen auf, die nun mithilfe der neuen Funktionsklasse bearbeitet werden (Funktionsbestimmung, Extremwerte, Tangenten, Ortskurven). Das Basiswissen zeigt exemplarisch und ausführlich am Beispiel einer abiturähnlichen Problemstellung den Weg von den außermathematischen Fragestellungen (Problemen) zur Mathematisierung und Lösung mit Dokumentation auf. Entsprechend der Anlage des Lernabschnitts, ist der Übungsteil nicht spiralförmig vom Einfachen zum Komplexen strukturiert, sondern nach inhaltlichen Gesichtspunkten in Form einzelner Module, die für eine klare Übersicht seitenweise angeordnet sind. Sie sind weitgehend unabhängig voneinander bearbeitbar.

(1) Wachstumsmodelle (A4–A13)

In Kurzform werden hier die grundlegenden Wachstumsmodelle vorgestellt. Wer diese intensiver, in modellierender Weise bearbeiten möchte, benutzt die entsprechenden Lernabschnitte aus Kapitel 7.

(2) Innermathematisches Training (A14-A20)

Kontextfrei werden alle Verfahren aus der Analysis in mehrmaligen Wiederholungen und unterschiedlicher Komplexität geübt.

(3) Innermathematische Anwendungen (A21–A23)

In innermathematischen Kontexten werden grundlegende Fragestellungen (Flächen, Tangenten, Optimieren) festigend geübt.

(4) e-Funktionen in der Realität

Unterschiedliche Anwendungskontexte führen auf Fragestellungen, die mit bekannten Verfahren bearbeitet werden können. Hier stehen Modellierungsaktivitäten im Mittelpunkt. In einem abschließenden Projekt wird die Kettenlinie auf vielfältige Weise untersucht.

Anmerkung:

Lernabschnitt 6.2 und Kapitel 7 bieten zwei unterschiedliche Möglichkeiten, Exponentialfunktionen anzuwenden. Je nach Curriculum oder persönlicher Vorliebe können Schwerpunkte gesetzt, aber auch ohne Probleme jeweils nur Teile bearbeitet werden, also z. B:

- 6.2 und vertiefend 7.1
- Kapitel 7 und Modul (4)

Lösungen

6.1 Änderungsverhalten bei Exponential- und Logarithmusfunktionen

248

1. a) und b)
   A – (4) – b: Änderung monoton wachsend, da jährlich 3 % Menschen dazukommen
   D – (2) – c: Änderung monoton fallend, da stündlich 18 % abgebaut werden
   B – (3) – d: Änderung monoton wachsend, da Zuwachs mit festem p %
   C – (1) – a: Änderung monoton fallend, dabei konstant mit 8 Gramm pro Stunde

   Bemerkung: Während die Menge an Alkohol konstant („linear“) um 8 g reduziert wird, erfolgen die anderen Änderungen jeweils prozentual zur momentan vorhandenen Menge.

2. a) $f - y_1$ $g - y_2$ $h - y_8$ $i - y_4$
   $j - y_3$ $k - y_6$ $l - y_5$ $m - y_7$

   b) Steigungsverhalten entweder monoton wachsend oder fallend, je nach Art der Basis b:
   Basis b > 1 („ganzzahlig“), d. h. Graph monoton wachsend
   Basis 0 < b < 1 („gebrochen“), d. h. Graph monoton fallend
   Bei einem negativen Vorfaktor wird der Graph an der x-Achse gespiegelt, wobei der Vorfaktor den Schnittpunkt mit der y-Achse sowie die Stauchung bzw. Streckung vorgibt.

   Bemerkungen:
   (1) Zuweilen muss die Funktionsgleichung umgeformt werden, damit die Art der Basis und der zugehörige Vorfaktor eindeutig zu erkennen sind:
   $y_2 = 3^{-x} = \left(\frac{3}{1}\right)^{-x} = \left(\frac{1}{3}\right)^{x} = 1 \cdot \left(\frac{1}{3}\right)^{x}$ $y_8 = 2^{x-3} = 2^x \cdot 2^{-3} = 2^{-3} \cdot 2^x = \frac{1}{2^3} \cdot 2^x = \frac{1}{8} \cdot 2^x$
   (2) Eine „gebrochene Basis“ bedeutet nicht zwingend, dass es sich um eine monoton fallende Funktion handelt. So ist zum Beispiel die Funktion $f(x) = 3{,}5^x$ „gebrochen“, jedoch auch monoton wachsend. Daher sollte eine Unterscheidung der Basen eher in die Kategorien 0 < b < 1 („wachsend“) und b > 1 („fallend“) ausgeführt werden.

249

3. a) Zur näherungsweisen Bestimmung des Streckfaktors k nutzen wir:
   $f'(x) = k \cdot f(x) \Leftrightarrow k = \frac{f'(x)}{f(x)}$ und erhalten die Näherung: $k \approx 0{,}7$ mit $f'(x) \approx 0{,}7 \cdot 2^x$

   b) Für die drei folgenden Funktionen findet sich für den Faktor k:
   $g(x) = 3^x \Rightarrow k \approx 1{,}1$ $h(x) = 5^x \Rightarrow k \approx 1{,}6$ $i(x) = \left(\frac{1}{2}\right)^x \Rightarrow k \approx -0{,}7$

   Für die jeweiligen Ableitungen gilt damit näherungsweise:
   $g'(x) \approx 1{,}1 \cdot 3^x$ $h'(x) \approx 1{,}6 \cdot 5^x$ $i'(x) \approx -0{,}7 \cdot \left(\frac{1}{2}\right)^x$

249 **4.** a) Wir nähern uns „von beiden Seiten" der Position $x = 0$ und stellen fest, dass der jeweils zugehörige Funktionswert und der Grenzwert übereinstimmen („Stetigkeit"). Für $h \to 0$ geht der Differenzenquotient in den Differenzialquotienten über und es liegt die Ableitung bzw. die Steigung der Tangente an der Stelle $x = 0$ vor mit $f(x) = 0{,}693 \cdot 2^x$.

b) $f(x) = 3^x \quad \Rightarrow \quad f'(x) = 1{,}099 \cdot 3^x$
$g(x) = 5^x \quad \Rightarrow \quad g'(x) = 1{,}609 \cdot 5^x$
$h(x) = 0{,}2^x \quad \Rightarrow \quad h'(x) = -1{,}609 \cdot 0{,}2^x$

c) Für eine Exponentialfunktion $f(x) = b^x$ mit $b > 0$ gilt scheinbar: $f'(x) \approx f'(0) \cdot b^x$

251 **5.** Mit der Methode der Sekantensteigung bzw. des Differenzenquotienten folgt näherungsweise:

a) $f'(x) = 1{,}1 \cdot 3^x$

b) $f'(x) = 2{,}3 \cdot 10^x$

c) $f'(x) = -1{,}1 \cdot \left(\frac{1}{3}\right)^x$

d) $f'(x) = -2{,}3 \cdot \left(\frac{1}{10}\right)^x$

Basis b	2	3	4	5	10	$\frac{1}{2}$	$\frac{1}{3}$	$\frac{1}{4}$	$\frac{1}{5}$	$\frac{1}{10}$
$f'(0) \approx$	0,69	**1,1**	1,39	1,61	**2,3**	−0,69	**−1,1**	−1,39	−1,61	**−2,3**

Der Wert des Vorfaktors k der Ableitungsfunktion, d. h. deren Verhalten im Sinne einer Streckung bzw. Stauchung und Spiegelung, hängt unmittelbar von der Basis b ($b > 0$) ab und lässt sich in Bereiche zerlegen:

$0 < b < 3$, d. h. $k = f'(0) < 1$; Ableitungsfunktion gestaucht
$b > 3$, d. h. $k = f'(0) > 1$; Ableitungsfunktion gestreckt

Wenn man den Kehrwert der Basis nimmt, erhält man anscheinend den Vorfaktor mit „umgekehrten" Vorzeichen.

6. a) Mit der Sekantensteigung oder dem Differenzenquotienten finden wir:

$f(x) = 2^x \qquad f'(x) \approx 0{,}69 \cdot 2^x \qquad f''(x) \approx 0{,}48 \cdot 2^x$

$g(x) = \left(\frac{1}{2}\right)^x \qquad g'(x) \approx -0{,}69 \cdot \left(\frac{1}{2}\right)^x \qquad g''(x) \approx 0{,}48 \cdot \left(\frac{1}{2}\right)^x$

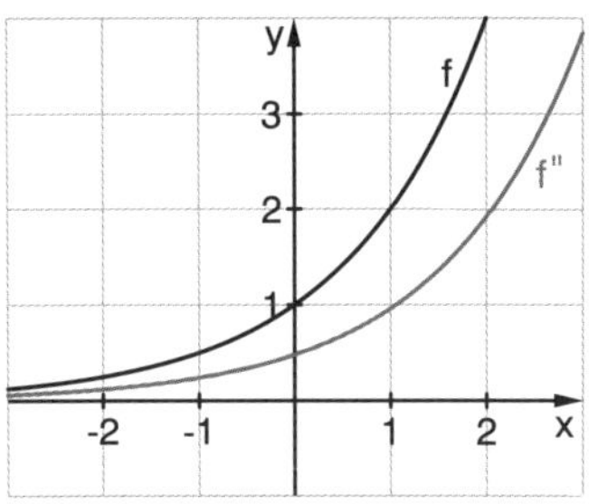

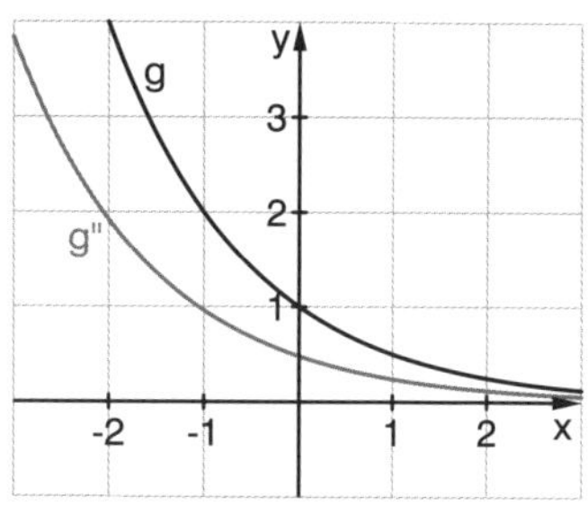

b) Wie in Aufgabe 4 und in a) gezeigt, reproduziert sich die Exponentialfunktion bei der Bildung des Differenzenquotienten selbst. Lediglich der Vorfaktor k ändert sich mit dem Grad der Ableitung. Jedoch hängt dieser nicht von x ab, sondern erweist sich als ein konstanter Faktor beim Ableiten. Algebraisch finden wir:

$f(x) = b^x \Rightarrow f'(x) = k \cdot b^x$

$f''(x) = \frac{d}{dx} f'(x) = \frac{d}{dx}(k \cdot b^x) = k \cdot \left(\frac{d}{dx} b^x\right) = k \cdot (k \cdot b^x) = k^2 \cdot b^x, \; b > 0$

251

7. Bemerkung: Die folgende Argumentation koppelt an Aufgabe 5. Da die Eulersche Zahl e noch nicht eingeführt wurde (Seite 304 sowie 307 ff. im Schülerband), setzen wir die „Grenze" bei b = 3. Siehe dazu auch Aufgabe 9.

Graph I
Basis $b > 3$, da sich der Faktor k stets vergrößert und damit die Ableitungsgraphen streckt.
$f(x) = 3{,}5^x$ $\quad f'(x) \approx 1{,}25 \cdot 3{,}5^x$ $\quad f''(x) \approx 1{,}57 \cdot 3{,}5^x$

Graph II
Basis $0 < b < 1$, da der Faktor k und damit die Ableitungsgraphen alternieren.
$f(x) = 0{,}5^x$ $\quad f'(x) \approx -0{,}69 \cdot 0{,}5^x$ $\quad f''(x) \approx 0{,}48 \cdot 0{,}5^x$

Graph III
Basis $1 < b < 3$, da der Faktor k kleiner wird und damit die Ableitungsgraphen staucht.
$f(x) = 1{,}5^x$ $\quad f'(x) \approx 0{,}4 \cdot 1{,}5^x$ $\quad f''(x) \approx 0{,}16 \cdot 1{,}5^x$

Graph IV
Basis $0 < b < 1$, da der Faktor k und damit die Ableitungsgraphen alternieren.
$f(x) = 0{,}25^x$ $\quad f'(x) \approx -1{,}39 \cdot 0{,}25^x$ $\quad f''(x) \approx 1{,}9 \cdot 0{,}25^x$

8. a) Notwendige Bedingung für Wendepunkte: $f''(x) = 0$
Nach 6 d) gilt: $f''(x) = k^2 \cdot b^x,\ b > 0$
Wegen $b^x > 0$ und $k^2 > 0$ kann die Bedingung nicht erfüllt werden. Wäre $k = 0$, dann wäre die zweite Ableitungsfunktion die x-Achse und die zugehörige Exponentialfunktion parallel zu dieser bzw. eine lineare (konstante) Funktion. Dies ist aber nicht möglich.

b) 1. Ableitung: Monotonieverhalten: $f'(x) = k \cdot b^x\ (b > 0)$
Fallunterscheidung: $k < 0$, d. h. Steigung überall negativ und die Funktion monoton fallend
$k > 0$, d. h. Steigung überall positiv und die Funktion monoton steigend

2. Ableitung: Krümmungsverhalten: $f''(x) = k^2 \cdot b^x\ (b > 0)$
k^2 ist stets > 0, damit ist $f''(x) > 0$ und die Funktion weist eine Linkskrümmung auf.

9. Mit einer der beiden Methoden erhält man (je nach Genauigkeit) zum Beispiel als Basis $b \approx 2{,}71$ und damit $f(x) = 2{,}71^x$ bzw. $f'(x) \approx 0{,}99 * f(x) \approx f(x)$ und somit $k = 1$. Die Basis b entpuppt sich als Eulersche Zahl e mit e = 2,71828....

253

10. a) Die Aussage begründet sich durch Probieren, indem für h entsprechend kleine Werte eingesetzt werden. Oder aber wir nutzen als Voraussetzung $e^h = 1 + h$.
Dann gilt: $\frac{e^h - 1}{h} = \frac{1 + h - 1}{h} = \frac{h}{h} = 1 \xrightarrow{h \to 0} 1$

b) Ab einem Wert $n = 10^7$ wird die Eulersche Zahl auf sechs Stellen genau.

253 **11.** $f(x) = c \cdot e^x$ – Produkt- und Faktorregel:

$f'(x) = \frac{d}{dx} c \cdot e^x = c \cdot \left(\frac{d}{dx} e^x\right) = c \cdot (e^x) = c \cdot e^x$ (konstanter Faktor c bleibt erhalten)

$h(x) = e^{cx}$ – exemplarisch sei hier o.B.d.A. c = 3 – erneut die Produktregel:

$h'(x) = \frac{d}{dx} e^{3x} = \left(\frac{d}{dx} e^x\right) \cdot e^{2x} + e^x \cdot \left(\frac{d}{dx} e^{2x}\right) = e^x \cdot e^{2x} + e^x \cdot \frac{d}{dx}(e^x \cdot e^x) = \ldots = e^{3x} + e^{3x} + e^{3x} = 3 \cdot e^{3x}$

Alternativ mit der Kettenregel („äußere mal innere Ableitung"), wobei $cx = f(x)$:

$h'(x) = \frac{d}{dx} e^{cx} = \frac{d}{dx} e^{f(x)} = e^{cx} \frac{d}{dx} f(x) = e^{cx} \frac{d}{dx}(cx) = e^{cx} \cdot c$

$d(x) = e^{x+c}$ – erneut die Produktregel, wobei auch die Kettenregel funktioniert:

$d'(x) = \frac{d}{dx} e^{x+c} = \frac{d}{dx} e^x \cdot e^c = e^x \left(\frac{d}{dx} e^c\right) + \left(\frac{d}{dx} e^x\right) \cdot e^c = 0 + e^x \cdot e^c = e^{x+c}$

12. a) $f_1(x) = 2e^x$, f(x) wird mit 2 multipliziert und damit gestreckt (blau).
$f_2(x) = e^{2x}$, f(x) wird im Argument mit 2 multipliziert und damit steiler (grün).
$f_3(x) = e^{x-2}$, f(x) mit dem Faktor $\frac{1}{e^2}$ multipliziert und damit gestaucht (gelb).
$f_4(x) = 0{,}5e^x - 3$, f(x) wird um den Faktor 0,5 gestaucht und um 3 nach unten verschoben (lila).

b) Die zugehörigen Ableitungen ergeben sich zu:

$f_1'(x) = 2e^x$

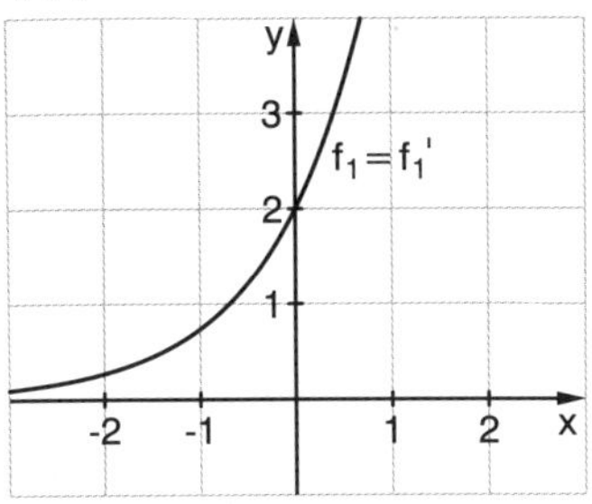

$f_2'(x) = 2e^{2x}$

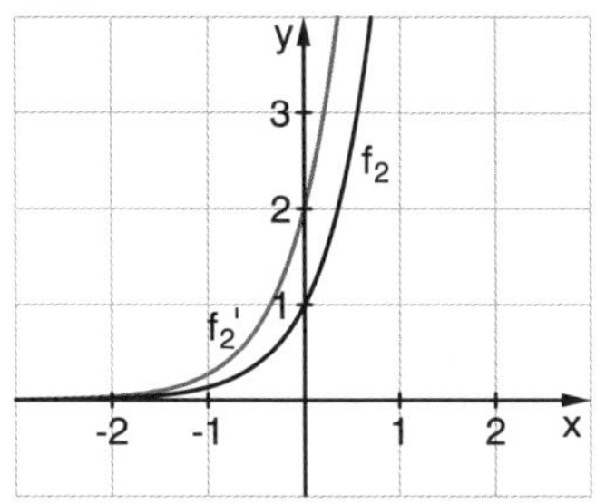

$f_3'(x) = e^{x-2}$

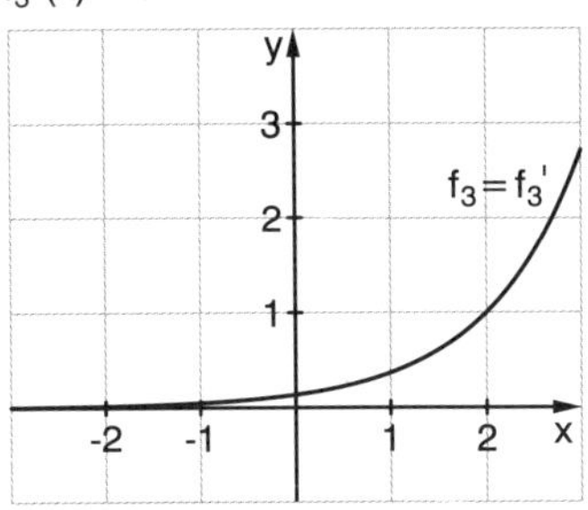

$f_4'(x) = 0{,}5e^x$

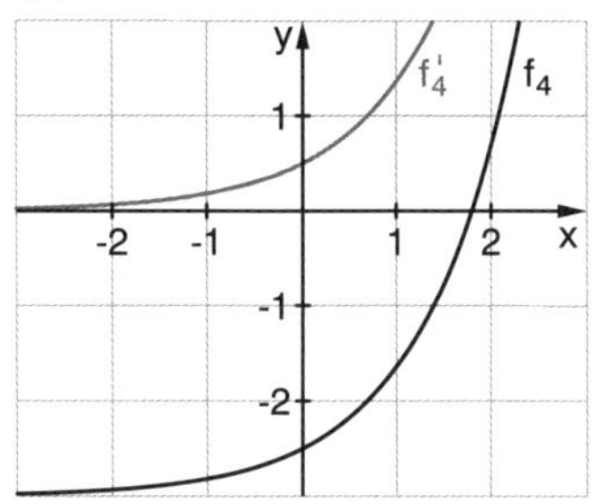

Je nach Vorfaktor und Argument werden die Ableitungsfunktionen relativ zur e^x-Funktion gestaucht bzw. gestreckt und in Richtung der x- bzw. y-Achse verschoben.

253

13. a) $f(x) = -e^x + 5$, e^x wird an der x-Achse gespiegelt und um +5 in y-Richtung verschoben; $f'(x) = -e^x$

b) $f(x) = 0{,}1\,e^{x+6}$, e^x wird um 0,1 gestaucht und um −6 in x-Richtung verschoben; $f'(x) = 0{,}1\,e^{x+6}$

c) $f(x) = \left(\frac{1}{e}\right)^x - e = e^{-x} - e^1$, e^x wird an y-Achse gespiegelt, um $-e^1$ in y-Richtung verschoben; $f'(x) = -e^{-x}$

d) $f(x) = -e^{-x}$, e^x wird an der y- und an der x-Achse gespiegelt; $f'(x) = e^{-x}$

14. a) $f'(x) = 12\,e^{3x}$ (Faktorregel und Produkt- bzw. Kettenregel)

b) $f'(x) = -2x\,e^{-x^2}$ (Kettenregel)

c) $f'(x) = 8\,e^{2x}$ (Faktor- und Kettenregel)

d) $f'(x) = \frac{-5}{(1 + e^x)^2}$ (Quotientenregel)

e) $f'(x) = 3(4 - 2x)\,e^{4x - x^2}$ (Faktor- und Kettenregel)

f) $f'(x) = \frac{1}{2}e^x + 2kx$ (Faktor- und Produktregel)

g) $f'(x) = k(k-1)\,e^{kx} = (k^2 - k)\,e^{kx}$ (Faktor-, Produkt- und Kettenregel)

h) $f'(x) = e^x(x^2 + 2x)$ (Produktregel)

15. Kriterien für lokale Extrema: $f'(x) = 0$ und $f''(x) \neq 0$
Kriterien für Wendepunkte: $f''(x) = 0$ und $f'''(x) \neq 0$

a) $f(x) = x\,e^x$ $\quad f'(x) = e^x(x + 1)$ $\quad f''(x) = e^x(x + 2)$ $\quad f'''(x) = e^x(x + 3)$
$f'(x) = 0$ ergibt $x_E = -1$ und $f''(x_E) \approx 0{,}37$, d. h. Minimum: TP$(-1\,|\,-0{,}37)$
$f''(x) = 0$ ergibt $x_W = -2$ und $f'''(x_W) \approx 0{,}14 \neq 0$, d. h. Wendepunkt: WP$(-2\,|\,-0{,}27)$

b) $f(x) = x\,e^{-x}$ $\quad f'(x) = e^{-x}(-x + 1)$ $\quad f''(x) = e^{-x}(x - 2)$ $\quad f'''(x) = e^{-x}(-x + 3)$
$f'(x) = 0$ ergibt $x_E = 1$ und $f''(x_E) \approx -0{,}37$, d. h. Maximum: HP$(1\,|\,0{,}37)$
$f''(x) = 0$ ergibt $x_W = 2$ und $f'''(x_W) \approx 0{,}14 \neq 0$, d. h. Wendepunkt: WP$(2\,|\,0{,}27)$

c) $f(x) = x^2e^x$ $\quad f'(x) = e^x(x^2 + 2x)$ $\quad f''(x) = e^x(x^2 + 4x + 2)$ $\quad f'''(x) = e^x(x^2 + 6x + 6)$
$f'(x) = 0$ ergibt $x_{E_1} = 0$ und $x_{E_2} = -2$
$f''(x_{E_1}) \approx 2$, d. h. Minimum: TP$(0\,|\,0)$
$f''(x_{E_2}) \approx -0{,}27$, d. h. Maximum: HP$(-2\,|\,0{,}54)$
$f''(x) = 0$ ergibt $x_{W_1} \approx -3{,}41$ und $x_{W_2} \approx -0{,}59$
$f'''(x_{W_1}) \approx -0{,}09 \neq 0$, d. h. Wendepunkt: WP$_1$ $(-3{,}41\,|\,0{,}38)$
$f'''(x_{W_2}) \approx 1{,}56 \neq 0$, d. h. Wendepunkt: WP$_2$ $(-0{,}59\,|\,0{,}19)$

d) $f(x) = e^{\frac{1}{x}}$ $\quad f'(x) = -\frac{1}{x^2}e^{\frac{1}{x}}$ $\quad f''(x) = \frac{(2x + 1)}{x^4}e^{\frac{1}{x}}$ $\quad f'''(x) = \frac{(-6x^2 - 6x - 1)}{x^6}e^{\frac{1}{x}}$
$f'(x) = 0$; Gleichung nicht lösbar, daher keine Extrema
$f''(x) = 0$ ergibt $x_W = -0{,}5$ und $f'''(x_W) \approx 4{,}33 \neq 0$, d. h. Wendepunkt: WP$(-0{,}5\,|\,0{,}13)$

254

16. $s_1(x) = \frac{1}{2}(e^x + e^{-x})$ $\quad s_1'(x) = \frac{1}{2}(e^x - e^{-x})$ $\quad s_1''(x) = \frac{1}{2}(e^x + e^{-x})$

$s_2(x) = \frac{1}{2}(e^x - e^{-x})$ $\quad s_2'(x) = \frac{1}{2}(e^x + e^{-x})$ $\quad s_2''(x) = \frac{1}{2}(e^x - e^{-x})$

Die erste Ableitung der Funktion $s_1(x)$ ergibt gerade die Funktion $s_2(x)$ und die erste Ableitung der Funktion $s_2(x)$ ergibt gerade die Funktion $s_1(x)$. Die zweite Ableitung ergibt jeweils wieder die Funktion selbst.

254

17. a) Die Funktion reproduziert sich selbst: $f(x) = \ldots = f^{(n)}(x) = 0{,}9\,e^x$ (linke Abb.)
b) $f^{(10)}(x) = e^x\,(x + n)$ mit $n \in \mathbb{N}$, d.h. $f^{(10)}(x) = e^x\,(x + 10)$ (rechte Abb.)

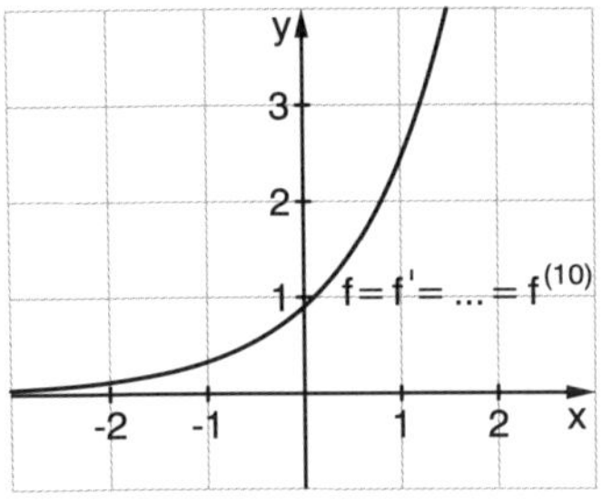

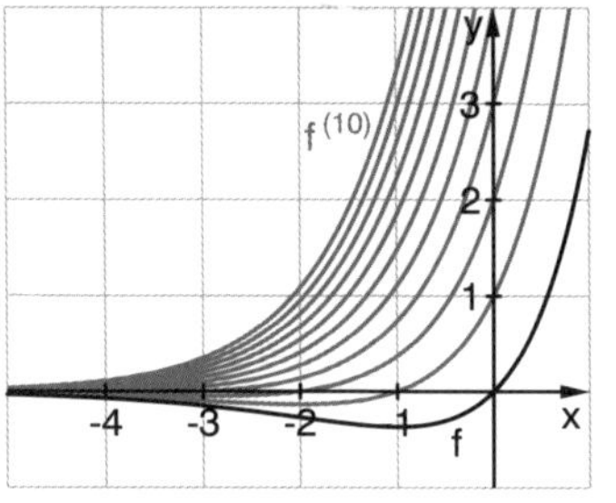

18. Die Schätzung kann zum Beispiel mithilfe der Graphen auf dem Rand auf Seite 306 erfolgen. Man erhält grob $A_a \approx 1{,}5$ FE, $A_b \approx 3$ FE und $A_c \approx 3{,}5$ FE.
Die Rechnung mithilfe des Integrals liefert dann:

a) $f(x) = e^x$ $\quad$ $F(x) = e^x$ $\quad$ $A = \int_0^1 f(x)\,dx = [F(x)]_0^1 = \ldots \approx 1{,}72$ FE

b) $f(x) = 2e^x$ $\quad$ $F(x) = 2e^x$ $\quad$ $A \approx 3{,}44$ FE

c) $f(x) = e^{2x}$ $\quad$ $F(x) = \frac{1}{2}e^{2x}$ $\quad$ $A \approx 3{,}19$ FE

19. Stammfunktion: $F(x) = \frac{a}{k} \cdot e^{kx}$ $(k \neq 0)$
Ein Vergleich von f(x) und F(x) zeigt, dass der Bruch $\frac{a}{k}$ bzw. dessen Faktoren a und k eine Streckung bzw. Stauchung der Ableitungsfunktion oder aber keine der beiden Möglichkeiten $(a = k)$ bedingen kann.

20. a) – $\qquad$ b) –
c) (1) $e^x = 2 \Rightarrow x = \ln(2) \approx 0{,}693$
(2) $e^x = 5 \Rightarrow x = \ln(5) \approx 1{,}609$
(3) $e^x = 50 \Rightarrow x = \ln(50) \approx 3{,}912$
(4) $e^x = 0{,}2 \Rightarrow x = \ln(0{,}2) \approx -1{,}609$

21. a) $e^x > 10^6 \Rightarrow x = \ln(10^6) \approx 13{,}8 \Rightarrow x \geq 14$
b) $e^x < 10^{-5} \Rightarrow x = \ln(10^{-5}) \approx -11{,}5 \Rightarrow x \leq -12$
c) $e^x > 10^{-7} \Rightarrow x = \ln(10^{-7}) \approx -16{,}1 \Rightarrow x \geq -16$
d) $e^x < 10^5 \Rightarrow x = \ln(10^5) \approx 11{,}5 \Rightarrow x < 12$

22. $f(x) = 2e^x$ $\quad$ $f'(x) = 2e^x \Rightarrow f'(3) = 2e^3 \approx 40{,}2$ (Steigung an der Stelle $x = 3$)
$f'(x) = 10 = 2e^x \Rightarrow x = \ln(5) \approx 1{,}609$ (Stelle, an der die Steigung 10 ist)

23. Die Graphen der Funktionen f_i bzw. g_i und der zugehörigen Ableitungen sind jeweils identisch. Mögliche (algebraische) Begründung:
$g_1(x) = 2^x = (2)^x = (e^{\ln(2)})^x \approx e^{0{,}69x} = f_1(x)$
$g_2(x) = 3^x = (3)^x = (e^{\ln(3)})^x \approx e^{1{,}1x} = f_2(x)$

Für die Ableitungsfunktionen gelten ähnliche Überlegungen:
$f_1'(x) = 0{,}69 \cdot e^{0{,}69x} = 0{,}69 \cdot (e^{0{,}69})^x \approx 0{,}69 \cdot (2)^x \approx g_1'(x)$
$f_2'(x) = 1{,}1 \cdot e^{1{,}1x} = 1{,}1 \cdot (e^{1{,}1})^x \approx 1{,}1 \cdot (3)^x \approx g_2'(x)$

255

24. a) $\ln(3e) = \ln(3) + \ln(e) \approx 1{,}1 + 1 = 2{,}1$

b) $\ln\left(\frac{1}{e}\right) = \ln(1) - \ln(e) = 0 - 1 = -1$

c) $\ln(e^3) = 3\ln(e) = 3$

d) $e^{\ln(100)} = 100$

e) $e^{-\ln(2)} = e^{\ln\left(\frac{1}{2}\right)} = 0{,}5$

f) $\ln(\sqrt{e}) = \ln\left(e^{\frac{1}{2}}\right) = \frac{1}{2}\ln(e) = 0{,}5$

25. a) $e^{2x} = 5 \quad \Rightarrow \quad x = \frac{\ln(5)}{2} \approx 0{,}805$

b) $e^x + 2 = 6 \quad \Rightarrow \quad x = \ln(4) \approx 1{,}386$

c) $0{,}25\,e^{0{,}1x} + 4 = 100 \quad \Rightarrow \quad x = 10\ln(384) \approx 59{,}51$

d) Gleichung algebraisch nicht lösbar, da der natürliche Logarithmus einer negativen Zahl gezogen werden muss ($2 - e^1 < 0$). Grafische Lösung zeigt auch keine Lösung, da keine Schnittpunkte vorliegen.

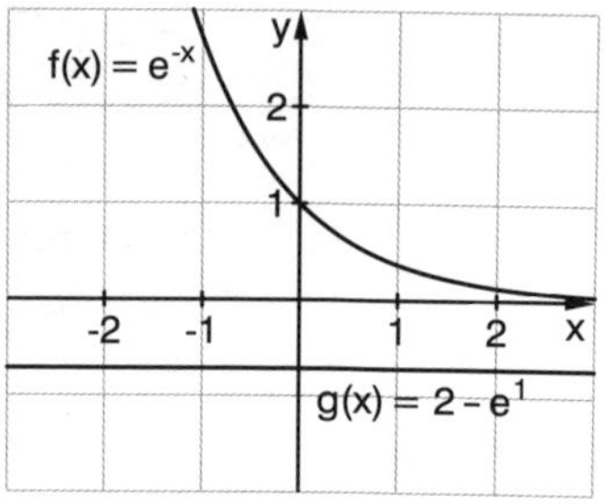

e) $4\ln(x) - 8 = 0 \quad \Rightarrow \quad x = e^2 \approx 7{,}4$

f) Gleichung nicht algebraisch lösbar, da x sowohl als Basis als auch als Exponent auftritt. Die grafische Lösung ergibt auch keine Lösung, da im Verlauf der beiden Graphen kein(e) Schnittpunkt(e) zu erwarten ist (sind).

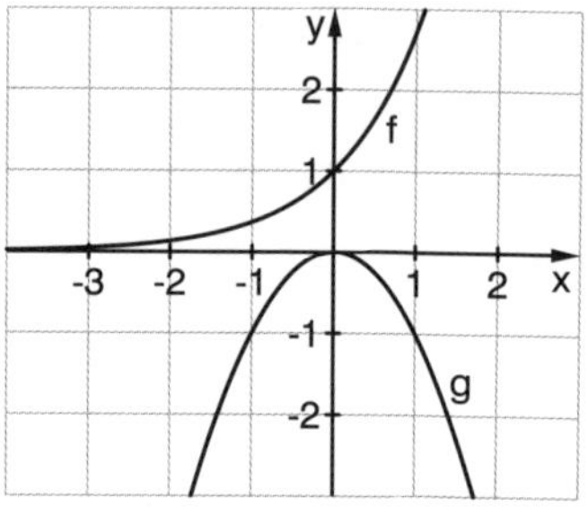

256

26. a) Zunächst wird eine zugehörige Exponentialfunktion bestimmt und diese dann in eine e-Funktion umgewandelt (siehe auch Seite 307 im roten Kasten und Beispiel E).

(1) $f(t) = 1000 \cdot 1{,}04^t = 1000\,e^{\ln(1{,}04)t} = 1000\,e^{0{,}039t}$ mit Anfangswert $f(0) = 1000$

(2) $f(t) = 5000 \cdot 0{,}88^t = 5000\,e^{\ln(0{,}88)t} = 5000\,e^{-0{,}128t}$ mit Anfangswert $f(0) = 5000$

(3) $f(t) = 3 \cdot 3^t = 3\,e^{\ln(3)t} = 3\,e^{1{,}099t}$ mit Anfangswert $f(0) = 3$

(4) $f(t) = 12 \cdot \left(\frac{1}{2}\right)^t = 12\,e^{\ln\left(\frac{1}{2}\right)t} = 12\,e^{-0{,}693t}$ mit Anfangswert $f(0) = 12$

b) zu 1) „Verdopplung vom Anfangskapital" bedeutet $2 \cdot f(0)$, d. h. wir erhalten nach (1): $2000 = 1000\,e^{0{,}039t}$; Auflösen nach t: $t \approx 17{,}8$ Jahre

zu 2) „halb so groß wie zu Beginn" bedeutet $\frac{1}{2} \cdot f(0)$, d. h. wir erhalten nach (2): $2500 = 5000\,e^{-0{,}128t}$; Auflösen nach t: $t \approx 5{,}4$ Wochen

27. a) Wir gehen von einer Ausgangsmenge A aus mit $\frac{A}{2} = Ae^{-kt_H}$.

Gleichung nach t_H auflösen: $t_H = \frac{\ln(2)}{k}$

Wäre die Zerfallskonstante k nicht umgekehrt proportional zur Zeit t, dann hätte man ein Problem mit den Einheiten im Argument der e-Funktion, welches „Einheitenneutral" ist.

256

27. b) Wir setzen für $f(t + t_H)$ und $f(t)$ jeweils die Ausgangsfunktion ein und erhalten

$Ae^{-k(t + t_H)} = \frac{Ae^{-kt}}{2}$.

Gleichung umformen und es resultiert 1 = 1.

Im Sachkontext bedeutet diese Gleichung: Immer dann, wenn man sich in Einheiten der Halbwertszeit auf der Zeitachse bewegt, dann halbiert sich die Ausgangsmenge.

28. a)

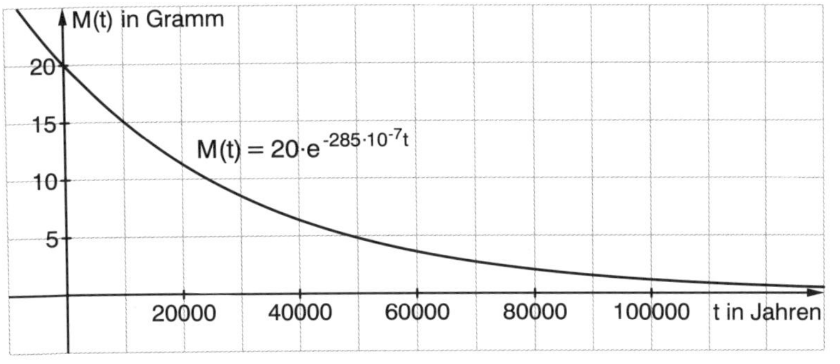

b) Wir setzen für t = 1000 Jahre und erhalten $M(1000) \approx 19{,}4$ g.

Um die Zeit zu bestimmen, nach der noch 1 g vorhanden ist, rechnen wir

$1 = 20e^{-285 \cdot 10^{-7}t}$ und lösen nach t auf: $t \approx 105\,000$ Jahre

c) Wir nutzen die Formel $t_H = \frac{\ln(2)}{k}$ und erhalten $t_H \approx 24\,320$ Jahre. Alternativ können Sie 10 g für den Funktionswert M(t) einsetzen und nach t auflösen.

29. Wir gehen von einer Ausgangsmenge A aus und verdoppeln diese als Funktionswert:

$2A = Ae^{kt_D}$; Gleichung nach t_D auflösen: $t_D = \frac{\ln(2)}{k}$

Die Gleichungen zur Verdopplungs- und zur Halbwertszeit sind identisch. Dies liegt daran, dass sich das negative Argument der e-Funktion beim Logarithmieren mit dem Funktionswert gerade wieder aufhebt (siehe 27 a)).

30. a) Bei einem Bevölkerungswachstum von 1,7 % pro Jahr ergibt sich eine Wachstumskonstante von $k = \ln(1{,}017)$. Damit folgt $t_D \approx 41$ Jahre.

b) 1 % Wachstum entsprechen $k_1 = \ln(1{,}01)$ und damit $t_{D_1} \approx 70$ Jahre.

2 % Wachstum entsprechen $k_2 = \ln(1{,}02)$ und damit $t_{D_2} \approx 35$ Jahre.

c) Für die Wachstumsgeschwindigkeit gilt zu Beginn: $f'(0) = A \cdot k \cdot e^{k \cdot 0} = A \cdot k$

Einsetzen: $t_D = \frac{\ln(2)}{k} \Rightarrow f'(t_D) = A \cdot k \cdot e^{k \cdot \frac{\ln(2)}{k}} = A \cdot k \cdot e^{\ln(2)} = A \cdot k \cdot 2$

Die Wachstumsgeschwindigkeit verdoppelt sich in der Zeit t_D.

256

31. a) Die Funktion passt gut zu den Messdaten:

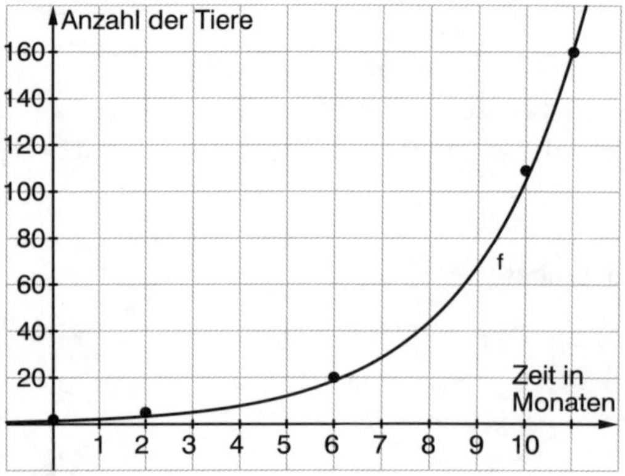

b) $f'(x) = 1{,}39 \cdot 0{,}432e^{0{,}432x} \approx 0{,}6e^{0{,}432x}$ mit $x = 8$ folgt: $f'(8) \approx 19$ (Tiere/Monat)

257

32. a) Tabelle für $E(x) = x^2$:

x	−2	−1	0	1	2	5	10
$y = e^x$	**0,14**	$\frac{1}{e}$	1	e	**7,4**	**148**	**22026**

Vertauschung von x- und y-Werten liefert die Tabelle für L(x) und damit den Graphen von ln(x).

b) Vertauschte Koordinaten ergeben die L(x)-Funktion, die sich auch als Spiegelung der E(x)-Funktion an der ersten Winkelhalbierenden findet.

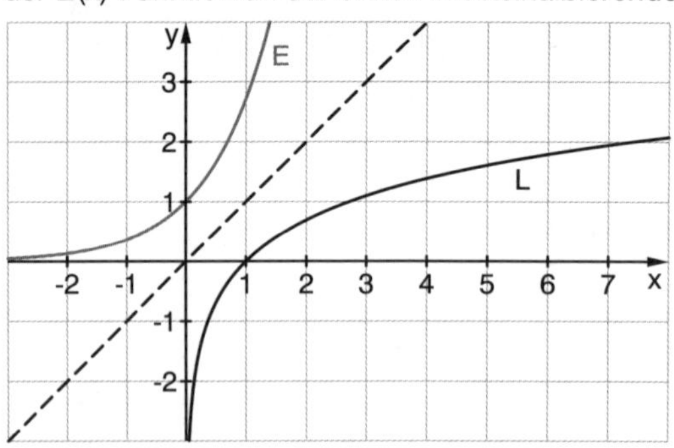

33. Für die Sekantensteigungsfunktion gilt mit entsprechender Skizze:

$$\text{msek}(x) = \frac{\ln(x + 0{,}001) - \ln(x)}{0{,}001}$$

Wir vermuten eine Hyperbel der Form $\frac{1}{x}$, die nur im positiven x-Bereich definiert ist.

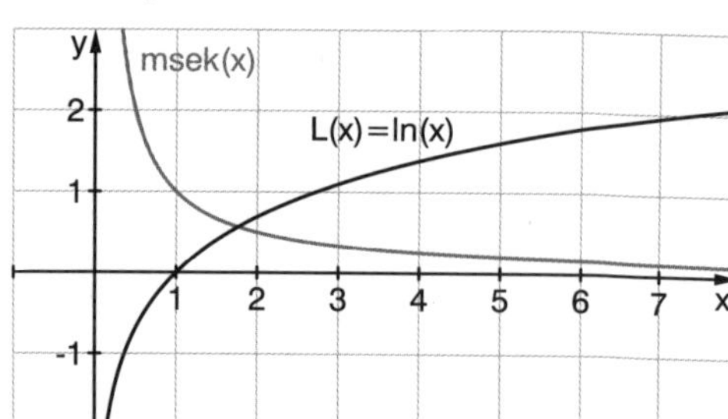

257

34. Mögliche Punkte (ohne Taschenrechner) der Funktion L(x) sind:

$x_1 = 1$;	$L(1) = 0$;	$P_1(1\|0)$
$x_2 = e^1$;	$L(e) = 1$;	$P_2(e\|1)$
$x_3 = e^{-1}$;	$L\left(\frac{1}{e}\right) = -1$;	$P_3(e^{-1}\|-1)$
$x_4 = e^2$;	$L(e^2) = 2$;	$P_4(e^2\|2)$
$x_5 = e^{-2}$;	$L(e^{-2}) = -2$;	$P_5(e^{-2}\|-2)$

258

35. a) $\ln(10) \approx 2{,}3$ $\quad \ln(10^2) \approx 4{,}6$ $\quad \ln(10^3) \approx 6{,}9$ $\quad \ln(10^{99}) \approx 227{,}9$

These: Die Funktion ln(x) geht für große x über alle Grenzen.

b) Wir suchen den x-Wert, für den der Funktionswert von L(x) 10 LE wird:

$10 = \ln(x) \quad \Rightarrow \quad x = e^{10} \approx 22\,026$ LE

Die x-Achse müsste eine Länge von etwa 22 026 cm (≈ 220 m) aufweisen, damit der Graph einen Abstand von 10 cm zur x-Achse hätte.

c) Nun suchen wir den x-Wert, für den der Funktionswert von L(x) 30 LE wird:

$30 = \ln(x) \quad \Rightarrow \quad x = e^{30} \approx 1{,}0686 \cdot 10^{13}$ LE

Die x-Achse müsste eine Länge von etwa $1{,}1 \cdot 10^{13}$ cm ($\approx 1{,}1 \cdot 10^{11}$ m) aufweisen. Für den Äquator (Erdumfang) gilt $U_{Äq} \approx 40\,000 \cdot 10^3$ m. Mit der Länge der x-Achse könnte der Äquator ungefähr 2750-mal umwickelt werden.

36. a) Die Schnittpunkte werden jeweils grafisch bestimmt:

(1) Es finden sich zwei Schnittpunkte $S_1(-0{,}91\,|\,0{,}4)$ und $S_2(1{,}12\,|\,3{,}06)$. Die „Steilheit" der e^x-Funktion lässt keine weiteren Schnittpunkte mit der x^{10}-Funktion erwarten. Zoomen liefert aber einen weiteren Schnittpunkt bei ca. $(35\,|\,3{,}5 \cdot 10^{15})$; e^x wächst letztendlich stärker als x^{10}.

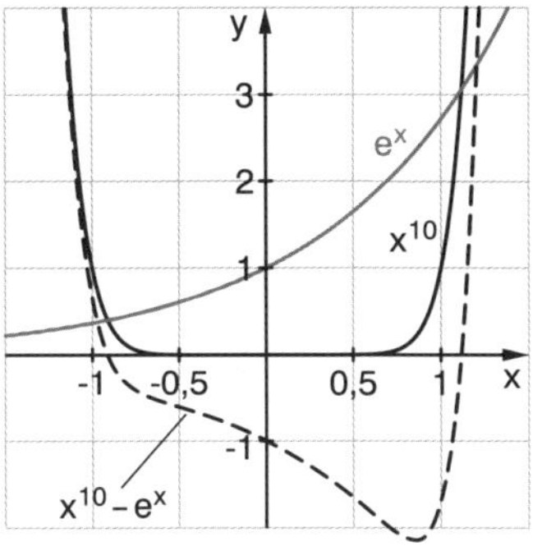

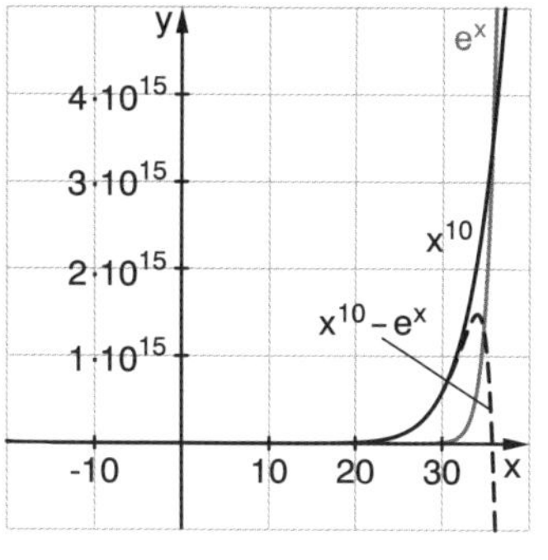

(2) Es findet sich ein Schnittpunkt bei $S(3{,}06\,|\,1{,}12)$. Dieser entspricht gerade den vertauschten Schnittpunktkoordinaten von S_2 aus (1). Der zweite Schnittpunkt aus (1) existiert nicht, da die ln(x)-Funktion nur für positive x-Werte definiert ist. Die zusammengesetzte Funktion $y = x^{0,1} - \ln(x)$ bestätigt den obigen Schnittpunkt.

258 **36.** Fortsetzung

(2) Analog zu (1) gibt es einen weiteren Schnittpunkt; es handelt sich jeweils um die Umkehrfunktion, sodass ca. $(3{,}5 \cdot 10^{15} | 35)$ dieser Schnittpunkt ist. $\ln(x)$ wächst letztendlich schwächer als $x^{\frac{1}{10}}$.

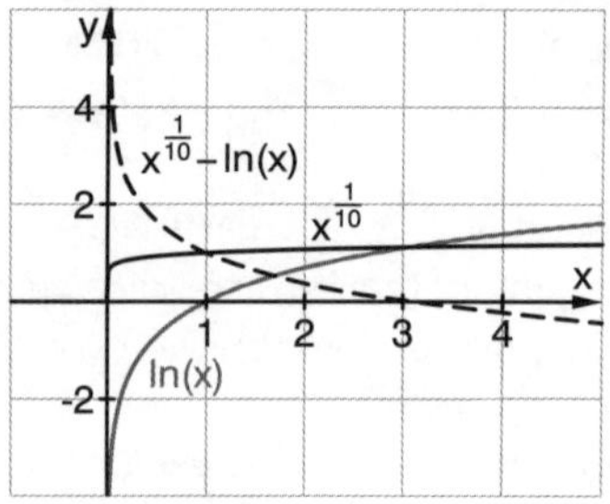

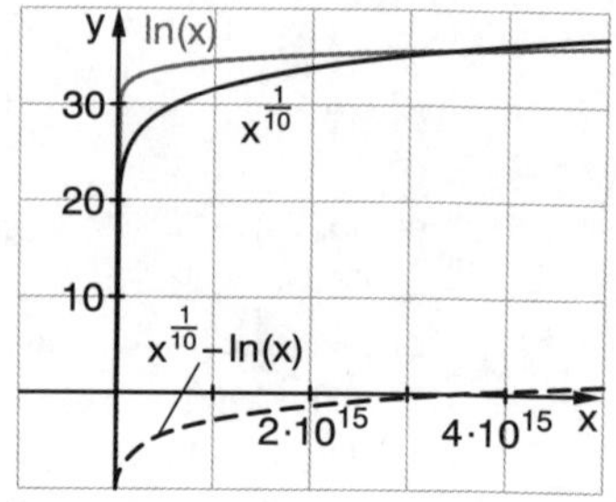

b) –

37. a) Für die Ableitung der Funktionen f_1, f_2 und f_3 gilt stets $f'(x) = \frac{1}{x}$. Für die Ableitung von $f_n(x) = \ln(n \cdot x) = \ln(n) + \ln(x)$, $(n \in \mathbb{N})$ gilt demnach $f_n'(x) = \frac{1}{x}$, da konstante Werte „ln(n)" beim Differenzieren wegfallen.

b) Die Vermutung gilt auch für $f_a(x) = \ln(a \cdot x)$ mit $a \in \mathbb{R}$ und $a > 0$, da die Logarithmengesetze ihre Gültigkeit behalten.

38. a) (1) $f'(x) = \frac{1}{x}$

(2) $f'(x) = \frac{3}{x}$

(3) $f'(x) = \frac{1}{x+3}$

(4) $f'(x) = \frac{2}{x}$

(5) $f'(x) = \ln(x)$

(6) $f'(x) = \frac{3 \cdot \ln(x) - 3}{\ln(x)^2}$

(7) $f'(x) = \frac{3 - 3 \cdot \ln(x)}{(3x)^2}$

(8) $f'(x) = \frac{1}{2x}$

b)

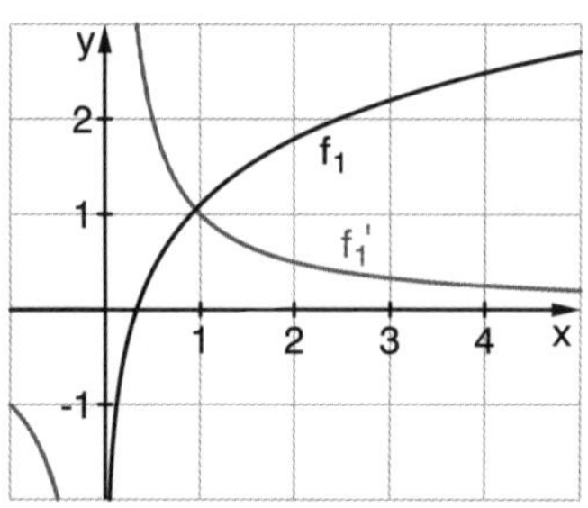

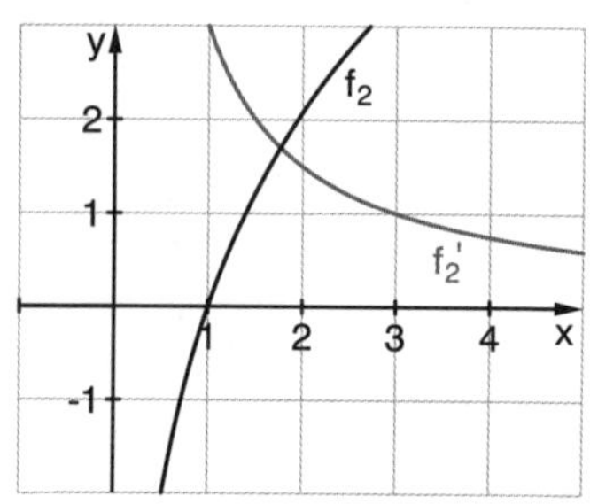

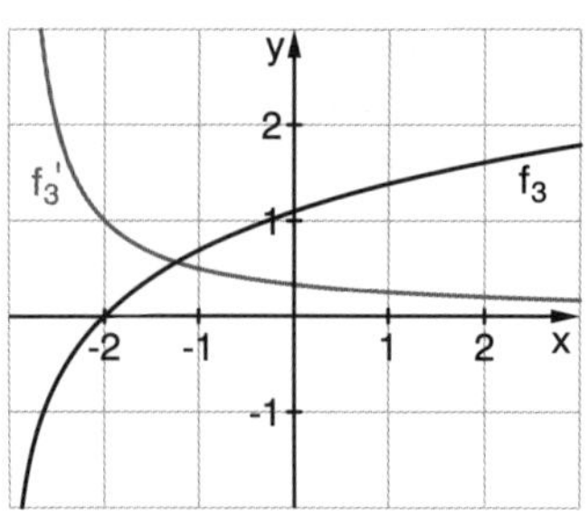

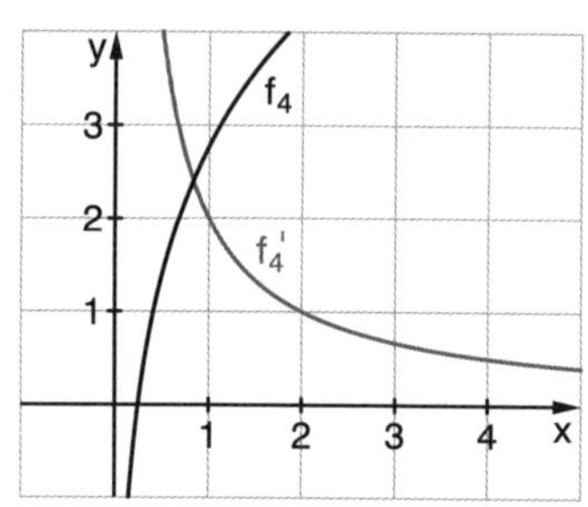

258 **38.** Fortsetzung

b)

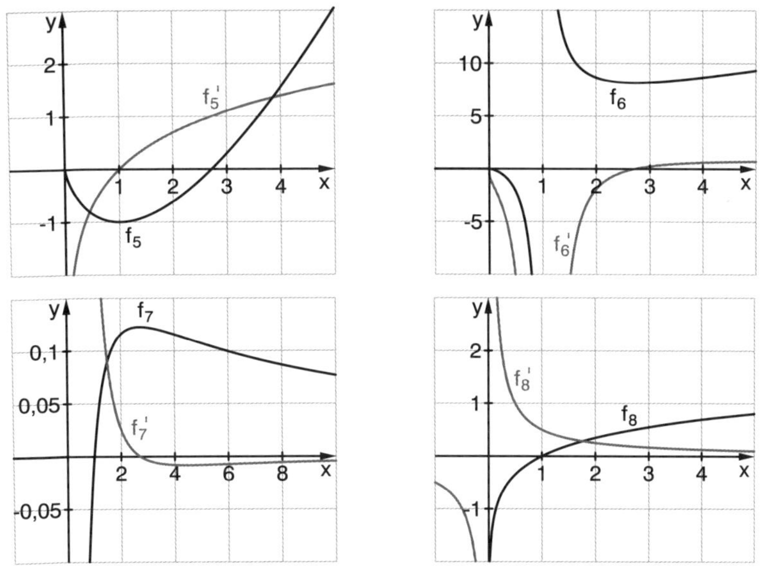

(1), (2), (3) und (4)

Keine Extrempunkte, da Gleichung $f'(x) = 0$ nicht algebraisch lösbar

(5) $f'(x) = \ln(x) = 0$, d. h. $x_E = 1$, $f''(x_E) = \frac{1}{1} = 1 > 0$, d. h. TP$(1 \mid -1)$

(6) $f'(x) = \frac{3 \cdot \ln(x) - 3}{\ln(x)^2} = 0$, d. h. $x_E = e$, $f''(x_E) = \frac{-3 \cdot \ln(e) + 6}{e \cdot \ln(e)^3} \approx 1{,}1 > 0$, d. h. TP$(e \mid 8{,}2)$

(7) $f'(x) = \frac{3 - 3 \cdot \ln(x)}{(3x)^2} = 0$, d. h. $x_E = e$, $f''(x_E) = \frac{\frac{2}{3}\ln(e) - 1}{e^3} \approx -0{,}02 < 0$, d. h. HP$(e \mid 0{,}12)$

(8) Keine Extrempunkte, da Gleichung $f'(x) = 0$ nicht algebraisch lösbar

259 **39.**

$f(x) = \ln(x^2)$	$f'(x) = \frac{2}{x}$	Lösung im Buch ist korrekt.
$g(x) = x \cdot \ln(x)$	$g'(x) = \ln(x) + 1$	Lösung im Buch ist falsch.
$h(x) = \ln(x + 2)$	$h'(x) = \frac{1}{(x + 2)}.$	Lösung im Buch ist falsch.

40.

$f_1(x) = \frac{1}{x}$	$F_1(x) = \ln(x)$
$f_2(x) = \frac{3}{x}$	$F_2(x) = 3\ln(x)$
$f_3(x) = \frac{1}{x + 3}$	$F_3(x) = \ln(x + 3)$
$f_4(x) = \frac{1}{2x}$	$F_4(x) = \frac{1}{2}\ln(x)$
$f_5(x) = \ln(x)$	$F_5(x) = x\ln(x) - x$

41. a) Grobe Schätzung ergibt bei beiden Flächen (A und B) ungefähr 1 FE.

b) $A = \int_{\frac{1}{e}}^{1} f(x)\,dx = \left[\ln(x)\right]_{\frac{1}{e}}^{1} = \ln(1) - \ln\left(\frac{1}{e}\right) = 0 - (-1) = 1$ FE

$B = \int_{1}^{e} f(x)\,dx = \left[\ln(x)\right]_{1}^{e} = \ln(e) - \ln(1) = 1 - 0 = 1$ FE

260

42. a) $A_1 = \int_1^{100} f_1(x)\,dx = [\ln(x)]_1^{100} = \ln(100) - \ln(1) \approx 4{,}6$ FE

$A_2 = \int_1^{100} f_2(x)\,dx = \left[-\frac{1}{x}\right]_1^{100} = -\frac{1}{100} - \left(-\frac{1}{1}\right) = 0{,}99$ FE

$\Big\}\ A_1 > A_2$

b) $A_1 = \int_1^{1000} f_1(x)\,dx = [\ln(x)]_1^{1000} = \ln(1000) - \ln(1) \approx 6{,}9$ FE

$A_2 = \int_1^{1000} f_2(x)\,dx = \left[-\frac{1}{x}\right]_1^{1000} = -\frac{1}{1000} - \left(-\frac{1}{1}\right) = 0{,}999$ FE

$\Big\}\ A_1 > A_2$, wobei $A_2 = \text{const.}$

c) $A_1 = \int_1^{t} f_1(x)\,dx = [\ln(x)]_1^{t} = \ln(t) - \ln(1) = \ln(t) \xrightarrow{t \to \infty} \infty$

$A_2 = \int_1^{t} f_2(x)\,dx = \left[-\frac{1}{x}\right]_1^{t} = -\frac{1}{t} - \left(-\frac{1}{1}\right) = 1 - \frac{1}{t} \xrightarrow{t \to \infty} 1$

43. a) $F(x) = x\ln(x) - x$; $F'(x) = \left(x \cdot \frac{1}{x} + 1 \cdot \ln(x)\right) - 1 = 1 + \ln(x) - 1 = \ln(x) = f(x)$

b) $F'(x) = \ln(x) = 0$, d. h. $x_E = 1$; $F''(x_E) = \frac{1}{x} = 1 > 0$, d. h. Minimum TP$(1\,|\,-1)$

$F''(x) = \frac{1}{x} = 0$; Gleichung nicht lösbar, daher kein Wendepunkt

c) $A_1 = \int_1^{2} \ln(x)\,dx = [x \cdot \ln(x) - x]_1^{2} = (2 \cdot \ln(2) - 2) - (1 \cdot \ln(1) - 1) \approx 0{,}39$ FE

$|A_2| = \left|\int_{\frac{1}{2}}^{1} \ln(x)\,dx\right| = \left|[x \cdot \ln(x) - x]_{\frac{1}{2}}^{1}\right| = \left|(1 \cdot \ln(1) - 1) - \left(\frac{1}{2} \cdot \ln\left(\frac{1}{2}\right) - \frac{1}{2}\right)\right| \approx 0{,}15$ FE

Bemerkung: $|A_2|$, da orientierter Flächeninhalt

Wir folgern: $A_1 > A_2$

44. Mit dem Verfahren der partiellen Integration (vgl. Seite 260) folgt:

$\int x \cdot e^x\,dx = e^x \cdot \frac{x^2}{2} - \int e^x \cdot \frac{x^2}{2}\,dx = \ldots$

Das Verfahren der partiellen Integration führt auf diesem Wege nicht zum Ziel, da sich die zweite Funktion nicht „wegdifferenziert" und das Integral lösbar macht.

45. a) $u(x) = \ln(x)$ $\quad u'(x) = \frac{1}{x}$ $\quad v(x) = \frac{x^2}{2}$ $\quad v'(x) = x$

$\int x \cdot \ln(x)\,dx = \ln(x) \cdot \frac{x^2}{2} - \int \frac{1}{x} \cdot \frac{x^2}{2}\,dx = \ln(x) \cdot \frac{x^2}{2} - \int \frac{x}{2}\,dx = \ln(x) \cdot \frac{x^2}{2} - \frac{x^2}{4} = \frac{x^2}{2}\left(\ln(x) - \frac{1}{2}\right)$

b) $u(x) = x$ $\quad u'(x) = 1$ $\quad v(x) = -\cos(x)$ $\quad v'(x) = \sin(x)$

$\int \sin(x) \cdot x\,dx = (x \cdot (-\cos(x))) - \int 1 \cdot (-\cos(x))\,dx = (-x \cdot \cos(x)) - (-\sin(x))$

$= -x \cdot \cos(x) + \sin(x)$

c) $u(x) = x^2$ $\quad u'(x) = 2x$ $\quad v(x) = e^x$ $\quad v'(x) = e^x$

$\tilde{u}(x) = 2x$ $\quad \tilde{u}'(x) = 2$ $\quad \tilde{v}(x) = e^x$ $\quad \tilde{v}'(x) = e^x$

$\int x^2 \cdot e^x\,dx = x^2 \cdot e^x - \int 2x \cdot e^x\,dx = x^2 \cdot e^x - \left(2x \cdot e^x - \int 2e^x\,dx\right) = x^2 \cdot e^x - 2x \cdot e^x + 2e^x$

$= e^x(x^2 - 2x + 2)$

Zweimalige partielle Integration führt hier zum Ziel.

260

45. d) $u(x) = x^2$ $\quad u'(x) = 2x$ $\quad v(x) = -\cos(x)$ $\quad v'(x) = \sin(x)$

$\tilde{u}(x) = 2x$ $\quad \tilde{u}'(x) = -2$ $\quad \tilde{v}(x) = \sin(x)$ $\quad \tilde{v}'(x) = \cos(x)$

$$\int x^2 \cdot \sin(x)\,dx = -x^2 \cdot \cos(x) - \int -2x \cdot \cos(x)\,dx$$
$$= -x^2 \cdot \cos(x) - \left(-2x \cdot \sin(x) - \int -2\sin(x)\,dx\right)$$
$$= -x^2 \cdot \cos(x) + 2x \cdot \sin(x) + 2\cos(x) = \cos(x) \cdot (2 - x^2) + 2x \cdot \sin(x)$$

Zweimalige partielle Integration führt auch hier zum Ziel.

Graphen zu f(x) und F(x):

a)

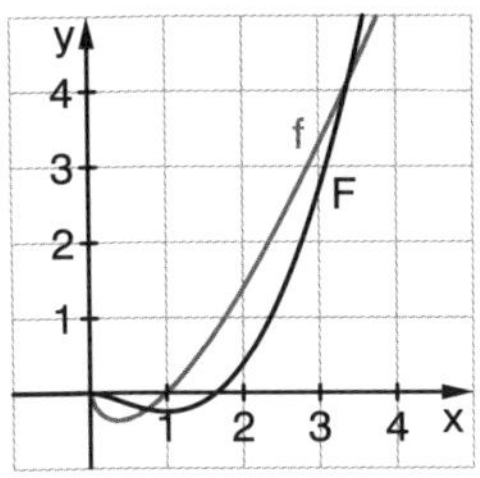

b)

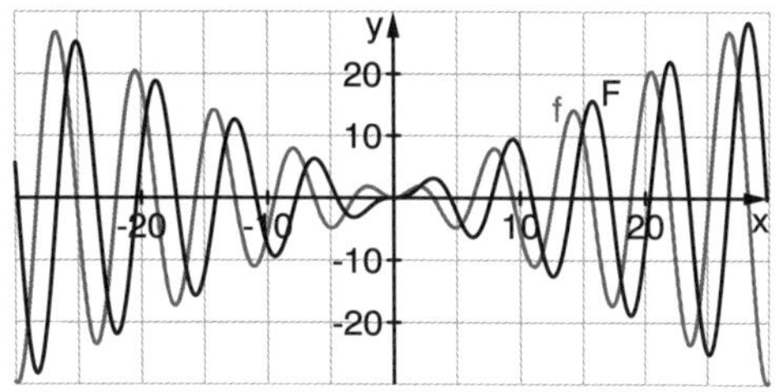

c)

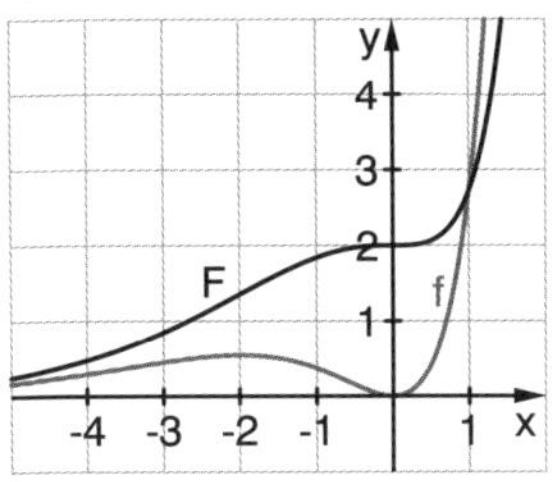

d)

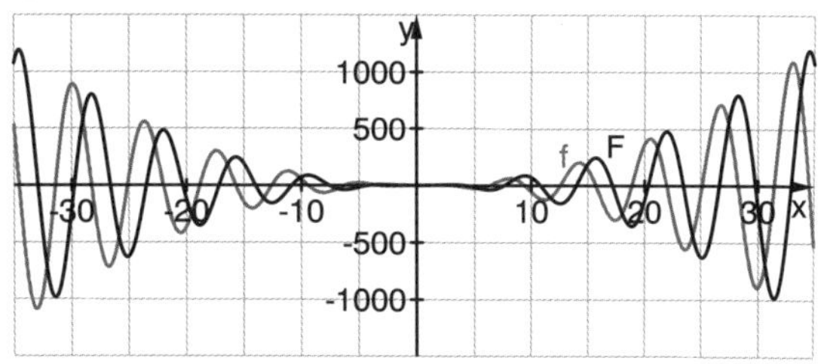

261

46. a) Wir müssen den (unrealistischen) Zinssatz jeweils auf Monate, Stunden und Sekunden umrechnen. Dabei gilt für die zugehörige Exponentialfunktion:

- $K(t) = K_0 \cdot \left(1 + \frac{1}{12}\right)^t$

  Mit t = 12 Monate pro Jahr folgt dann: $K(12) \approx 2{,}61$ €
- $K(t) = K_0 \cdot \left(1 + \frac{1}{525\,600}\right)^t$

  Mit t = 525 600 Stunden pro Jahr folgt dann: $K(525\,600) \approx 2{,}7182792\ldots$ €
- $K(t) = K_0 \cdot \left(1 + \frac{1}{31\,536\,000}\right)^t$

  Mit t = 31 536 000 Sekunden pro Jahr folgt dann: $K(31\,536\,000) \approx 2{,}7182816\ldots$ €

b) In „jedem Augenblick" bedeutet, dass der Bruchteil des „augenblicklichen Zinssatzes" relativ zu einem Jahr immer kleiner wird. Dabei erkennen wir die Struktur der Herleitung der Eulerschen Zahl (vgl. Aufgabe 10):

$$\left(1 + \frac{1}{n}\right)^n \xrightarrow{n \to \infty} e$$

Damit folgt: $K(t) = K_0 \cdot \left(1 + \frac{1}{t}\right)^t \xrightarrow{t \to \infty} K_0 \cdot e^1$

Wir erwarten am Ende eines Jahres ($K_0 = 1$ €) bei „augenblicklicher Verzinsung" e €.

261 **46.** c) Herleitung der Zinseszinsformel:

$K(0) = K_0$

$K(1) = K_0 + K_0 \cdot \frac{p}{100} = K_0 \cdot \left(1 + \frac{p}{100}\right)^1$

$K(2) = K_1 + K_1 \cdot \frac{p}{100} = K_1 \cdot \left(1 + \frac{p}{100}\right) = K_0 \cdot \left(1 + \frac{p}{100}\right) \cdot \left(1 + \frac{p}{100}\right) = K_0 \cdot \left(1 + \frac{p}{100}\right)^2$

...

$K(t) = K_0 \cdot \left(1 + \frac{p}{100}\right)^t = K_0 e^{\ln\left(1 + \frac{p}{100}\right)^t}$

47. a)

Bedingungen	Interpolationspolynom
$f(0) = 1$ und $f'(0) = 1$	$p(x) = 1 + x$
... und $f''(0) = 1$	$p(x) = 1 + x + \frac{1}{2}x^2$
... und $f'''(0) = 1$	$p(x) = 1 + x + \frac{1}{2}x^2 + \frac{1}{6}x^3$
... und $f^{(4)}(0) = 1$	$p(x) = 1 + x + \frac{1}{2}x^2 + \frac{1}{6}x^3 + \frac{1}{24}x^4$
... und $f^{(5)}(0) = 1$	$p(x) = 1 + x + \frac{1}{2}x^2 + \frac{1}{6}x^3 + \frac{1}{24}x^4 + \frac{1}{120}x^5$

b) Die Polynome p(x) nähern sich mit steigendem Grad der Funktion $f(x) = e^x$.

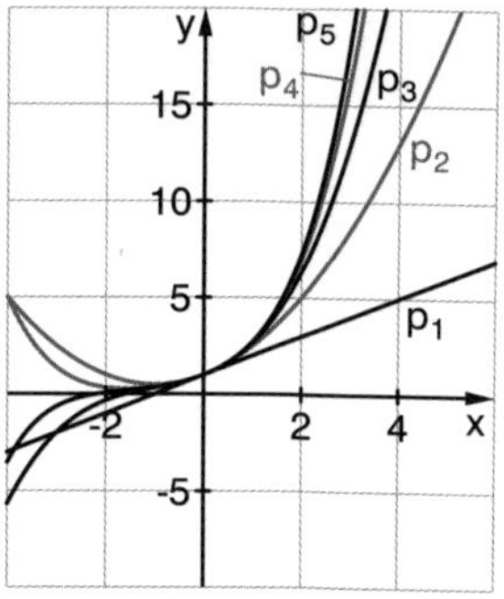

c) Wir setzen x = 1 und erhalten die Näherungsformel: $e \approx \sum_{k=0}^{n} \frac{1}{k!}$

n = 1: $e \approx \frac{1}{0!} + \frac{1}{1!} = 2$

n = 5: $e \approx \frac{1}{0!} + \frac{1}{1!} + \frac{1}{2!} + \frac{1}{3!} + \frac{1}{4!} + \frac{1}{5!} \approx 2{,}716\ldots$

n = 10: $e \approx \frac{1}{0!} + \frac{1}{1!} + \frac{1}{2!} + \frac{1}{3!} + \frac{1}{4!} + \frac{1}{5!} + \frac{1}{6!} + \frac{1}{7!} + \frac{1}{8!} + \frac{1}{9!} + \frac{1}{10!} \approx 2{,}7182818\ldots$

6.2 e-Funktionen in Realität und Mathematik

262 **1.** a) $f(-x) = e^{-\frac{1}{2}(-x)^2} = e^{-\frac{1}{2}x^2} = f(x)$

Der Graph ist achsensymmetrisch zur y-Achse; $\lim\limits_{x \to \infty} f(x) = 0$.

Da der Exponent immer negativ ist und e^{-x} für $x > 0$ immer kleiner als 1 ist, ist $e^0 = 1$ der größte Funktionswert, also ist $(0\,|\,1)$ Hochpunkt.

Rechnung: $f'(x) = -x \cdot e^{-\frac{1}{2}x^2}$; $f'(x) = 0 \Rightarrow x = 0$

$f''(x) = (x^2 - 1)\,e^{-\frac{1}{2}x^2}$; $f''(x) = 0 \Rightarrow x_{1,2} = \pm 1$

$WP_1\left(-1\,\middle|\,\frac{1}{\sqrt{e}}\right)$; $WP_2\left(1\,\middle|\,\frac{1}{\sqrt{e}}\right)$

Tangenten in Wendepunkten:

$y = -\frac{1}{\sqrt{e}}x + \frac{2}{\sqrt{e}}$ bzw. $y = \frac{1}{\sqrt{e}}x + \frac{2}{\sqrt{e}}$

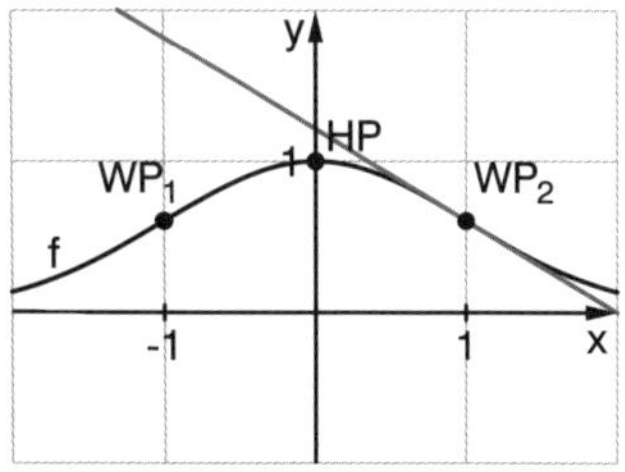

b) Näherung mit Wendetangente:

$F = \frac{1}{2} \cdot 2 \cdot \frac{2}{\sqrt{e}} = \frac{2}{\sqrt{e}} \approx 1{,}213$

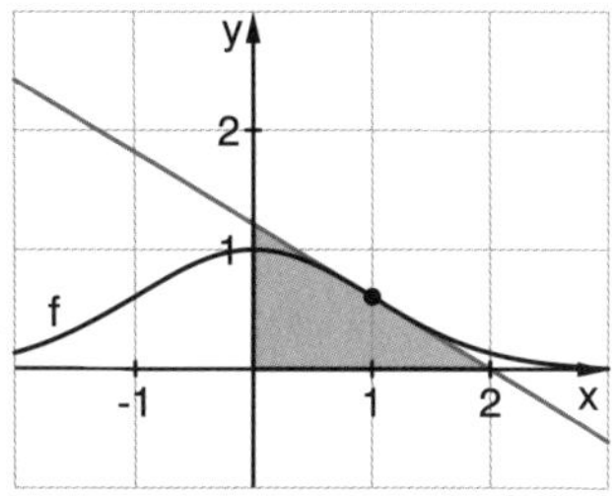

Näherung mit Verbindung durch
$y = bx^2 + 1$ in $[0;1]$ bzw. $y = b(x-3)^2$ in $[1;2]$:

$f_1(x) = \left(\frac{1}{\sqrt{e}} - 1\right)x^2 + 1$; $f_2(x) = \frac{1}{4\sqrt{e}}(x-3)^2$

$F = \int_0^1 f_1(x)\,dx + \int_1^2 f_2(x)\,dx \approx 0{,}87 + 0{,}35 = 1{,}22$

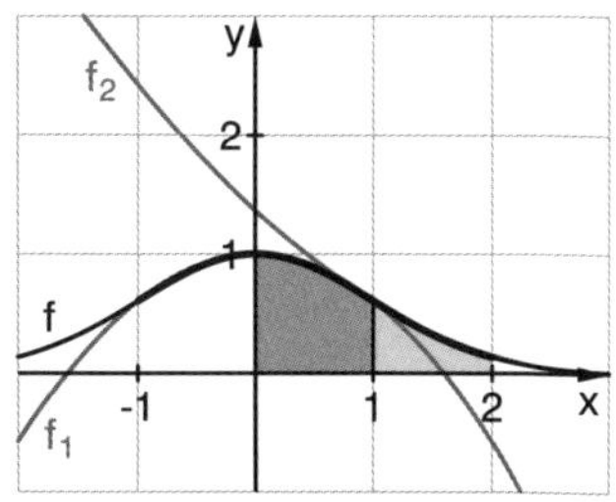

Kubische Regression mit $(0\,|\,1)$, $(0{,}5\,|\,0{,}88)$, $(1\,|\,0{,}6)$, $(1{,}5\,|\,0{,}32)$ und $(2\,|\,0{,}14)$:

$g(x) = 0{,}17x^3 - 0{,}55x^2 - 0{,}01x + 1$

$\int_0^2 g(x)\,dx \approx 1{,}19$

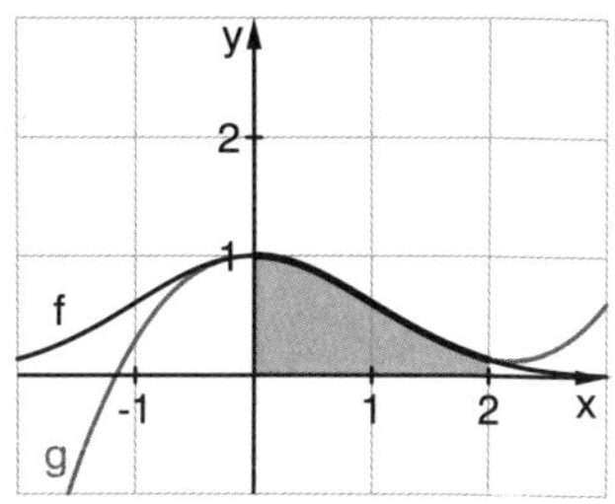

263 **2.** a) Verabreichung zum Zeitpunkt $t = 0$
Eliminationsphase: $t > 0$
Wirkungsdauer: Grafisch-numerische Lösung von $K(t) = 3$:
$x_1 \approx 4{,}9$; $x_2 = 17{,}8$
Wirkungseintritt nach ca. 5 Stunden, Wirkungsdauer ca. 13 Stunden

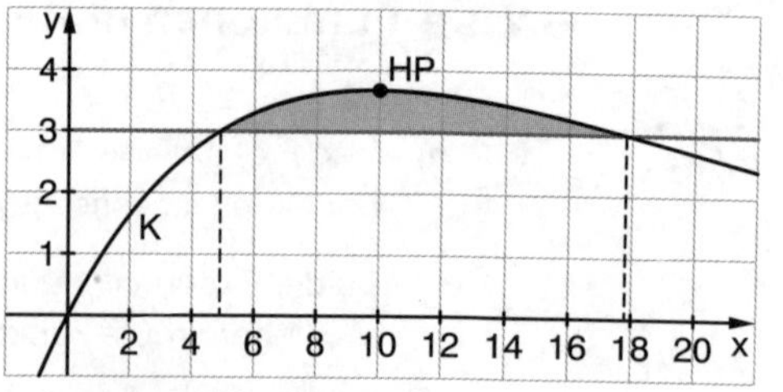

Aufbauphase und maximale Wirkungsstärke:
Extrempunkt: $K'(t) = (1 - 0{,}1t) \cdot e^{-0{,}1t} \Rightarrow HP\left(10 \middle| \frac{10}{e}\right)$
Aufbauphase: 10 Stunden
Maximale Wirkungsstärke wird nach 10 Stunden erreicht mit maximal wirksamer Konzentration von 3,7 mg/kg.

b) Stärkster Aufbau zu Beginn, weil dort die größte Steigung vorliegt (Kurve rechtsgekrümmt).
Stärkster Abbau nach 20 Stunden:
$K''(t) = (0{,}01t - 0{,}2) \cdot e^{-0{,}1t} \Rightarrow WP\left(20 \middle| \frac{20}{e^2}\right)$

c) Durchschnittliche Konzentration während der gesamten Wirkungsdauer beträgt ca. 3,4 mg/kg:
$\frac{1}{13} \int_5^{18} K(t)\,dt \approx 3{,}44$

d) $K_a(t) = a \cdot t \cdot e^{-0{,}1t}$ (Streckung in y-Richtung lässt x-Koordinaten (Zeitpunkte) der Hochpunkte (maximale Wirkung) unverändert):

$K_a'(t) = a \cdot (1 - 0{,}1t) \cdot e^{-0{,}1t}$
$\Rightarrow HP\left(10 \middle| \frac{10a}{e}\right)$

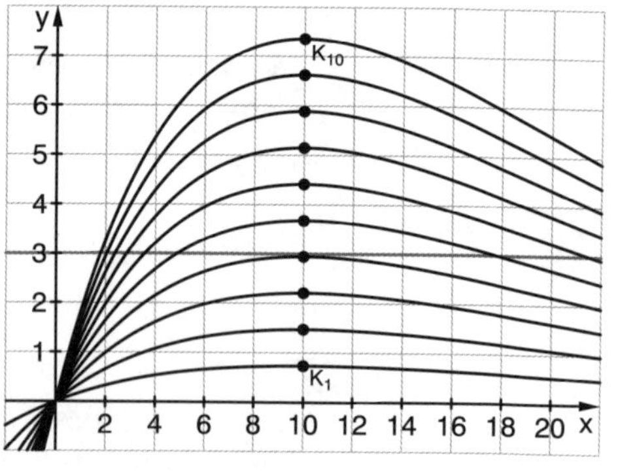

3. a) $f_k(0) = -k$, also gehört der linke Graph zu $k = 1$; der Graph in der Mitte zu $k = 0{,}2$; der rechte Graph zu $k = -1$.
Andere Begründung: Für $k < 0$ streben die Graphen für $x \to \infty$ gegen ∞ und für $k = 0$ verläuft der Graph durch den Ursprung. Mögliche Begründungen liefert auch das Einsetzen von z. B. $x = 1$ in die zugehörigen Funktionsterme:
$f_{-1}(1) = e + 1 \approx 3{,}7$; $f_{0,2}(1) = 1 - \frac{e}{5} \approx 0{,}5$; $f_1(1) = 1 - e \approx -1{,}7$
Für $x \to -\infty$ strebt $k \cdot e^{-x}$ gegen 0, also $\lim_{x \to -\infty} k \cdot e^x = 0$, es gilt für sehr kleine x dann $f_k(x) \approx x$ oder $\lim_{x \to -\infty} (f_k(x) - x) = 0$.

b) Nullstellen: Zu lösen ist die Gleichung $x - k \cdot e^x = 0$. Für solche transzendenten Gleichungen („x in Basis und Exponenten“) gibt es im Allgemeinen keine Lösungsformeln, es sind nur grafisch-numerische Lösungen möglich.

263 **3.** Fortsetzung

b) Aus den Grafiken liest man ab:

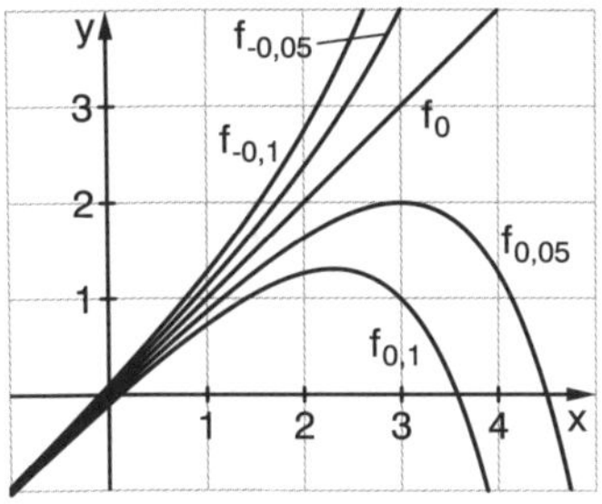

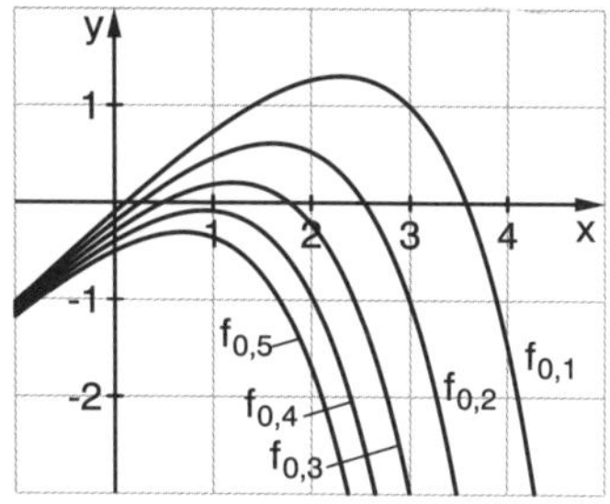

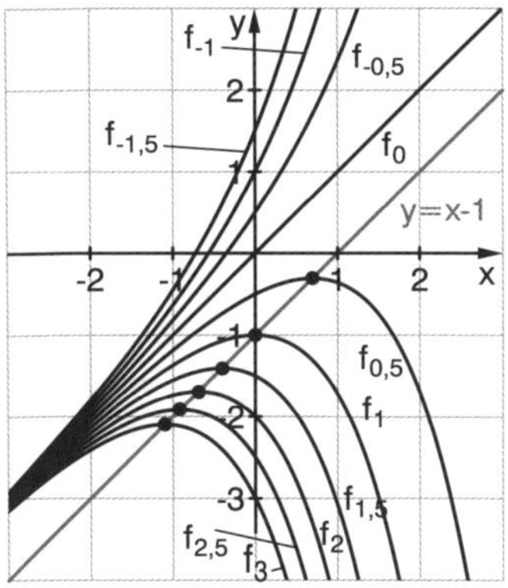

$k \leq 0$: eine Nullstelle

$0 < k \lesssim 0{,}4$: zwei Nullstellen

$k \gtrsim 0{,}4$: keine Nullstellen

c) $f_k'(x) = 1 - ke^x \quad \Rightarrow \quad k > 0$: $HP\left(\ln\left(\frac{1}{k}\right) \middle| \ln\left(\frac{1}{k}\right) - 1\right)$ für $k > 0$

Ortskurve der Hochpunkte:

$x = \ln\left(\frac{1}{k}\right) \quad \Rightarrow \quad y = x - 1$

Übergang von „keiner Nullstelle zu zwei Nullstellen“ bzw. „einer Nullstelle zu zwei Nullstellen“ liegt dort vor, wo der Hochpunkt die y-Koordinate 0 hat, also

$\ln\left(\frac{1}{k}\right) - 1 = 0 \quad \Rightarrow \quad k = \frac{1}{e} \approx 0{,}368$. Es gibt keine Wendepunkte, da $f_k''(x) = -k \cdot e^x$ keine Nullstellen hat.

d) Tangentenschar in $B(1 \mid 1 - k \cdot e)$: $f_k'(1) = 1 - k \cdot e$

$y = (1 - k \cdot e) \cdot (x - 1) + 1 - k \cdot e$

$= (1 - k \cdot e) \cdot x$

Die Tangenten verlaufen alle durch $(0 \mid 0)$.

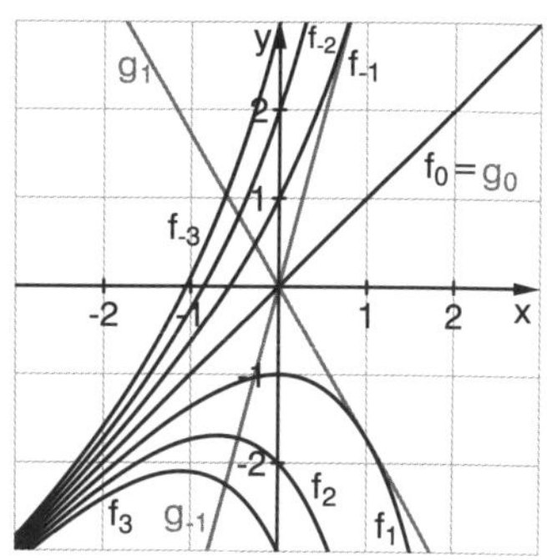

265

4. a) $f(x) = 1000 \cdot 1{,}3^x = 1000 \cdot e^{\ln(1,3) \cdot x} = 1000 \cdot e^{0,2624x}$

$f(4) = 2856{,}1$; $f(26) = 917\,333{,}3\ldots$

Nach 4 Wochen sind es ca. 3000 Heuschrecken, nach einem halben Jahr ca. 900 000 (*).

$1000 \cdot e^{\ln(1,3)x} = 1\,000\,000 \quad \Rightarrow \quad x = \frac{\ln(1000)}{\ln(1,3)} \approx 26{,}3$

Nach gut einem halben Jahr sind es mehr als 1 Million Heuschrecken (folgt schon aus (*)).

$1000 \cdot e^{\ln(1,3)x} = 10\,000\,000 \quad \Rightarrow \quad x = \frac{\ln(10\,000)}{\ln(1,3)} \approx 35{,}1$

Nach knapp 9 Monaten sind es schon 10 Millionen Heuschrecken.

b) $1000 \cdot e^{\ln(1,3)x} = 300\,000\,000\,000 \quad \Rightarrow \quad x = \frac{\ln(300\,000\,000)}{\ln(1,3)} \approx 74{,}4$

Nach ca. 74 Wochen, also noch nicht einmal 1,5 Jahren, wäre die Rekordzahl erreicht. Das Modell ist aber mit sehr hoher Wahrscheinlichkeit nicht für einen so großen Zeitraum angemessen.

c)

	im ersten halben Jahr	nach den ersten 2 Jahren
mittlere Änderungsrate	$\frac{f(26) - f(0)}{26} \approx 35\,243$	$\frac{f(104) - f(0)}{104} \approx 6\,808\,874\,048\,480$
momentane Änderungsrate	$f'(26) \approx 240\,675$	$f'(104) = 185\,786\,144\,085\,000$

5. a) $f(x) = 200\,000 \cdot e^{\ln(0,945)x} = 200\,000 \cdot e^{-0,0566x}$

Halbwertszeit: $t_H = \frac{\ln(2)}{-\ln(0,945)} = 12{,}25$. Die Halbwertszeit beträgt ca. 12 Jahre.

Die Ungleichung $f(x) < 1$ liefert formal $x > 215{,}76\ldots$ Da letztendlich Zufallsschwankungen eine Rolle spielen, ist dieser Wert wenig aussagekräftig.

b) $A \cdot e^{-kx} = \frac{A}{2}$ hat als Lösung $x = \frac{\ln(2)}{k}$ und diese ist unabhängig von A.

6. a) A: (1) Benutzung eines Messwertes:

$(4|92)$: $92 = 30e^{4k} \Rightarrow k = \frac{\ln\left(\frac{46}{15}\right)}{4} \approx 0{,}28$;

$A_1(x) = 30 \cdot e^{0,28x}$

(2) Mit exponentieller Regression:

$A_2(x) = 33{,}8 \cdot e^{0,247x}$

B: Benutzung von zwei Messwerten:

$\left.\begin{array}{ll}(3|72): & 72 = 9a + 3b + 30 \\ (7|185): & 185 = 49a + 7b + 30\end{array}\right\}$ LGS

$\Rightarrow \quad a = \frac{57}{28} \approx 2 \quad$ und $\quad b = \frac{221}{28} \approx 7{,}9$

$B(x) = 2x^2 + 7{,}9x + 30$

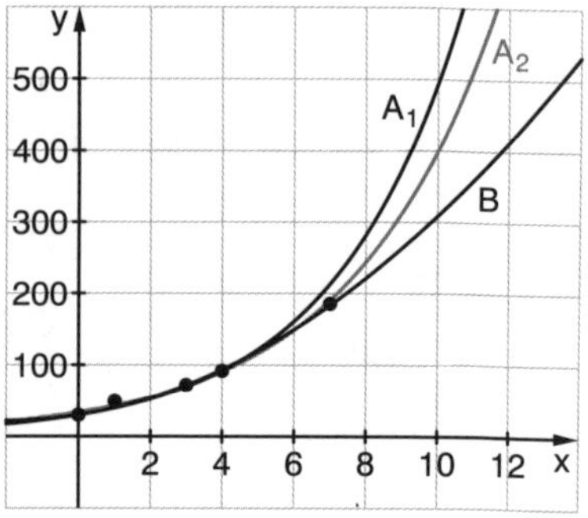

Es passen verschiedene Funktionen und auch verschiedene Funktionstypen gleich gut zu den Daten.

265

6. b) $A_1(12) \approx 864$; $A_2(12) \approx 655$; $B(12) \approx 413$

$A_1(x) = 1500 \quad \Rightarrow \quad x \approx 14$

$A_2(x) = 1500 \quad \Rightarrow \quad x \approx 15{,}4$

$B(x) = 1500 \quad \Rightarrow \quad x \approx 25{,}2$

Die Prognosen für die Anzahl in 12 Jahren schwankt nicht nur beim Wechsel des Funktionstyps, sondern auch innerhalb desselben Funktionstyps. Das gleiche gilt für den Zeitraum, wenn es 1500 Tiere sein sollen.

c) Bei A sind die Verdopplungszeiten konstant:

A_1: $x_D = \frac{\ln(2)}{0{,}28} \approx 2{,}48$ $\qquad$ A_2: $x_D = \frac{\ln(2)}{0{,}247} \approx 2{,}8$

Bei B nehmen die Verdopplungszeiten zu, das quadratische Wachstum ist nicht so stark wie das exponentielle:

x	0	2,4	5	8,5	13,2
Anzahl	30	60	120	240	480
Verdopplungszeit	–	2,4	2,6	3,5	4,7

7. a) links: A variabel; in y-Richtung gestreckt, für negative Werte von A an der x-Achse gespiegelt

rechts: k variabel; Graphen verlaufen alle durch $(0|A)$, für negative Werte von k sind Graphen an y-Achse gespiegelt

b) $f_k(x) = 2 \cdot e^{-kx}$ $\qquad$ $f_A(x) = A \cdot e^{-0{,}5x}$

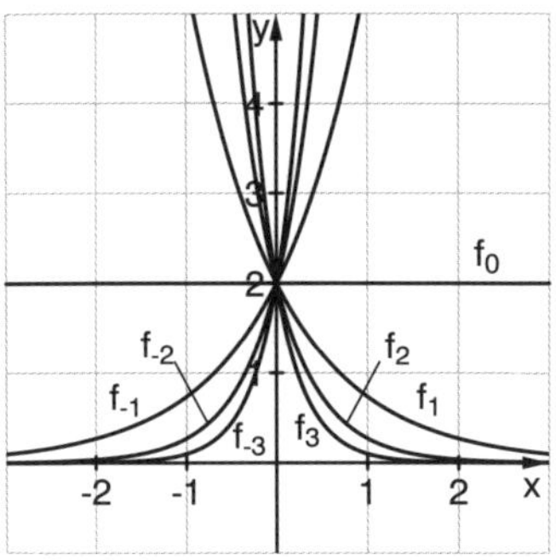

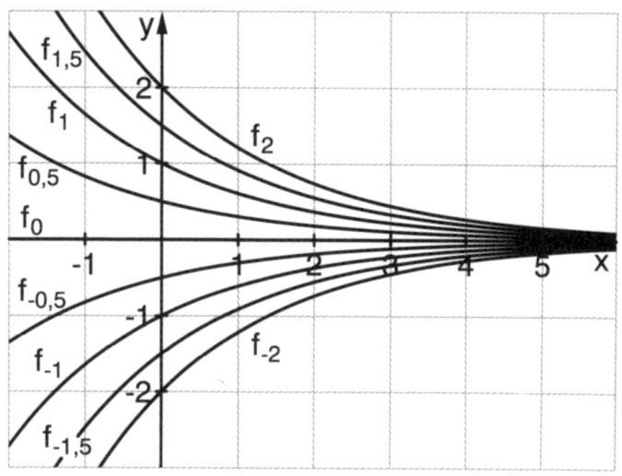

266

8. a) Wenn die Verkaufsrate zu Beginn am größten ist, heißt dies, dass die erste Ableitung positiv und abnehmend ist, also die Verkaufskurve rechtsgekrümmt ist. Weil 20 000 die Grenze ist, ist $y = 20\,000$ auch waagerechte Asymptote.

Für $f(x) = -18 \cdot e^{-0{,}15x} + 20$ gelten $f(0) = 2$ (2000 Verkäufe bei Markteinführung) und $f(x) \xrightarrow[x \to \infty]{} 20$.

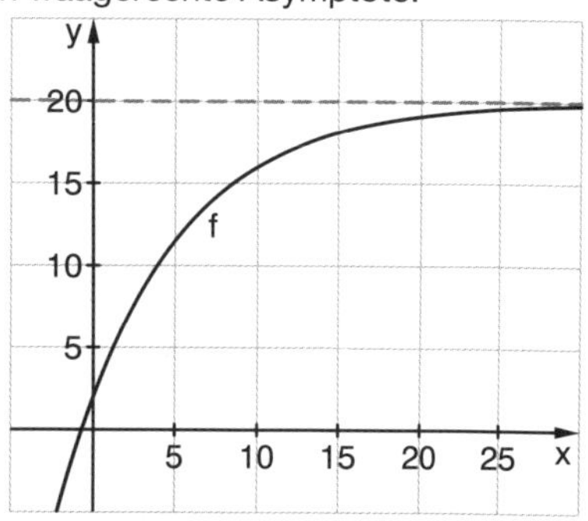

b) $f(10) = 15{,}98$: Nach 10 Monaten sind ca. 16 000 Geräte verkauft.

$-18 \cdot e^{-0{,}15x} + 20 = 10$

$\Rightarrow \quad x = -\frac{20}{3} \ln\left(\frac{5}{9}\right) \approx 3{,}92$

Nach ca. 4 Monaten ist die Hälfte der Geräte verkauft.

266 **9.** a)

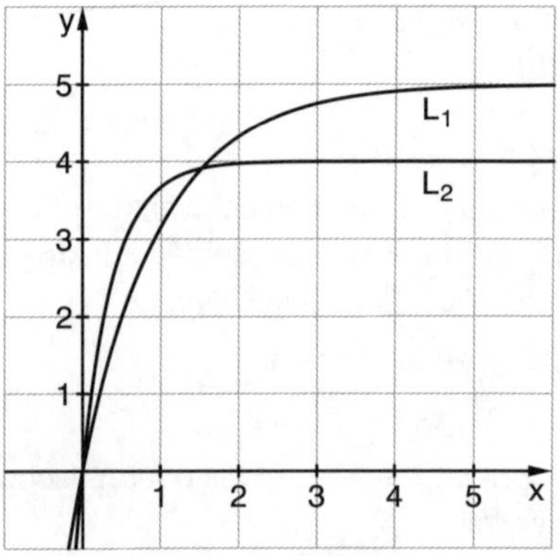

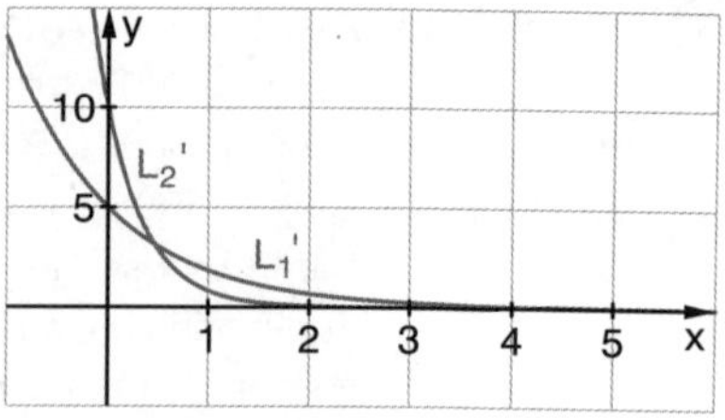

L_1 atmet nicht so schnell ein wie L_2, hat dafür aber größeres Atemvolumen (Grenze bei 5 l statt 4 l bei L_2). Bei beiden ist die Geschwindigkeit des Einatmens („Einatmungsrate") zu Beginn des Einatmens am größten.

b) $L_1'(x) = 5e^{-x}$; $L_2'(x) = 10e^{-2,5x}$
Beide Ableitungen sind monoton fallend. L_2 hat zu Beginn ($x = 0$) eine größere Änderungsrate. Präzisierung der Beschreibung aus a): Der Rückgang der Einatmungsgeschwindigkeit ist bei L_2 schneller, nach ca. einer halben Sekunde atmet L_1 schneller als L_2 ein (L_2' oberhalb von L_1').

c) Die Gleichung $L_1(x) = L_2(x)$ lässt sich nur grafisch-numerisch lösen, man erhält $x \approx 1{,}52$. Nach ca. 1,5 Sekunden haben beide Personen die gleiche Menge Luft eingeatmet.
$L_1'(1{,}5) \approx 1{,}1\,\frac{l}{s}$; $L_2'(1{,}5) \approx 0{,}24\,\frac{l}{s}$
Die Einatmungsgeschwindigkeit von L_1 ist zu diesem Zeitpunkt ungefähr viermal so groß wie die von L_2.

d) (1) → (A); (2) → (B)
V: Maximales Atemvolumen; k: Maß für Geschwindigkeit des Einatmens

267 **10.** a) $f(0) = 1$; $f(x) \xrightarrow[x \to \infty]{} \frac{10}{1 + 9 \cdot 0} = 10$
Am Term lassen sich die Anfangshöhe 1 cm und die maximale Höhe von 10 cm erschließen, der s-förmige Verlauf kaum.

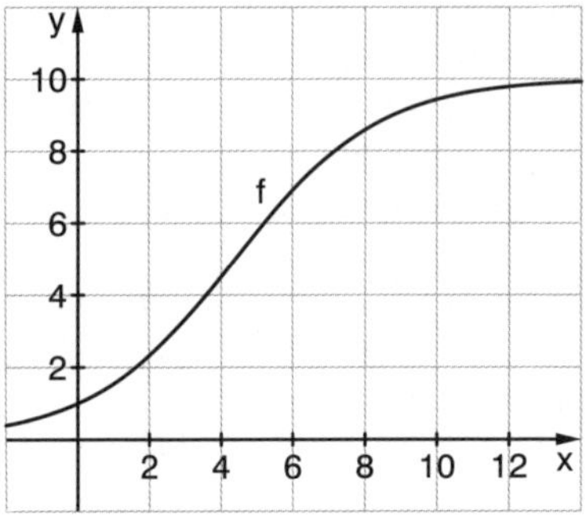

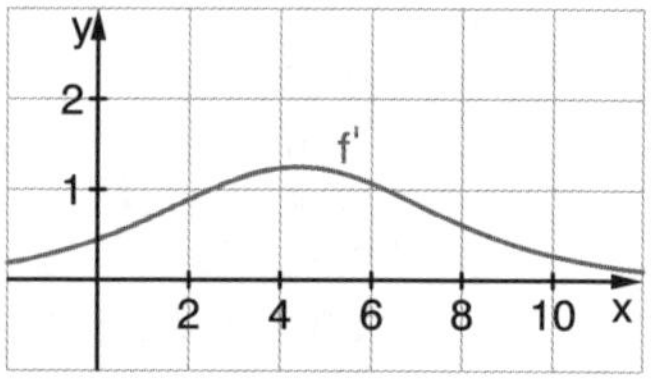

$f'(x) = \frac{45e^{-0,5x}}{(1 + 9e^{-0,5x})^2} = \frac{45e^{0,5x}}{(e^{0,5x} + 9)^2}$ bzw. $msek(x) = \frac{f(x + 0{,}001) - f(x)}{0{,}001}$ liefern glockenförmige Kurve mit anfänglicher Linkskrümmung (zunehmendes Wachstum) und anschließender Rechtskrümmung (abnehmendes Wachstum). Maximales Wachstum wird nach etwas mehr als 4 Tagen erreicht.

267 **10.** b) $f''(x) = 0 \Rightarrow x = 4 \cdot \ln(3) \approx 4{,}39$; $f(4 \cdot \ln(3)) = 5$
Die maximale Wachstumsgeschwindigkeit ist nach 4,4 Tagen, die Pflanze ist dann 5 cm hoch, also halb so hoch wie sie maximal werden kann.

11.

	(B)	(C)	(A)
a)	(1) → (B) variable Grenze $1 \le G \le 5$, Schrittweite 0,5	(2) → (C) variabler Anfangswert $1 \le b \le 11$, Schrittweite 2	(3) → (A) variable Wachstumskonstante $0{,}1 \le k \le 1$, Schrittweite 0,1
b)	Bestand wächst gegen unterschiedliche Grenzen bei unterschiedlichen Startwerten, die aber dichter zusammen liegen als die Grenzen. Handlung: Erweiterung des Lebensraums, Vergrößerung/Verkleinerung des Reservates	Unterschiedliche Anfangsbestände, Bestände wachsen mit derselben Geschwindigkeit zeitversetzt. Handlung: Aussetzen unterschiedlich großer Bestände	Bei gleichem Anfangsbestand und Grenzbestand wächst Population mit unterschiedlicher Geschwindigkeit gegen Grenze. Handlung: Wachstumsfördernde oder -hemmende Maßnahmen (z. B. mehr oder weniger Futter)
c)	Anfangsbestand: $f_G(0) = \frac{G}{5}$ Grenzbestand: G Maximale Zunahme des Bestandes: $\left(4 \cdot \ln(2) \middle\vert \frac{G}{2}\right)$	Anfangsbestand: $f_b(0) = \frac{5}{1+b}$ Grenzbestand: 5 Maximale Zunahme des Bestandes: $(2 \cdot \ln(b) \vert 2{,}5)$	Anfangsbestand: $f_k(0) = 1$ Grenzbestand: 5 Maximale Zunahme des Bestandes: $\left(\frac{2 \cdot \ln(2)}{k} \middle\vert 2{,}5\right)$
Es fällt auf, dass im Zeitpunkt der maximalen Bestandszunahme der Bestand immer halb so groß wie der maximal mögliche Bestand ist.			

268 **12.** $A = f(0) = 8$; $G = 255$

(1) $\frac{255}{1 + b \cdot e^{-k \cdot 0}} = 8 \Leftrightarrow b = \frac{247}{8} = 30{,}875$

(2) $\frac{255}{1 + 31 \cdot e^{-35k}} = 131 \Leftrightarrow k = \frac{1}{35} \cdot \ln\left(\frac{131}{4}\right) \approx 0{,}0997$

$f(x) = \frac{255}{1 + 31 \cdot e^{-0{,}1x}}$

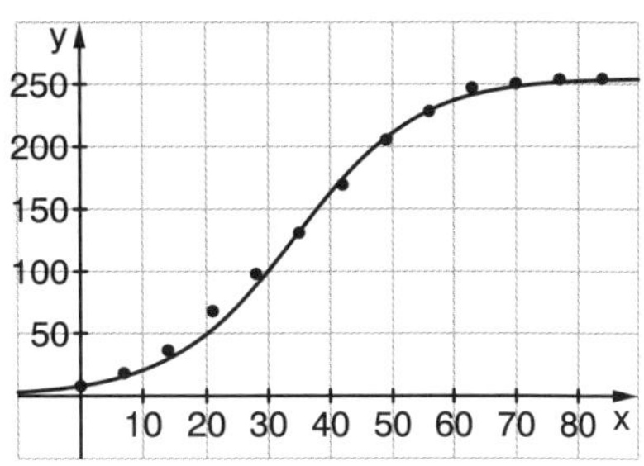

Anmerkung: Parameterwerte können sinnvoll auch mit Schiebereglern und einem dynamischen Funktionenplotter gefunden werden. Es ergeben sich dann verschiedene sinnvolle, weil nach Augenmaß ähnlich gut passende Modelle.

13. a) $f'(x) = (0{,}25 - 0{,}03x) \cdot e^{0{,}25x - 0{,}015x^2}$
Anzahl der Infizierten nimmt zunächst zu (erst zu-, dann abnehmend). Nach ca. 8 Tagen kommt es zum Übergang zur Abnahme der Anzahl der Grippekranken (Hochpunkt, Nullstelle der ersten Ableitung), erst zunehmend, dann abnehmend, ehe es nach ca. 4 Wochen keine Grippekranken mehr gibt.

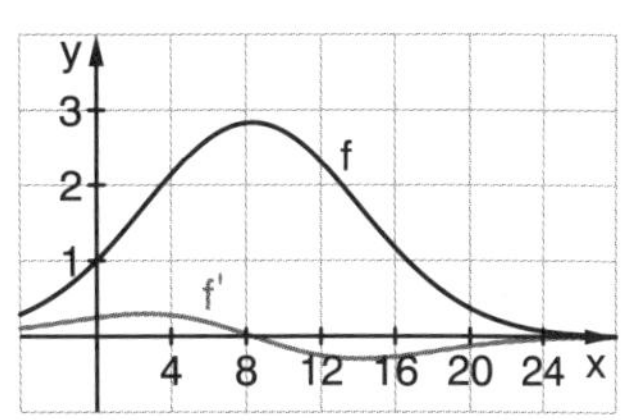

268 **13.** Fortsetzung

a) $f'(x) = 0 \;\Rightarrow\; x = \frac{25}{3} \;\Rightarrow\; f\left(\frac{25}{3}\right) = e^{\frac{25}{24}} \approx 2{,}83$

Maximale Anzahl an Infizierten wird nach gut 8 Tagen erreicht, es sind dann ca. 280 Menschen infiziert.

$f''(x) = (0{,}0009x^2 - 0{,}015x + 0{,}0325) \cdot e^{0{,}25x - 0{,}015x^2}$

$f''(x) = 0 \;\Rightarrow\; x = \frac{25}{3} \pm \frac{10}{3}\sqrt{3} \approx \begin{cases} 2{,}56 \\ 14{,}11 \end{cases}$

Maximale Zunahme der Infizierten nach ca. 2,5 Tagen; maximale Abnahme nach ca. 2 Wochen

b)

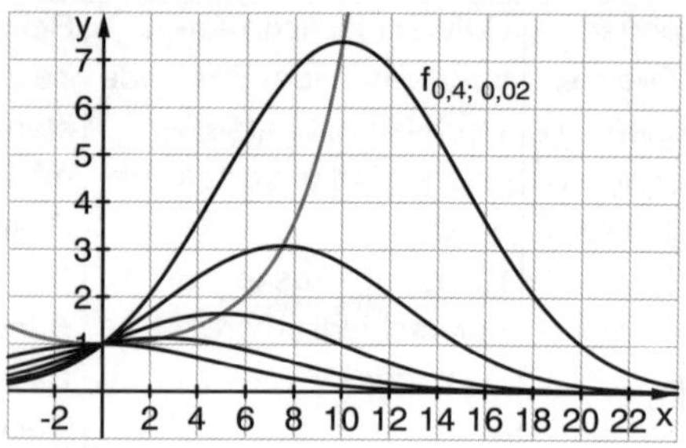

$f_g(x) = e^{gx - 0{,}02x^2}$

Variation von g: Unterschiedliche Ansteckungsraten können berücksichtigt werden.

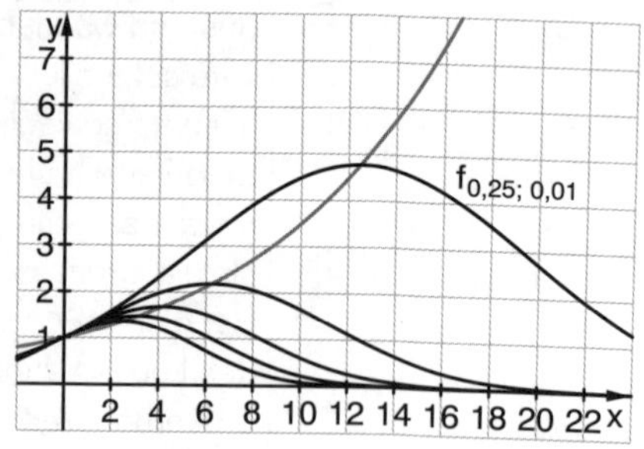

$f_s(x) = e^{0{,}25x - sx^2}$

Variation von s: Unterschiedliche Gesundungsraten (Widerstandsfähigkeit, Immunität) werden berücksichtigt.

f_g: Bei höherer Ansteckungsrate und konstant bleibender Gesundungsrate ergibt sich eine höhere Maximalzahl an Infizierten zu einem späteren Zeitpunkt. Einem stärkeren Anwachsen der Anzahl von Infizierten steht eine entsprechend stärkere Abnahme gegenüber. Der Zeitraum bis zum vollständigen Abebben der Grippewelle verzögert sich bei wachsender Ansteckungsrate.

f_s: Je größer die Gesundungsrate, desto geringer die Maximalzahl Infizierter. Diese Anzahl wird auch früher erreicht. Der Zeitpunkt des vollständigen Verschwindens der Grippewelle zögert sich mit abnehmender Gesundungsrate weiter hinaus. Vergleicht man beide Grafiken zu den Variationen, so fällt auf, dass die Erhöhung der Gesundungsrate wohl stärkere positive Auswirkungen hat (geringere Maximalzahl, schnelleres Abklingen) als die Verringerung der Ansteckungsrate. Klare Aussagen ließen sich allerdings nur machen, wenn man genau wüsste, was denn eine Vergrößerung der Gesundungsrate um z. B. 0,1 bedeutet, ob das dann vergleichbar mit einer Verkleinerung der Ansteckungsrate von 0,5 oder eher von 0,1 ist.

c) $f_g'(x) = (g - 0{,}04x) \cdot e^{gx - 0{,}02x^2}$; $f_g'(x) = 0 \;\Rightarrow\; x = 25g \;\Rightarrow\; f_g(25g) = e^{12{,}5g^2}$:
HP$(25g \,|\, e^{12{,}5g^2})$; Ortskurve: $y = e^{\frac{x^2}{50}}$

$f_s'(x) = (0{,}25 - 2sx) \cdot e^{0{,}25x - sx^2}$; $f_s'(x) = 0 \;\Rightarrow\; x = \frac{1}{8s} \;\Rightarrow\; f_s\left(\frac{1}{8s}\right) = e^{\frac{1}{64s}}$
HP$\left(\frac{1}{8s} \,\middle|\, e^{\frac{1}{64s}}\right)$; Ortskurve: $y = e^{\frac{x}{8}}$

268 **13.** d) Bei Bakterien beschreibt g die Wachstumsgeschwindigkeit und s eine Art Sterberate. Hier hat dann eine Vergrößerung der Sterberate stärkere Auswirkungen als eine Verringerung der Wachstumsrate.

269 **14.**

	a) $f(x) = 4x - e^x$	b) $f(x) = e^x - e \cdot x$	c) $f(x) = (e^x - 2)^2$
Skizze	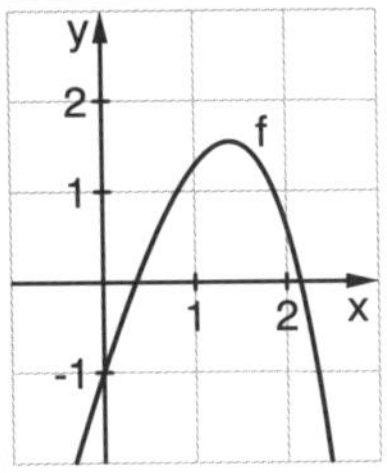	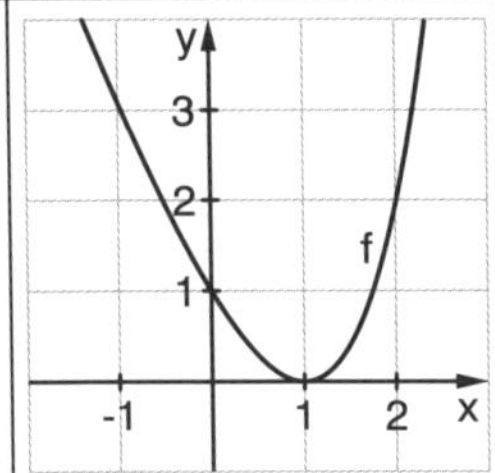	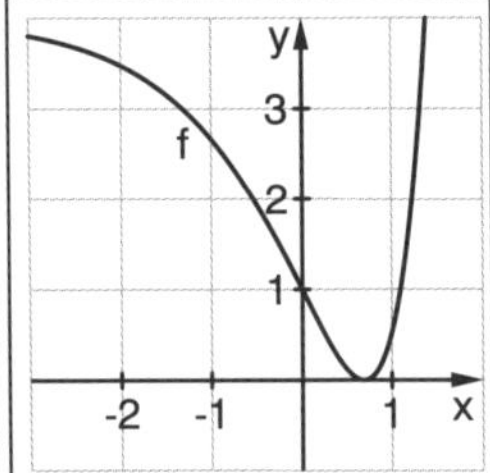
Schnittpunkte mit Koordinatenachsen	$(0\|-1)$ $(0{,}36\|0)$; $(2{,}15\|0)$ (grafisch-numerisch)	$(0\|1)$ $(1\|0)$ keine Lösungsformel, aber exakter Nachweis möglich: $e^1 - e \cdot 1 = 0$	$(0\|1)$ $(\ln(2)\|0)$
Lokale Extrempunkte	HP $(\ln(4)\|4\ln(4) - 4)$	TP $(1\|0)$ (Hieraus folgt auch die Nullstelle.)	TP $(\ln(2)\|0)$ $f'(x) = 2e^{2x} - 4e^x$ $= 2e^x(e^x - 2)$

	d) $f(x) = e^x + e^{-x}$	e) $f(x) = (x - 2) \cdot e^x$	f) $f(x) = (x^2 + 1) \cdot e^x$
Skizze	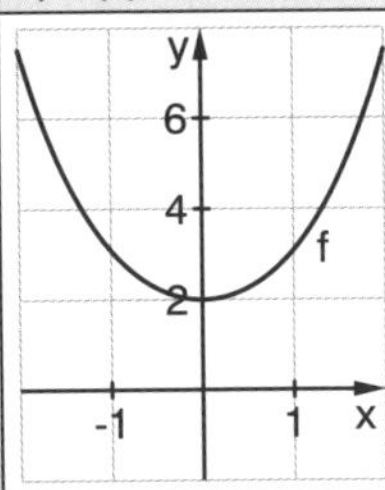	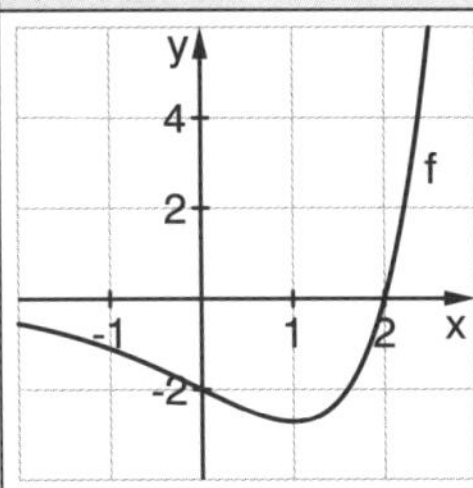	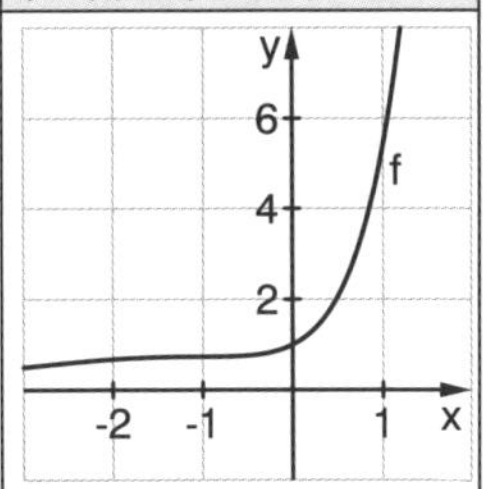
Schnittpunkte mit Koordinatenachsen	$(0\|2)$ keine Nullstellen (beide Summanden positiv)	$(0\|-2)$ $(2\|0)$	$(0\|1)$ keine Nullstellen (beide Faktoren positiv)
Lokale Extrempunkte	TP $(0\|2)$ $f'(x) = e^x - e^{-x} = 0$ $\Rightarrow e^x = e^{-x} \Rightarrow x = -x$	TP $(1\|-e)$ $f'(x) = (x - 1) \cdot e^x$	keine lokalen Extrema möglich: $x = -1$ $f'(x) = (x^2 + 2x + 1) \cdot e^x$ $= (x + 1)^2 \cdot e^x$ $f''(x) = (x^2 + 4x + 3)e^x$ $\Rightarrow f''(-1) = 0$ Sattelpunkt $\left(-1 \middle\| \frac{2}{e}\right)$

269

15. a) $f(x) = e^{kx}$ $\quad f'(x) = ke^{kx}$ $\quad f''(x) = k^2e^{kx}$ $\quad f'''(x) = k^3e^{kx}$

Bilden der nächst höheren Ableitung ist Multiplikation mit k, also: $f^{(n)}(x) = k^n e^{kx}$

b) $f(x) = e^x + e^{-x}$ $\quad f'(x) = e^x - e^{-x}$ $\quad f''(x) = e^x + e^{-x}$ $\quad f'''(x) = e^x - e^{-x}$

Die ungeraden Ableitungen sind $e^x - e^{-x}$, die geraden $e^x + e^{-x}$, also:

$f^{(2n+1)}(x) = e^x - e^{-x}$ und $f^{(2n)} = f(x)$

c) $f(x) = x \cdot e^x$ $\quad f'(x) = (x + 1) \cdot e^x$ $\quad f''(x) = (x + 2) \cdot e^x$ $\quad f'''(x) = (x + 3) \cdot e^x$

Mit jeder Ableitung erhöht sich der zweite Summand im ersten Faktor um 1, also:

$f^{(n)}(x) = (x + n) \cdot e^x$

d) $f(x) = x^2 \cdot e^x$ $\quad f'(x) = (x^2 + 2x) \cdot e^x$ $\quad f''(x) = (x^2 + 4x + 2) \cdot e^x$ $\quad f'''(x) = (x^2 + 6x + 6) \cdot e^x$

Keine unmittelbare Gesetzmäßigkeit zu erkennen. Der Faktor vor „x" scheint immer um 2 zu wachsen, von der Struktur her ist jede Ableitung ein Produkt aus einem quadratischen Term und e^x.

e) $f(x) = e^x \cdot x^2$ $\quad f'(x) = e^x + 2x$ $\quad f''(x) = e^x + 2$ $\quad f'''(x) = e^x$

Ab $f'''(x)$ sind alle höheren Ableitungen e^x.

16. a) $F = \int_{-4}^{0} e^x\,dx - 0{,}5 = 0{,}5 - e^{-4} \approx 0{,}4817$ $\qquad$ b) $F = 3e - \int_{-2}^{1} e^x\,dx = 2e + e^{-2} \approx 5{,}5719$

c) $F = \int_{-1{,}352}^{0{,}237} (2e^x - 0{,}5 - e^{3x})\,dx \approx 0{,}55$ $\qquad$ d) $F = 2\int_{0}^{\ln(2)} (2e^{-x} - 1)\,dx = 2(1 - \ln(2)) \approx 0{,}6137$

(Schnittstellen grafisch-numerisch bestimmen) $\qquad$ (Symmetrie ausnutzen)

17.

		Tangente in $(0 \mid f(0))$	Tangente in $(2 \mid f(2))$
a)	$f(x) = e^{2x}$	$y = 2x + 1$	$y = 2e^4x - 3e^4$
b)	$f(x) = 2e^x$	$y = 2x + 2$	$y = 2e^2x - 2e^2$
c)	$f(x) = e^x + x$	$y = 2x + 1$	$y = (e^2 + 1)x - e^2$
d)	$f(x) = x - e^x$	$y = -1$	$y = (1 - e^2)x + e^2$
e)	$f(x) = x \cdot e^x$	$y = x$	$y = 3e^2x - 4e^2$
f)	$f(x) = \frac{e^x}{x}$	nicht definiert	$y = \frac{e^2}{4}x$

18. a) $4 = e - k \;\Rightarrow\; k = e - 4$

b) $f_k(2) = e^2 - 2k;\; e^2 - 2k = 0 \;\Rightarrow\; k = \frac{1}{2}e^2$

c) $F_1(x) = e^x - \frac{1}{2}x^2 + c;\; e_1 - \frac{1}{2} + c = 0$

$\Rightarrow\; c = \frac{1}{2} - e$

d) (1) $\int_{-1}^{1} f_k(x)\,dx = \left[e^x - \frac{k}{2}x^2\right]_{-1}^{1} = e - \frac{1}{e}$

(2) $\int_{-t}^{t} f_1(x)\,dx = \left[e^x - \frac{1}{2}x^2\right]_{-t}^{t} = e^t - \frac{1}{e^t}$

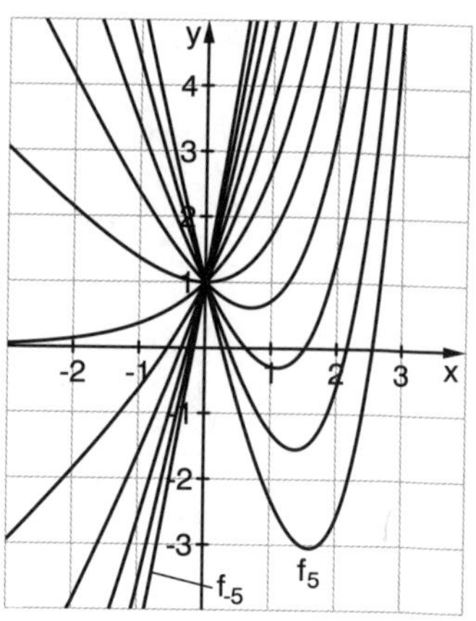

270

19. a) $f_1(x) = e^x + x$; $f_2(x) = e^x - 2x$

$f_1(x) \xrightarrow[x \to \infty]{} \infty$; $f_1(x) \xrightarrow[x \to -\infty]{} -\infty$

$f_2(x) \xrightarrow[x \to \infty]{} \infty$; $f_2(x) \xrightarrow[x \to -\infty]{} \infty$

Nullstellen: f_1: $x_N \approx -0{,}567$; f_2: keine

Lokale Extrempunkte: f_1: keine; f_2: TP $(\ln(2) \mid 2 - 2\ln(2))$

Wendepunkte: f_1: keine; f_2: keine

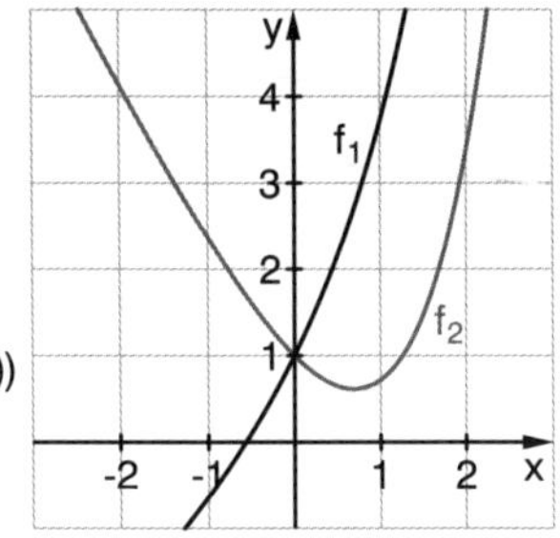

b) $g_1(x) = e^x + x^2$; $g_2(x) = e^x - x^2$

$g_1(x) \xrightarrow[x \to \infty]{} \infty$; $g_1(x) \xrightarrow[x \to -\infty]{} \infty$

$g_2(x) \xrightarrow[x \to \infty]{} \infty$; $g_2(x) \xrightarrow[x \to -\infty]{} -\infty$

Nullstellen: g_1: keine; g_2: $x_N \approx -0{,}703$

Lokale Extrempunkte:

g_1: TP $\approx (-0{,}3517 \mid 0{,}8272)$; g_2: keine

Wendepunkte: g_1: keine; g_2: $(\ln(2) \mid 2 - \ln(2)^2)$

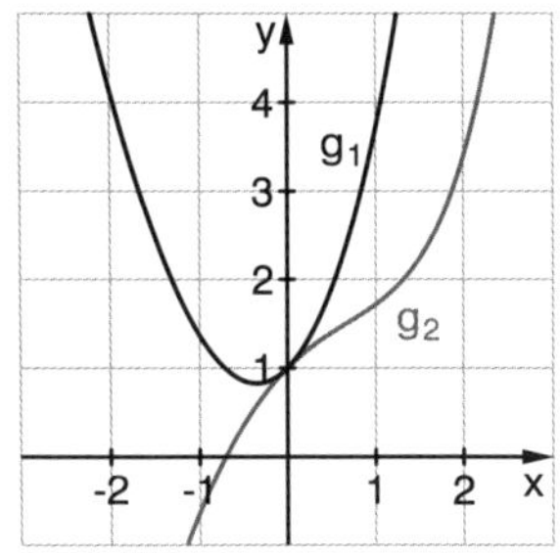

c) $h_1(x) = x^2 \cdot e^x$; $h_2(x) = x^3 \cdot e^x$

$h_1(x) \xrightarrow[x \to \infty]{} \infty$; $h_1(x) \xrightarrow[x \to -\infty]{} 0$

$h_2(x) \xrightarrow[x \to \infty]{} \infty$; $h_2(x) \xrightarrow[x \to -\infty]{} 0$

Nullstellen: h_1: $x_N = 0$; h_2: $x_N = 0$

Lokale Extrempunkte:

h_1: HP $(-2 \mid 4e^{-2})$, TP $(0 \mid 0)$; h_2: TP $(-3 \mid -27e^{-3})$

Wendepunkte:

h_1: $WP_{1,2}\left(-2 \pm \sqrt{2} \,\middle|\, (6 \mp 4\sqrt{2})\,e^{\pm\sqrt{2}-2}\right) \Rightarrow WP_1(-3{,}41 \mid 0{,}38)$, $WP_2(-0{,}59 \mid 0{,}19)$

h_2: $WP_{1,2}\left(-3 \pm \sqrt{3} \,\middle|\, (-54 \pm 30\sqrt{3})\,e^{\pm\sqrt{3}-3}\right) \Rightarrow WP_1(-4{,}73 \mid -0{,}93)$, $WP_2(-1{,}27 \mid -0{,}57)$

Sattelpunkt: SP $(0 \mid 0)$

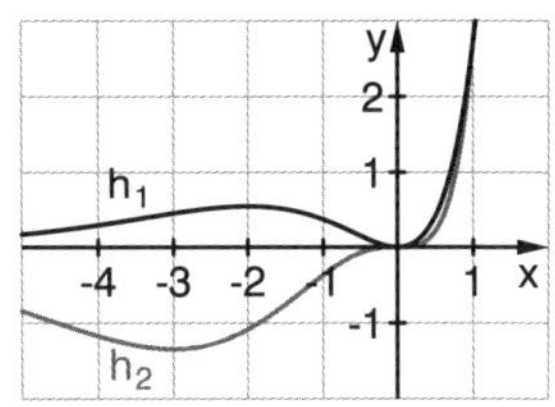

d) $k_1(x) = \frac{e^x}{x}$; $k_2(x) = \frac{e^x}{x^2}$; $x \neq 0$

Für $x = 0$ gilt: $\begin{cases} k_1\text{: Pol mit VZW} \\ k_2\text{: Pol ohne VZW} \end{cases}$

$k_1(x) \xrightarrow[x \to \infty]{} \infty$; $k_1(x) \xrightarrow[x \to -\infty]{} 0$

$k_2(x) \xrightarrow[x \to \infty]{} \infty$; $k_2(x) \xrightarrow[x \to -\infty]{} 0$

Nullstellen: k_1: keine; k_2: keine

Lokale Extrempunkte: k_1: TP $(1 \mid e)$; k_2: TP $\left(2 \,\middle|\, \frac{1}{4}e^2\right)$

Wendepunkte: k_1: keine; k_2: keine

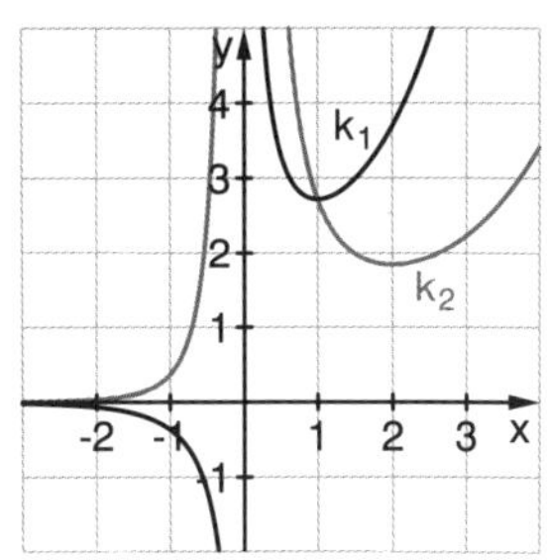

270

19. e) $l_1(x) = (e^x - 1)^2$; $l_2(x) = (e^x + 2)^2$

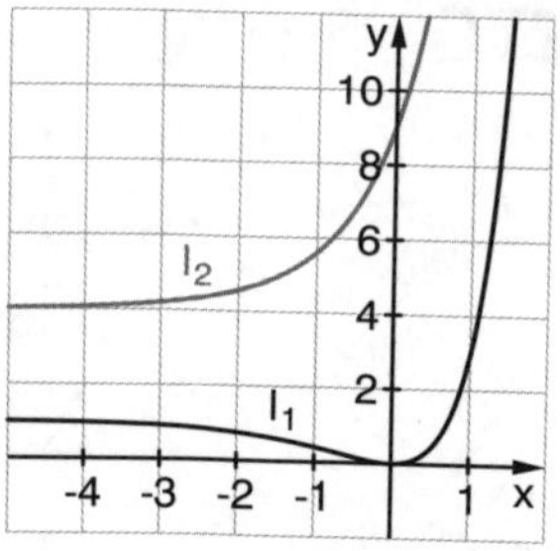

$l_1(x) \xrightarrow[x \to \infty]{} \infty$; $l_1(x) \xrightarrow[x \to -\infty]{} 1$

$l_2(x) \xrightarrow[x \to \infty]{} \infty$; $l_2(x) \xrightarrow[x \to -\infty]{} 4$

Nullstellen: l_1: $x_N = 0$; l_2: keine
Lokale Extrempunkte: l_1: TP(0|0); l_2: keine
Wendepunkte: l_1: $WP\left(-\ln(2)\,\middle|\,\frac{1}{4}\right)$; l_2: keine

f) $m_1(x) = e^{x^2}$; $m_2(x) = e^{x^3}$

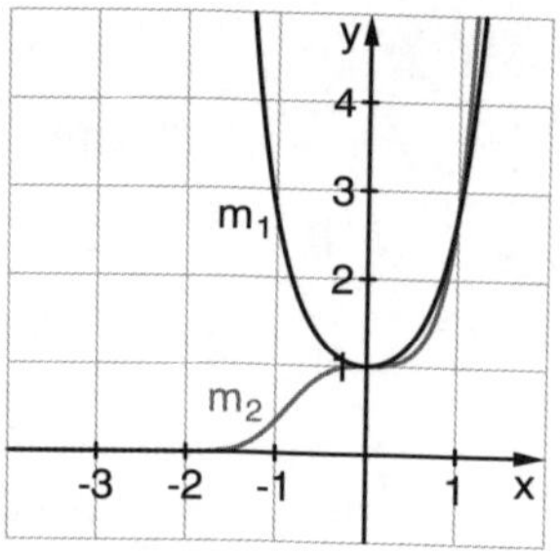

$m_1(x) \xrightarrow[x \to \infty]{} \infty$; $m_1(x) \xrightarrow[x \to -\infty]{} \infty$

$m_2(x) \xrightarrow[x \to \infty]{} \infty$; $m_2(x) \xrightarrow[x \to -\infty]{} 0$

Nullstellen: m_1: keine; m_2: keine
Lokale Extrempunkte: m_1: TP(0|1); m_2: keine
Wendepunkte: m_1: keine
m_2: $WP\left(-\sqrt[3]{\frac{2}{3}}\,\middle|\,e^{-\frac{2}{3}}\right) \approx (-0{,}87\,|\,0{,}51)$, Sattelpunkt SP(0|1)

20. Anmerkung: In den Teilaufgaben wird der Gebrauch aller zur Verfügung stehenden Werkzeuge zur Untersuchung von Funktionenscharen trainiert. Dazu sollte gemäß der Aufgabenstellung zunächst ein grafischer Überblick mit ersten qualitativen Klassifikationen vorgenommen werden (GTR/Funktionenplotter). Entscheidend ist der Einsicht gebende Überblick über die Kurvenverläufe in Abhängigkeit des Parameters. Manchmal lassen sich beobachtete Eigenschaften direkt am Funktionsterm begründet erschließen, dies sollte vor jeder Rechnung versucht werden. Bei der genaueren Untersuchung prägen immer wieder grafisch-numerische und algebraische Methoden die Vorgehensweise. Nicht alle Gleichungen lassen sich algebraisch lösen.

a) $f_t(x) = e^x + tx$

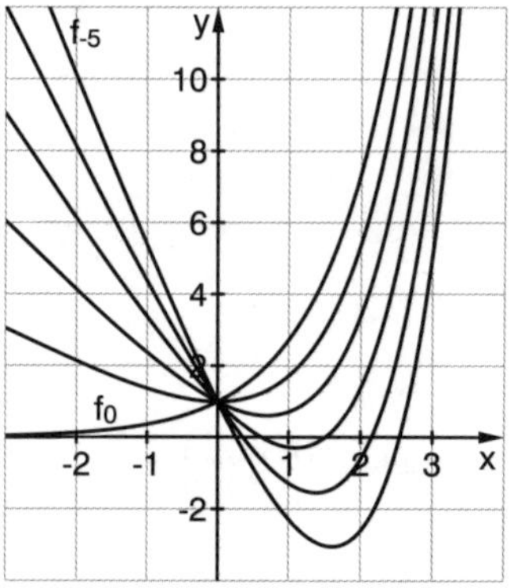

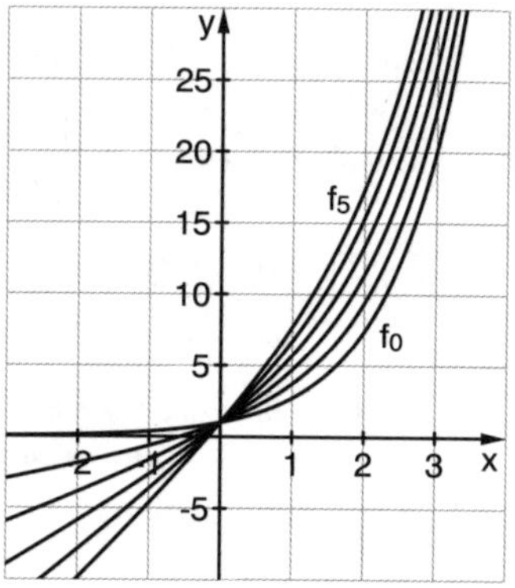

- t < 0: 1 Tiefpunkt, Graph verläuft von ∞ nach ∞
  t = 0: $f_t(x) = e^x$
  t > 0: keine lokalen Extrem- und Wendepunkte
  y = tx ist Asymptote für $x \to -\infty$

270 **20.** Fortsetzung

a) • Achsenschnittpunkte: (0|1); Nullstellen sind nur grafisch-numerisch für konkrete Werte von k bestimmbar. Nach Grafik existieren für $t > 0$ eine Nullstelle, für $-3 \lesssim t < 0$ keine Nullstelle und für $t \lesssim -3$ zwei Nullstellen.

• Lokale Extrempunkte: $\begin{cases} t \geq 0\text{: keine} \\ t < 0\text{: TP}(\ln(-t) \mid t \cdot \ln(-t) - t) \end{cases}$

Anmerkung: Mit der y-Koordinate lässt sich auch der Übergang von keiner Nullstelle zu zwei Nullstellen exakt bestimmen: $t \cdot \ln(-t) - t = 0 \Rightarrow t = -e$
Für $t = -e$ gibt es also eine Nullstelle, für $t < -e$ gibt es zwei Nullstellen.

• Wendepunkte: keine

• Ortskurve der Tiefpunkte: $y = (1 - x)e^x$

b) $f_a(x) = e^x + ax^2$

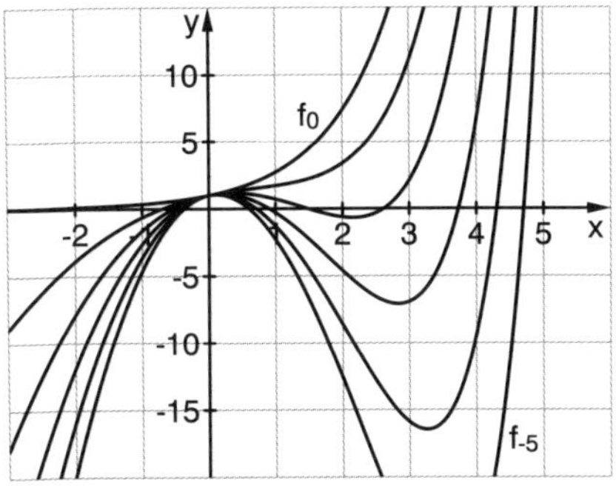

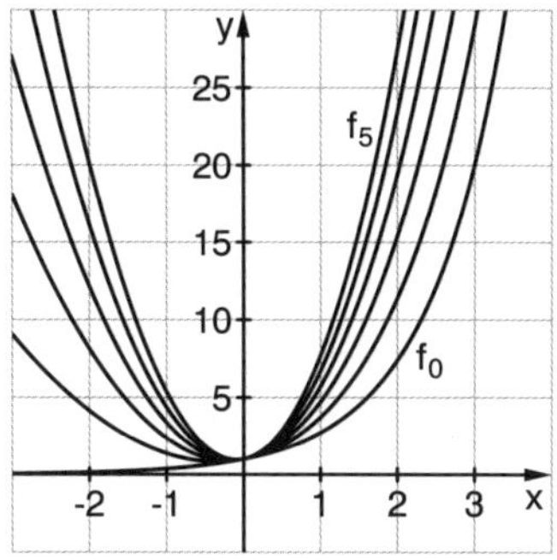

• $a < 0$: ein Tiefpunkt und ein Hochpunkt, ein Wendepunkt, Graph verläuft von $-\infty$ nach ∞
$a = 0$: $f_a(x) = e^x$
$a > 0$: keine Nullstellen, ein Tiefpunkt, keine Wendepunkte, Graph verläuft von ∞ nach ∞

• Achsenschnittpunkte: (0|1)
Nullstellen: keine Lösungsformel
Nach Grafik existieren für $a > 0$ keine Nullstellen, für $-1{,}5 \lesssim a < 0$ eine Nullstelle, für $a \approx -1{,}5$ zwei Nullstellen und für $a \lesssim -1{,}5$ drei Nullstellen.

• Lokale Extrempunkte: Die zu lösende Gleichung $e^x + 2ax = 0$ kann nur grafisch-numerisch gelöst werden. Die Anzahl der Extrempunkte in Abhängigkeit von a ist in Teilaufgabe a) beschrieben. Einsicht gibt hier auch eine grafische Untersuchung des Schnittproblems der bekannten Funktionen $f_1(x) = e^x$ und $f_2(x) = -2ax$.

• Wendepunkte: $\begin{cases} a \geq 0\text{: keine} \\ a < 0\text{: WP}(\ln(-2a) \mid -2a + a \cdot \ln(-2a)^2) \end{cases}$

• Ortskurve der Wendepunkte: $y = \left(1 - \frac{1}{2}x^2\right)e^x$

270 **20.** c) $f_n(x) = x^n e^x;\ n \in \mathbb{N}$

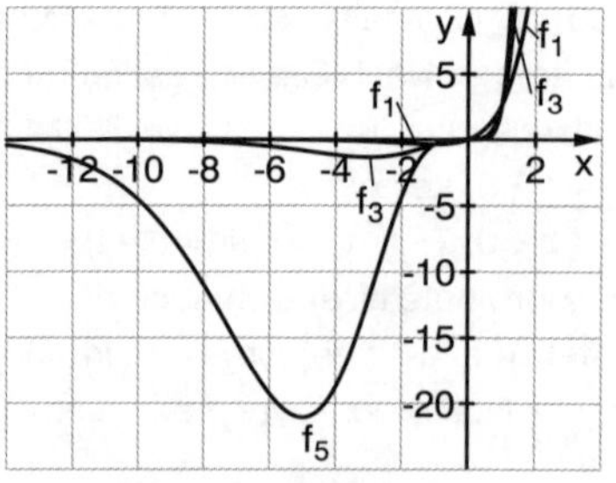

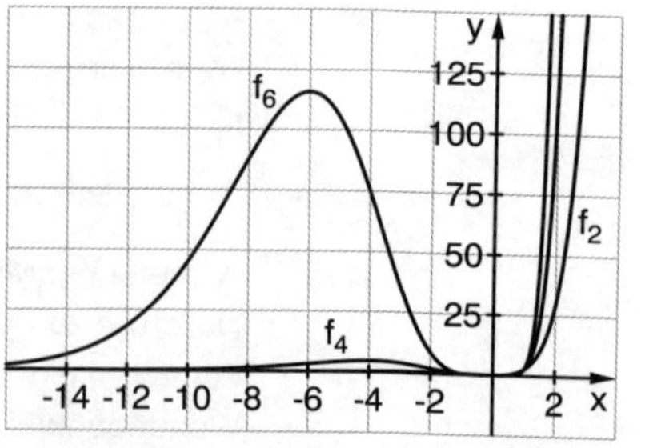

- x-Achse ist Asymptote für $x \to -\infty$. Für ungerade n mit $n > 1$ gibt es einen Tiefpunkt und drei Wendepunkte, für $n = 1$ einen Wendepunkt. Für gerades n ist der Verlauf analog, nur für $x < 0$ an der x-Achse gespiegelt. Mit wachsendem n werden die „Ausschläge" sehr schnell viel größer.
- Achsenschnittpunkte: $(0|0)$
- Lokale Extrempunkte: $f_n'(x) = x^{n-1} \cdot (n + x) \cdot e^x = 0 \quad \Rightarrow \quad x_1 = 0,\ x_2 = -n$

  $$f_n''(x) = e^x x^{n-2}(x^2 + 2nx + n(n-1)) \qquad \Rightarrow \begin{cases} \text{n ungerade: TP}(-n\,|\,(-n)^n e^{-n}) \\ \text{n gerade: HP}(-n\,|\,(-n)^n e^{-n}) \end{cases}$$
  $$f_n''(-n) = e^{-n}(-n)^{n-1}$$

- Wendepunkte: $WP_{1/2}\left(-n \pm \sqrt{n}\,\middle|\,(-n \pm \sqrt{n})e^{-n \pm \sqrt{n}}\right)$; Sattelpunkt: $SP(0|0)$

d) $f_m(x) = e^{(x^m)};\ m \in \mathbb{N}$

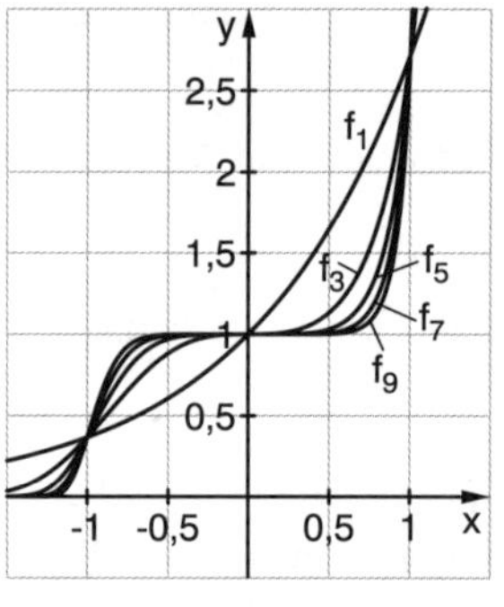

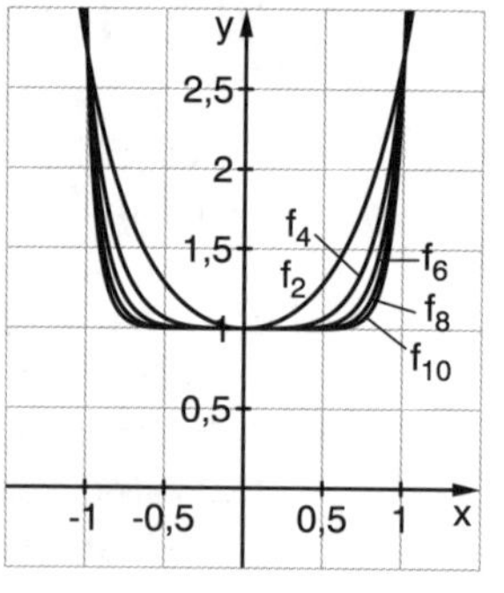

- m ungerade: x-Achse ist Asymptote für $x \to -\infty$, keine Extrempunkte, zwei von m eventuell unabhängige Wendepunkte, gemeinsame Punkte $(-1|e^{-1})$; $(0|1)$; $(1|e)$

  m gerade: Graph verläuft von ∞ nach ∞, Tiefpunkt $(0|1)$, keine Wendepunkte, gemeinsame Punkte $(-1|e)$; $(0|1)$; $(1|e)$
- Achsenschnittpunkte: $(0|1)$; keine Nullstellen
- Lokale Extrempunkte: $f_m'(0) = 0$

  Achtung: Nur für $m = 2$ gilt $f_m''(0) > 0$, ansonsten gilt immer $f_m''(0) = 0$. Nach der Grafik liegt aber für alle ungeraden m in $(0|1)$ ein Sattelpunkt vor und für alle geraden m ein Tiefpunkt. Für einen formalen Nachweis müsste hier das hinreichende Kriterium erweitert werden auf die Überprüfung, ob die n-te Ableitung an der Stelle $x = 0$ von 0 verschieden ist.
- Wendepunkte: $f_m''(x) = m \cdot x^{m-2} \cdot (m \cdot x^m + m - 1) \cdot e^{(x^m)} \Rightarrow WP\left(\sqrt[m]{\frac{1-m}{m}}\,\middle|\,e^{\frac{1-m}{m}}\right)$

270

20. Fortsetzung

d) Nach Augenmaß scheint $(-1\,|\,0{,}4)$ für alle m gemeinsamer Wendepunkt zu sein. Die Rechnung zeigt aber, dass dies falsch ist.
Tabelliert man für ungerades m die Wendepunkte, dann sieht man, dass sie sehr dicht beieinander liegen, die x-Koordinate strebt gegen –1, die y-Koordinate gegen $e^{-1} \approx 0{,}3678$.

m	x_W	y_W
3	–0,8736	0,5134
5	–0,9564	0,4493
7	–0,9782	0,4244
9	–0,9870	0,4111
99	–0,9999	0,3716

Die Funktionenfolgen konvergieren jeweils gegen folgende Streckenzüge:

m ungerade

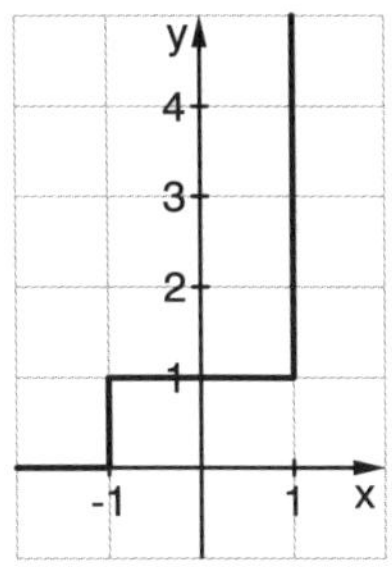

m gerade

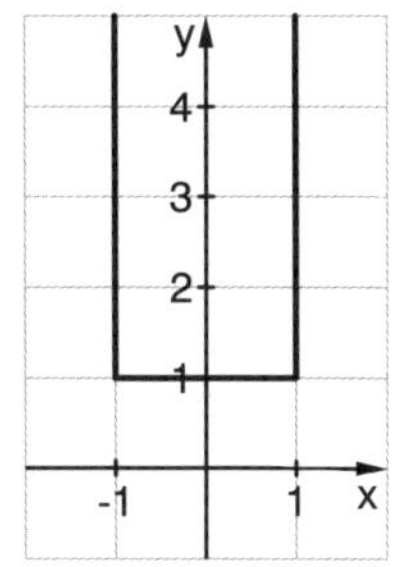

e) $f_k(x) = (x - k)\,e^x$

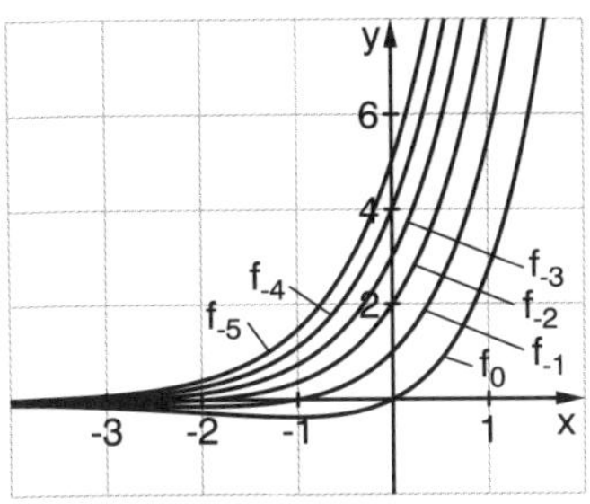

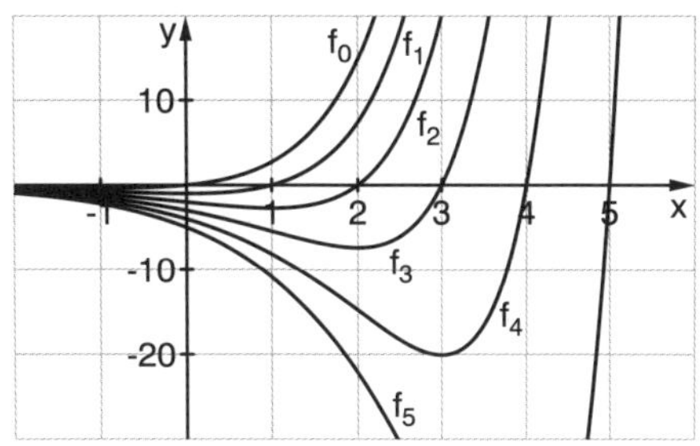

- Nach Augenschein könnten die Graphen für $k < -1$ keine Nullstellen und Tiefpunkte besitzen. Man erkennt aber unmittelbar am Funktionsterm, dass $x = k$ eine Nullstelle ist. Alle Graphen werden also eine gleiche Gestalt haben: Asymptotische Näherung an die x-Achse für $x \to -\infty$, ein Krümmungswechsel von rechts nach links, einen Tiefpunkt und Streben gegen ∞ für $x \to \infty$.
- Achsenschnittpunkte: $(0\,|\,-k)$; $(k\,|\,0)$
- Lokale Extrempunkte: $f_k'(x) = (x - k + 1)\,e^x$; $TP(k - 1\,|\,-e^{k-1})$
  Ortskurve der Tiefpunkte: $y = -e^x$
- Wendepunkte: $f_k''(x) = (x - k + 2)\,e^x$; $WP(k - 2\,|\,-2e^{k-2})$
  Ortskurve der Wendepunkte: $y = -2e^x$

270

20. f) $f_s(x) = (e^x - s)^2$

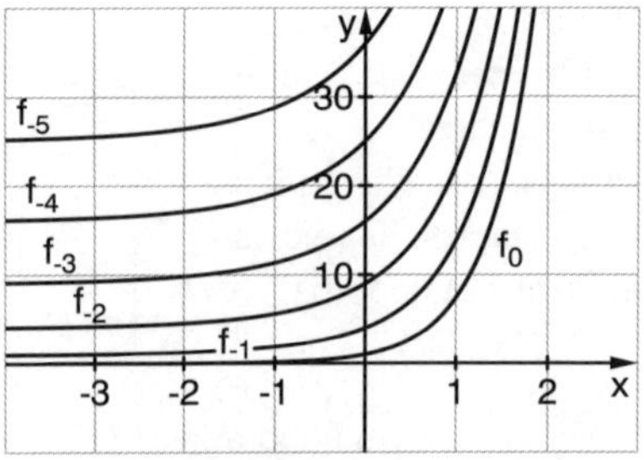

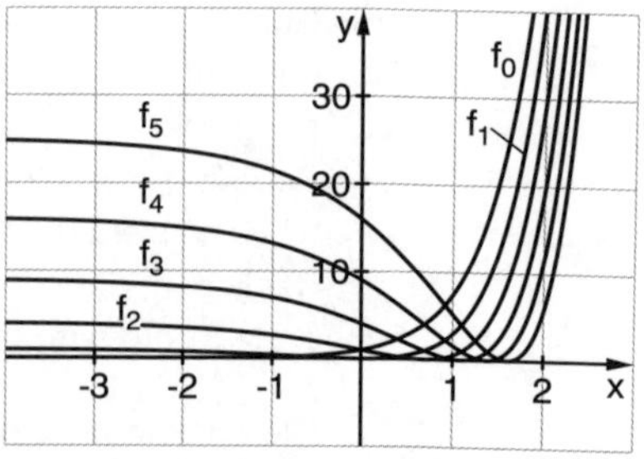

- $f_s(x) \xrightarrow[x \to -\infty]{} s^2$, $f_s(x) \xrightarrow[x \to \infty]{} \infty$, für $s > 0$ ein Tiefpunkt auf der x-Achse und ein Wendepunkt, für $s < 0$ keine Extrem- und Wendepunkte
- Achsenschnittpunkte: $(0 \mid (1 - s)^2)$; $s > 0$: $(\ln(s) \mid 0)$
- Lokale Extrempunkte: $f_s'(x) = 2e^x(e^x - s)$; $s > 0$: $TP(\ln(s) \mid 0)$
- Wendepunkte: $f_s''(x) = 2e^x(2e^x - s)$; $s > 0$: $WP\left(\ln\left(\frac{s}{2}\right) \middle| \frac{s^2}{4}\right)$; Ortskurve: $y = e^{2x}$

271

21. a) Die Nullstelle der Tangente von $y = e^x$ im Punkt $(t \mid e^t)$ ist $x = t - 1$, also um 1 kleiner als die x-Koordinate des Berührpunktes.
Geometrische Konstruktion: Berührpunkt und Schnittpunkt mit x-Achse legen Tangente fest.

Punkt	Tangente	Nullstelle	b) Fläche Dreieck
$(0 \mid 1)$	$y = x + 1$	$x = -1$	$F = 0{,}5$
$(1 \mid e)$	$y = ex$	$x = 0$	kein Dreieck
$(-1 \mid e^{-1})$	$y = e^{-1}x + 2e^{-1}$	$x = -2$	$F = \frac{2}{e} \approx 0{,}7358$
$(2 \mid e^2)$	$y = e^2x - e^2$	$x = 1$	$F = \frac{1}{2}e^2 \approx 3{,}6945$
$(-2 \mid e^{-2})$	$y = e^{-2}x + 3e^{-2}$	$x = -3$	$F = \frac{9}{2e^2} \approx 0{,}6090$

c) Tangente in $(t \mid e^t)$: $y = e^t x + (1 - t)e^t$; Nullstelle: $x = t - 1$
Fläche des Dreiecks: $A(t) = \frac{1}{2}(t - 1)(t - 1)e^t = \frac{1}{2}(t - 1)^2 e^t$
Lokale Extrempunkte von $A(t)$: $A'(t) = \frac{1}{2}(t^2 - 1)e^t$;
$TP(1 \mid 0)$; $HP(-1 \mid 2e^{-1}) \approx (-1 \mid 0{,}7358)$
Der Tiefpunkt markiert den Fall, dass kein Dreieck existiert.

22. a) $e^{2x} \xrightarrow[x \to -\infty]{} 0$; $e^x \xrightarrow[x \to -\infty]{} 0 \Rightarrow f(x) \xrightarrow[x \to -\infty]{} 0 - 2 \cdot 0 + 1 = 1$; $e^{2x} - 2e^x + 1 = (e^x - 1)^2 \xrightarrow[x \to \infty]{} \infty$

b) Tiefpunkt: $(0 \mid 0)$; Wendepunkt: $WP\left(\ln\left(\frac{1}{2}\right) \middle| \frac{1}{4}\right)$

c) $f(x) = 1 \Rightarrow x = \ln(2)$: Schnittpunkt $(\ln(2) \mid 1)$

Blaue Fläche	Grüne Fläche	Gelbe Fläche
$2 \cdot \int_0^{\ln(2)} f(x)\,dx = 2\ln(2) - 1 \approx 0{,}3863$	$2 \cdot \int_{-4}^{0} f(x)\,dx = 5 - e^{-8} + 4e^{-4} \approx 5{,}0729$	$2 \cdot \int_{-\infty}^{\ln(2)} (1 - f(x))\,dx = 4$

271 **23.** a) Nach Augenschein könnten die Graphen für $t < -1$ keine Nullstellen und Tiefpunkte besitzen. Man erkennt aber unmittelbar am Funktionsterm, dass $x = t$ eine Nullstelle ist. Alle Graphen werden also eine gleiche Gestalt haben: Asymptotische Näherung an die x-Achse für $x \to -\infty$, ein Krümmungswechsel von rechts nach links, ein Tiefpunkt und Streben gegen ∞ für $x \to \infty$.

b) Kurve durch $(0|0)$: $(0 - t)e^0 = 0 \;\Rightarrow\; t = 0$

Kurve durch $(1|1)$: $(1 - t)e^1 = 1 \;\Rightarrow\; t = 1 - \frac{1}{e}$

$f_t'(x) = (x - t + 1)e^x$; $f_t'(0) = 0 \;\Rightarrow\; -t + 1 = 0 \;\Rightarrow\; t = 1$

$f_t'(1) = 2 \;\Rightarrow\; (2 - t)e = 2 \;\Rightarrow\; t = 2 - \frac{2}{e}$

c) $f_t''(x) = (x - t + 2)e^x$: $f_t''(0) = 0 \;\Rightarrow\; -t + 2 = 0 \;\Rightarrow\; t = 2$

d) $f_t'(1) = (2 - t)e = 0 \;\Rightarrow\; t = 2$

272 **24.** Die Tür öffnet sich mit abnehmender Geschwindigkeit (Zunahme des Öffnungswinkels). Nach ca. 1,5 Sekunden ist der maximale Öffnungswinkel von ca. 105° erreicht, ehe sich die Tür zunächst mit zunehmender Geschwindigkeit und nach ca. 4 Sekunden mit abnehmender Geschwindigkeit sanft schließt (x-Achse als Asymptote). Nach ca. 12 Sekunden ist die Tür geschlossen.

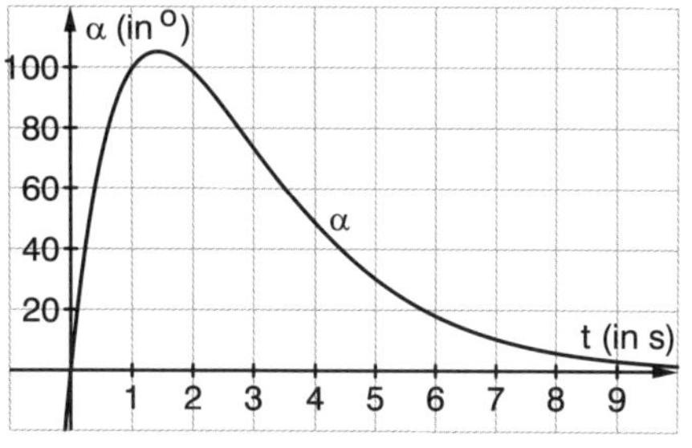

- Tür ganz offen: $\alpha'(t) = (200 - 140t) \cdot e^{-0{,}7t}$: $\alpha'(t) = 0 \;\Rightarrow\; x = \frac{10}{7} \approx 1{,}4286$
  Nach ca. 1,4 Sekunden ist die Tür ganz offen.
- Im Modell gilt zwar $\alpha(t) \neq 0$ für $t > 0$, es gilt aber $\alpha(15) \approx 0{,}08$. Nimmt man eine Türbreite von 1 m an, steht die Tür dann noch $\sin(0{,}08) \approx 0{,}0014$ m, also etwas mehr als 1 mm auf.
- $\alpha''(t) = (98t - 280) \cdot e^{-0{,}7t}$: $\alpha''(t) = 0 \;\Rightarrow\; x = \frac{20}{7} \approx 2{,}8571$
  Nach ca. 2,9 Sekunden ist die Schließbewegung am schnellsten.

25. a)

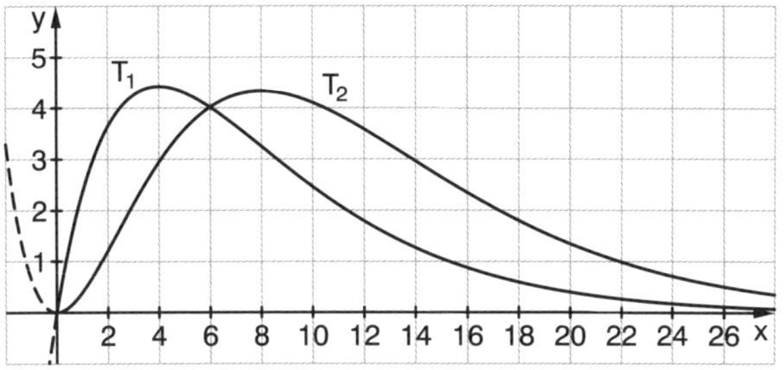

T_1: Zu Beginn schnellster Absatzzuwachs, nach ca. 4 Monaten ist die maximale Absatzrate von ca. 4500 Geräten pro Monat erreicht. Danach erst zunehmender, dann abnehmender Rückgang des Absatzes. Nach ca. 2,5 Jahren kein nennenswerter Absatz mehr.

T_2: Zunächst zunehmender Absatzzuwachs, ehe mit abnehmendem Zuwachs nach ca. 8 Monaten das Maximum erreicht ist. Kein nennenswerter Verkauf mehr nach ca. 3 Jahren. Da die Fläche unterhalb des Graphen von T_2 ersichtlich größer ist als die von T_1, werden von T_2 insgesamt mehr Geräte verkauft.

272 **25.** Fortsetzung

a) Der wesentliche Unterschied liegt im Beginn des Verkaufs, wo bei T_1 unmittelbar mit Markteinführung die höchste Zuwachsrate erzielt wird, die bei T_2 erst nach ca. 3 Monaten erreicht ist, das Produkt T_2 wird nach dem Modell zunächst langsamer, aber dafür letztendlich erfolgreicher verkauft.

b) T_1: $T_1'(x) = \left(3 - \frac{3}{4}x\right)e^{-0,25x} = 0 \quad \Rightarrow \quad x = 4;\ T_1(4) = \frac{12}{e} \approx 4{,}4146;\ HP(4\,|\,4{,}4146)$

T_2: $T_2'(x) = \left(x - \frac{x^2}{8}\right)e^{-0,25x} = 0 \quad \Rightarrow \quad x = 0 \text{ oder } x = 8;\ TP(0\,|\,0);\ HP\left(8\,\middle|\,\frac{32}{e^2}\right) \approx (8\,|\,4{,}3307)$

Typ 1 wird nach 4 Monaten maximal abgesetzt, es werden dann ca. 4400 Automaten pro Monat verkauft.

Typ 2 wird nach 8 Monaten maximal abgesetzt, es werden dann ca. 4300 Automaten pro Monat verkauft.

$T_1''(x) = \left(\frac{3}{16}x - \frac{3}{2}\right)e^{-0,25x} = 0 \quad \Rightarrow \quad x = 8$

$T_2''(x) = \left(\frac{x^2}{32} - \frac{x}{2} + 1\right)e^{-0,25x} = 0 \quad \Rightarrow \quad x_{1,2} = 8 \pm \sqrt{32} \approx \begin{cases} 2{,}3431 \\ 13{,}6569 \end{cases}$

Der zweite Wendepunkt bei $x \approx 2{,}3$ zeigt, dass es bei T_2 noch einen Krümmungswechsel, also einen Wechsel von zunehmender zu abnehmender Zunahme der Absatzrate gibt.

c) T_1: $\int_0^3 T_1(x)\,dx \approx 8{,}3212$; $\quad \int_0^{24} T_1(x)\,dx \approx 47{,}1671$

T_2: $\int_0^3 T_2(x)\,dx \approx 2{,}5923$; $\quad \int_0^{24} T_2(x)\,dx \approx 60{,}0340$

Die anschaulichen Beschreibungen aus a) werden bestätigt und präzisiert: Während von T_1 in den ersten 3 Monaten mehr als dreimal so viel Geräte wie von T_2 abgesetzt werden, werden in den ersten zwei Jahren von T_2 insgesamt ca. 30 % mehr verkauft.

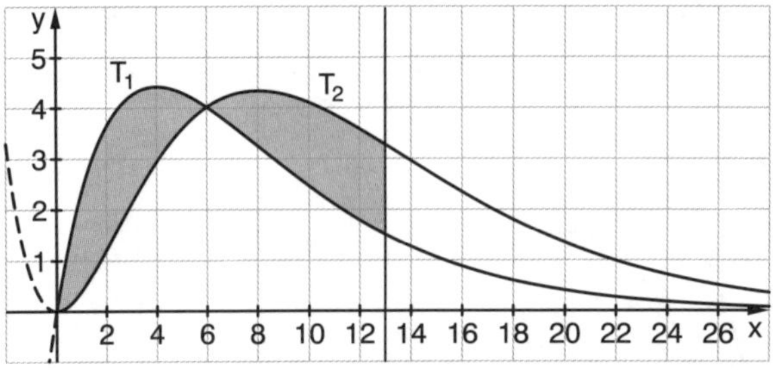

Gleichviel Geräte sind zu dem Zeitpunkt verkauft, wenn die Flächen unterhalb der Graphen gleich groß sind, rechnerisch muss die Gleichung

$$\int_0^t T_1(x)\,dx = \int_0^t T_2(x)\,dx$$

gelöst werden. Dies führt auf die transzendente Gleichung $8e^{0,25x} - x^2 - 2x - 8 = 0$. Man ist also auf grafisch-numerische Verfahren angewiesen. Nach gut einem Jahr sind beide Geräte gleichviel verkauft worden.

272 **26.** Das Beispiel beschreibt die Schar zu a).

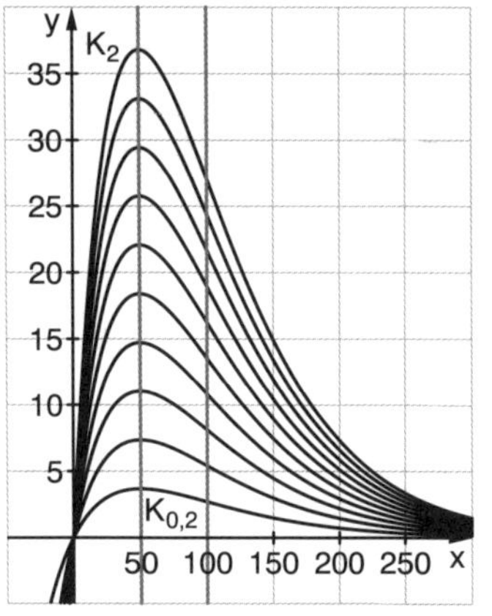

b) Der Parameter a beeinflusst allein die Höhe der maximalen Konzentration, nicht den Zeitpunkt des Eintretens. Je größer a, desto größer die Geschwindigkeit des Anstiegs, nach zwei Wochen ist unabhängig von a fast alles abgebaut. Die Graphen sind in y-Richtung gestreckt.

Hochpunkt: $HP\left(50 \middle| \frac{50a}{e}\right)$; Ortskurve: x = 50

Wendepunkt: $WP\left(100 \middle| \frac{100a}{e^2}\right)$; Ortskurve: x = 100

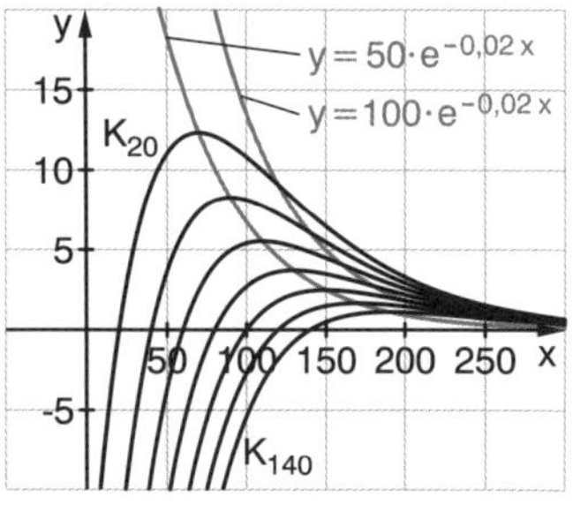

c) Wenn t = 0 der Zeitpunkt der Einnahme ist, dann steuert der Parameter b den Zeitpunkt, wenn die Wirkung eintritt und dann auch den weiteren Verlauf. Je größer b ist, desto später ist der Eintritt und desto geringer ist die maximale Konzentration. Hohe Werte von b verringern massiv die Wirkung.

Hochpunkt: $K_b'(x) = (-0{,}02x + 0{,}02b + 1)\,e^{-0{,}02x}$;
$HP(b + 50 \mid 50e^{-0{,}02b-1})$
Ortskurve: $y = 50 \cdot e^{-0{,}02x}$
Wendepunkt: $K_b''(x) = (0{,}0004x + 0{,}0004b - 0{,}04)\,e^{-0{,}02x}$; $WP(b + 100 \mid 100e^{-0{,}02b-2})$
Ortskurve: $y = 100 \cdot e^{-0{,}02x}$

273 **27.** a)

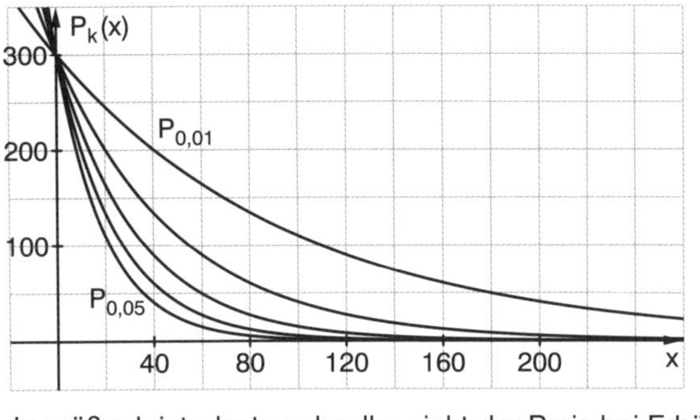

Je größer k ist, desto schneller sinkt der Preis bei Erhöhung der (gewünschten) Nachfrage. Die Abnahme ist exponentiell.

b) Umsatzfunktion: $U_k(x) = x \cdot P_k(x) = 300x \cdot e^{-kx}$

Die roten Punkte geben den maximalen Umsatz in Abhängigkeit von k an, die blauen die zugehörigen Preise. Dieser Preis scheint beim maximalen Umsatz unabhängig von k immer etwas mehr als 100 € zu sein.

Hochpunkt von $U_k(x)$: $U_k'(x) = (300 - 300kx)\,e^{-kx} = 0 \Rightarrow x = \frac{1}{k}$; $HP\left(\frac{1}{k} \middle| \frac{300}{k \cdot e}\right)$

Ortskurve der Hochpunkte: $y = \frac{300}{e}x \approx 110x$; $P_k\left(\frac{1}{k}\right) = \frac{300}{e} \approx 110{,}36$

Der maximale Umsatz ist proportional zur nachgefragten Menge, der zugehörige Preis ist gerade der Proportionalitätsfaktor.

273

28. a) Die Überlebensrate nimmt exponentiell mit der Zunahme der Dosis ab.

b) Wie erwartet sinkt die Überlebensrate schneller, wenn größere Stellen getroffen werden.

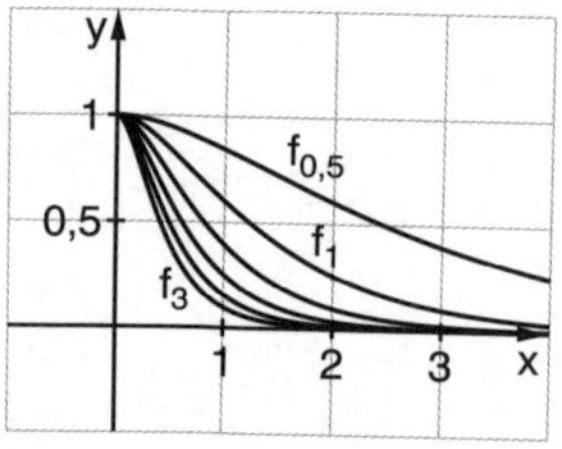

$f_k'(x) = -2(1 - e^{-kx})ke^{-kx} = -2ke^{-kx} + 2ke^{-2kx}$

$f_k'(x) = 0 \;\Rightarrow\; x = 0;$ HP$(0\,|\,1)$

$f_k(x) \xrightarrow[x \to \infty]{} 1 - (1 - 0)^2 = 0$

$f_k''(x) = 2k^2e^{-kx} - 4k^2e^{-2kx} = 2k^2e^{-kx}(1 - 2e^{-kx});\; f_k''(x) = 0$

$\Rightarrow\; x = \frac{\ln(2)}{k};\; f_k\left(\frac{\ln(2)}{k}\right) = 0{,}75$

Unabhängig von der Größe k ist die Überlebensrate immer 75 % zum Zeitpunkt der maximalen Abnahme der Überlebensrate. Ein Bereich der Dosis mit maximaler Abnahme der Überlebensrate ist zwar ein effektiver Bereich, die Überlebensrate ist aber hier immer noch durchweg sehr hoch.

c) Die Grafik zeigt deutlich, dass eine deutliche Abnahme der Überlebensrate eine Mindestdosis voraussetzt. Es gibt dann einen Bereich der Dosis, in dem die Bestrahlung effektiv in dem Sinne ist, dass die Überlebensrate mit kleinen Erhöhungen stark abnimmt. Je mehr Stellen getroffen werden müssen, desto höher muss die Mindestdosis sein, bei n = 10 ca. 1,2.

Es muss die Gleichung $1 - (1 - e^{-x})^n = 0{,}5$ gelöst werden:

$1 - (1 - e^{-x})^n = 0{,}5 \;\Leftrightarrow\; 1 - e^{-x} = \sqrt[n]{0{,}5} \;\Leftrightarrow\; x = -\ln\left(1 - \sqrt[n]{0{,}5}\right)$

Mit der Anzahl der Stellen wächst die Dosis, die notwendig ist, um eine Überlebensrate von maximal 50 % zu erreichen, logarithmisch, also zunehmend schwächer, also weniger als proportional.

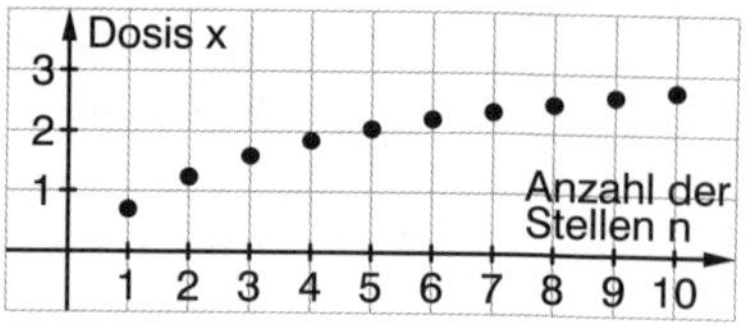

274

29. a) P_a: $4 = 4a + 1 \;\Rightarrow\; a = 0{,}75 \;\Rightarrow\; P_{0,75}(x) = 0{,}75x^2 + 1$

K_k: $4 = \frac{1}{2k}(e^{2k} + e^{-2k}) \;\Rightarrow\; 8k = e^{2k} + e^{-2k}$

Grafisch-numerische Lösung: $k_1 \approx 0{,}29$; $k_2 \approx 1{,}06$

$k_1 = 0{,}29$ passt überhaupt nicht, also: $K_{1,06}(x) = 0{,}4717\,(e^{1{,}06x} + e^{-1{,}06x})$

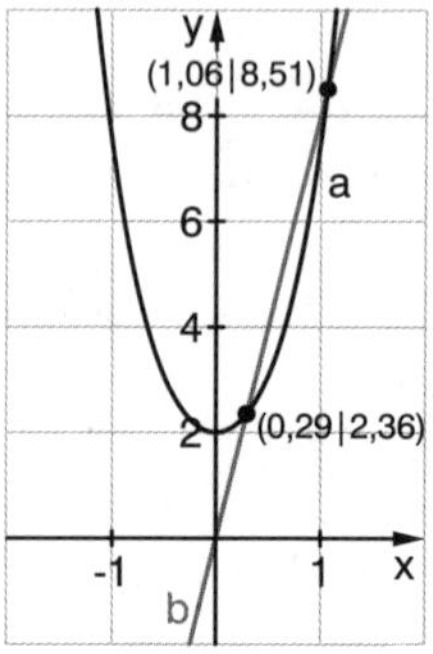

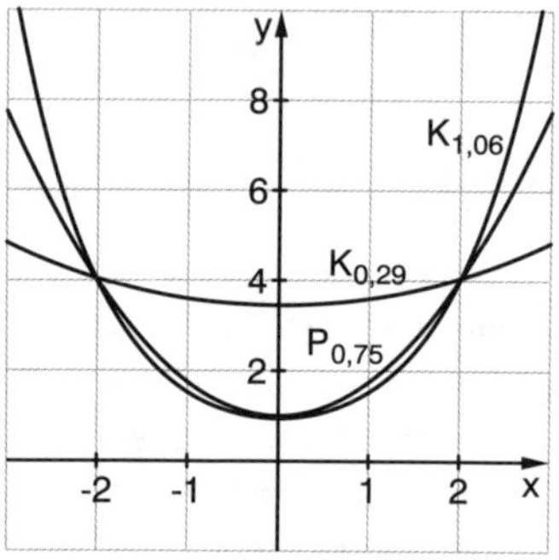

Die Parabel verläuft zunächst enger zusammen, läuft dann aber weiter auseinander als die Kettenlinie. Zu der abgebildeten Kette passen beide Funktionen gut.

274 **29.** Fortsetzung

a) $P_{0,75}'(x) = 1{,}5x$; $P_{0,75}''(x) = 1{,}5$
$K_{1,06}'(x) = 0{,}5\,(e^{1,06x} - e^{-1,06x})$;
$K_{1,06}''(x) = 0{,}53\,(e^{1,06x} + e^{-1,06x})$

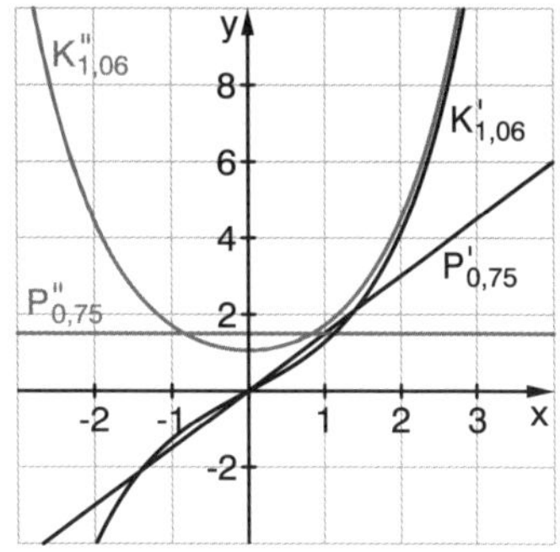

Die ersten beiden Ableitungen von $P_{0,75}$ sind Geraden, die nächsten Ableitungen sind alle y = 0. Bei der Kettenlinie $K_{1,06}$ hat die zweite Ableitung wieder die Gestalt der Funktion. Während in dem für die reale Kette relevanten Ausschnitt die ersten Ableitungen noch ähnlich aussehen, unterscheiden sich die zweiten Ableitungen auch schon in diesem Bereich sehr stark.
Die zweite Ableitung zeigt einen deutlichen Unterschied der Kurven, der an den Graphen nicht unmittelbar sichtbar ist.

b) $K_k'(x) = \frac{1}{2} \cdot (e^{kx} - e^{-kx}) = 0 \quad \Rightarrow \quad x = 0\text{: TP}\left(0 \,\middle|\, \frac{1}{k}\right)$
$K_k''(x) = \frac{k}{2}(e^{kx} + e^{-kx}) > 0$

Eine Kette kann nicht frei hängend einen Krümmungswechsel haben.

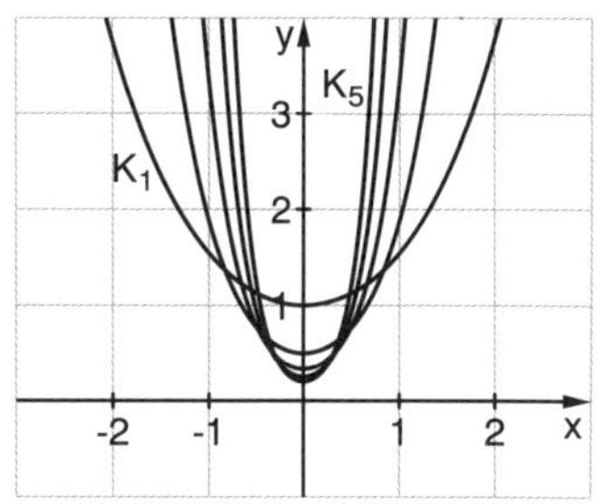

Projekt

A: $K(x) = \frac{1}{2}(e^{x} + e^{-x})$
Es gilt: $K'(x) = \frac{1}{2}(e^{x} - e^{-x})$; $K''(x) = K(x) \quad \Rightarrow \quad K^{(2n+1)}(0) = 0$; $K^{(2n)}(0) = 1$
Mit $K(0) = 1$; $K'(0) = 0$; $K''(0) = 1$ erhält man:
$P_2(x) = \frac{1}{2}x^2 + 1$

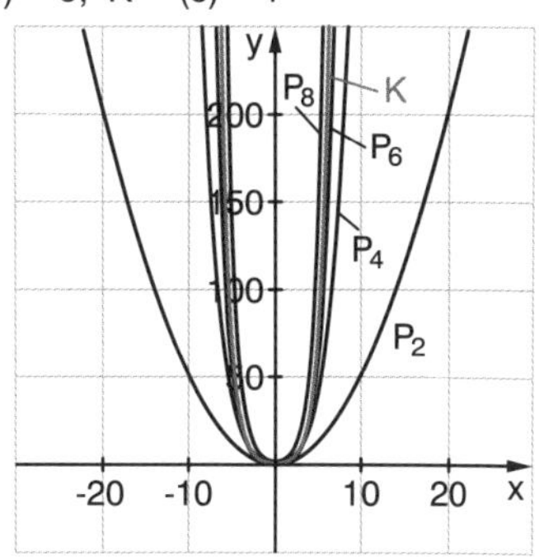

Da die Kettenlinie achsensymmetrisch zur y-Achse ist ($K(x) = K(-x)$), sind auch die Näherungspolynome achsensymmetrisch zur y-Achse.
Damit ergibt sich für das Polynom 4. Grades der Ansatz: $P_4(x) = ax^4 + bx^2 + c$
Mit $K(0) = 1$; $K''(0) = 1$; $K^{(IV)}(0) = 1$ erhält man:
$P_4(x) = \frac{1}{24}x^4 + \frac{1}{2}x^2 + 1$
Analog erhält man für P_6 dann $P_6(x) = \frac{1}{720}x^6 + \frac{1}{24}x^4 + \frac{1}{2}x^2 + 1$
und für P_8 dann $P_8(x) = \frac{1}{40320}x^8 + \frac{1}{720}x^6 + \frac{1}{24}x^4 + \frac{1}{2}x^2 + 1$
und schließlich $P_n(x) = \frac{1}{n!}x^n + \frac{1}{(n-2)!}x^{n-2} + \ldots + \frac{1}{2}x^2 + 1$.

275 **B:** Punkte auslesen, z. B.: $P_1(0|1)$, $P_2(2|3)$, $P_3(3|7)$ und $P_4(4|14)$

(A) Mit Funktionenplotter:
$K_1(x) = 0{,}286\,(e^x + e^{-x}) + 0{,}5$

(B) Mit Algebra:

I $(0|1)$: $\frac{2}{a} + c = 1$

II $(2|3)$: $\frac{1}{a}(e^{2b} + e^{-2b}) + c = 3$

III $(4|14)$: $\frac{1}{a}(e^{4b} + e^{-4b}) + c = 14$

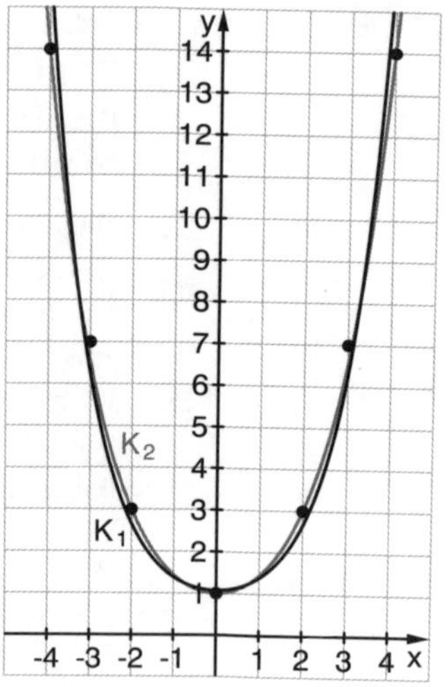

Manche CAS können auch ein nichtlineares Gleichungssystem direkt durch Eingabe der drei Gleichungen lösen:

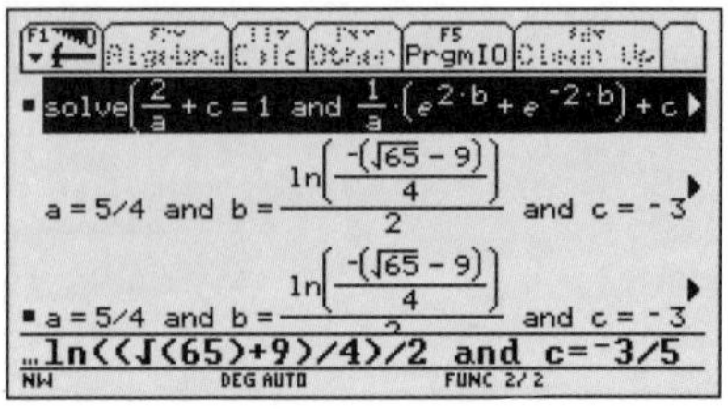

Man erkennt, dass die Gleichung algebraisch lösbar ist. Aussagekräftiger sind hier natürlich die numerischen Lösungen. Dass es jeweils für $b = \pm 0{,}7253$ eine Lösung gibt, kann auch mit der Symmetrie von $e^{bx} + e^{-bx}$ erklärt werden.

$K_2(x) = 0{,}8\,(e^{0{,}7253x} + e^{-0{,}7253x}) - 0{,}6$

Wenn man „zu Fuß" rechnen will, kommt man über $c = 1 - \frac{2}{a}$ (I) und Einsetzen in II zu $a = \frac{1}{2}e^{2b} + \frac{1}{2}e^{-2b} - 1$. Dies in III eingesetzt führt zu $e^{4b} + e^{-4b} - 6{,}5e^{2b} - 6{,}5e^{-2b} + 11 = 0$.
Diese Gleichung kann dann mit bekannten grafisch-numerischen Methoden gelöst werden. Mit Rückwärtseinsetzen erhält man dann K_2.

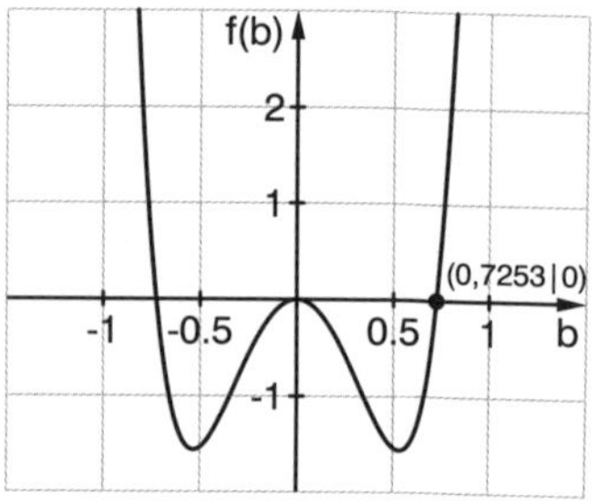

C: $K_k'(x) = \frac{1}{2} \cdot (e^{kx} - e^{-kx})$; $K_k''(x) = \frac{k}{2}(e^{kx} + e^{-kx})$

$1 + K_k'(x)^2 = 1 + \frac{1}{4}(e^{2kx} - 2e^{kx}e^{-kx} + e^{-2kx}) = \frac{1}{4}e^{2kx} + \frac{1}{2} + \frac{1}{4}e^{-2kx} = \frac{1}{4}(e^{kx} + e^{-kx})^2$

$\Rightarrow \sqrt{1 + K_k'(x)^2} = \frac{1}{2}(e^{kx} + e^{-kx}) \Rightarrow K_k''(x) = k \cdot \sqrt{1 + K_k'(x)^2}$

$P_a'(x) = 2ax$; $P_a''(x) = 2a$

$1 + P_a'(x)^2 = 1 + 4a^2x^2 \Rightarrow \sqrt{1 + P_a'(x)^2} = \sqrt{1 + 4a^2x^2}$

$\Rightarrow a \cdot \sqrt{1 + 4a^2x^2} = \sqrt{a^2 + 4a^4x^2} \neq 2a$ für alle $x \in \mathbb{R}$ $\Rightarrow P_a''(x) \neq a \cdot \sqrt{1 + P_a'(x)^2}$

275 **D:** a)
- Steigung an der Stelle a: $K'(a) = \frac{1}{2}(e^a - e^{-a})$
- Flächeninhalt: $\int_0^a K(x)\,dx = \left[\frac{1}{2}(e^x - e^{-x})\right]_0^a = \frac{1}{2}(e^a - e^{-a})$
- Bogenlänge: $\int_0^a \sqrt{1 + K'(x)^2}\,dx = \int_0^a K(x)\,dx = \frac{1}{2}(e^a - e^{-a})$

Die Steigung an der Stelle a, der Flächeninhalt und die Bogenlänge haben dieselbe Maßzahl.

b) Mit $\overline{OQ} = K(a)$ und dem Satz des Pythagoras im Dreieck OQA gilt
$1^2 + \overline{AQ}^2 = K(a)^2$, also: $\overline{AQ}^2 = K(a)^2 - 1$ (*)
Nach dem Tipp gilt $K(a) = \sqrt{1 + K'(a)^2}$, also: $K'(a)^2 = K(a)^2 - 1$ (**)
Aus (*) und (**) folgt unmittelbar $K'(a) = \overline{AQ}$.

Wegen a) ist die Länge des Kettenstücks AP gleich K′(a), also gleich der Streckenlänge von $\overline{AQ}$ und wird entsprechend der Konstruktionsbeschreibung konstruiert. Die Fläche des durch O, A und Q festgelegten gelben Rechtecks $(1 \cdot K'(a))$ entspricht der Fläche unter der Kurve.

Kapitel 7
Wachstum

Didaktische Hinweise

Während im bisherigen Unterricht das Aufstellen geeigneter Funktionsterme direkt zu den Modellen führte, werden in diesem Kapitel die grundlegenden Wachstumsmodelle durch ihr charakteristisches Änderungsverhalten in Bezug auf die Bestände modelliert. Der Zugang zum Modell erfolgt also über Differenzialgleichungen. Ausgangspunkt der Modellierung ist dann zunächst die sprachliche Formulierung des Zusammenhanges von Änderung und Bestand, auf die dann die Formalisierung zur DGL folgt. Es werden keine Lösungsalgorithmen oder gar Existenz- und Eindeutigkeitssätze formuliert, zentral ist die Ausbildung adäquater Grundvorstellungen zu dieser Art des Modellierens und zu DGLn. Um Übersichtlichkeit und dann auch Nachhaltigkeit im Lernprozess zu erreichen, sind alle Lernabschnitte in derselben Struktur aufgebaut, die den Schülern Sicherheit gibt und einfachen Überblick ermöglicht. Darüber hinaus kann auf diese Weise gewinnbringend auch eventuell nur ein Lernabschnitt behandelt werden, um exemplarisch in diese Art des Modellierens einzuführen.

- 1. grüne Ebene: Zusammenhänge zwischen dem Neuen (DGL) und den Funktionen stehen im Mittelpunkt.
- Basiswissen: von der DGL zur Funktion zur Grafik, allgemeine Formulierung mit parallel dargestelltem Beispiel
- Weiße Ebene:
  (1) Innermathematisches Durcharbeiten der Beziehung von DGL und Lösungsfunktion
  (2) Daten aus den unterschiedlichsten Sachzusammenhängen werden zum Modellieren mit den erarbeiteten Modellen benutzt.
  (3) Phasendiagramme
- 2. grüne Ebene: Modifikationen der Modelle

Eine nicht zu unterschätzende Schwierigkeit besteht in der notwendigen Unterscheidung zwischen mittleren Änderungsraten, wie sie in Prozentangaben innerhalb von Sachzusammenhängen meistens gegeben sind („20 % pro Monat dazu") und der Wachstumskonstanten k, wie sie in den DGLn auftritt (z. B. $f'(x) = k \cdot f(x)$), die sich auf eine momentane Änderung bezieht. Um hier sprachliche Klarheit zu schaffen, wird im gesamten Kapitel immer von einer Wachstumskonstanten gesprochen, wenn die momentane Änderung gemeint ist, bei Angaben in % ist immer eine mittlere Änderung gemeint. Auf diese Weise werden missverständliche und gekünstelte Formulierungen wie „kommen in jedem Moment 10 % dazu" vermieden.
Am Ende der weißen Ebene wird beginnend in 7.1 mit den Phasendiagrammen (f'-f-Diagramme) eine neue, für diese DGLn sehr produktive und vertiefte Einsicht schaffende Darstellungsart eingeführt, deren Thematisierung und weitere Behandlung dann in den folgenden Lernabschnitten an der entsprechenden Stelle erfolgt. Damit wird sowohl eine systematische, integrierte Behandlung solcher Phasendiagramme möglich als auch das einfache Weglassen.

In den Modellierungsphasen werden unterschiedliche Aspekte des Modellierens angesprochen, sodass hier ein Zuwachs bezüglich dieser prozessorientierten Kompetenz erzielt werden kann. Die verwendeten Daten sind alle recherchiert.

Zu **7.1**
In zwei Sachkontexten werden in den Einführungsaufgaben die beiden grundlegenden Modelle, das lineare und das exponentielle Wachstum, eingeführt. Es werden dabei Zugänge gewählt, die zunächst bekannte Aufgabenstellungen aufnehmen, ehe dann mit einem neuen Blick die chrakterisierenden DGLn vorgestellt und inhaltlich einsichtig gemacht werden. Bewusst wird das lineare Wachstum mit aufgenommen, um durch den neuen Blick auf Bekanntes eine Vernetzung des Neuen mit Altem zu ermöglichen. In einem dritten Zugang wird in einem innermathematischen Kontext das Beziehungsgefüge von Funktion und Ableitung untersucht, wobei auch hier bekannte Zusammenhänge auf neuartige treffen, um so eine erste Einsicht in den Zusammenhang von DGL und Funktion zu erzeugen. Es kann darauf hingewiesen werden, dass man schon beim Suchen nach der Ableitung von Exponentialfunktionen an der DGL vorbeigekommen ist, dort aber noch in der Formulierung $f'(x) = k \cdot b^x$.
Im Basiswissen wird schon auf der Marginalie der wichtige Zusammenhang zwischen Prozentwerten und der Wachstumskonstanten k genannt.
Beispiel (A): Zusammenhang zwischen Funktion und DGL
Beispiel (B): Bekanntes Problem in neuem Zugang
Beispiel (C): DGL im Vergleich zu bekanntem Gleichungstyp

Zu (1): Die Übungen 4–7 widmen sich dem Unterschied zwischen Wachstumskonstante k und %-Angaben und machen diesen auf mehrfache Art und Weise einsichtig (A6, A7). A8 und A9 sichern den Umgang mit DGLn und Funktionen, dabei führt die Entdeckung in A9 zur Vernetzung mit der Integralrechnung („Aufleiten ist Lösen einer DGL.“).

Zu (2): Das Finden eines passenden Modells zu Daten nach vorgängiger Festlegung eines Modells durchzieht dann alle Lernabschnitte. Deswegen werden hier in einem Strategiekasten verschiedene Möglichkeiten als Basiswissen fixiert. Zentral ist dabei, dass Schüler erfahren, dass unterschiedliche Lösungen in gleicher Weise richtig sein können. A16 (Windkraftanlagen) schult die sinnvolle Auswahl eines geeigneten Modlltyps. Die Erkenntnis, dass die „Balkendiagrammkurve“ die Ableitung der Kurve der kumulierten Leistung (rot) ist, schließt eine Parabel für die kumulierte Leistung aus (Ableitung wäre Gerade). Der ähnliche Kurvenverlauf der „Balkendiagrammkurve“ und der „kumulierten Kurve“ legt exponentielles Wachstum nahe. Ein kubisches Modell erscheint auch sinnvoll (Ableitung wäre dann Parabel). Stehen nur zwei Daten zur Verfügung, passen unterschiedliche Modelle sogar exakt, sie interpolieren die Daten. Diese Zweifelhaftigkeit einer solchen Modellierung wird in A17 zugänglich gemacht.

Zu (3): Trägt man $f'(x)$ über $f(x)$ ab, dann wird exponentielles Wachstum zu einer Ursprungsgeraden ($f'(x) = k \cdot f(x)$), man erhält Phasendiagramme. Diese Diagramme sind also mit der DGL gegeben, wenn $f'(x)$ nur von $f(x)$ abhängt. Die Produktivität dieser Diagramme liegt nun darin, dass aus ihnen ein Bestandsdiagramm qualitativ entwickelt werden kann, die DGL wird also grafisch – anschaulich gelöst. Beim exponentiellen Wachstum kann die algebraische Lösung noch leicht erschlossen werden, spätestens beim logistischen Wachstum gelingt das nicht. Wenn aber mit der DGL das Phasendiagramm vorliegt, kann hieran qualitativ der s-förmige Verlauf erschlossen werden (vgl. 7.3, A18). In A19 wird qualitativ – grafisch das begrenzte Wachstum vorweggenommen.

In einer abschließenden Untersuchung der Entwicklung der Weltbevölkerung werden die erarbeiteten Verfahren zunächst wiederholend geübt (A20a), b)), ehe in einem neuen Modellierungsanlauf mithilfe der Formulierung einer DGL ein neues Modell erzeugt wird. Eine Bestandsfunktion, die stärker als Exponentialfunktionen wächst, kennen Schüler i. A. nicht. Eine Funktion, die stärker als eine Gerade wächst (Phasendiagramm) ist Schülern aber zugängig. Hier entfaltet der Zugang über DGLn also seine erste Kraft zur selbsttätigen Erarbeitung von neuem.

Zu **7.2**
Besonders schön und lernwirksam, mindestens motivierend, ist es, wenn Schüler in Experimenten die Daten selber erzeugen, deren Auswertung dann zur Suche nach passenden Modellen wird. Zum begrenzten Wachstum werden als Einstieg zwei Experimente aus sehr unterschiedlichen Wissenschaftsbereichen angeboten, ein physikalisches und ein sozialwissenschaftlich – psychologisches. Werden beide durchgeführt bzw. behandelt, erleben Schüler bewusst den Unterschied. Während die Kurven bei der Kaffeeabkühlung bei allen Messvorgängen ziemlich ähnlich sind, wird es bei der Nennung von Säugetieren zu sehr unterschiedlichen Kurven kommen, jeder kennt halt unterschiedlich viele Säugetiere. Unabhängig davon erfahren Schüler aber anderseits auch, dass so unterschiedliche Gegenstandsbereiche, wie Wasserabkühlung und Gehirntätigkeit sich strukturell auf gleiche Weise beschreiben lassen.
Im Basiswissen wird das begrenzte Wachstum in der schon in 7.1 auftretenden Struktur dargestellt. Das gleiche gilt für die Übungsphase, wo auch wieder zunächst der sichere Umgang mit den DGLn und Bestandsfunktionen im Zentrum steht, ehe das Modellieren wieder im Vordergrund steht. Auf je einer Themenseite erfahren Schüler die Wirkmächtigkeit mathematischer Modellierungen in zweierlei Hinsicht. Die formale Struktur des Modells ermöglicht Anwendungen in verschiedenen Realitätsbereichen, die grundsätzliche Offenheit der realen Situationen ermöglicht verschiedene, passende Modelle. Hier wird dann auch am Beispiel der Modellierung der Wasserabkühlung mit Hyperbeln der Unterschied von beschreibender Modellierung und Modellierungen von Wirkzusammenhängen (mit DGLn) thematisiert. Bezüge zum letzten Absatz im Basiswissen zu Kapitel 2.1 schaffen hier Vernetzungen und Verständnis.
In vielen Prozessen geht es um Zu- und Abflüsse und ihre Überlagerung. Die einfachste Modellierung benutzt additiv dann jeweils exponentielle Zu- oder Abnahme und lineare Zu- oder Abnahme Das begrenzte Wachstum kann durch eine einfache Termumformung der DGL als ein solches Zufluss-Abflussmodell identifiziert werden. Dieses Modell wird an einem Beispiel erarbeitet (A14), in einem Basiswissen dokumentiert und der Umgang damit in einigen Übungen gefestigt (A15–A21). Dieser Übungsteil eignet sich gut als zusätzliches Angebot für Referate oder als Projekt und ermöglicht so Binnendifferenzierung. Eine Modifikation des Zufluss-Abflussmodells liefert A18 aus den Vermischten Übungen, wo die Zunahme logistisch und die Abnahme linear oder exponentiell ist.
In den Übungen zum Phasendiagramm werden anschaulich die zentralen Begriffe Fixwert und Parametersensitivität eingeführt, in A23 erscheint – analog zu 7.1 A19 – das logistische Wachstum in Form einer Übung zur Interpretation von Phasendiagrammen. Zum Abschluss wird die Anwendung aller bisher behandelter Modelle innerhalb einer Geschichte geübt.

Zu **7.3**
Zum Einstieg werden zunächst zwei gestufte Aufgaben zur Modellierung des Wachstums von Sonnenblumen gegeben.

1. Vorgabe einer Funktion, inhaltliche Interpretation der DGL und Überprüfung der Passung mit der Funktion
2. Modellierung der Daten mit schülerspezifischen, unterschiedlichen Modellen, Interpretation der DGL und Nachweis der Lösungsfunktion

In einem dritten Zugang steht die Modellierung des Wirkzusammenhanges mit einer DGL am Beginn, d. h., es wird gedanklich modelliert, ohne Datensatz. Die Ausbreitung eines Gerüchts eignet sich gut, weil dieser Sachverhalt eine leichte Zuordnung zu den Teilen der DGL ermöglicht. Als Übung im Umgang mit DGLn sollen Schüler hier jetzt eine passende DGL durch Termanalyse herausfinden. Es gibt hier sicher mehrere Möglichkeiten der Begründung, ein Hinweis zu einer Begründung steht auf der Marginalie neben der Aufgabe, eine andere Begründung liefert Ausmultiplizieren in (1), was unmittelbar dazu führt, dass (1) nicht passt.
Die charakteristische Eigenschaft des Wendepunktes wird in einem gelben Kasten dokumentiert. Sie wird in der Modellierungsphase von Bedeutung sein, wenn es darum geht, die Qualität von Modellierungen, ihre Adäquatheit, zu prüfen. Hier erfahren Schüler, dass ein entscheidendes Kriterium darin liegt, welcher Bereich des s-förmigen Verlaufs durch Daten abgedeckt ist. Wenn der Wendepunkt noch lange nicht erreicht ist, passen sehr unterschiedliche Modelle, mit sehr unterschiedlichen Grenzen (A14, A15).
In den Übungen zu den Phasendiagrammen schulen Schüler ihren Umgang mit Parabeln in neuer Weise, in A19 können sie die ganze Kraft der Modellierung über eine DGL erleben. Das Phasendiagramm ist qualitativ zugänglich, wenn man das Phasendiagramm zum logistischen Wachstum erfasst hat. Aus ihnen lassen sich die aus dem Text leicht antizipierbaren Bestandsdiagramme herleiten, so dass Schüler hier weitgehend selbstständig eine Lösung finden können. Terme für die Bestandsfunktion liegen dagegen weit außerhalb des Schülerhorizonts.
In der zweiten grünen Ebene wird das letzte grundlegende Wachstumsmodell, das „Wachstum mit Selbstvergiftung" erarbeitet. Dies geschieht konsequent über die DGL, die durch eine Modifikation der DGL des logistischen Wachstums (Sterberate proportional zur Zeit statt proportional zum Bestand) ausgehend von inhaltlichen, sachbezogenen Überlegungen motiviert werden kann. Den Abschluss des Lernabschnitts und damit des Kapitels bildet eine Aufgabe, in der Schüler noch einmal alle behandelten DGLn und ihre Lösungsfunktionen in einen erweiterten Kontext einbetten und alle DGLn zu den Grundfunktionen entwickeln. Damit können nun alle Funktionsklassen durch ihr spezifisches Änderungsverhalten klassifiziert werden, mit neuem Blick wird Bekanntes sortiert.

Zum Abschluss gibt es ein Projekt, in dem Schüler erarbeiten, wie man eine DGL numerisch – grafisch lösen kann. Die dazu erzeugten Richtungsfelder können auf CAS-Geräten realisiert werden. Damit verfügen die Schüler über ein Werkzeug, das es ihnen ermöglicht, ohne algebraische Tricks und Umformungen, eine DGL näherungsweise zu lösen. So, wie Phasendiagramme das qualitative Konstruieren einer Lösung ermöglichen, so erhält man mit Richtungsfeldern numerisch – grafische Lösungen. Algebraische Lösungen bleiben der nachschulischen Ausbildung vorbehalten.

Lösungen

7.1 Exponentielles Wachstum

286

1. a) (A) A = 10: $\frac{536}{387} \approx 1{,}385 = b^5 \quad \Rightarrow \quad b \approx 1{,}067$

$\frac{129}{63} \approx 2{,}047 = b^5 \quad \Rightarrow \quad b \approx 1{,}154$

$\frac{1481}{1325} \approx 1{,}118 = b^5 \quad \Rightarrow \quad b \approx 1{,}022$

$\Rightarrow \frac{1}{3}(1{,}067 + 1{,}154 + 1{,}022) \approx 1{,}081$

$f_1(x) = 10 \cdot 1{,}081^x = 10 \cdot e^{\ln(1{,}081)x} = 10 \cdot e^{0{,}077x}$

(B) „Expreg“: $f_2(x) = 11{,}96 \cdot 1{,}097^x = 11{,}96 \cdot e^{0{,}0926x}$

(C) (0|10): $10 = A \cdot e^{k \cdot 0} = A$

(1) (40|536): $536 = 10 \cdot e^{40k} \Rightarrow k = \frac{1}{40}\ln(53{,}6) \approx 0{,}099$

(2) (60|1481): $1481 = 10 \cdot e^{60k} \Rightarrow k = \frac{1}{60}\ln(148{,}1) \approx 0{,}083$

$f_3(x) = 10 \cdot e^{0{,}09x}$ ((1), (2) gemittelt)

Prognosen:
Extrem stark streuende Prognosen trotz guter Datenpassung aller Modelle

	2015	2030
$f(x) = 10 \cdot e^{0{,}077x}$	1492	4734
$f(x) = 11{,}96 \cdot e^{0{,}0926x}$	4918	19724
$f(x) = 10 \cdot e^{0{,}09x}$	3472	13394

b) $f_1'(x) = 0{,}077 \cdot 10 \cdot e^{0{,}077x} = 0{,}077 \cdot f_1(x)$

$f_2'(x) = 0{,}0926 \cdot 11{,}96 e^{0{,}0926x} = 0{,}0926 \cdot f_2(x)$

$f_3'(x) = 0{,}09 \cdot 10 \cdot e^{0{,}09x} = 0{,}09 \cdot f_3(x)$

Die Schulden wachsen momentan mit einem Vielfachen der vorhandenen Schulden.

Die momentane Änderung ist proportional zum Bestand.

c) Durchschnittlich von 1950 bis 1955: $\frac{11\,000\,000\,000}{5 \cdot 365 \cdot 24 \cdot 60 \cdot 60} \approx 69{,}76 \approx 70$

Funktionsgleichung für die Schulden:
Schulden pro Jahr (Zeit in Jahren): $70 \cdot 60 \cdot 60 \cdot 24 \cdot 365 = 2\,207\,520\,000 \approx 2{,}2$ Mio.
$f(x) = 2{,}2x + 10$

x	1960	1965	1970	1975	1980	1985	1990	1995
f(x)	32	43	54	65	76	87	98	109

Hier liegt ein wesentlich langsameres Anwachsen der Schulden vor.

287

2. a)

Zeit (h)	Narkotikum (mg)	Alkohol (g)
0	400	80
1	320	73
2	256	66
3	204,8	59
4	163,84	52
5	131,07	45
6	104,86	38
⋮	⋮	⋮
10	42,95	10
11	34,36	3
⋮	⋮	⋮
30	0,49	–

Narkotikum:
$N(t) = 400 \cdot 0{,}8^t = 400 \cdot e^{\ln(0{,}8t)}$
$= 400 \cdot e^{-0{,}223t}$

Alkohol: $A(t) = 80 - 7t$

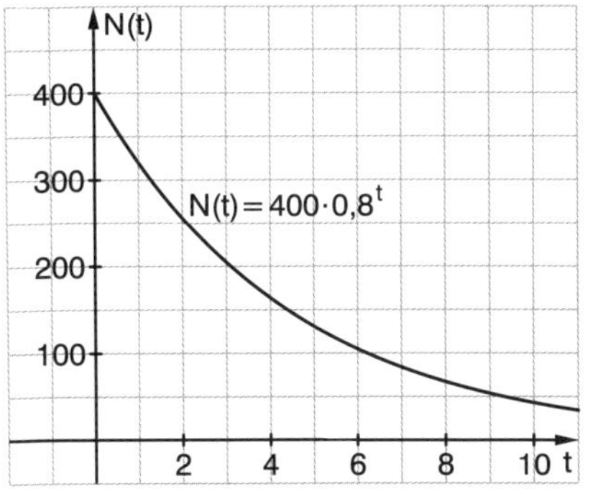

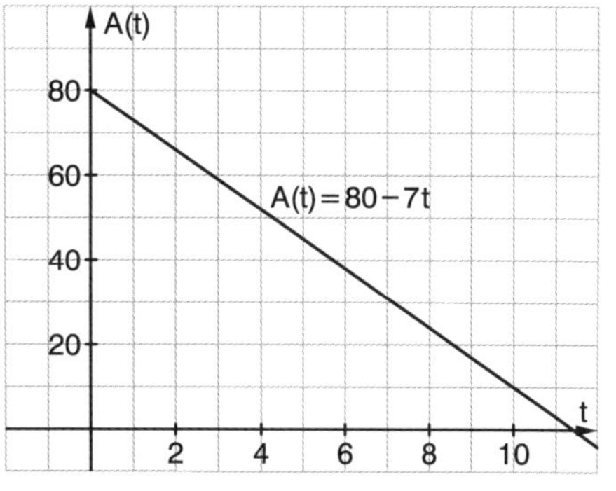

N(t): Zunächst stark, dann schwach abnehmend langfristiger Abbau

A(t): Nach ca. 10 Stunden weg

b) $N'(t) = -0{,}223 \cdot 400 \cdot e^{-0{,}223t} = -0{,}223 \cdot N(t)$
$A'(t) = -7$
Die Ableitung von N ist ein Vielfaches von N.
Die Änderung des Bestandes an Alkohol ist konstant.

c) $N(t) = 600 \cdot e^{-0{,}223t}$
(A) $N'(t) = -0{,}223 \cdot 600 \cdot e^{-0{,}223t} = -0{,}223 \cdot N(t)$
$A(t) = -7t + 100$
(B) $A'(t) = -7$
Die Gleichungen (A) und (B) sind auch für alle anderen Anfangsdosen erfüllt.

3. a) (A) – (6) (B) – (4) (C) – (1)
(D) – (3) (E) – (5) (F) – (2)

b) Mit (1), (5), (6): $f'(x)$ ist ein Vielfaches von $f(x)$, also ist $f' \sim f$.
(F) – (2): Änderung ist konstant
(B) – (4): Änderung ist proportional zu x
(D) – (3): Änderung ist umgekehrt proportional zu x

289

4. a) $f(x) = 80 \cdot 1{,}15^x = 80 \cdot e^{\ln(1{,}15)x} = 80 \cdot e^{0{,}14x}$

$f'(x) = \ln(1{,}15) \cdot f(x) = 0{,}14 \cdot f(x)$; $A = 80$

b) $f(x) = -0{,}5x + 24$; $f'(x) = -0{,}5$; $A = 24$

c) $f(x) = A \cdot 0{,}95^x = A \cdot e^{\ln(0{,}95)x} = A \cdot e^{-0{,}051x}$

$f'(x) = -0{,}051 \cdot f(x)$; $f(0) = A$

d) $f(x) = 13 \cdot 0{,}95^x = 13 \cdot e^{-0{,}051x}$, $f'(x) = -0{,}051 \cdot f(x)$; $A = 13$

e) $f(x) = -0{,}1x + 9$; $f'(x) = -0{,}1$; $A = 9$

f) $f(x) = 5000 \cdot 1{,}025^x = 5000 \cdot e^{0{,}0247x}$; $f'(x) = 0{,}0247 \cdot f(x)$; $A = 5000$

5. a) (1) $k = 0{,}3 = \ln(b) \Rightarrow b = e^{0{,}3} = 1{,}35$; $p = 35\,\%$

Eine Population von 100 Tieren wächst jährlich um 35 %.

(2) $k = -0{,}002 = \ln(b) \Rightarrow b = 0{,}998$; $p = -0{,}2\,\%$

Eine Waldfläche von 5 km^2 schrumpft jährlich um 0,2 %.

(3) $1{,}25 = \ln(b) \Rightarrow b = 3{,}49 \Rightarrow p = 249\,\%$

(4) $-0{,}3 = \ln(b) \Rightarrow b = 0{,}741 \Rightarrow p = -25{,}9\,\%$

b) $k = \ln(b) = \ln\left(1 + \frac{p}{100}\right)$

290

6.
- p und k sind Änderungsraten
- p ist eine mittlere Änderungsrate
- k ist eine momentane Änderungsrate
- Wenn f linksgekrümmt ist, dann gilt $p > k$.
  Wenn f rechtsgekrümmt ist, dann gilt $p < k$.

7. siehe 5 b)

Für $p \le 20$ stimmen die beiden Funktionen $k^*(p)$ und $k(p)$ fast überein. Je größer p ist, desto größer der Unterschied.

8. a) $f(x) = 2 \cdot e^{1{,}3x}$

b) $f(x) = 5000 \cdot e^{-1{,}2x}$

c) Fehler im Buch: $\left.\begin{array}{l} f'(x) = 0{,}5 \cdot f(x) \\ f(1) = 2 \end{array}\right\}$ $f(x) = A \cdot e^{0{,}5x}$

$2 = A \cdot e^{0{,}5 \cdot 1} \Rightarrow A = \frac{2}{e^{0{,}5}} = \frac{2}{\sqrt{e}}$

$\Rightarrow f(x) = \frac{2}{\sqrt{e}} \cdot e^{0{,}5x}$

9. a) (1) $f(x) = m \cdot e^{0{,}257x}$

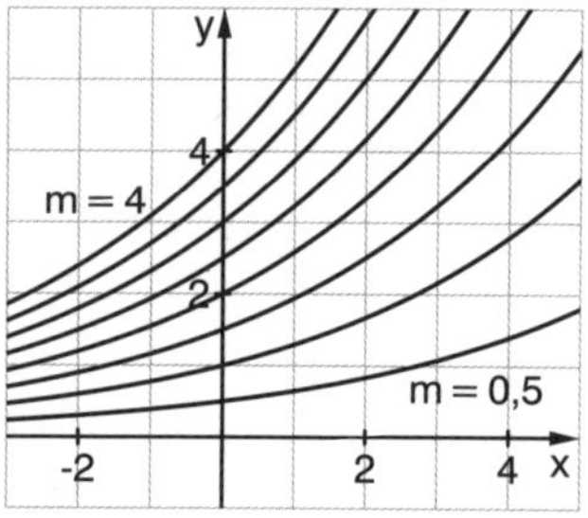

290 **9.** Fortsetzung

a) (2) $f(x) = 3e^{mx}$

(3) $f(x) = mx + 3$

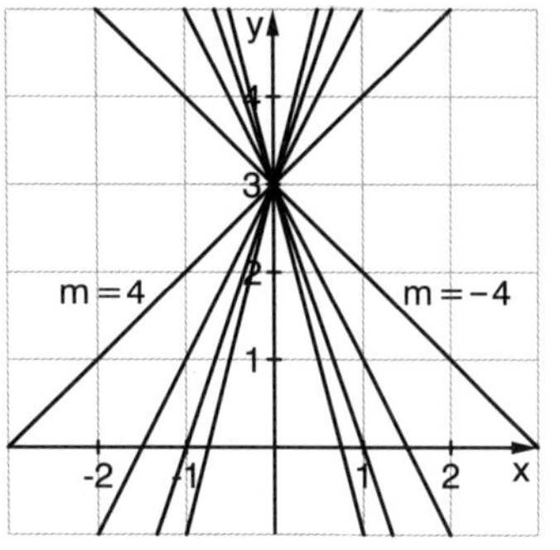

(4) $f(x) = x^2 + x + c$

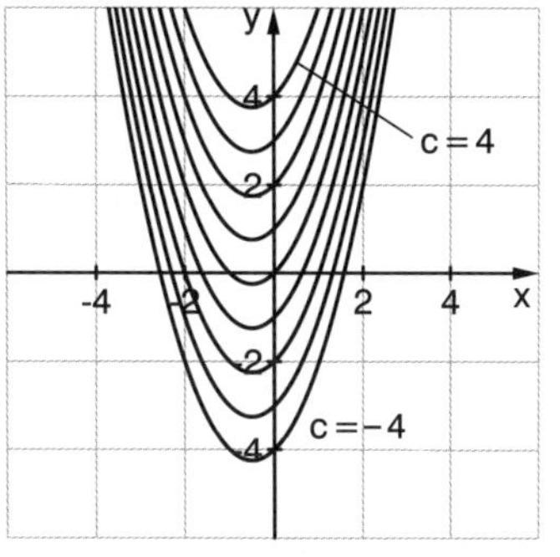

(5) $f(x) = \ln(x) + 10$

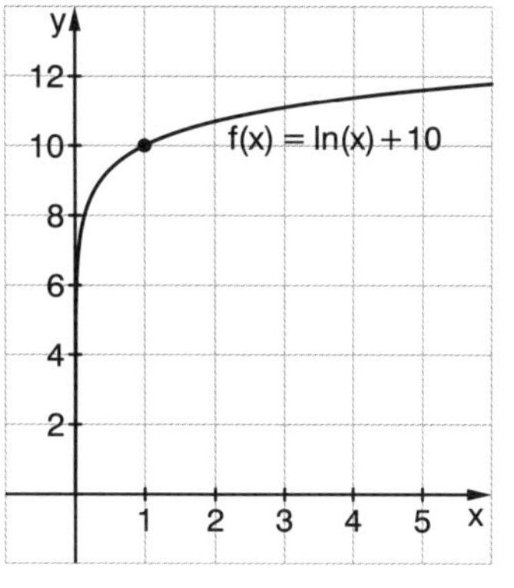

(6) $f(x) = A \cdot e^{-x}$

$1 = A \cdot e^{-2} = \frac{A}{e^2} \Rightarrow A = e^2$

$\Rightarrow f(x) = e^2 \cdot e^{-x}$

b) (4) $f(x) = x^2 + x + c$ ist Stammfunktion von $f'(x) = 2x + 1$.

(5) $f(x) = \ln(x) + 10$ ist Stammfunktion von $f'(x) = \frac{1}{x}$; $f(1) = 10$.

Wenn die DGL nur von „x“ abhängt, dann ist „DGL lösen“ dasselbe wie integrieren.

10. Der Fehler liegt beim Übergang von $a \cdot 1{,}1^t$ zur DGL $f'(t) = 0{,}1 \cdot f(t)$.
Richtig ist $a \cdot 1{,}1^t = a \cdot e^{\ln(1{,}1)t} \Rightarrow f'(t) = \ln(1{,}1) \cdot f(t) = 0{,}095 \cdot f(t)$.

291

11. a) f_2 hat in (0|1) wohl die Steigung 0, ist also eine Parabel.

b) $f_1(x) = e^x$
$f_1'(x) = e^x$
$f_1''(x) = e^x$
$f_1'''(x) = e^x$
$\Rightarrow$ Alle Graphen sind identisch.

$f_2(x) = 1{,}7x^2$
$f_2'(x) = 3{,}4x$
$f_2''(x) = 3{,}4$
$f_2'''(x) = 0$
$\Rightarrow$ Alle Graphen bis auf f_2''' sind unterschiedlich, ab f_2''' entsprechen sie der x-Achse.

c) $1{,}7x^2 + 1 \neq 3{,}4x$ (Ausnahme: die beiden Lösungen der quadratischen Gleichung)
$g(x) = 1{,}7x^2 + 1$ löst aber die DGL $g'(x) = 2 \cdot \frac{g(x) - 1}{x}$:
$2 \cdot \frac{g(x) - 1}{x} = 2 \cdot \frac{1{,}7x^2 + 1 - 1}{x} = 2 \cdot 1{,}7x = 3{,}4x = g'(x)$

d) Bei Polynomen wird der Grad der 1. Ableitung immer um 1 geringer und Polynome von unterschiedlichem Grad sind immer verschieden.

12. a) $f'(x) = 0{,}15 \cdot f(x)$; A = 10000
$f(x) = 10000 \cdot e^{0{,}15x}$

b) f(7) = 28577 (1 Woche); f(30) = 900171 ≈ 900000 (1 Monat)

c)

	1. Woche	2. Woche	3. Woche	1. Monat
mittlere Änd.rate	$\frac{f(7) - f(0)}{7}$ = 2654	$\frac{f(14) - f(7)}{7}$ = 7584	$\frac{f(21) - f(14)}{7}$ = 21671	$\frac{f(30) - f(0)}{30}$ = 29672
momentane Änd.rate	f′(7) = 4286	f′(14) = 12249	f′(21) = 35004	f′(30) = 135026

Die mittlere Änderungsrate liegt immer zwischen den momentanen Änderungsraten der Intervallgrenzen (z. B. 4286 < 7584 < 12249).

13. a) $k = \frac{\ln\left(\frac{1}{2}\right)}{5700} = -0{,}0001216$; $f'(x) = -0{,}0001216 \cdot f(x)$
$f(x) = A \cdot e^{-0{,}0001216x}$

b) $e^{-0{,}0001216 \cdot 5200} = 0{,}53$; ca. 53 % vom ursprünglichen Wert

c) $e^{-0{,}0001216x} = 0{,}92 \Rightarrow x = 685$; das Tuch ist ca. 700 Jahre alt, also nicht das Grabtuch von Jesus.

292

14. a) Mit exponentieller Regression:
$f(x) = 0{,}200586 \cdot 1{,}8776^x$
$= 0{,}200586 \cdot e^{\ln(1{,}8776)x} \approx 0{,}2 \cdot e^{0{,}63x}$
mit A = 0,2 und Messwert:

(1) (5|4,9): $f(x) = 0{,}2 \cdot e^{kx}$
$4{,}9 = 0{,}2 \cdot e^{5k}$
$\Rightarrow k = \frac{1}{5}\ln(24{,}5) \approx 0{,}64$
$f(x) = 0{,}2 \cdot e^{0{,}64x}$

(2) (7|16,1): $f(x) = 0{,}2 \cdot e^{kx}$
$16{,}1 = 0{,}2 \cdot e^{7k}$
$\Rightarrow k \approx 0{,}627$
$f(x) = 0{,}2 \cdot e^{0{,}627x}$

b) Prognose 2010: $0{,}2 \cdot e^{0{,}63 \cdot 20} \approx 59311$
Es sind ca. 59 Milliarden Rechner unmöglich.
Das Modell dafür (Prognose) ist nicht mehr geeignet.
Quotienten: $\frac{0{,}4}{0{,}2} = 2$; $\frac{0{,}7}{0{,}4} = 1{,}75$; $\frac{1{,}3}{0{,}7} = 1{,}86$; $\frac{16{,}1}{9{,}5} = 1{,}7$; $\frac{2{,}2}{1{,}3} = 1{,}7$; $\frac{4{,}9}{2{,}2} = 2{,}23$; $\frac{9{,}5}{4{,}9} = 1{,}94$
$\Rightarrow$ Quotienten ungefähr konstant, also ist exponentielles Modell angemessen.

293

15. a) $15 - 8{,}5 = 6{,}5$
$8{,}5 - 2 = 6{,}5$
$2 - (-4{,}5) = 6{,}5$
$-4{,}5 - (-11) = 6{,}5$
$\Rightarrow$ Differenzen konstant

$f(x) = -6{,}5x + 15$

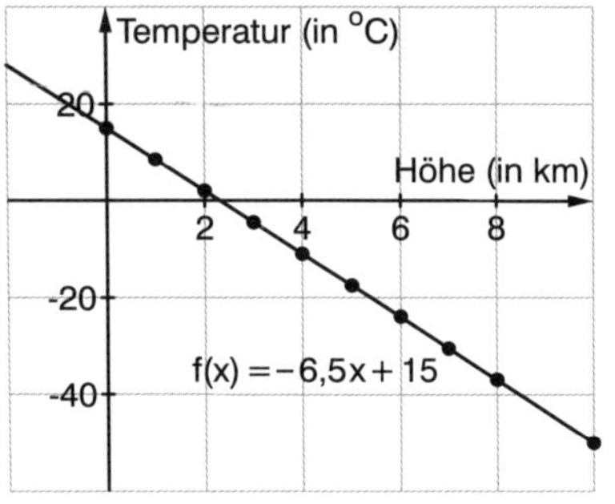

b) Nach Augenmaß können Gerade, Parabel und Exponentialfunktion passen.

- Gerade: $m = \frac{2{,}7 - 0{,}4}{9 - 1} = \frac{2{,}3}{8} \approx 0{,}2875$; $g(x) = 0{,}2875x + 0{,}1$
- Parabel: $SP(1\,|\,0{,}4)$; $P(x) = a(x-1)^2 + 0{,}4$
  $2{,}7 = a(9-1)^2 + 0{,}4 \Rightarrow a = 0{,}036$
  $P(x) = 0{,}036(x-1)^2 + 0{,}4$
- Exponentialfunktion:
  $E(0) = 0{,}5 \qquad E(x) = 0{,}5 \cdot e^{kx}$
  $2{,}7 = 0{,}5 \cdot e^{9k} \Rightarrow k = \frac{1}{9}\ln(5{,}4) \approx 0{,}187$
  $E(x) = 0{,}5 \cdot e^{0{,}187x}$

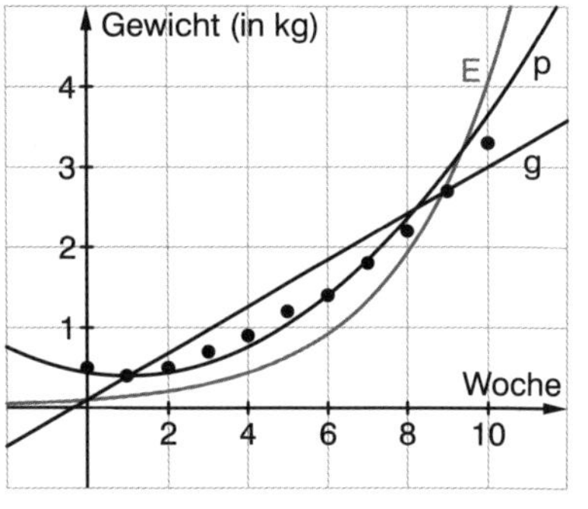

- Prognosen:

x	g(x)	P(x)	E(x)
15	4,4	7,46	8,26
30	8,7	30,68	136,6 (absurd)

Mittelfristig sind alle 3 Modelle unpassend, weil es ein Maximalgewicht gibt.

16. a) Die kumulierte Leistung ist die aufsummierte Leistung der jährlichen Installationen. Damit sind die „blauen Balken" die Ableitung der roten Kurve. Nach Augenmaß passt zu beiden („installiert", „kumuliert") derselbe Funktionstyp. f und f′ stimmen vom Typ her bei Exponentialfunktionen überein.
Installierte Leistung:

Jahr	bis 1990	1991–1992	1993–1994	1995–1996	1997–1998	1999–2000	2001–2002
Leistung (in MW)	55	118	445	928	1325	3233	5890

Mittelwert der Quotienten: $\frac{1}{6}\left(\frac{118}{55} + \frac{445}{118} + \frac{928}{445} + \frac{1325}{928} + \frac{3233}{1325} + \frac{5890}{3233}\right) = 2{,}28$

$\Rightarrow b^2 = 2{,}28 \Rightarrow b \approx 1{,}5$

$\Rightarrow \ln(1{,}5) \approx 0{,}4 \qquad \Rightarrow f_1(x) = 55 \cdot e^{0{,}4x}$

293 **16.** Fortsetzung

a) Kumulierte Leistung:

$A = 55$; Wahl eines Messwertes: $(10|6104)$

$\Rightarrow 6104 = 55 \cdot e^{10k} \Rightarrow k = \frac{1}{10}\ln\left(\frac{6104}{55}\right) \approx 0{,}47$

$\Rightarrow f_2(x) = 55 \cdot e^{0{,}47x}$

Anmerkung: $f_2'(x) = 25{,}85 \cdot e^{0{,}47x}$ passt tatsächlich auch gut zu den jährlichen Installationen.

b) Prognosen (2009): $\left.\begin{array}{l} f_1(19) = 109\,900 \\ f_2(19) = 415\,539 \end{array}\right\}$ Die Prognosen sind wohl absurd.

Reale Werte: Vergleichen Sie mit der vermischten Aufgabe 17 für dieses Kapitel.
installiert: 1800 (nach 2002 Abnahme); kumuliert: 25 777

17. a) $\left.\begin{array}{l} (0|5{,}3) \\ (10|6) \end{array}\right\}$ linear: $L(x) = 0{,}07x + 5{,}3$; exponentiell: $E(x) = 5{,}3 \cdot e^{0{,}0124x}$

	2010	2030	2050
Prognosen	$L(20) = 6{,}7$ $E(20) = 6{,}8$	$L(40) = 8{,}1$ $E(40) = 8{,}7$	$L(60) = 9{,}5$ $E(60) = 11{,}2$

Es passen 2010 (noch) beide Modelle ganz gut.

b) Bei zwei Daten gibt es jeweils genau eine lineare Funktion und eine Exponentialfunktion, die exakt passen (Interpolation). Man findet auch andere exakt passende Funktionen, z. B. zu $f(x) = ax^2 + b$. Zwei Daten sind viel zu wenig und liefern keine Aussagekraft und sinnvolle Prognosemöglichkeit.

294 **18.** a)

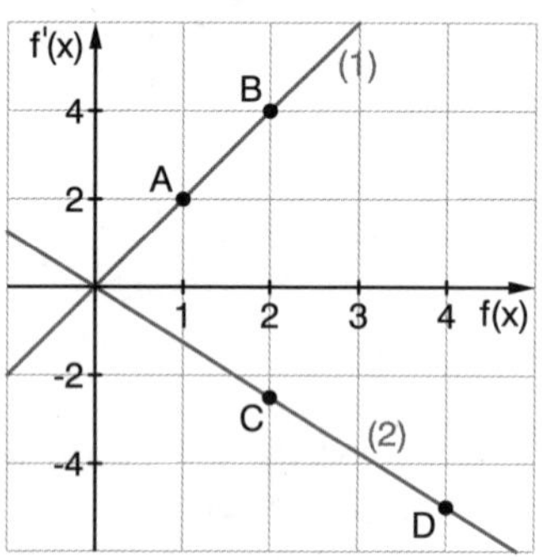

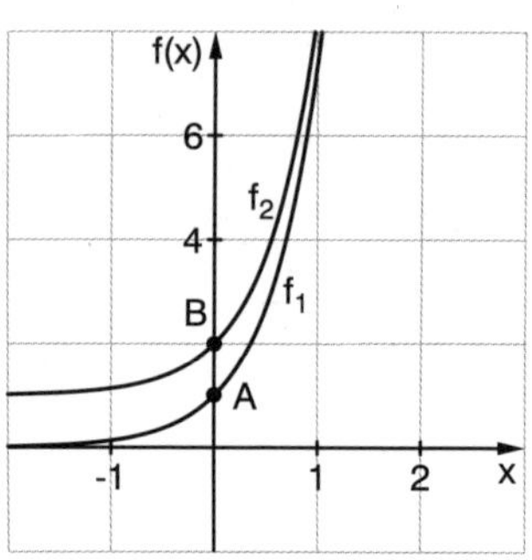

$f_1(x) = e^{2x}$; $f_2(x) = e^{2x} + 1$

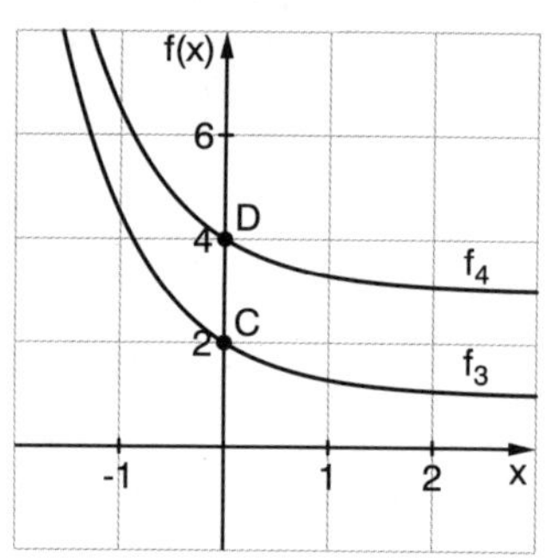

$f_3(x) = e^{-1{,}25x} + 1$; $f_4(x) = e^{-1{,}25x} + 3$

294 **18.** b) (1) $f'(x) = 1{,}5\, f(x)$

(2) $f'(x) = -0{,}75\, f(x)$

Wenn man in $(0|0)$ startet, bleibt man in $(0|0)$, es gibt ja keine Änderung, wenn nichts vorhanden ist.

c) Parallele zur x-Achse

295 **19.** a) A: Wachstum mit abnehmender Rate

B: Zerfall, zunehmend weniger schnell

Bestände streben gegen 4

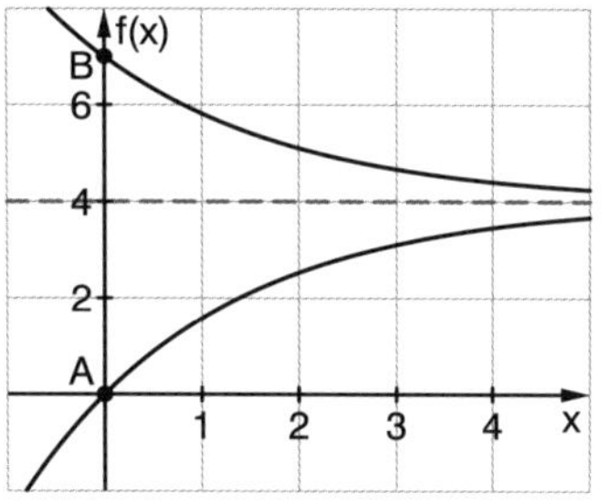

b) A: Zunehmend schnelleres Wachsen

B: Zunehmend schnellere Abnahme

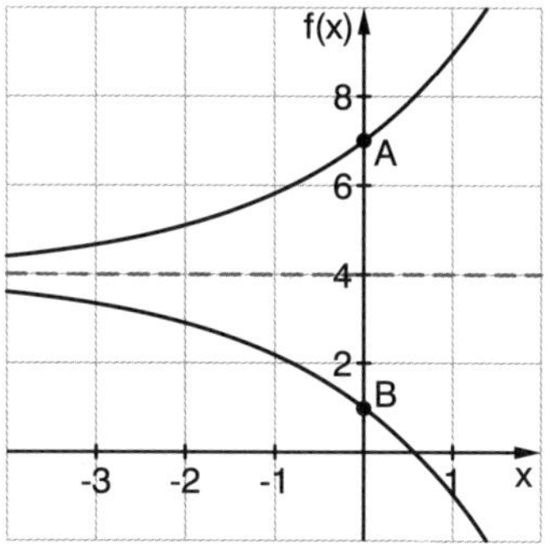

296 **20.** a) 0,2 → 0,4: 550 Jahre

0,4 → 0,8: 500 Jahre

0,8 → 1,6: ca. 150 Jahre

1,6 → 3,2: ca. 70 Jahre

Wenn exponentiell, dann müssen die Verdoppelungszeiträume konstant sein. (1)

⇒ Regression:

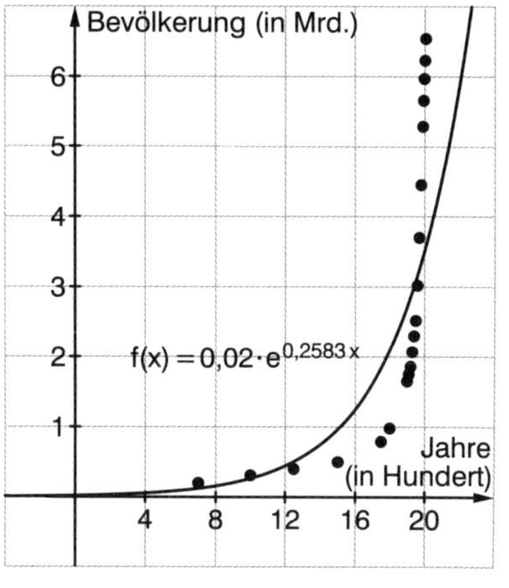

296

20. b) linear: $y = 0{,}056x - 0{,}19$

exponentiell: $y = 0{,}06 \cdot e^{0{,}1505x}$

Schnelles Wachstum bei exponentiellem Wachstum wirkt sich zu Beginnn noch nicht aus.

$$f(x) = \begin{cases} 0{,}06 \cdot e^{0{,}1505x}; & 0 \le x \le 17{,}5 \\ e^{0{,}11x} - 6; & 17{,}5 \le x \le 19{,}5 \\ 1{,}5 \cdot e^{0{,}1515x} - 25; & 19{,}5 \le x \le 20{,}06 \end{cases}$$

Weil man je nach Änderung der Daten immer eine passende Funktion findet, flickt man entsprechende Funktionen an, die aber dann nur zu bestehenden Daten passen, also keine Prognosen ermöglichen.

c) siehe (1) in Teilaufgabe a)

Interpretation der DGL:

„Die Änderung ist proportional zum Quadrat des Bestandes."

$$k \cdot (f(x))^2 = k \cdot \left(\frac{-a}{akx - 1}\right)^2 = \frac{a^2k}{(akx - 1)^2} = f'(x)$$

$f(0) = \frac{-a}{-1} = a$; nach Daten sinnvoll: $a = 0{,}1$ (0,1 Milliarden zu Christi Geburt)

$$\frac{-0{,}1}{0{,}1 \cdot k \cdot 19{,}60 - 1} = 3{,}02 \text{ (mit Messwert } (19{,}6\,|\,3{,}02))$$

$-0{,}1 = 5{,}9192k - 3{,}02$

$\Rightarrow \; k \approx -0{,}4933 \;\Rightarrow\; f(x) = \dfrac{-0{,}1}{0{,}04933x - 1}$

Interpretation:

1. Wachstum ins Unendliche in endlicher Zeit
2. Polstelle bei $x \approx 20{,}27$ (Nullstelle des Nenners), also Weltuntergang 2027

c) Alternative ohne Verschiebung in y-Richtung:

$f(x) = A \cdot e^{kx}$ mit $(19{,}3\,|\,2{,}07)$ und $(20{,}06\,|\,6{,}54)$

$$\left.\begin{array}{ll} \text{I:} & 2{,}07 = A \cdot e^{19{,}3k} \\ \text{II:} & 6{,}54 = A \cdot e^{20{,}06k} \end{array}\right\} \Rightarrow A = \frac{2{,}07}{e^{19{,}3k}}$$

in II eingesetzt: $6{,}54 = \dfrac{2{,}07 \cdot e^{20{,}06k}}{e^{19{,}3k}}$

$\Rightarrow \; \dfrac{6{,}54}{2{,}07} = e^{(20{,}06 - 19{,}3)k}$

$\Rightarrow \; k = \dfrac{1}{1{,}039} \ln\left(\dfrac{6{,}54}{2{,}07}\right) \approx 1{,}107207 \Rightarrow k \approx 1{,}107207$

$\Rightarrow \; A = \dfrac{2{,}07}{e^{19{,}3 \cdot 1{,}107207}} \approx 0{,}000000001085$

$f(x) \approx 0{,}000000001 \cdot e^{1{,}107207x}$

7.2 Begrenztes Wachstum

297 **1.** a) Die Grenze ist y = 20 (Raumtemperatur) und nicht die x-Achse (y = 0).
„Je mehr Zeit vergeht, desto langsamer kühlt der Kaffee ab.“
„Je näher die Kaffeetemperatur an der Raumtemperatur ist, desto langsamer verläuft die Abkühlung.“

b) Formel passt: $G - f(x)$ ist Temperaturdifferenz, wenn $f(x) \approx G$, dann ist $f'(x)$ nahe 0, also langsame Abkühlung (kleine Änderung).
$f(x)$: Kaffeetemperatur
$f'(x)$: Abkühlungsgeschwindigkeit (Änderung der Temperatur)
k: Faktor, der angibt, wie schnell Abkühlung erfolgt (Isolierfähigkeit der Tasse)
G: Raumtemperatur
$k > 0$, weil $G - f(x) < 0$ und $f'(x) < 0$
Die Abkühlung ist proportional zur Differenz aus Raumtemperatur und Kaffeetemperatur.

c) $f(x) = 64 \cdot e^{-kx} + 20$; $f'(x) = k \cdot (20 - f(x))$
$f'(x) = -64k \cdot e^{-kx}$
$k \cdot (20 - f(x)) = k \cdot (20 - (64 \cdot e^{-kx} + 20)) = -64k \cdot e^{-kx} = f'(x)$
Passendes k z. B. mit (10|47):
$47 = 64 \cdot e^{-10k} + 20 \Rightarrow k = -\frac{1}{10}\ln\left(\frac{27}{64}\right) \approx 0{,}0863 \quad \Rightarrow \quad f(x) = 64 \cdot e^{-0{,}0863x} + 20$

d) Weil jetzt $G - f(x) > 0$ und auch $f'(x) > 0$ erfüllt sind, bleibt $k > 0$.
Es ist $f(x) = -15 \cdot e^{-kx} + 20$, weil $f(0) = 5$ gilt.

298 **2.** Anmerkung: Das Experiment sollte unmittelbar nach Bekanntgabe durchgeführt werden, damit nicht schon vorher Tiere assoziiert werden.

a) –

b) Berechnung mit vorgegebener Tabelle:

$C = 65$: $N(t) = 65 \cdot (1 - e^{-mt}) = -65 \cdot e^{-mt} + 65$
(10|50): $50 = 65 \cdot (1 - e^{-10m})$
$\Rightarrow \quad m = -\frac{1}{10}\ln\left(\frac{3}{13}\right) \approx 0{,}1466$

$N(t) = -65 \cdot e^{-0{,}1466t} + 65$

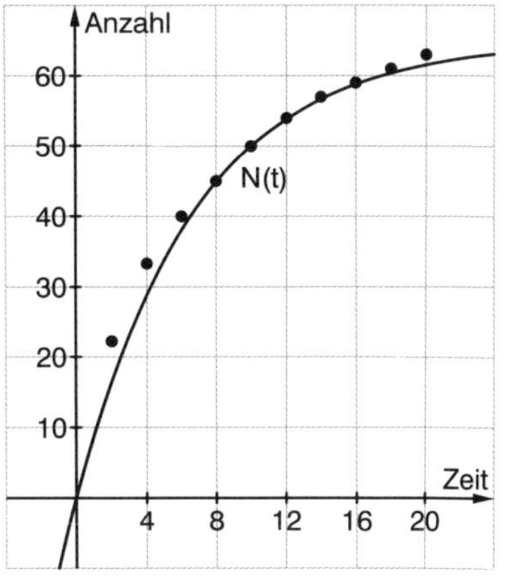

c) $N'(t) = m \cdot (C - N(t))$
„Je weniger ich noch kenne …“ ⟶ $C - N(t)$ („Übrige“)
„Je weniger Arten noch übrig …“ ⟶ $N'(t)$ wird kleiner, wenn $C - N(t)$ klein ist
„… schon genannte Tiere.“ ⟶ weniger Neue, also wird $N'(t)$ kleiner

$N'(t) = 0{,}1466 \cdot 65 \cdot e^{-0{,}1466t}$
$m \cdot (C - N(t)) = 0{,}1466 \cdot (65 - (-65 \cdot e^{-0{,}1466t} + 65))$
$= 0{,}1466 \cdot 65 \cdot e^{-0{,}1466t} = N'(t)$

300

3. a) $f_1'(x) = 0{,}15 \cdot (250 - f_1(x))$
$f_1(0) = 50$

$f_1(x) = -200 \cdot e^{-0{,}15x} + 250$

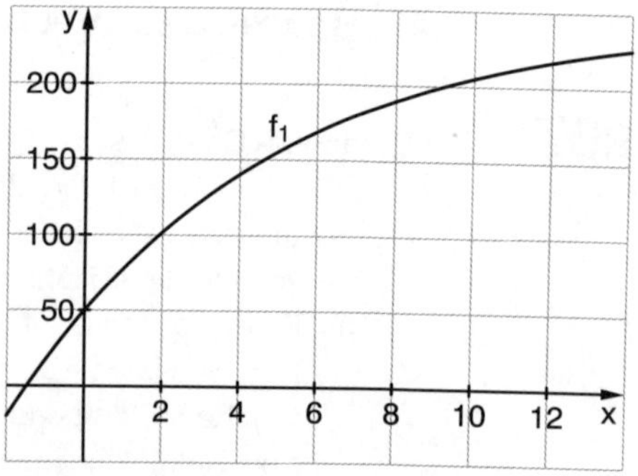

Ein Anfangsbestand von 50 Tieren lebt in einem Lebensraum, der 250 Tieren Existenz ermöglicht. Er vermehrt sich mit einer Wachstumskonstanten $k = 0{,}15$ proportional zum möglichen Restbestand $250 - f_1(x)$.

b) $f_2'(x) = 0{,}3 \cdot (20\,000 - f_2(x))$
$f_2(0) = 32\,000$

$f_2(x) = 12\,000 \cdot e^{-0{,}3x} + 20\,000$

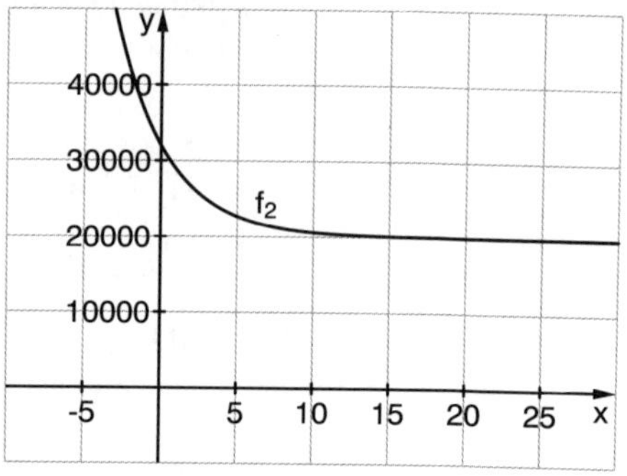

c) $f_3'(x) = 0{,}1 \cdot (4 - f_3(x))$
$f_3(0) = A$

$f_3(x) = (A - 4) \cdot e^{-0{,}1x} + 4$

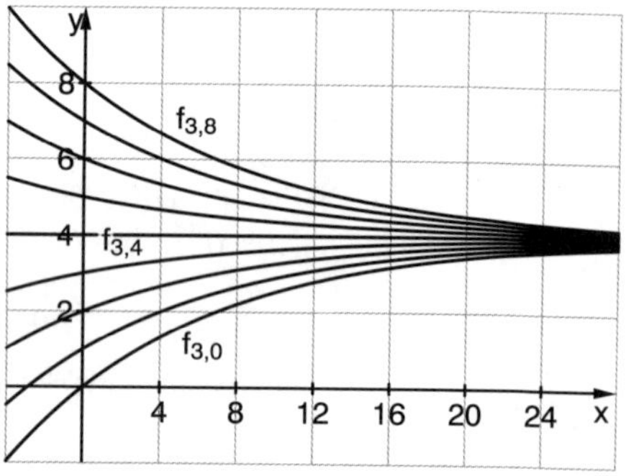

d) $f_4'(x) = 0{,}18 \cdot (250 - f_4(x))$
$f_4(0) = 250$

$f_4(x) = 0 \cdot e^{-0{,}18x} + 250 = 250$
Wenn $A = G$, dann gilt $f(x) = G$.

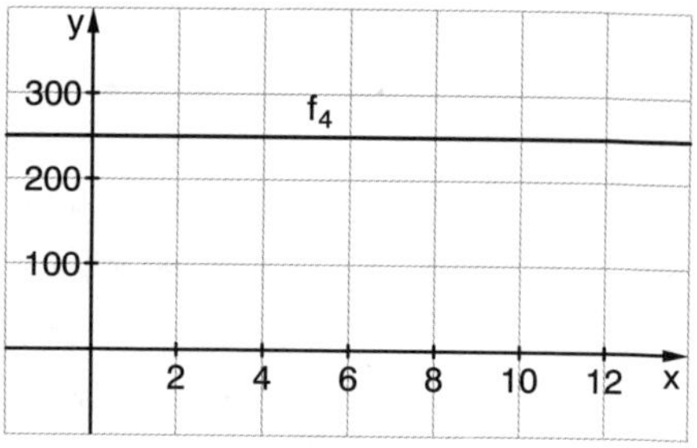

300

4. a) $f(x) = -75 \cdot e^{-0,4x} + 100$

b) $f(x) = 150 \cdot e^{-0,05x} + 250$

c) $f'(x) = 0,1 \cdot (4000 - f(x))$

$f(x) = -3500 \cdot e^{-0,1x} + 4000$

d) Fehler im Buch: $f(0) = 50$

$f(x) = -50 \cdot e^{-0,1x} + 100$

5. a) (1) – (C)

(2) – (B)

(3) – (A)

b) $f_{(1)}(x) = 200 \cdot e^{-0,3x} + 500$

$f_{(2)}(x) = -500 \cdot e^{-0,1x} + 700$

$f_{(3)}(x) = -300 \cdot e^{-0,1x} + 400$

6. a) $f(x) = -4 \cdot e^{-0,2x} + 5$

b) (1) $y = e^{-x}$

(2) – (D) Spiegelung an x-Achse

(3) – (A) Streckung in y-Richtung

(4) – (C) Verschiebung in y-Richtung um 5 Einheiten

(5) – (B) Streckung in x-Richtung

c) $y = e^{-x} \Rightarrow y = 3 \cdot e^{-x}$; Streckung in y-Richtung

$\Rightarrow y = 3 \cdot e^{-x} + 4$; Verschiebung in y-Richtung um 4 Einheiten

$\Rightarrow y = 3 \cdot e^{-0,4x} + 4$; Streckung in x-Richtung

Also ist $f(x) = 3 \cdot e^{-0,4x} + 4$ die entsprechende Lösungsfunktion.

301

7. a) $G = 40\,000$; $k = \ln\left(1 + \frac{12}{100}\right) = 0,1133$; $A = 0$

$f(x) = -40\,000 \cdot e^{-0,1133x} + 40\,000$

$f(12) = 29\,729,46$

Die Firma wird knapp 30 000 Geräte verkaufen.

b) $20\,000 = -40\,000 \cdot e^{-0,1133x} + 40\,000$

$x = -\frac{1}{0,1133} \ln\left(\frac{1}{2}\right) \approx 6,118$

Nach ca. 6 Monaten haben 50 % der Haushalte ein Gerät.

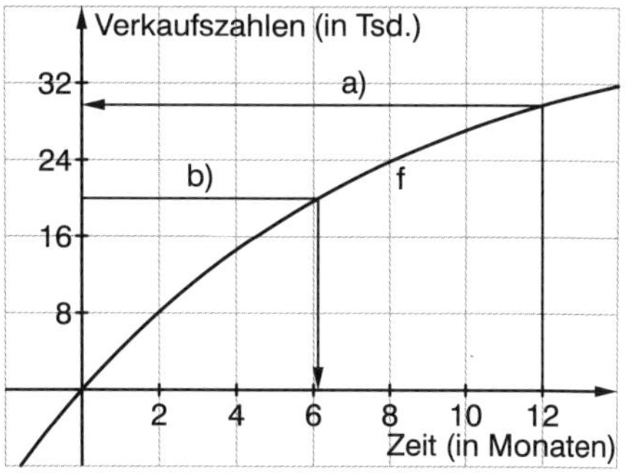

c) $f(x)$ wird nie exakt 40 000, aber $f(48) = 39\,826$: Nach ca. 4 Jahren besitzen alle Haushalte ein Gerät.

8. x: Zeit in Quartalen (3 Monaten)

$p = 15\,\%$; $k = \ln(1,15) \approx 0,1398$; $G = 5800$; $A = 870$

$\frac{870}{5800} = 0,15$; $f(x) = -4930 \cdot e^{-0,1398x} + 5800$

$f(60) = 5799$: nach 15 Jahren

9. $A = 87$; Annahme: $G = 130 \Rightarrow f(x) = -43 \cdot e^{-kx} + 130$

k mit $(6|120)$: $120 = -43 \cdot e^{-6k} + 130 \Rightarrow k \approx 0,2431$

$f(x) = -43 \cdot e^{-0,2431x} + 130$

Manche Personen haben mehrere Anschlüsse (Dienstlich, Privat).

Sinnvolle Maximalzahl: 1,5

$\Rightarrow G = 150$: $g(x) = -63 \cdot e^{-kx} + 150$

$(6|120)$: $k = -\frac{1}{6}\ln\left(\frac{30}{63}\right) \approx 0,1237 \Rightarrow g(x) = -63 \cdot e^{-0,1237x} + 150$

301

10. a) Die Daten legen eher eine Rechtskrümmung der Funktion nahe. Außerdem gibt es wohl eine Maximalzahl verkaufbarer Geräte.

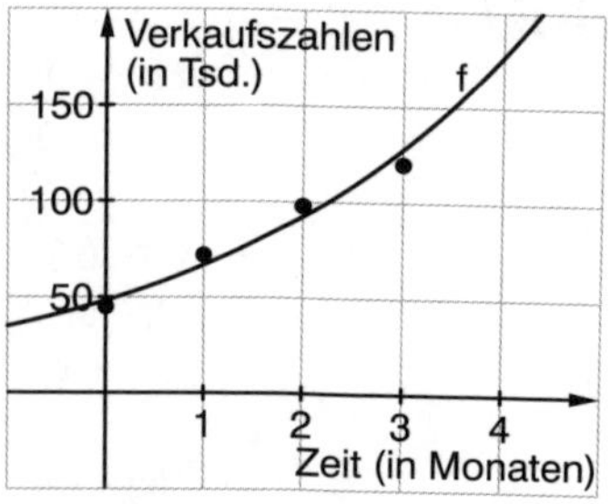

b) Wegen Rechtskrümmung und Grenze ist begrenztes Wachstum sinnvoll.
Annahmen:
1) 200 000 maximal verkaufbare Geräte
$g_1'(x) = k \cdot (200 - g_1(x))$; $A = 45$
$g_1(x) = -155 \cdot e^{-kx} + 200$
$(3|120)$: $120 = -155 \cdot e^{-3k} + 200$
$\Rightarrow \; k \approx 0{,}22$
$g_1(x) = -155 \cdot e^{-0{,}22x} + 200$
2) $G = 300$: $g_2'(x) = k(300 - g_2(x))$; $A = 45$
$g_2(x) = -255 \cdot e^{-kx} + 300$
$(3|120)$: $k = 0{,}116$
$\Rightarrow \; g_2(x) = -255 \cdot e^{-0{,}116x} + 300$

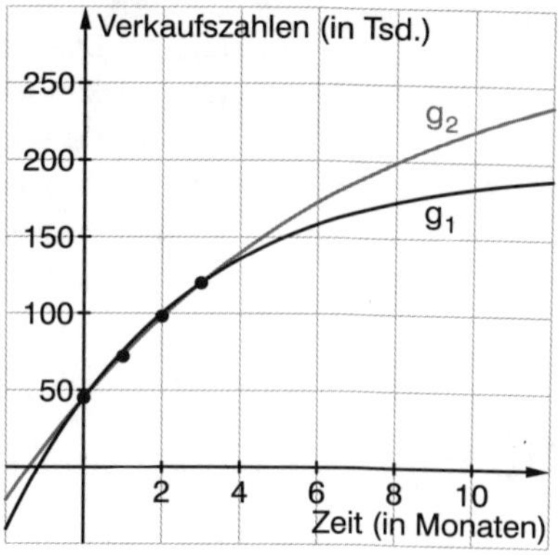

c) I $(0|45)$: $f_G(x) = (45 - G) \cdot e^{-kx} + G$
II $(1|72)$: $72 = (45 - G) \cdot e^{-k} + G$
II nach k auflösen und in I einsetzen:
$e^{-k} = \frac{72 - G}{45 - G} \;\Rightarrow\; k = -\ln\left(\frac{72 - G}{45 - G}\right)$
$\Rightarrow \; f_G(x) = (45 - G) \cdot e^{\ln\left(\frac{72 - G}{45 - G}\right)x} + G$

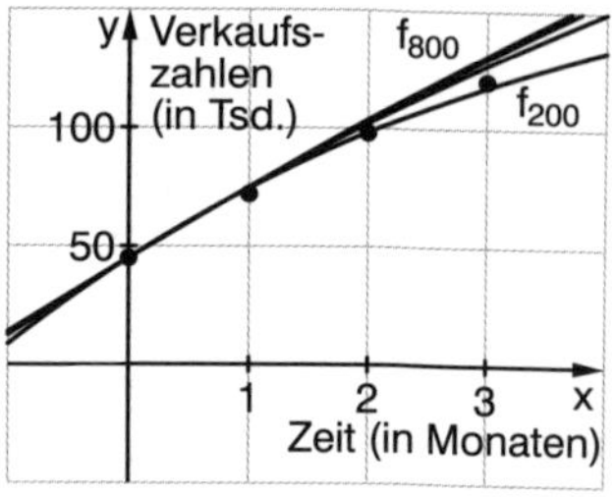

- $f_{500}(x) = -455 \cdot e^{-0{,}0612x} + 500$: $f_{500}(60) = 488{,}43$
  Wenn das Gerät mindestens 5 Jahre auf dem Markt ist, können eventuell 500 000 Telefone verkauft werden (f_{500} passt zu Daten).
- Eine Skizze der Schar zeigt, dass für $G \geq 200$ alle Grenzen gut zu den Daten passen, die Grenze wird nur immer später erreicht.
- Es bleibt unberücksichtigt, dass der Markt bei Mobiltelefonen schnelllebig ist, auch wegen technischer Entwicklungen. Nach Einführung auf den Markt kommende Konkurrenzprodukte bleiben unberücksichtigt.
  Die Grenze wird wohl schnell erreicht und danach bleibt der Verkauf nicht konstant.

302

11. (1) Annahmen: Es gibt keine Überlebenden, also ist G = 0.

$f(x) = A \cdot e^{-kx}$

(A) Regression: $f(x) = 101{,}98 \cdot 0{,}7912^x$

$f(x) \approx 102 \cdot e^{-0{,}234x}$

(B) mit 2 Messwerten:

I (1|80): $80 = A \cdot e^{-k}$

II (4|40): $40 = A \cdot e^{-4k} \Rightarrow A = 40 \cdot e^{4k}$

in I: $80 = 40 \cdot e^{4k} \cdot e^{-k} = 40 \cdot e^{3k} \Rightarrow k \approx 0{,}231$

$A = 40 \cdot e^{0{,}924} \approx 100{,}77$

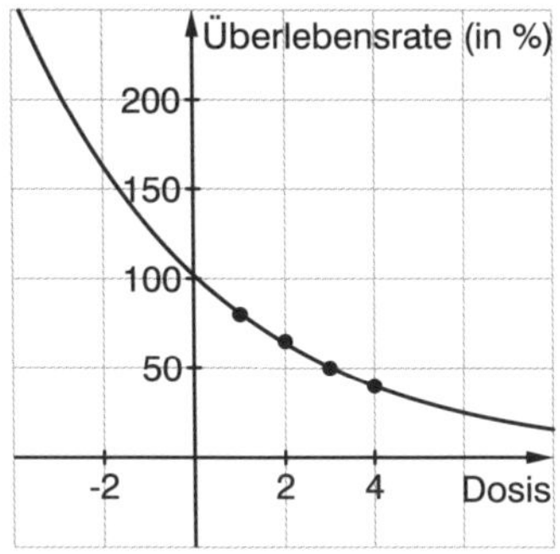

(2) Annahmen: Es überleben immer 20 %, also ist G = 20.

$f'(x) = k \cdot (20 - f(x))$; $f(x) = (A - 20) \cdot e^{-kx} + 20$

(A) Ansatz: „Messwerte – 20“ → exponentielle Regression

→ Funktion um + 20 in y-Richtung verschieben

Basis	1	2	3	4
Überlebensrate	60	45	30	20

Also: $g_1^*(x) = 90 \cdot 0{,}691^x = 90 \cdot e^{-0{,}371x}$

$\Rightarrow \quad g_1(x) = 90 \cdot e^{-0{,}371x} + 20$

(f(0) = 110, das passt hier nicht)

Korrektur: f(0) = 100 als Messwert dazu,

also für exponentielle Regression mit (0|80):

$g_2(x) = 84 \cdot e^{-0{,}3467x} + 20$

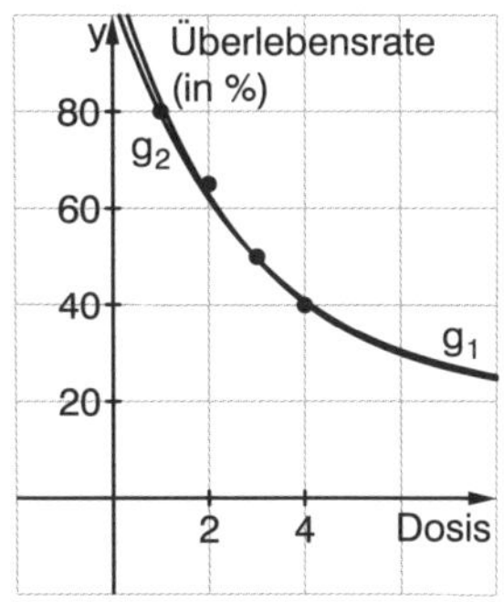

Da alle Modelle sehr gut zu den Daten passen, lässt sich aus den Daten kein sicherer Rückschluss auf die Restmenge an Überlebenden machen.
Umgekehrt: Je nach Modellansatz erhält man unterschiedliche Prognosen.
Pointiert ausgedrückt: Wer hofft, dass keine Bakteriophagen überleben, findet genauso ein passendes Modell, wie derjenige, der meint, dass 20 % überleben.

12. a) $f(x) = \frac{a}{x - b} + 20$

I (0|84): $84 = \frac{a}{-b} + 20 \Rightarrow a = -64b$

II (16|38): $38 = \frac{a}{16 - b} + 20 = \frac{-64b}{16 - b} + 20$

$\Rightarrow b = -\frac{144}{23} \approx -6{,}26 \Rightarrow a = 400{,}64$

$g(x) = \frac{400{,}64}{x + 6{,}26} + 20$

Die Funktion passt gut zum Datensatz.
Anmerkung: f(x) aus b) ist Funktion zu (0|84) und (10|47).

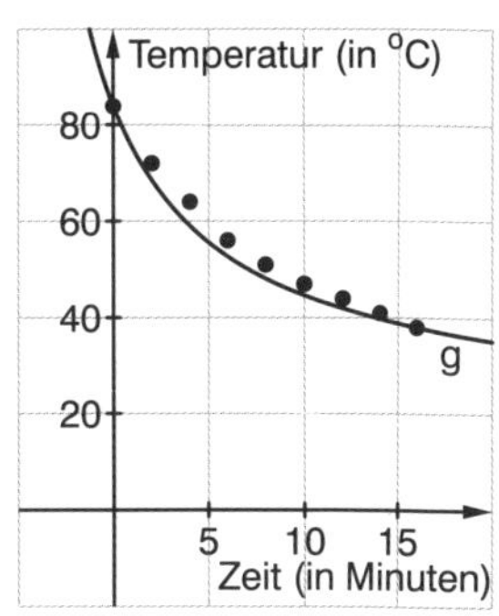

302

12. b) $f'(x) = \frac{-467}{(x+7{,}3)^2}$

$k \cdot (20 - f(x)) = \frac{-467 \cdot k}{x + 7{,}3}$

$\Rightarrow \quad f'(x) \neq k \cdot (20 - f(x))$

(CAS: k ist nicht konstant, sondern von x abhängig.)

Exponentialfunktionen sind besser geeignet, weil sie mit DGL auch einen gesetzmäßigen Zusammenhang (Wirkzusammenhang) erfüllen und nicht nur gut zu den Daten passen.

303

13. (1) $f_G'(x) = 0{,}1 \cdot (G - f_G(x))$

$f_G(0) = 85$

$f_G(x) = (85 - G) \cdot e^{-0{,}1x} + G$

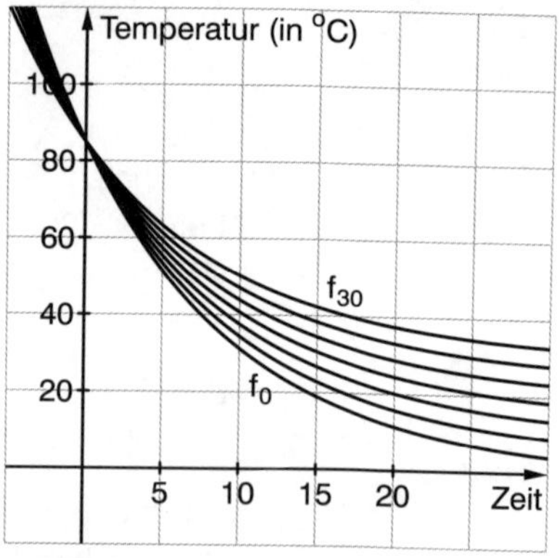

(2) $f_k'(x) = k \cdot (20 - f_k(x))$

$f_k(0) = 85$

$f_k(x) = 65 \cdot e^{-kx} + 20$

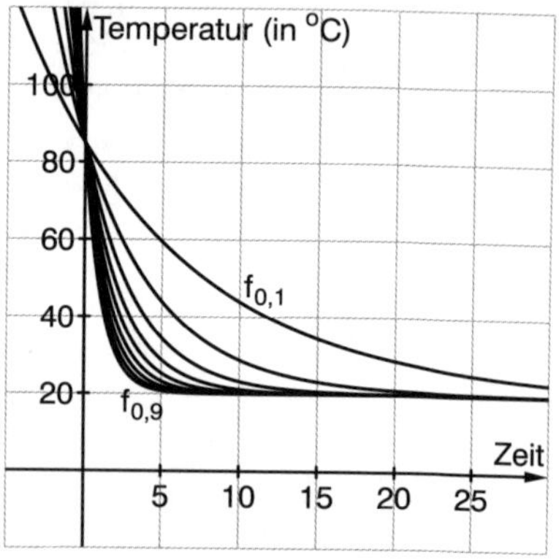

(3) $f_A'(x) = 0{,}1 \cdot (20 - f_A(x))$

$f_A(0) = A$

$f_A(x) = (A - 20) \cdot e^{-0{,}1x} + 20$

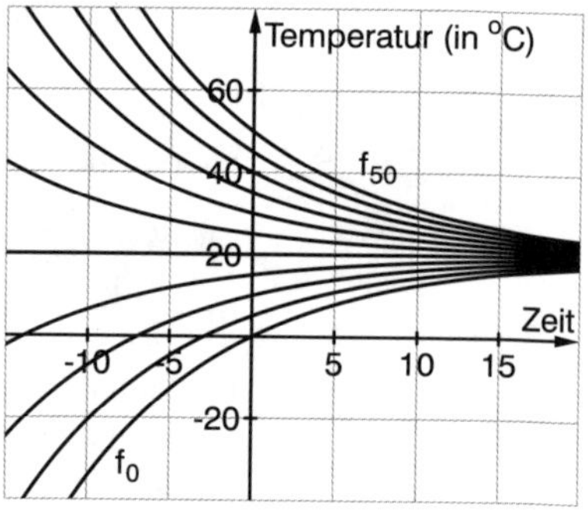

(1) Verkleinerung bzw. Vergrößerung des Lebensraumes (Grenze)

(2) Wachstumsfördernde bzw. -hemmende Maßnahmen

(3) Variation des Anfangsbestandes

Die Verläufe entsprechen weitgehend den Erwartungen.

303

14. a) $p = 17\,\% \quad \Rightarrow \quad k = \ln\left(1 - \frac{17}{100}\right) = \ln(0{,}83) \approx -0{,}186$

(2) passt (in (1) wird p mit k verwechselt, in (3) ist 83 % Abnahme)

b) $f'(x) = \ln(0{,}83) \cdot \left(20 + \frac{2}{\ln(0{,}83)}\right) \cdot e^{\ln(0{,}83)x}$

$\ln(0{,}83) \cdot f(x) + 2 \;= \ln(0{,}83) \cdot \left(\left(20 + \frac{2}{\ln(0{,}83)}\right) \cdot e^{\ln(0{,}83)x} - \frac{2}{\ln(0{,}83)}\right) + 2$

$= \ln(0{,}83) \cdot \left(20 + \frac{2}{\ln(0{,}83)}\right) \cdot e^{\ln(0{,}83)} - 2 + 2$

$= f'(x)$

Prognose: $f(x) \to 10{,}74$

Es werden langfristig ca. 11 Nashörner sein.

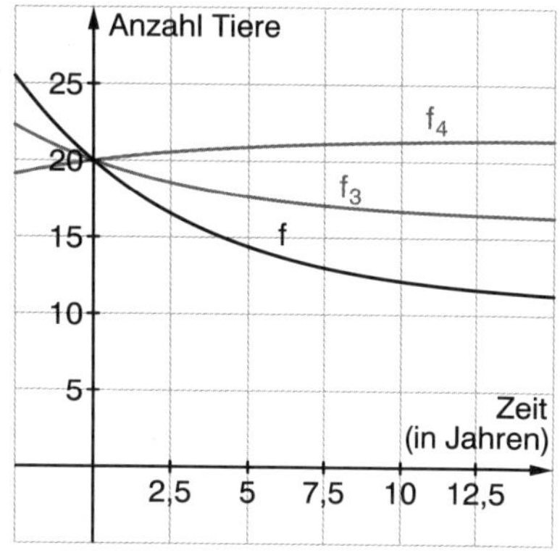

- jährlich 3 Nashörner dazu:
  $f_3'(x) = -0{,}186 \cdot f_3(x) + 3$
  $f_3(x) = \left(20 + \left(\frac{3}{-0{,}186}\right)\right) \cdot e^{-0{,}186x} - \left(\frac{3}{-0{,}186}\right)$
  $\Rightarrow \quad f_3(x) = 3{,}87 \cdot e^{-0{,}186x} + 16{,}13$
  „Einpendeln" bei ca. 16 Nashörnern
- jährlich 4 Nashörner dazu:
  $f_4'(x) = -0{,}186 \cdot f_4(x) + 4;$
  $f_4(x) = -1{,}5 \cdot e^{-0{,}186x} + 21{,}5$
  Ein stabiler Bestand ist bei ca. 21 Nashörnern.
  Anmerkung: Wenn 17 % von 20, also 3,4 Tiere dazugekauft werden, dann konstanter Bestand von 20 Tieren.
- Anfangsbestand: A = 6
  $f^*(x) = \left(6 + \frac{2}{\ln(0{,}83)}\right) \cdot e^{\ln(0{,}83)x} - \frac{2}{\ln(0{,}83)}$
  $f^*(x) = -4{,}7 \cdot e^{-0{,}186x} + 10{,}74$
  $f_3^*(x) = -10{,}1 \cdot e^{-0{,}186x} + 16{,}13$
  $f_4^*(x) = -15{,}5 \cdot e^{-0{,}186x} + 21{,}5$
  Der Anfangsbestand hat keinen Einfluss auf den Endbestand.

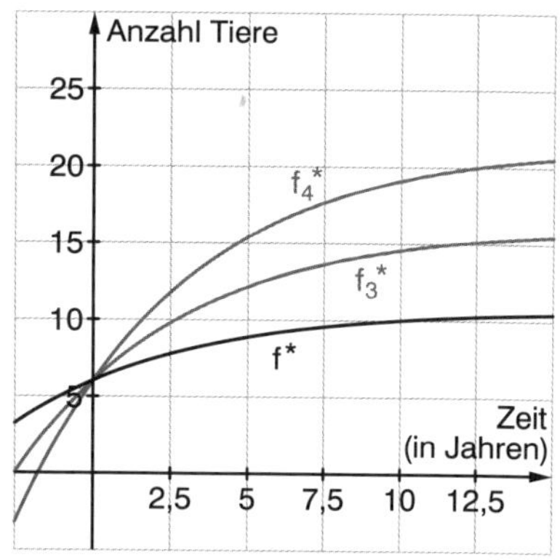

c) $g_3'(x) = \ln(1{,}09) \cdot g_3(x) - 3 = 0{,}086 \cdot g(x) - 3$

$g_3(x) = \left(30 - \frac{3}{0{,}086}\right) \cdot e^{0{,}086x} + \frac{3}{0{,}086}$

$g_3(x) = -4{,}88 \cdot e^{0{,}086x} + 34{,}88$

jährlich 2 verkauft:
$g_2(x) = 6{,}74 \cdot e^{0{,}086x} + 23{,}26$

jährlich 4 verkauft:
$g_4(x) = -16{,}5 \cdot e^{0{,}086x} + 46{,}5$

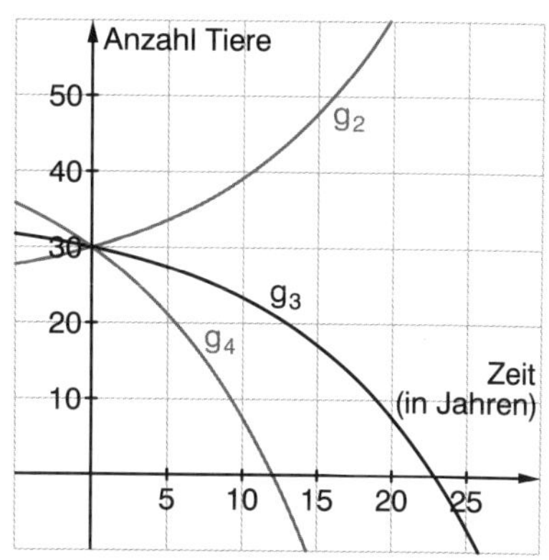

303

14. Fortsetzung

c) $A = 35$

$g_3^*(x) = 0{,}12 \cdot e^{0{,}086x} + 34{,}88$

$g_2^*(x) = 11{,}74 \cdot e^{0{,}086x} + 23{,}26$

$g_4^*(x) = -11{,}5 \cdot e^{0{,}086x} + 46{,}5$

Die Bestände wachsen bei geringem Verkauf über alle Grenzen, bei größerem Verkauf sterben sie aus. Nur wenn man 9 % von 35, also „3,15“ Nilpferde jährlich verkauft, bleibt der Bestand konstant.

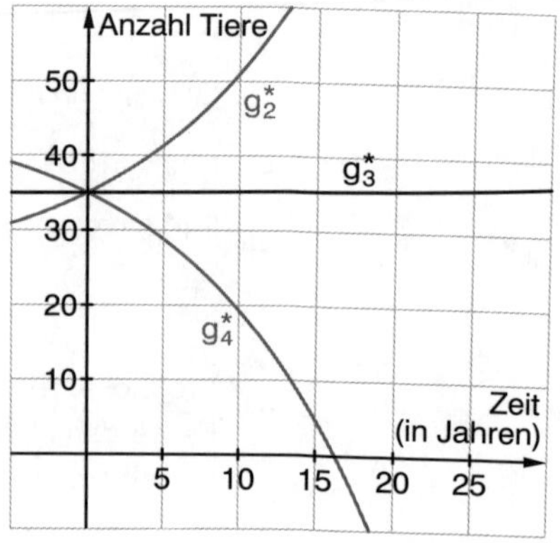

305

15. a) (1) $f(x) = \left(10 - \frac{5}{0{,}6}\right) \cdot e^{0{,}6x} + \frac{5}{0{,}6}$

$f(x) = \frac{5}{3} \cdot e^{0{,}6x} + \frac{25}{3}$

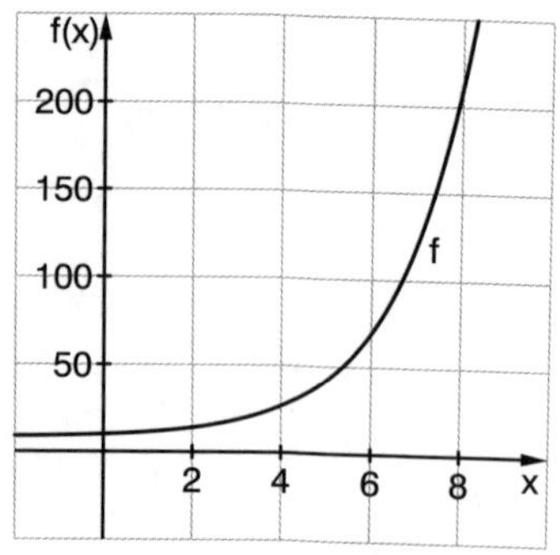

(2) $f(x) = -6500 \cdot e^{-0{,}1x} + 15\,000$

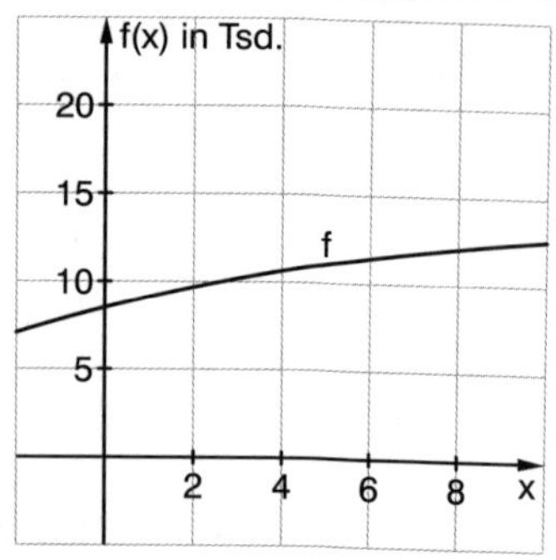

(3) $f(x) = 32{,}78 \cdot e^{-0{,}9x} + 72{,}22$

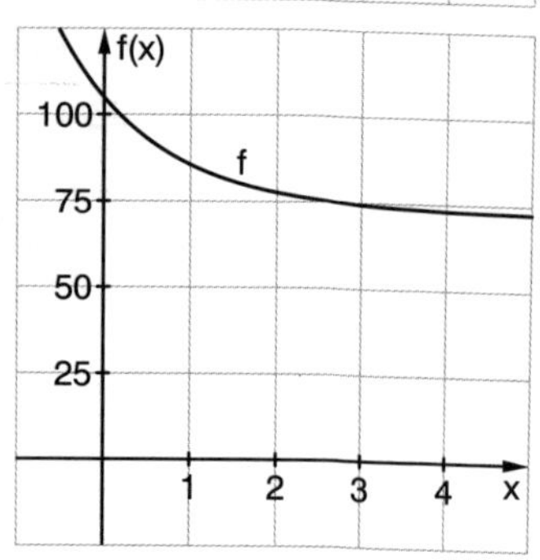

305

15. b) (1) $f'(x) = 0{,}2 \cdot f(x) - 1{,}2$

$A = 21$

Probe: $f'(x) = 3 \cdot e^{0{,}2x}$

$0{,}2 \cdot f(x) - 1{,}2 = 0{,}2 \cdot (15 \cdot e^{0{,}2x} + 6) - 1{,}2 = 3 \cdot e^{0{,}2x} + 1{,}2 - 1{,}2 = f'(x)$

(2) $f'(x) = -0{,}5 \cdot f(x) + 50$

$A = 300$

Probe: $f'(x) = -100 \cdot e^{-0{,}5x}$

$-0{,}5 \cdot f(x) + 50 = -0{,}5 \cdot (200 \cdot e^{-0{,}5x} + 100) + 50 = -100 \cdot e^{-0{,}5x} = f'(x)$

(3) $f'(x) = 0{,}25 \cdot f(x) - 20$

$A = 60$

Probe: $f'(x) = -5 \cdot e^{0{,}25x}$

$0{,}25 \cdot f(x) - 20 = 0{,}25 \cdot (-20 \cdot e^{0{,}25x} + 80) - 20 = -5 \cdot e^{0{,}25x} + 20 - 20 = f'(x)$

16. a) $k = \ln(0{,}95) \approx -0{,}0513$: $f'(x) = -0{,}0513 \cdot f(x) + 6$; $f(0) = 150$

$\Rightarrow \quad f(x) = \left(150 + \left(\frac{6}{-0{,}0513}\right)\right) \cdot e^{-0{,}0513x} - \left(\frac{6}{-0{,}0513}\right)$

$f(x) = 33{,}04 \cdot e^{-0{,}0513x} + 116{,}96$

Der Wasserstand stabilisiert sich bei ca. 1,17 m.

- 4 cm pro Tag dazu: $f(x) = 72{,}03 \cdot e^{-0{,}0513x} + 77{,}97$
  Der Wasserstand stabilisiert sich bei ca. 0,78 m.
- 8 cm pro Tag dazu: $f(x) = 156 - 6 \cdot e^{-0{,}0513x}$
  Der Wasserstand ist stabil bei ca. 1,56 m, er steigt also.

17. a) $p = 50\,\% \quad \Rightarrow \quad k = \ln(0{,}5) \approx -0{,}693$

$f'(x) = -0{,}693 \cdot f(x) + 40$; $f(0) = 0$

$\Rightarrow \quad f(x) = -57{,}72 \cdot e^{-0{,}693x} + 57{,}72$

$f(x) \to 57{,}72$

Ja, der Grenzbestand wird bei ca. 58 Tonnen liegen.

b) Einleitung von b Tonnen Dünger: $f(x) = -1{,}44b \cdot e^{-0{,}693x} + 1{,}44b$

$f(x) \to 1{,}44b$

Langfristig wird ungefähr das 1,5-fache der jährlich zugeführten Menge im See sein.

$1{,}44b = 30 \quad \Rightarrow \quad b = 20{,}8$

Es dürfen maximal 21 Tonnen jährlich eingeleitet werden, damit der langfristige Bestand nicht über 30 Tonnen liegt.

c) 40 t wird nicht konstant bleiben, auch 50 %-Abbaurate kann bei Veränderung des Wassers schwanken.

305

18. $A = 2000$; $k = 0{,}26$

$f_{500}'(x) = 0{,}26 \cdot f_{500}(x) - 500$

$f_{500}(x) = 77 \cdot e^{0{,}26x} + 1923$

$f_{550}'(x) = 0{,}26 \cdot f_{550}(x) - 550$

$f_{550}(x) = -115 \cdot e^{0{,}26x} + 2115$

Wenn 50 Fische mehr geangelt werden, stirbt der Bestand nach ca. 11 Jahren aus.

$2000 \cdot 0{,}26 = 520$

Wenn mehr als 520 Fische geangelt werden, stirbt der Bestand aus, bei 520 bleibt er konstant, bei weniger als 520 wächst er über alle Grenzen.

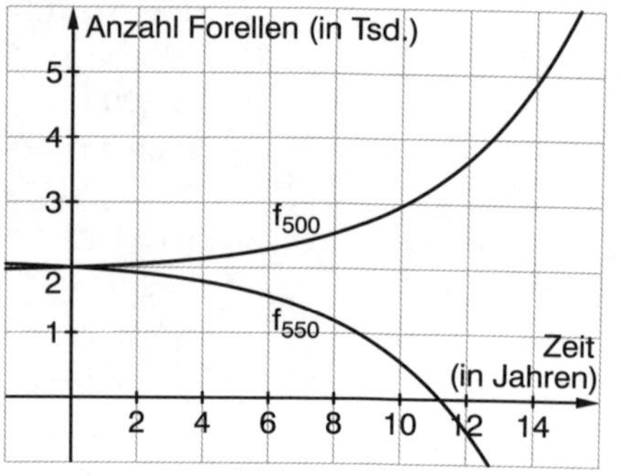

19. a) Eine Tierpopulation wächst mit der Wachstumskonstanten 0,05. Jährlich werden 100 Tiere geschossen. Anfänglich sind es 500 Tiere.

$f(x) = -1500 \cdot e^{0{,}05x} + 2000$; $-\frac{b}{k} = \frac{100}{0{,}05} = 2000 > A = 500$

$f(6) < 0 \Rightarrow$ Die Tiere sterben aus.

b) Die Kundenzahl eines Geschäfts nimmt monatlich um 25,9 % ab ($k = -0{,}3$). Außerdem verlassen noch monatlich 50 Kunden das Einzugsgebiet des Geschäfts. Zu Beginn waren es 500 Kunden.

$f(x) = 667 \cdot e^{-0{,}3x} - 167$

$f(5) < 0 \Rightarrow$ Nach gut 4 Monaten gibt es keine Kunden mehr.

c) Zu Beginn beträgt die Ernte zunächst 500 t. Die jährliche Ernte nimmt mit $k = -0{,}2$ ab, es werden jährlich 250 t dazu gekauft.

$f(x) = -750 \cdot e^{-0{,}2x} + 1250$

Ernte und Zukauf stabilisieren sich bei 1250 t.

306

20. a) $f'(x) = -0{,}5 \cdot f(x) + 5$; $A = 8$

$f(x) = -2 \cdot e^{-0{,}5x} + 10$

Langfristig gerade so befahrbar, Wassermenge zwischen 8 und 10 Liter pro m^2

b) (1) Langfristige Stabilisierung bei 10 Liter pro m^2

Für $A > 10$ erst nach ca. 6 Tagen befahrbar.

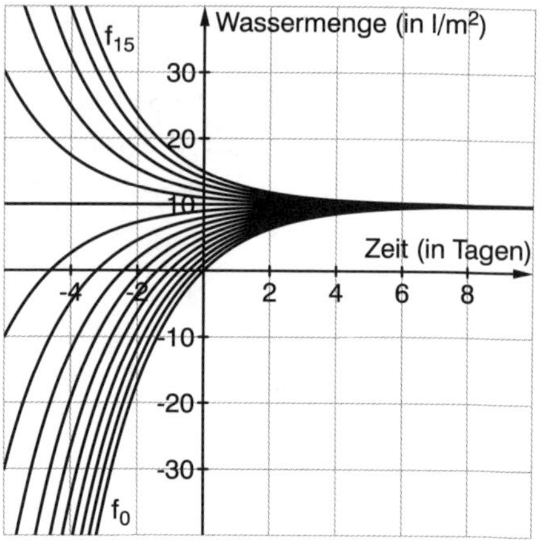

306

20. Fortsetzung

b) (2) $G = -\frac{5}{k} \leq 10 \quad \Rightarrow \quad k \leq -0{,}5$

Ab $k \leq -0{,}5$ sind die Böden befahrbar, wenn der Boden 8 Liter pro m^2 hat und es 5 Liter pro m^2 regnet.

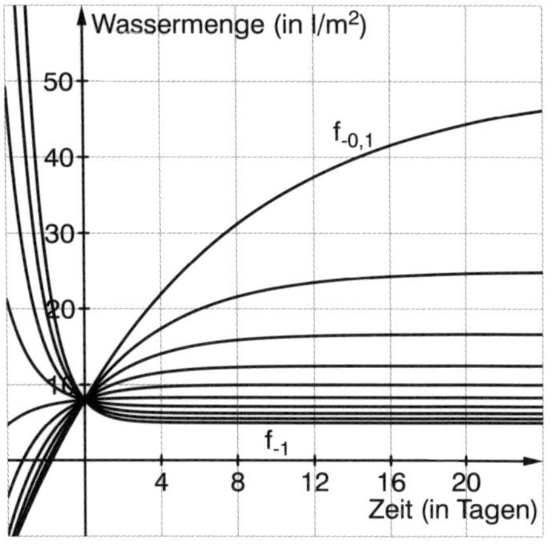

(3) $G = 2N \leq 10 \quad \Rightarrow \quad N \leq 5$

Wenn es bis zu 5 Liter pro m^2 regnet, sind die Böden mit anfänglich 8 Liter pro m^2 Wasser und Versickerungskonstante $k = -0{,}5$ befahrbar.

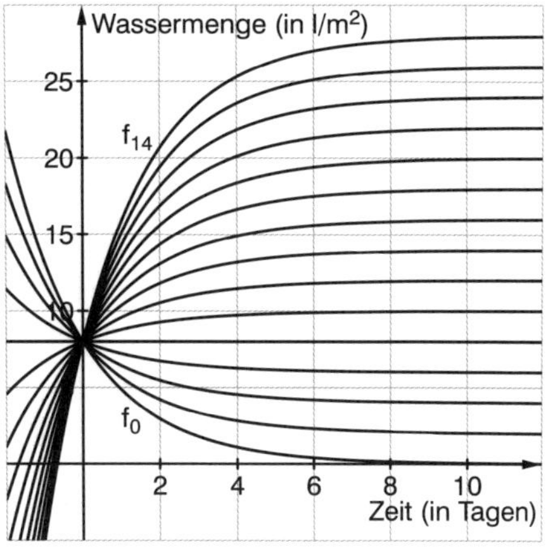

21. a) $f'(x) = k \cdot \left(A + \frac{b}{k}\right) \cdot e^{kx}$

$$k \cdot f(x) + b = k \cdot \left(\left(A + \frac{b}{k}\right) \cdot e^{kx} - \frac{b}{k}\right) + b = k \cdot \left(A + \frac{b}{k}\right) \cdot e^{kx} - b + b$$

$$= k \cdot \left(A + \frac{b}{k}\right) \cdot e^{kx} = f'(x)$$

b) $f'(x) = k^* \cdot f(x) + b$

$f'(x) = k \cdot (G - f(x)) = k \cdot G - k \cdot f(x)$

$\Rightarrow \quad b = k \cdot G;\ k^* = -k$

c) (1) Additive Überlagerung von exponentiellem Zufluss und linearem Zufluss

Bsp.: $k = 0{,}2$, $b = 3$, $A = 5$ } $f(x) = 20 \cdot e^{0{,}2x} - 15$ Schnelles Wachsen über alle Grenzen

(2) Bsp.: $k = -0{,}2$, $b = -3$, $A = 5$ } $f(x) = 20 \cdot e^{-0{,}2x} - 15$ Bestand nähert sich Grenzbestand

307

22. a)

	k > 0	k < 0
b > 0	(A) (1)	(C) (3)
b < 0	(D) (2)	(B) (4)

b)
- Nullstelle im Phasendiagramm heißt $f'(x) = 0$, also keine Änderung. „Im Grenzwert" ist die Steigung 0.
- Start in Nullstelle: Konstanter Bestand $y = x_n$
- (B), (C) anziehend: Unabhängig von A strebt $f(x) \rightarrow G$.
  (A), (D) abstoßend: Für $A > G$ gilt: $f(x) \rightarrow \infty$
  Für $A < G$ gilt: $f(x) \rightarrow -\infty$

c) Start etwas oberhalb des Fixwertes: $f(x) \rightarrow \infty$
Start etwas unterhalb des Fixwertes: $f(x) \rightarrow -\infty$

23. a) (2) passt: Der Bestand wächst zunächst zunehmend, dann abnehmend.
b) Extrempunkte im Phasendiagramm sind Wendepunkte im Bestandsdiagramm.

308

24.
- $f_1'(x) = -0{,}1 \cdot f_1(x) + 1000$
  $f_1(0) = 6000 \quad \Rightarrow \quad f_1(x) = -4000 \cdot e^{-0{,}1x} + 10\,000; \;\; 0 \le x < 3$
- $f_2'(x) = -0{,}1 \cdot f_2(x) - 200$
  $f_2(3) = 7037$ (weil $f_1(3) = 7037$)
  $f_2(x) = (A + 2000) \cdot e^{-0{,}1x} - 2000$
  $7037 = (A + 2000) \cdot e^{-0{,}3} - 2000 \quad \Rightarrow \quad A = 10\,200$
  $\Rightarrow \quad f_2(x) = 12\,200 \cdot e^{-0{,}1x} - 2000; \;\; 3 \le x \le 6$
- $f_2(6) = 4695$
  $f_3'(x) = 0{,}05 \cdot f_3(x) - 400$
  $f_3(6) = 4695$
  $f_3(x) = (A - 8000) \cdot e^{0{,}05x} + 8000$
  $4695 = (A - 8000) \cdot e^{0{,}3} + 8000 \quad \Rightarrow \quad A = 5550$
  $\Rightarrow \quad f_3(x) = -2450 \cdot e^{0{,}05x} + 8000; \;\; 6 \le x \le 9$
- $f_3(9) = 4158$; Fangquote: F
  $G = -\frac{F}{k} = -\frac{F}{0{,}05} = 4000$
  $\Rightarrow \quad F = -200$
  empfohlene Fangquote
  $f_4(x) = (A - 4000) \cdot e^{0{,}05x} + 4000$
  $4158 = (A - 4000) \cdot e^{0{,}45} + 4000$
  $\Rightarrow \quad A = 4101$
  $\Rightarrow \quad f_4(x) = 101 \cdot e^{0{,}05x} + 4000$
  $f_4(19) = 4261; \;\; f_4(50) = 5230$
  $\Rightarrow \quad f_4$ wächst langsam (Rundung)
  F = 220:
  $f_5(x) = -154 \cdot e^{0{,}05x} + 4400$
  Minimale Erhöhung führt zu einem langsamen Aussterben.

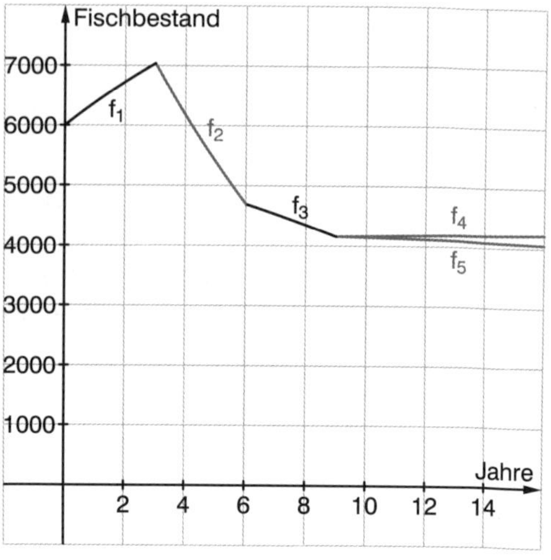

7.3 Logistisches Wachstum

309 **1.** Wegen der Rechtskrümmung ab 40 Tagen passt exponentielles Wachstum nicht, wegen der Linkskrümmung zu Beginn passt begrenztes Wachstum nicht.

Bis ca. x = 40 zunehmend schnelleres Wachstum, danach abnehmendes Wachsen, Stabilisierung (Grenze) bei ca. 255 cm.

a) $f(x) = \frac{2600}{10 + 250 \cdot e^{-0,1x}} \underset{x \to \infty}{\longrightarrow} \frac{2600}{10} = 260$

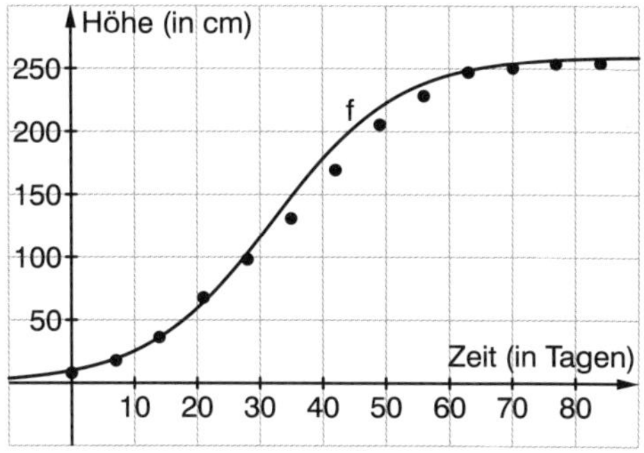

Die Sonnenblume würde 260 cm hoch werden. Stärkstes Wachstum ist nach etwa 32 Tagen.

$f'(x) = \frac{-2600 \cdot (-25 \cdot e^{-0,1x})}{(10 + 250 \cdot e^{-0,1x})^2}$

$= \frac{65\,000 \cdot e^{-0,1x}}{(10 + 250 \cdot e^{-0,1x})^2}$

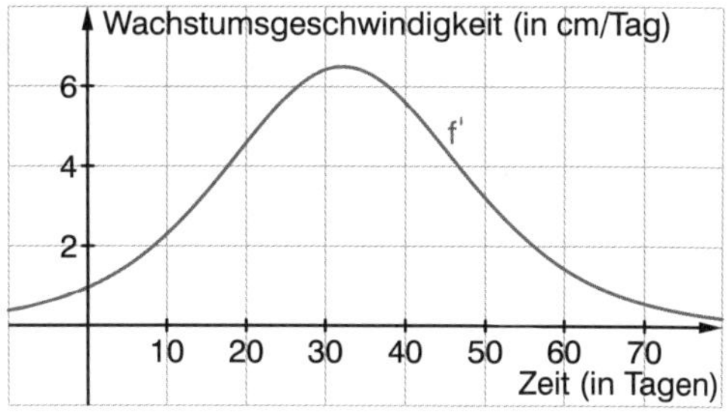

b) $\frac{1}{2600} \cdot \left(\frac{2600}{10 + 250 \cdot e^{-0,1x}}\right) \cdot \left(260 - \frac{2600}{10 + 250 \cdot e^{-0,1x}}\right)$

$= \frac{260}{10 + 250 \cdot e^{-0,1x}} - \frac{2600}{(10 + 250 \cdot e^{-0,1x})^2} = \frac{260 \cdot (10 + 250 \cdot e^{-0,1x}) - 2600}{(10 + 250 \cdot e^{-0,1x})^2} = \frac{65\,000 \cdot e^{-0,1x}}{(10 + 250 \cdot e^{-0,1x})^2}$

310 **2.** a) $e^{-kGx} \underset{x \to \infty}{\longrightarrow} 0 \;\Rightarrow\; f(x) \to \frac{A \cdot G}{A} = G$

$f(0) = \frac{A \cdot G}{A + (G - A) \cdot 1} = \frac{A \cdot G}{G} = A$ A: Anfangswert für x = 0

k: Wachstumsgeschwindigkeit

(C) G = 255; (56 | 228,3); A = 8

$\Rightarrow \; f(x) = \frac{2040}{8 + 247 \cdot e^{-255k \cdot x}}$

$\Rightarrow \; 228,3 = \frac{2040}{8 + 247 \cdot e^{-14280k}}$

$1826,4 + 56\,390,1 \cdot e^{-14280k} = 2040$

$e^{-14280k} = 0,003787$

$\Rightarrow \; k = 0,0003905$; weiter mit $k \approx 0,0004$

$f(x) = \frac{2040}{8 + 247 \cdot e^{-0,102x}}$

310 **2.** b) $f'(x) = \frac{-2040 \cdot (-0{,}102) \cdot 247 \cdot e^{-0{,}102x}}{(8 + 247 \cdot e^{-0{,}102x})^2}$

$= \frac{51\,395{,}76 \cdot e^{-0{,}102x}}{(8 + 247 \cdot e^{-0{,}102x})^2}$

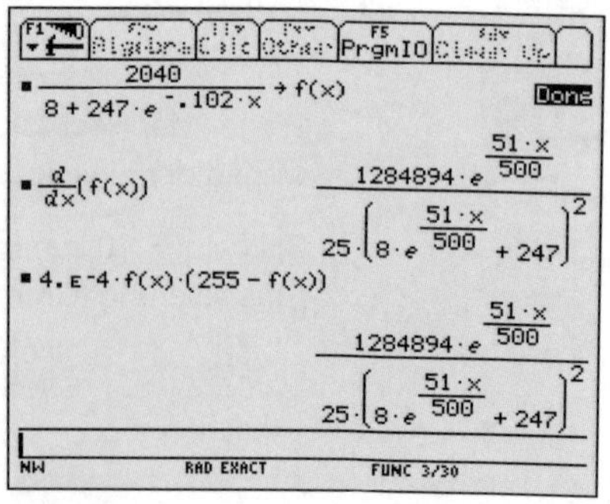

$0{,}0004 \cdot \left(\frac{2040}{8 + 247 \cdot e^{-0{,}102x}}\right) \cdot \left(255 - \frac{2040}{8 + 247 \cdot e^{-0{,}102x}}\right)$

$= \frac{208{,}08}{8 + 247 \cdot e^{-0{,}102x}} - \frac{1664{,}64}{(8 + 247 \cdot e^{-0{,}102x})^2}$

$= \frac{1664{,}64 + 51\,395{,}76 \cdot e^{-0{,}102x} - 1664{,}64}{(8 + 247 \cdot e^{-0{,}102x})^2}$

Wegen der Rundungen passt es nicht exakt, es empfiehlt sich CAS oder grafische Lösung.

Die Wachstumsgeschwindigkeit ist ein Vielfaches zum Produkt aus Bestand und Restbestand, also proportional zu Bestand und Restbestand.

Proportional zu Bestand $\Rightarrow$ exponentielles Wachstum

Proportional zu Restbestand $\Rightarrow$ beschränktes Wachstum

311 **3.** a)

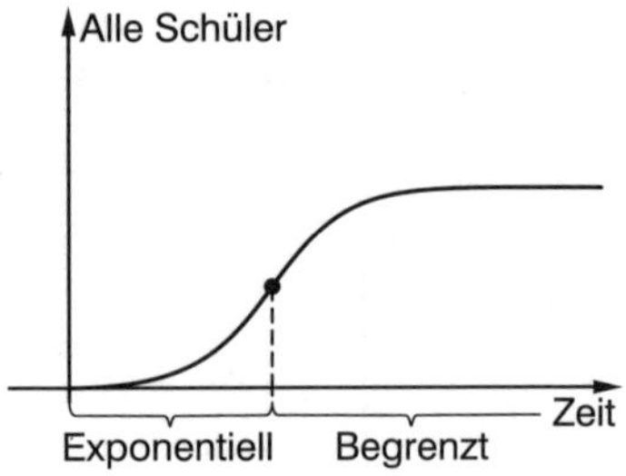

(1) $f'(x) = 0{,}002 \cdot f(x) + 1{,}8 - 0{,}002 \cdot f(x)$
$= 1{,}8 \Rightarrow$ lineares Wachstum

oder:

Wenn fast alle ein Gerücht kennen, wird $0{,}002 \cdot (900 - f(x)) \approx 0$ sein und es bleibt

$f'(x) = 0{,}002 \cdot f(x) \Rightarrow$ exponentielles Wachstum.

Also ist (2) korrekt.

b) $f(0) = \frac{900}{1 + 224} = 4$

$f(x) \underset{x \to \infty}{\to} \frac{900}{1 + 224 \cdot 0} = 900$

$f'(x) = \frac{-900 \cdot (-1{,}8) \cdot 224 \cdot e^{-1{,}8x}}{(1 + 224 \cdot e^{-1{,}8x})^2} = \frac{362\,880 \cdot e^{-1{,}8x}}{(1 + 224 \cdot e^{-1{,}8x})^2}$

$0{,}002 \cdot \frac{900}{1 + 224 \cdot e^{-1{,}8x}} \cdot \left(900 - \frac{900}{1 + 224 \cdot e^{-1{,}8x}}\right)$

$= \frac{1620}{1 + 224 \cdot e^{-1{,}8x}} - \frac{1620}{(1 + 224 \cdot e^{-1{,}8x})^2}$

$= \frac{1620\,(1 + 224 \cdot e^{-1{,}8x}) - 1620}{(1 + 224 \cdot e^{-1{,}8x})^2} = \frac{362\,880 \cdot e^{-1{,}8x}}{(1 + 224 \cdot e^{-1{,}8x})^2} = f'(x)$

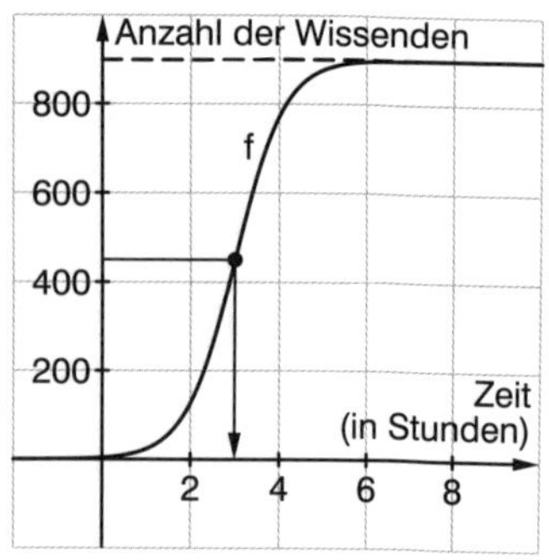

Nach ca. 3 Stunden kennt die halbe Schülerschaft das Gerücht.

313 **4.** a) $k = 0{,}008$; $G = 50$ $\quad f(x) = \frac{150}{3 + 47 \cdot e^{-0{,}4x}}$

$A = 3$

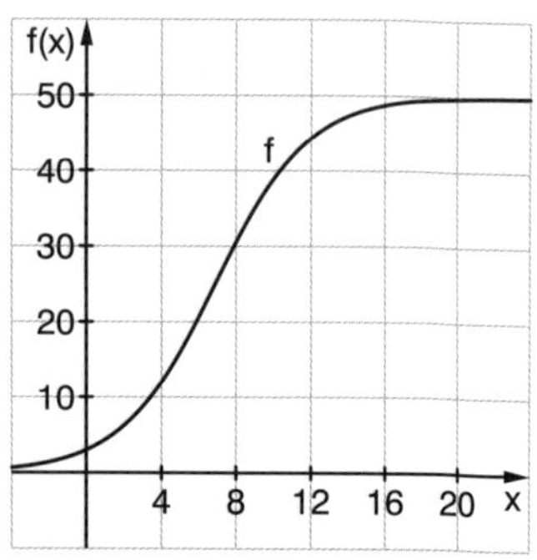

313

4. b) $k = 0{,}01$; $G = 7$ $\quad f(x) = \frac{7}{1 + 6 \cdot e^{-0{,}07x}}$
$A = 1$

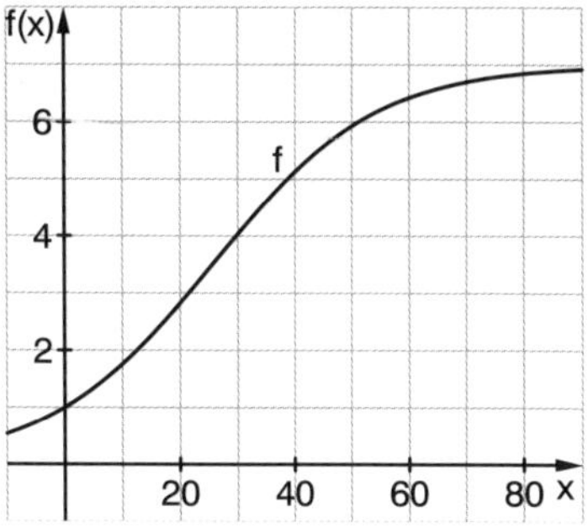

c) $k = 0{,}1$; $G = 10$ $\quad f_A(x) = \frac{10 \cdot A}{A + (10 - A) \cdot e^{-x}}$
A variabel

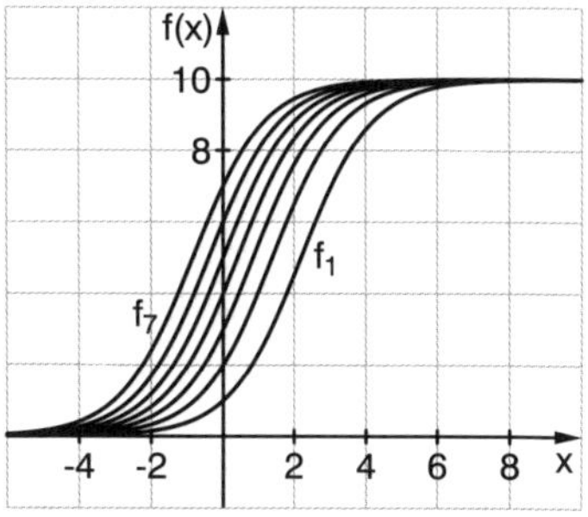

d) $k = 0{,}02$; G variabel $\quad f_G(x) = \frac{10 \cdot G}{10 + (G - 10) \cdot e^{-0{,}02 \cdot Gx}}$
$A = 10$

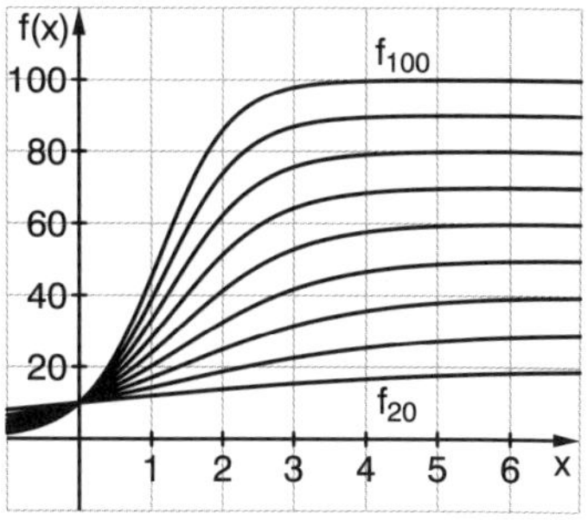

e) k variabel; $G = 300$ $\quad f_k(x) = \frac{7500}{25 + 275 \cdot e^{-300 \cdot k \cdot x}}$
$A = 25$

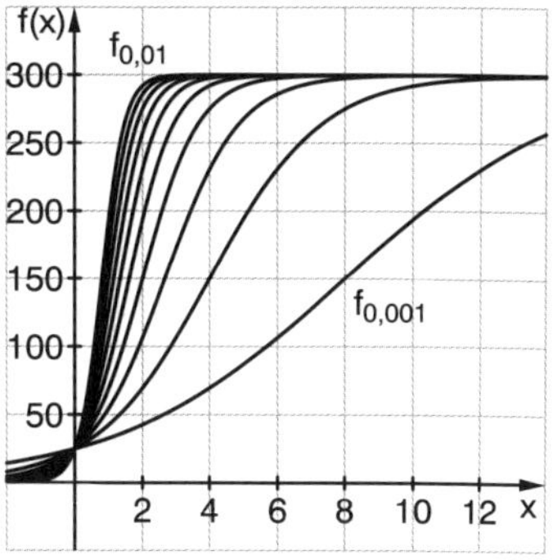

313 **4.** f) $f'(x) = 0{,}2 \cdot f(x) \cdot (8 - f(x))$

$k = 0{,}2;\ G = 8$

$A = 1$

$f(x) = \frac{8}{1 + 7 \cdot e^{-1{,}6x}}$

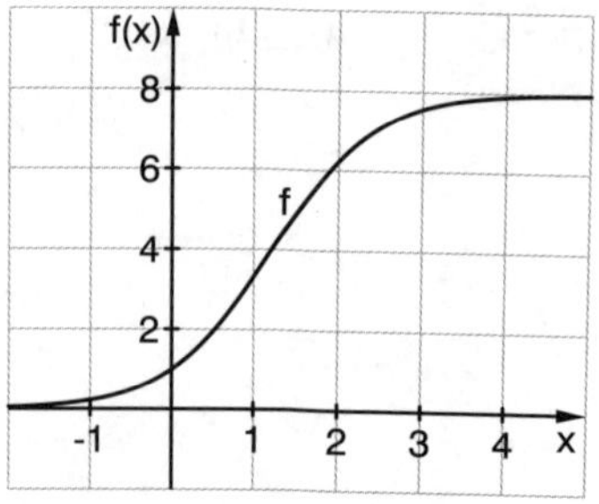

5. a) $A = 5;\ G = 30$ $\quad f'(x) = 0{,}02 \cdot f(x) \cdot (30 - f(x))$

$k = 0{,}02$

b) $A = 100;\ G = 200$ $\quad f'(x) = 0{,}0005 \cdot f(x) \cdot (200 - f(x))$

$k = 0{,}0005$

c) $A = 1;\ G = 9$ $\quad f'(x) = \frac{1}{60} \cdot f(x) \cdot (9 - f(x))$

$k = \frac{1}{60} \approx 0{,}017$

d) $A = 15;\ G = 10$ $\quad f'(x) = 0{,}03 \cdot f(x) \cdot (10 - f(x))$

$k = 0{,}03$

314 **6.** a) $6 = \frac{20}{1 + 4 \cdot e^{-k}} \;\Rightarrow\; 6 + 24 \cdot e^{-k} = 20$

$\Rightarrow\; e^{-k} = \frac{7}{12} \;\Rightarrow\; k = -\ln\left(\frac{7}{12}\right) \approx 0{,}539$

b) $8 = \frac{100}{c + 2 \cdot e^{-0{,}2}} \;\Rightarrow\; 8c + 16 \cdot e^{-0{,}2} = 100$

$\Rightarrow\; c = \frac{100 - 16 \cdot e^{-0{,}2}}{8} \approx 10{,}86$

c) $25 = \frac{a}{1 + 5 \cdot e^{-0{,}1}} \;\Rightarrow\; a = 25 + 125 \cdot e^{-0{,}1} \approx 138{,}1$

7. a) $A = 10;\ G = 120$ $\quad$ Punkt: $(1|60)$

$\Rightarrow\; f(x) = \frac{1200}{10 + 110 \cdot e^{-120kx}}$

$60 = \frac{1200}{10 + 110 \cdot e^{-120k}}$

$\Rightarrow\; 600 + 6600 \cdot e^{-120k} = 1200 \;\Rightarrow\; e^{-120k} = \frac{1}{11} \;\Rightarrow\; k = -\frac{1}{120}\ln\left(\frac{1}{11}\right) \approx 0{,}02$

b) $A = 30;\ G = 80$ $\quad$ Punkt: $(4|60)$

$\Rightarrow\; f(x) = \frac{2400}{30 + 50 \cdot e^{-80kx}}$

$60 = \frac{2400}{30 + 50 \cdot e^{-320k}} \;\Rightarrow\; k = \frac{1}{320}\ln(5) \approx 0{,}005$

c) $A = 10;\ G = 200$ $\quad$ Punkt: $(1|100)$

$f(x) = \frac{2000}{10 + 190 \cdot e^{-200kx}}$

$100 = \frac{2000}{10 + 190 \cdot e^{-200k}} \;\Rightarrow\; k = \frac{1}{200}\ln(19) \approx 0{,}147$

8. (1) $f(x) = \frac{G}{1 + \left(\frac{G}{A} - 1\right) \cdot e^{-kGx}} = \frac{A \cdot G}{A\left(1 + \left(\frac{G}{A} - 1\right) \cdot e^{-kGx}\right)} = \frac{A \cdot G}{A + (G - A) \cdot e^{-kGx}}$

(2) Vgl. (1): $a = G;\ b = \frac{G}{A} - 1;\ C = k \cdot G$

(3) $f(x) = \frac{A \cdot G \cdot e^{kGx}}{e^{kGx} \cdot (A + (G - A) \cdot e^{-kGx})} = \frac{AG}{A + (G - A) \cdot e^{-kGx}}$

314

9.

<table>
<tr><th></th><th>Forellen</th><th>Feriencamp</th></tr>
<tr><td>a)</td><td>

$f'(x) = 0{,}0015 \cdot f(x) \cdot (600 - f(x))$

$A = 50$

$f(x) = \frac{30\,000}{50 + 550 \cdot e^{-0{,}9x}}$

</td><td>

$k \cdot G = \ln\left(1 + \frac{p}{100}\right)$

$180\,k = \ln(1{,}6) \Rightarrow k = \frac{\ln(1{,}6)}{180} \approx 0{,}0026$

$g'(x) = 0{,}0026 \cdot g(x) \cdot (180 - g(x))$

$A = 15$

$g(x) = \frac{2700}{15 + 165 \cdot e^{-0{,}47x}}$

</td></tr>
<tr><td>b)</td><td>

$300 = \frac{30\,000}{50 + 550 \cdot e^{-0{,}9x}}$

$15\,000 + 165\,000 \cdot e^{-0{,}9x} = 30\,000$

$e^{0{,}9x} = 11$

$x = \frac{10}{9}\ln(11) \approx 2{,}664$

Der halbe Grenzbestand ist nach gut 2,5 Jahren erreicht.

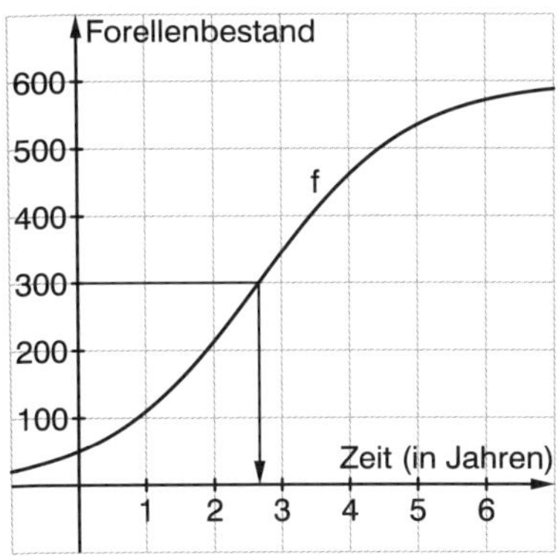

</td><td>

$90 = \frac{2700}{15 + 165 \cdot e^{-0{,}47x}}$

$\vdots$

$x = \frac{177}{47}\ln(11) \approx 5{,}1$

Nach ca. 5 Wochen sind 90 Jugendliche erkrankt.

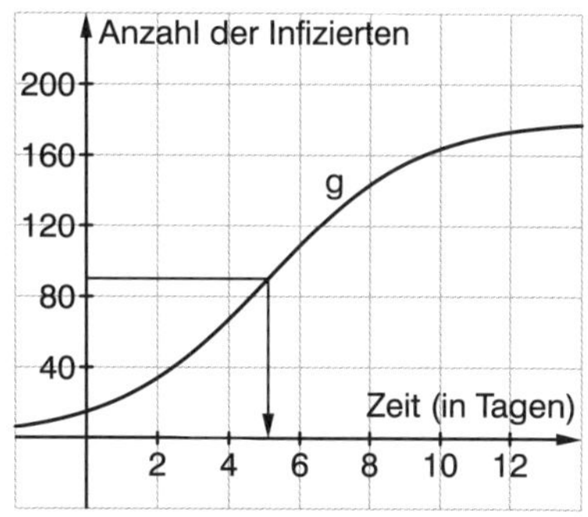

</td></tr>
<tr><td>c)</td><td>

$f'(x) = \frac{14\,850\,000 \cdot e^{-0{,}9x}}{(50 + 550 \cdot e^{-0{,}9x})^2}$

$f'(1) \approx 80{,}6$

$8{,}6 = f'(x) \quad \Rightarrow \quad x \approx 4{,}3$

(grafische Lösung)

Maximale Wachstumsgeschwindigkeit: $x = 2{,}66$

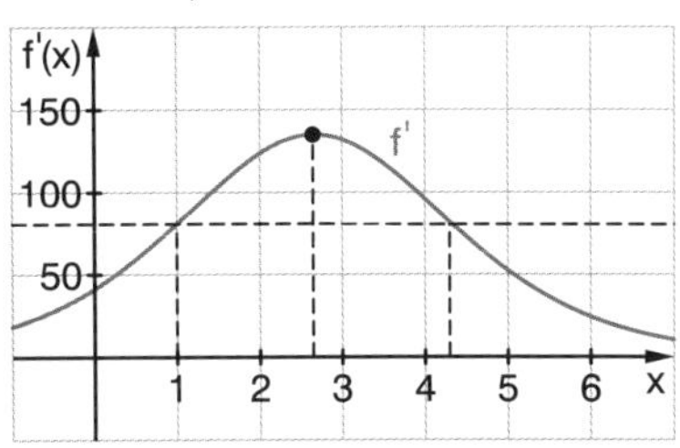

</td><td>

$g'(x) = \frac{209\,385 \cdot e^{-0{,}47x}}{(15 + 165 \cdot e^{-0{,}47x})^2}$

$g'(1) = 9{,}38$

$9{,}38 = g'(x) \quad \Rightarrow \quad x = 9{,}2$

(grafische Lösung)

Maximale Wachstumsgeschwindigkeit: $x = 5{,}1$

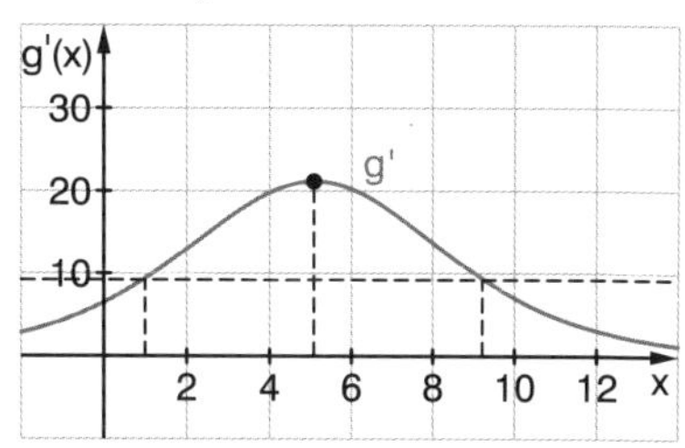

</td></tr>
</table>

d) Vermutung: Die maximale Wachstumsgeschwindigkeit ist zu dem Zeitpunkt, wenn der halbe Grenzbestand erreicht ist. Oder: Die y-Koordinate des Wendepunktes ist $\frac{1}{2}$G.

314 **9.** Fortsetzung

d) Überprüfung mit Funktionen aus Aufgabe 5 mithilfe von:
- GTR und z. B. „nDeriv"
- Sekantensteigungsfunktion $\text{msek}(x) = \frac{f(x+0{,}001) - f(x)}{0{,}001}$
- CAS

315 **10.** $f''(x) = k \cdot f'(x) \cdot (G - f(x)) + k \cdot f(x) \cdot (-f'(x))$
$= k \cdot f'(x) \cdot G - k \cdot f'(x) \cdot f(x) - k \cdot f(x) \cdot f'(x)$
$= k \cdot f'(x) \cdot G - 2k \cdot f'(x) \cdot f(x)$
$= k \cdot f'(x) \cdot (G - 2 \cdot f(x))$

$f''(x) = 0 \;\Rightarrow\; G - 2 \cdot f(x) = 0 \;\Rightarrow\; f(x) = \frac{1}{2}G$

11. a) Je größer der Bestand ist, desto größer ist die Sterberate. Einfachster Zusammenhang ist Proportionalität, also: $S = k \cdot f(x)$

$\Rightarrow\; f'(x) = (g - k \cdot f(x)) \cdot f(x)$
$= g \cdot f(x) - k \cdot f(x)^2 \underset{(g = k \cdot G)}{=} k \cdot G \cdot f(x) - k \cdot f(x)^2 = k \cdot f(x)\,(G - f(x))$

b) $f'(x) = k \cdot f(x) - b \cdot f(x)^2$

Eine Population wächst exponentiell. Das Wachstum wird eingeschränkt durch Begegnungen der Art mit sich selbst (Futterkonkurrenz, Kannibalismus, …).

$f'(x) = b \cdot f(x) \cdot \left(\frac{k}{b} - f(x)\right)$, d. h. $G = \frac{b}{k}$

316 **12.** a) Prunkbohne

$f(0) = 1;\; G = 65 \quad (7\,|\,30)$

$30 = \frac{65}{1 + 64 \cdot e^{-65 \cdot 7k}}$

$30 + 1920 \cdot e^{-455k} = 65$

$k = \frac{1}{455}\ln\left(\frac{35}{1920}\right) \approx 0{,}0088$

$f(x) = \frac{65}{1 + 64 \cdot e^{-0{,}572x}}$

Anmerkung: Man benötigt nicht exakte Werte; sinnvolle Rundung führt zu einfacheren Rechnungen, exakte Passung ist grundsätzlich nicht möglich.

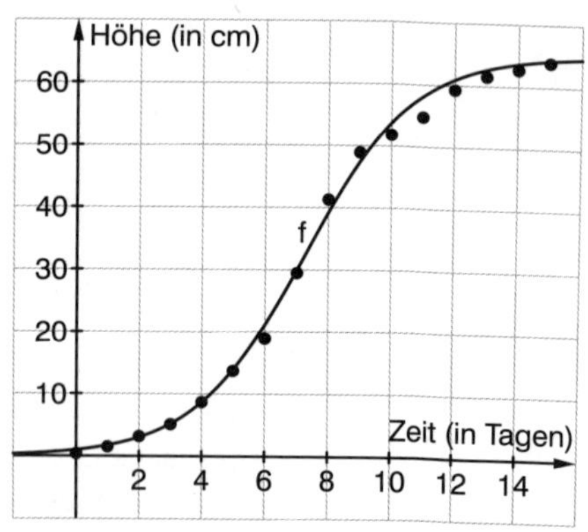

b) $A = 0{,}1;\; G = 36 \quad (6\,|\,13)$

$\Rightarrow\; k = \frac{1}{216}\ln\left(\frac{4667}{23}\right) \approx 0{,}0246$

$f_1(x) = \frac{3{,}6}{0{,}1 + 35{,}9 \cdot e^{-0{,}8856x}}$

$f_2(x) = \frac{3{,}75}{0{,}1 + 37{,}4 \cdot e^{-0{,}75x}}$

(mit Plotter und Schiebereglern)

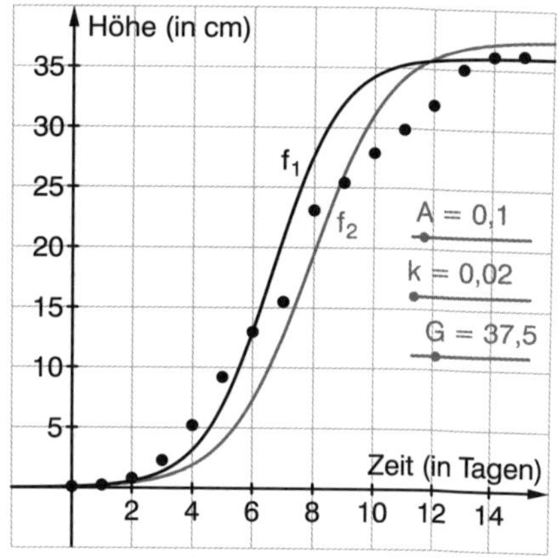

316

12. c) Beispiel (mit Plotter)

① $A = 3$; $G = 60$; $k = 0{,}006$

$f_1(x) = \frac{180}{3 + 57 \cdot e^{-0{,}36k}}$

② $A = 4$; $G = 80 \Rightarrow k = 0{,}0033$

$(7|20)$

$f_2(x) = \frac{320}{4 + 76 \cdot e^{-0{,}2637x}}$

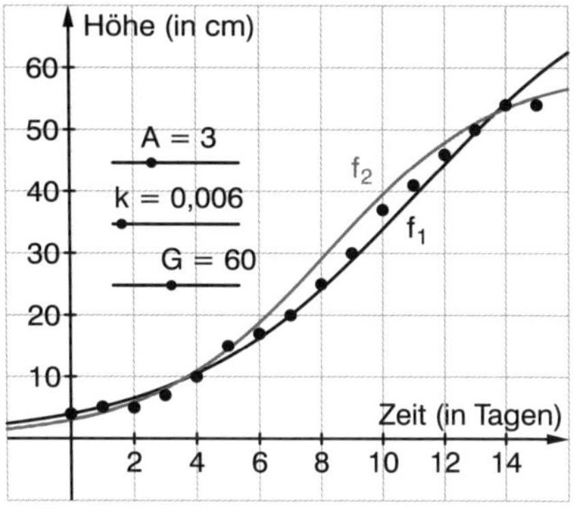

13. $x = 0$: Jahr 1700; $A = 6$; $G = 70$

$(240|42)$: $k = \frac{\ln(2)}{4200} \approx 0{,}00017$

$f_1(x) = \frac{420}{6 + 64 \cdot e^{-0{,}0116x}}$

Mit Plotter:

$A = 5$; $G = 90$; $k = 0{,}00012$

$f_2(x) = \frac{450}{5 + 85 \cdot e^{-0{,}0108x}}$

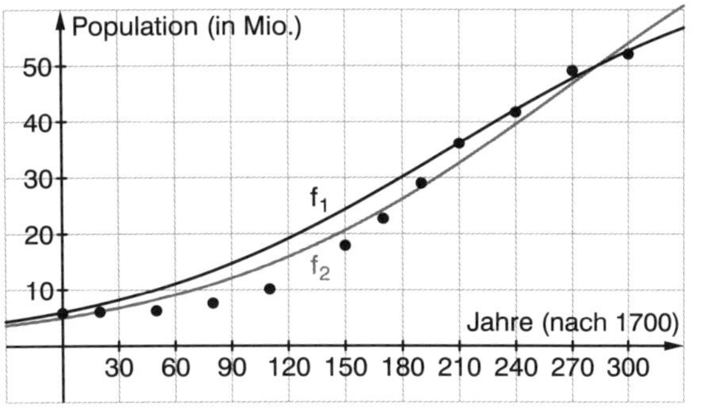

Es passen verschiedene Grenzen zu den Daten.

Prognosen für 2010: $f_1(310) = 54{,}15$

$f_2(310) = 56{,}33$

Aktuelle Einwohnerzahlen:

England: 50,4 Mio.
Wales: 2,9 Mio. } $\Rightarrow$ 53,3 Mio.: f_1 passt also besser.

Wenn das logistische Modell weiterhin passend sein soll, dann wird die Bevölkerungszahl gegen ca. 70 Millionen streben.

317

14. a) $A = 4$; $G = 200$

$(120|92) \Rightarrow k = \frac{1}{24000} \ln\left(\frac{1127}{27}\right) \approx 0{,}000155$: $f_1(x) = \frac{800}{4 + 196 \cdot e^{-0{,}031x}}$

b) 2010: $f_1(220) = 189{,}8 \Rightarrow$ Das passt überhaupt nicht zu 308,4 Mio. im Jahr 2010. Passt ein anderes logistisches Modell?

Mit Plotter: $f_2(x) = \frac{1900}{5 + 375 \cdot e^{-0{,}02584x}}$; $f_2(220) = 302{,}8$

317

14. Fortsetzung

b) Der Wert von 1940 passt nicht so gut. Die Daten legen keinen Grenzbestand nahe. Es bleibt die Frage nach dem Modelltyp offen, wie die weitere Entwicklung prognostiziert werden kann, da sehr unterschiedliche Grenzen zu den Daten passen.

$G = 500$; $A = 5$; $k = 0{,}000046$ passt auch noch gut (vgl. auch Aufgabe 15).

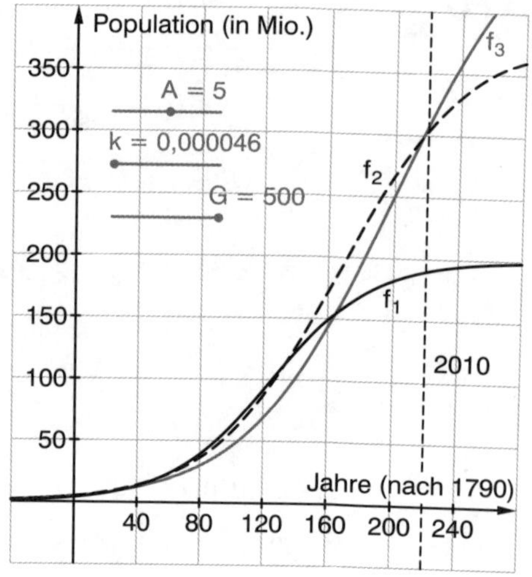

15. a) $A = 38$; $G = 160$; $(3|110)$

$$110 = \frac{6080}{38 + 122 \cdot e^{-480k}} \quad \Rightarrow \quad k \approx 0{,}004$$

$$\Rightarrow \quad f_A(x) = \frac{6080}{38 + 122 \cdot e^{-0{,}64x}}$$

Die Zahl wird nur unwesentlich ansteigen und sich bei ca. 160 Arabismen stabilisieren.

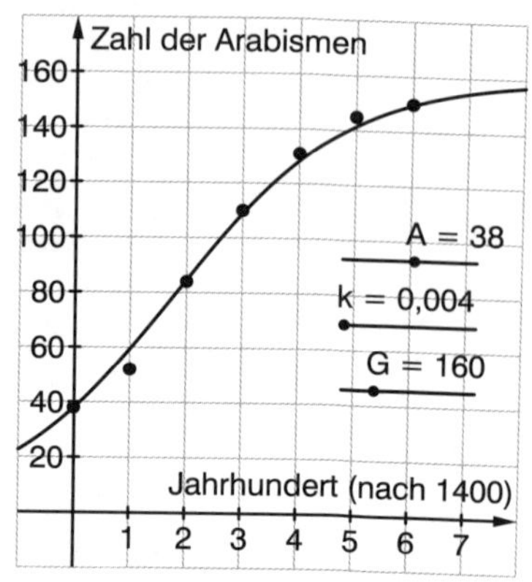

b) Latein: $A = 250$; $G = 2200$; $(5|1300)$

$\Rightarrow \quad k \approx 0{,}00022$

$$\Rightarrow \quad f_{L1}(x) = \frac{550\,000}{250 + 1950 \cdot e^{-0{,}4844x}}$$

Mit Plotter: $f_{L2}(x) = \dfrac{292\,500}{130 + 2120 \cdot e^{-0{,}6075x}}$

Weil die genaue Anzahl im 11./12. Jahrhundert sicher unbekannt ist, braucht die Passung hier nicht so gut zu sein.
Eine Skizze beider Funktionen und der Daten zeigt eine gute Passung.

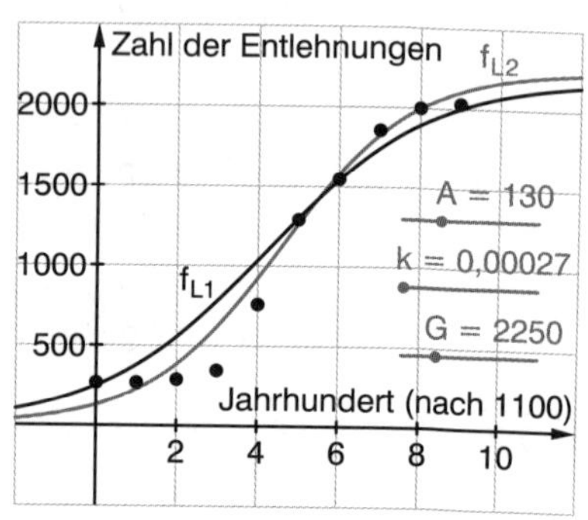

317 **15.** Fortsetzung

b) Modell mit G = 6000:

A = 1; G = 6000; (9|500)

$\Rightarrow$ k ≈ 0,000167

$\Rightarrow$ $f_{E3}(x) = \frac{6000}{1 + 5999 \cdot e^{-0,7x}}$

Mit Plotter: $f_{E2}(x) = \frac{60}{0,01 + 5999,99 \cdot e^{-1,2x}}$

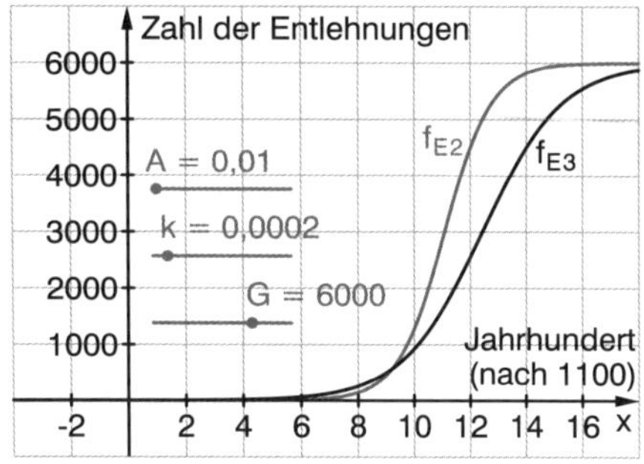

Zu den Latein-Daten passt kein wesentlich höherer Grenzbestand, weil die Daten schon stark „rechtsgekrümmt" sind und sich in der Stabilisierungsphase befinden.

c) Wenn ein Datensatz nur den Anfang eines Wachstumsprozesses zeigt, sind sehr unterschiedliche Prognosen möglich. Der Wendepunkt als charakteristischer Punkt (halber Grenzbestand) liegt noch nicht vor.
Umgekehrt: Wenn aus Daten ein Krümmungswechsel der Bestandsfunktion ablesbar ist, kennt man den Grenzbestand ziemlich genau.

318 **16.**

	A = 1; G = 5; k var.	k = 0,15; A = 1; G var.	k = 0,15; G = 5; A var.
Handlung	wachstumsförderne bzw. -hemmende Maßnahmen (Futterdosierung, ...)	Vergrößern bzw. Verkleinern des Lebensraums	Variation des anfänglich ausgesetzten Bestandes bzw. Zeitpunkt des Beginns der Messung
Funktionsgleichung	$f_k(x) = \frac{5}{1 + 4 \cdot e^{-5kx}}$	$f_G(x) = \frac{G}{1 + (G-1) \cdot e^{-0,15Gx}}$	$f_A(x) = \frac{5A}{A + (5-A) \cdot e^{-0,75x}}$
Parameterbereich	$0 < k \leq 1$ Schrittweite 0,05	$1 < G < 20$ Schrittweite 0,5	$0 < A < 10$ Schrittweite 0,5
Grafik	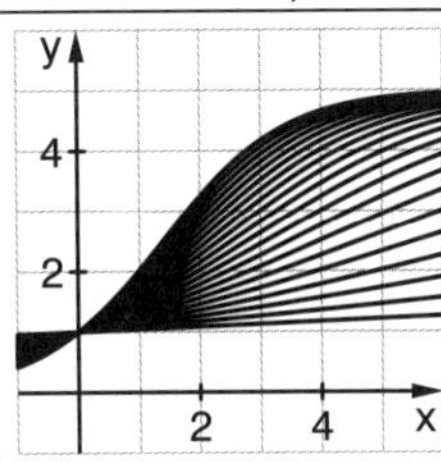	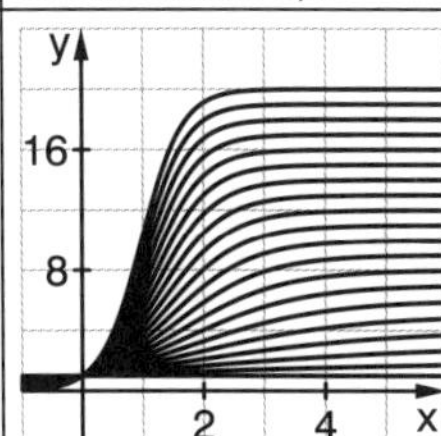	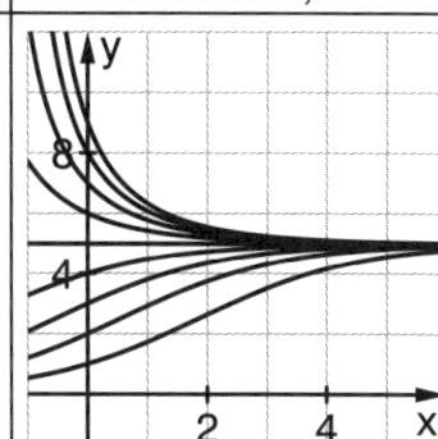
Interpretation	Bestände wachsen unterschiedlich schnell gegen die Grenze 500; die Grenze ist unabhängig von k.	Erwartet: Bestände wachsen gegen die jeweilige Grenze. Unerwartet: Je größer die Grenze, desto schnelleres Wachsen zur Grenze (vgl. Kasten „Eine Modellanalyse ...").	Bei Anfangsbeständen unterhalb des Grenzbestandes wächst der Bestand gegen die Grenze. Wenn A > G, dann Abnahme des Bestandes gegen die Grenze. Die Grenze ist unabhängig vom Anfangsbestand.

319 **17.** Lösungsfunktionen zu A = 1: (1) $f(x) = \frac{10}{1 + 9 \cdot e^{-x}}$

(2) $f(x) = \frac{5}{1 + 4 \cdot e^{-5x}}$

(3) $f(x) = \frac{20}{1 + 19 \cdot e^{-0,2x}}$

Je kleiner die y-Koordinate des Scheitelpunktes, desto geringer ist die maximale Wachstumsgeschwindigkeit.
Nullstelle $x_N \neq 0$ ist Grenzbestand; Extremstelle ist maximale Wachstumsgeschwindigkeit (Wendepunkt).
Im Phasendiagramm wird unmittelbar klar und einsichtig, warum im Wendepunkt des Bestandsdiagramms der halbe Grenzbestand erreicht ist (Symmetrie von Parabeln).

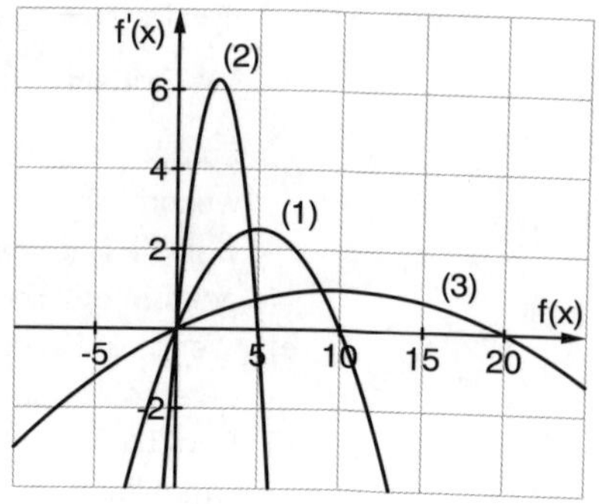

18. a) $f'(x) = k \cdot f(x) \cdot (6 - f(x))$

$2 = k \cdot 2 \cdot (6 - 2) \quad \Rightarrow \quad k = 0,25$

$\Rightarrow \quad f'(x) = 0,25 \cdot f(x) \cdot (6 - f(x))$

$f_A(x) = \frac{3}{0,5 + 5,5 \cdot e^{-1,5x}}$; $f_B(x) = \frac{12}{2 + 4 \cdot e^{-1,5x}}$; $f_C(x) = \frac{24}{4 + 2 \cdot e^{-1,5x}}$; $f_D(x) = \frac{42}{7 - e^{-1,5x}}$

b)

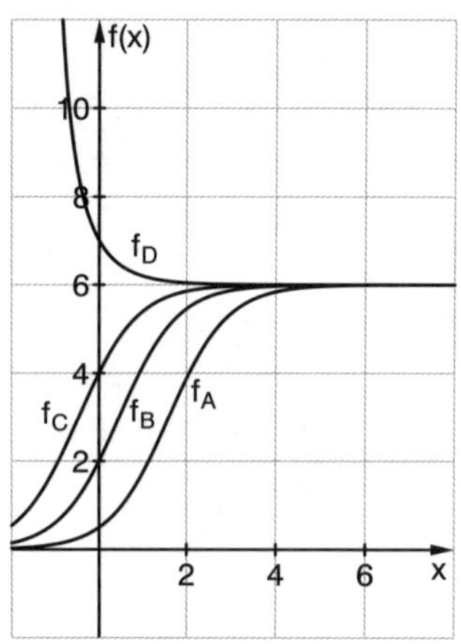

19. a)

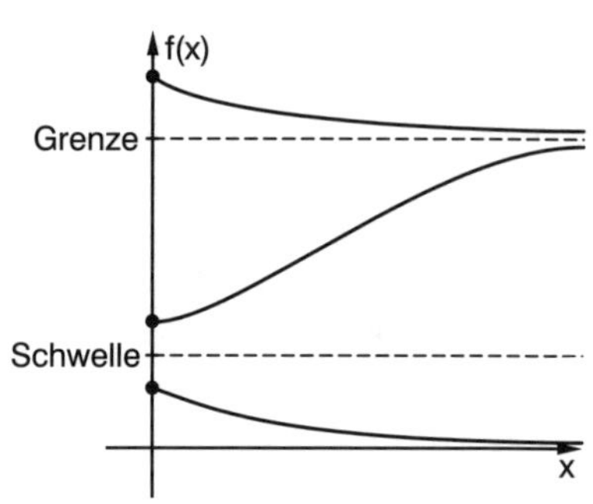

319 **19.** b) (1) – (A) $f(x) = 0{,}04 \cdot x \cdot (x-3) \cdot (10-x)$ ist ein Polynom vom Grad 3.
(2) – (B) $f(x) = 0{,}2 \cdot (x-3) \cdot (10-x)$ ist eine Parabel.

(A)

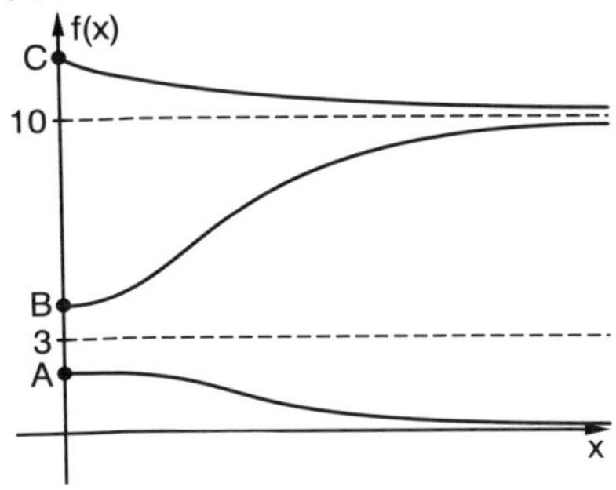

(B)

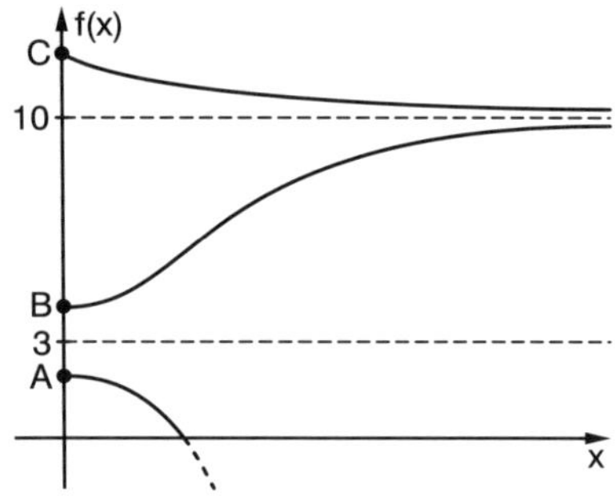

A: zu geringer Bestand $\Rightarrow$ Aussterben
B: Wachstum gegen Grenze
C: Abnahme zur Grenze
Unterschied:
Bei (A): Langfristig abnehmende Abnahme, „asymptotisches" Aussterben
Bei (B): zunehmend schnelle Abnahme und Aussterben

321 **20.** a) Der Wachstumsfaktor $g - s \cdot x$ setzt sich aus der konstanten Geburtenrate g und einer zur Zeit proportionalen Sterberate s zusammen. Mit zunehmender Zeit wird $s \cdot x$ im Vergleich zu g immer größer, sodass irgendwann $s \cdot x > g$ gilt. Der Bestand muss abnehmen, wenn $x > \frac{g}{s}$. (*)
g: Wachstums- bzw. Verbreitungsrate
s: Rate, mit der Bestände abnehmen bzw. Immunisierungsrate
$f(x) = e^{gx - \frac{s}{2}x^2}$; $f'(x) = (g - s \cdot x)\, e^{gx - \frac{s}{2}x^2} = (g - s \cdot x) \cdot f(x)$

b)

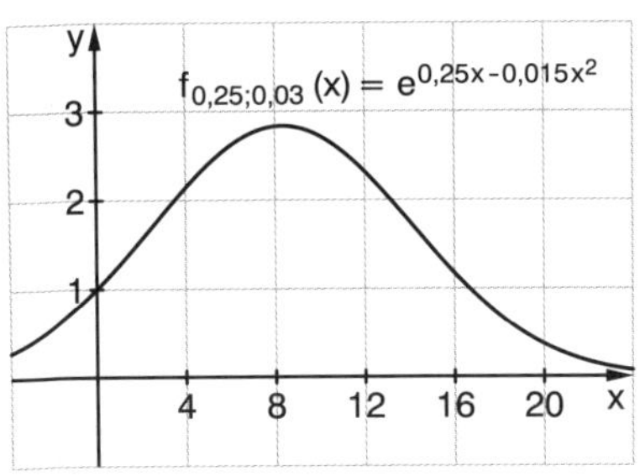

$f'(x) = 0 \;\Rightarrow\; g - s \cdot x = 0 \;\Rightarrow\; x_E = \frac{g}{s}$ (vgl. (*))

$g = 0{,}25;\; s = 0{,}03 \;\Rightarrow\; x_E = 8{,}\overline{3} = \frac{25}{3};\quad f\left(\frac{25}{3}\right) = e^{\frac{25}{24}} \approx 2{,}83$

Maximaler Bestand: 2,83 zum Zeitpunkt $x = 8{,}\overline{3}$

$$f''(x) = -s \cdot e^{gx - \frac{s}{2}x^2} + (g - s \cdot x) \cdot (g - s \cdot x) \cdot e^{gx - \frac{s}{2}x^2}$$
$$= -\frac{3}{100} \cdot e^{\frac{1}{4}x - \frac{15}{1000}x^2} + \left(\frac{1}{16} - \frac{3}{200}x + \frac{9}{10\,000}x^2\right) \cdot e^{\frac{1}{4}x - \frac{15}{1000}x^2}$$
$$= \left(\frac{9}{10\,000}x^2 - \frac{3}{200}x + \frac{13}{400}\right) \cdot e^{\frac{1}{4}x - \frac{15}{1000}x^2} = 0$$ (g = 0,25 und s = 0,03 eingesetzt)

$\Rightarrow x_{1,2} = \frac{25}{3} \pm \frac{10}{3}\sqrt{3} \Rightarrow x_1 \approx 2{,}56;\; x_2 \approx 14{,}1$ (Stellen maximaler Zu- bzw. Abnahme)

321 **20.** c)

	Bakterien	Grippewelle
① g variabel s = 0,03	Zeitverzögertes höheres Maximum des Bestandes, Aussterben etwas später	Zeitverzögerte höhere Maximalanzahl Kranker, Immunisierung etwas später
② g = 0,25 s variabel	Zeitverzögertes höheres Maximum bei Verringerung der Giftigkeit, Aussterben wird weiter hinausgezögert → Verringerung von s effektiver	Zeitverzögertes höheres Maximum, wenn Immunisierung (Heilungsprozess) schlechter → Einflussnahme auf Ansteckung (→ g) effektiver

① $f_g(x) = e^{gx - 0{,}015x^2}$

$f_g'(x) = (g - 0{,}03x) \cdot e^{gx - 0{,}015x^2}$

$f_g'(x) = 0 \quad \Rightarrow \quad x = \frac{100\,g}{3} \quad \Rightarrow \quad f_g\left(\frac{100\,g}{3}\right) = e^{\frac{50\,g^2}{3}}$

HP $\left(\frac{100\,g}{3} \middle| e\,\frac{50\,g^2}{3}\right)$

Ortskurve:

(i) Parameterdarstellung:

$x(g) = \frac{100\,g}{3}$

$y(g) = e^{\frac{50}{3}g^2}$

(ii) Mit Parameterelimination:

$x = \frac{100\,g}{3} \quad \Rightarrow \quad g = \frac{3x}{100}$

$\Rightarrow \quad y = e^{\frac{50}{3}\left(\frac{3x}{100}\right)^2} \quad \Rightarrow \quad y = e^{\frac{3x^2}{200}}$

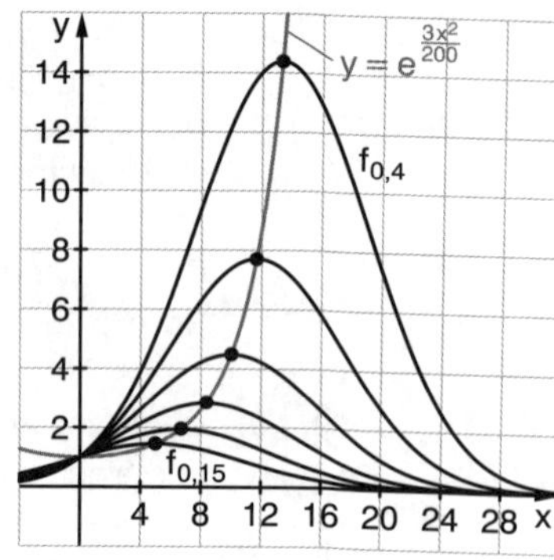

② $f_s(x) = e^{0{,}25x - \frac{s}{2}x^2}$

$f_s'(x) = (0{,}25 - sx) \cdot e^{0{,}25 - \frac{s}{2}x^2}$

$f_s'(x) = 0 \quad \Rightarrow \quad x = \frac{1}{4s} \quad \Rightarrow \quad f_s\left(\frac{1}{4s}\right) = e^{\frac{1}{32s}}$

HP $\left(\frac{1}{4s} \middle| e^{\frac{1}{32s}}\right)$

Ortskurve: $x = \frac{1}{4s} \quad \Rightarrow \quad s = \frac{1}{4x}$

$\Rightarrow \quad y = e^{\frac{1}{32\frac{1}{4x}}} \quad \Rightarrow \quad y = e^{\frac{x}{8}}$

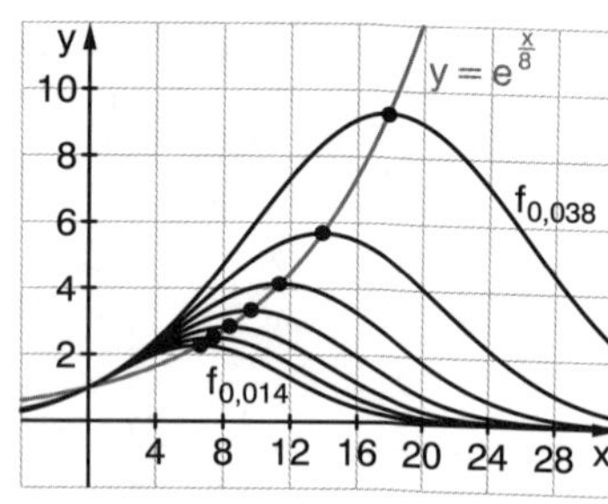

Maximale Bestandszunahme:

Für f_g: $\left(\frac{10(10g - \sqrt{3})}{3} \middle| e^{\frac{50g^2}{3} - \frac{1}{2}}\right)$, $\left(\frac{10(10\,g + \sqrt{3})}{3} \middle| e^{\frac{50g^2}{3} - \frac{1}{2}}\right)$ } vgl. Schülerband, S. 321 unten

Für f_s: $\left(\frac{1 + 4\sqrt{s}}{4s} \middle| e^{\frac{1}{32s} - \frac{1}{2}}\right)$

$\left(\frac{1 - 4\sqrt{s}}{4s} \middle| e^{\frac{1}{32s} - \frac{1}{2}}\right)$

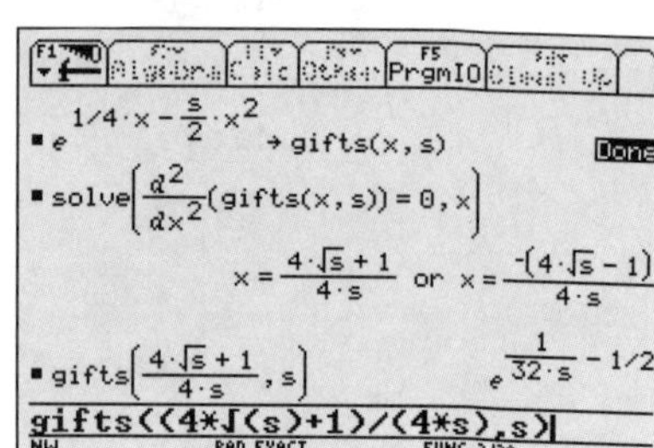

322 **21.** a) (1) – (e) – (A) – (IV) (2) – (a) – (B) – (V)
(3) – (d) – (D) – (II) (4) – (c) – (E) – (III)
(5) – (b) – (C) – (I)

b) (A) $f'(x) = \ln(k) \cdot k^x = \ln(k) \cdot f(x)$

(B) $f'(x) = \frac{k}{x}$

(C) $f'(x) = k \cdot x$

(D) $f'(x) = k$

(E) $f'(x) = \frac{1}{2}(2kx)^{-\frac{1}{2}} \cdot 2k = \frac{k}{\sqrt{2kx}} = \frac{k}{f(x)}$

$k \cdot \ln(x) \rightarrow \sqrt{2kx} \rightarrow kx \rightarrow \frac{1}{2}kx^2 \rightarrow k^x$

c) $\left.\begin{array}{l} f(x) = \sin(x) \\ f'(x) = \cos(x) \\ f''(x) = -\sin(x) \end{array}\right\} \Rightarrow f''(x) = -f(x)$

Die 2. Ableitung ist das Negative der Ausgangsfunktion.

$f(x) = x^k$

$f'(x) = k \cdot x^{k-1} = \frac{k \cdot x^k}{x^1} = \frac{k \cdot f(x)}{x}$

Die Änderung ist proportional zum Quotienten aus Bestand und Zeit.